上海出版资金项目
Shanghai Publishing Funds

IAE

创新应用型数字交互规划教材
机械工程

机械工程材料

张而耕 · 主编

上海科学技术出版社

国家一级出版社
全国百佳图书出版单位

内 容 提 要

本书系统介绍了机械设计制造工程人员必须具备的材料基本理论知识、工程材料性能强化方法和工程材料表面的改性工程技术，并以实例说明工程材料的选择与应用等方面内容。全书共分11章，内容包括机械工程材料的分类及应用；工程材料的组织结构与性能、铁碳合金等基础知识；工程材料性能及热处理强化方法；机械工程中常用的钢材、铸铁、有色金属、粉末冶金材料、非金属材料等基础知识及其应用；机械工程材料表面的改性工程技术；典型零件、刀具材料的选择与在汽车、机床、航空航天上的应用。本书为校企合作编著教材。本书依托增强现实(AR)技术，将视频、动画等数字资源与纸质教材交互，为读者和用户带来更丰富有效的阅读体验。为了方便教学使用，在出版社网站提供免费电子课件，供教师参考。

本书可供机械设计制造及其自动化、工程装备与控制工程、车辆工程、材料成型及控制工程、化工机械、能源与动力工程、建筑环境与设备工程、飞行器制造工程等工科类专业本科及专科学生使用，也可供从事机械设计与制造的工程技术人员参考。

图书在版编目(CIP)数据

机械工程材料 / 张而耕主编. —上海：上海科学技术出版社，2017.10(2023.2重印)
创新应用型数字交互规划教材. 机械工程
ISBN 978-7-5478-3606-4

Ⅰ.①机… Ⅱ.①张… Ⅲ.①机械制造材料—高等学校—教材 Ⅳ.①TH14

中国版本图书馆CIP数据核字(2017)第145204号

机械工程材料
张而耕 主编

上海世纪出版(集团)有限公司
上 海 科 学 技 术 出 版 社 出版、发行
(上海市闵行区号景路159弄A座9F-10F)
邮政编码 201101 www.sstp.cn
上海当纳利印刷有限公司印刷
开本 787×1092 1/16 印张 15
字数：365千字
2017年10月第1版 2023年2月第3次印刷
ISBN 978-7-5478-3606-4/TH·68
定价：48.00元

编审委员会

主　任　李郝林　陈关龙

副主任　钱　炜

委　员　（以姓氏笔画为序）
王小静　李峥嵘　张慧敏　陈　浩
陈军华　徐　洋　惠　虎

顾　问　曹自强

编写委员会

（以姓氏笔画为序）

丁晓红　马淑梅　王岩松　朱文峰
任　彬　李　晏　李郝林　李蓓智
张东民　张而耕　荆学东　黄迪山

支持单位

（按首字拼音排序）

东华大学

华东理工大学

青岛海尔模具有限公司

瑞士奇石乐（中国）有限公司

上海大学

上海电气集团上海锅炉厂有限公司

上海高罗输送装备有限公司技术中心

上海工程技术大学

上海理工大学

上海师范大学

上海新松机器人自动化有限公司

上海应用技术大学

上海紫江集团

上汽大众汽车有限公司

同济大学

西门子工业软件（上海）研发中心

浙江大学

丛 书 序

在“中国制造2025”国家战略指引下，在“深化教育领域综合改革，加快现代职业教育体系建设，深化产教融合、校企合作，培养高素质劳动者和技能型人才”的形势下，我国高教人才培养领域也正在经历又一重大改革，制造强国建设对工程科技人才培养提出了新的要求，需要更多的高素质应用型人才，同时随着人才培养与互联网技术的深度融合，尽早推出适合创新应用型人才培养模式的出版项目势在必行。

教科书是人才培养过程中受教育者获得系统知识、进行学习的主要材料和载体，教材在提高人才培养质量中起着基础性作用。目前市场上专业知识领域的教材建设，普遍存在建设主体是高校，而缺乏企业参与编写的问题，致使专业教学教材内容陈旧，无法反映行业技术的新发展。本套教材的出版是深化教学改革，践行产教融合、校企合作的一次尝试，尤其是吸收了较多长期活跃在教学和企业技术一线的专业技术人员参与教材编写，有助于改善在传统机械工程向智能制造转变的过程中，“机械工程”这一专业传统教科书中内容陈旧、无法适应技术和行业发展需要的问题。

另外，传统教科书形式单一，一般形式为纸媒或者是纸媒配光盘的形式。互联网技术的发展，为教材的数字化资源建设提供了新手段。本丛书利用增强现实(AR)技术，将诸如智能制造虚拟场景、实验实训操作视频、机械工程材料性能及智能机器人技术演示动画、国内外名企案例展示等在传统媒体形态中无法或很少涉及的数字资源，与纸质产品交互，为读者带来更丰富有效的体验，不失为一种增强教学效果、提高人才培养的有效途径。

本套教材是在上海市机械专业教学指导委员会和上海市机械工程学会先进制造技术专业委员会的牵头、指导下，立足国内相关领域产学研发展的整体情况，来自上海交通大学、上海理工大学、同济大学、上海大学、上海应用技术大学、上海工程技术大学等近10所院校制造业学科的专家学者，以及来自江浙沪制造业名企及部分国际制造业名企的专家和工程师等一并参与的内容创作。本套创新教材的推出，是智能制造专业人才培养的融合出版创新探索，一方面体现和保持了人才培养的创新性，促使受教育者学会思考、与社会融为一体；另一方面也凸显了新闻出版、文化发展对于人才培养的价值和必要性。

中国工程院院士

丛书前言

进入21世纪以来，在全球新一轮科技革命和产业变革中，世界各国纷纷将发展制造业作为抢占未来竞争制高点的重要战略，把人才作为实施制造业发展战略的重要支撑，改革创新教育与培训体系。我国深入实施人才强国战略，并加快从教育大国向教育强国、从人力资源大国向人力资源强国迈进。

《中国制造2025》是国务院于2015年部署的全面推进实施制造强国战略文件，实现“中国制造2025”的宏伟目标是一个复杂的系统工程，但是最重要的是创新型人才培养。当前随着先进制造业的迅猛发展，迫切需要一大批具有坚实基础理论和专业技能的制造业高素质人才，这些都对现代工程教育提出了新的要求。经济发展方式转变、产业结构转型升级急需应用技术类创新型、复合型人才。借鉴国外尤其是德国等制造业发达国家人才培养模式，校企合作人才培养成为学校培养高素质高技能人才的一种有效途径，同时借助于互联网技术，尽早推出适合创新应用型人才培养模式的出版项目势在必行。

为此，在充分调研的基础上，根据机械工程的专业和行业特点，在上海市机械专业教学指导委员会和上海市机械工程学会先进制造技术专业委员会的牵头、指导下，上海科学技术出版社组织成立教材编审委员会和编写委员会，联络国内本科院校及一些国内外大型名企等支持单位，搭建校企交流平台，启动了“创新应用型数字交互规划教材｜机械工程”的组织编写工作。本套教材编写特色如下：

1. 创新模式、多维教学。教材依托增强现实(AR)技术，尽可能多地融入数字资源内容(如动画、视频、模型等)，突破传统教材模式，创新内容和形式，帮助学生提高学习兴趣，突出教学交互效果，促进学习方式的变革，进行智能制造领域的融合出版创新探索。

2. 行业融合、校企合作。与传统教材主要由任课教师编写不同，本套教材突破性地引入企业参与编写，校企联合，突出应用实践特色，旨在推进高校与行业企业联合培养人才模式改革，创新教学模式，以期达到与应用型人才培养目标的高度契合。

3. 教师、专家共同参与。主要参与创作人员是活跃在教学和企业技术一线的人员，并充分吸取专家意见，突出专业特色和应用特色。在内容编写上实行主编负责下的民主集中制，按照应用型人才培养的具体要求确定教材内容和形式，促进教材与人才培养目标和质量的接轨。

4. 优化实践环节。本套教材以上海地区院校为主，并立足江浙沪地区产业发展的整体情况。参与企业整体发展情况在全国行业中处于技术水平比较领先的位置。增加、植入这些企业中当下的生产工艺、操作流程、技术方案等，可以确保教材在内容上具有技术先进、工艺领先、案例新颖的特色，将在同类教材中起到一定的引领作用。

5. 增设与国际工程教育认证接轨的“学习成果达成要求”。即本套教材在每章开始，明确说明本章教学内容对学生应达成的能力要求。

本套教材“创新、数字交互、应用、规划”的特色，对避免培养目标脱离实际的现象将起到较好作用。

丛书编委会先后于上海交通大学、上海理工大学召开5次研讨会，分别开展了选题论证、选题启动、大纲审定、统稿定稿、出版统筹等工作。目前确定先行出版10种专业基础课程教材，具体包括《机械工程测试技术基础》《机械装备结构设计》《机械制造技术基础》《互换性与技术测量》《机械CAD/CAM》《工业机器人技术》《机械工程材料》《机械动力学》《液压与气动技术》《机电传动与控制》。教材编审委员会主要由参加编写的高校教学负责人、教学指导委员会专家和行业学会专家组成，亦吸收了多家国际名企如瑞士奇石乐（中国）有限公司和江浙沪地区大型企业的参与。

本丛书项目拟于2017年12月底前完成全部纸质教材与数字交互的融合出版。该套教材在内容和形式上进行了创新性的尝试，希望高校师生和广大读者不吝指正。

上海市机械专业教学指导委员会

前言

当前，我国经济正处于产业结构调整转变时期，尤其是企业技术高新化，产业结构向高技术产业、新兴产业、现代装备制造业转移升级，要求企业工程技术人员具备比较全面的机械、材料、控制等方面的学科知识，其中工程材料知识是必须具备的基础知识。因此，一本突出工程材料的基本性能、性能强化、表面改性及其典型应用的教材是非常需要的。

本书为校企合作编著教材，在编写过程中注重工程背景、工程应用以及与工程机械设计制造等的有机联系，强化了工程应用、工程材料表面改性新技术等方面的内容，反映了工程材料的发展趋势。书中实例多，便于应用；表格多，信息强；各章节内容有多处交互链接有关视频或模拟动画等数字资源。

本书主要编者，既具有多年企业工程应用的经历，又具有多年工科本科教学经验；既熟悉应用型本科教育教学的目标，又了解企业的工程技术需求和对人才工程应用能力的要求，还熟谙现有教材的优缺点。所以，本书在编写结构上具有完整的工程材料知识体系，在内容上较好地突出了工程应用性。同时，力求尽可能地把科学技术发展的新成果吸收进来，把工程实际应用情况反映到教材中。教材编写按照现行的国家标准如GB/T 228—2010《金属材料拉伸试验第一部分：室温试验》、GB/T 231.1—2009《金属材料布氏硬度第一部分：试验方法》、GB/T 230.1—2009《金属材料洛氏硬度试验第一部分：试验方法》、GB/T 229—2007《金属材料夏比摆锤冲击试验方法》等完善相关知识内容，符合最新规范表述。

本书可供机械设计制造及其自动化、工程装备与控制工程、车辆工程、材料成型及控制工程、化工机械、能源与动力工程、建筑环境与设备工程、飞行器制造工程等工科类专业本科及专科学生使用，本书也可供从事机械设计与制造工作的工程技术人员参考。

本书由上海应用技术大学张而耕教授担任主编，上海应用技术大学吴艳云高级工程师担任副主编。主要参与编写人员均来自上海应用技术大学，具体如下：张而耕（第1章、第10章），吴艳云（第2章、第5章），郑刚（第3章、第4章），侯怀书（第6章），付泽民（第7章、第8章），周琼（第9章、第11章）。全书由上海高罗输送装备有限公司技术中心主任陆俭高级工程师、上海紫江集团韩明高级工程师、上海电气集团上海锅炉厂有限公司严祯荣教授级高级工程师担任主审，他们不仅配合本书作者参与了部分小节的编写，还对各章初稿提出了修改建议。

在本书的编写过程中，我们得到许多高等院校和研究所教授专家、老师以及企业技术人员的指导与帮助，也参阅了不少近年来工程材料研究领域的文献和网络资源，在此表示衷心的感谢。本书如有错误和不妥之处，敬请指正。

编者

本书配套数字交互资源使用说明

针对本书配套数字资源的使用方式和资源分布，特做如下说明：

1. 用户（或读者）可持安卓移动设备（系统要求安卓4.0及以上），打开移动端扫码软件（本书仅限于手机二维码、手机qq），扫描教材封底二维码，下载安装本书配套APP，即可阅读识别、交互使用。

2. 插图图题后或表格表题后有加“ ”标识的，提供视频、动画等数字资源，进行识别、交互。具体扫描对象（图片、表格）位置和数字资源对应关系参见下列附表。

扫描对象位置	数字资源类型	数字资源名称
图1-5	动画	墨水滴在纳米材料表面
图2-4	动画	低碳钢拉伸应力-应变曲线（含3部分）
图3-2	视频	金刚石
图4-16	动画	铁碳合金相图（含7部分）
图5-25	视频	井式渗碳炉
图6-6	动画	弹簧制作
图7-3	动画	铁碳金相组织
图8-17	视频	粉末冶金生产动画
图9-5	视频	碳纤维复合材料
图10-6	视频	涂层刀具车铣复合加工
图10-11	视频	激光表面合金化施工
表11-1	动画	抽真空成型和挤出成型

目　录

第1章

绪　论

◎ **学习成果达成要求**

机械工程材料是一门基础学科，是工程制造和应用领域必须熟练掌握的工具。

学生应达成的能力要求包括：

1. 能够通过学习机械工程材料的重要性及其对人类社会发展的巨大贡献，进一步认识到材料科学还具有广阔的发展空间，还有很多新的未知领域需要去学习和探索。

2. 能够对常用机械工程材料根据其应用进行分类，把握材料与环境的相互关系，在现实中做到实现材料的循环利用、促进社会的可持续发展。

1.1　材料的作用和发展前景

材料是人类用于制造机器、构件和产品的物质，是人类赖以生存和发展的物质基础。20世纪70年代，人们把信息、材料和能源作为社会文明的支柱；80年代，随着高技术群的兴起，又把新材料与信息技术、生物技术并列作为新技术革命的重要标志；90年代以来，材料成为当前世界新技术革命的三大支柱(材料、信息、能源)之一，与信息技术、生物技术一起构成21世纪世界最重要和最具发展潜力的三大领域。新材料的诞生会带动相关产业和技术的迅速发展，甚至会催生新的产业和技术领域。

1.1.1　材料是人类进步的物质基础

材料的应用与发展勾画了人类的文明发展史，人类使用材料的历史几乎和人类的文明史一样悠久。人类对材料的使用可以划分为七个时代，分别是石器时代、青铜器时代、铁器时代、水泥时代、钢时代、硅时代、新材料时代。从远古的石器时代到公元前的铁器时代，金属的使用标志着社会生产力的发展，人类开始逐渐进入文明社会。18世纪钢时代的来临，引起世界范围的工业革命，因而产生若干发达的强国。继钢时代之后，1950年开始进入硅时代，这是信息技术革命的时代，对当今世界产生了深远的影响。在钢时代和硅时代中，人们强烈地认识到材料科技对社会发展与进步的作用。无论是专门从事材料研究的科技人员，还是经济学家、金融界的银行家、企业界的巨头，甚至作为经济决策者的国家领导阶层，都密切注意材料研究的动向和发展趋势，以便及时把握时机，做出正确的判断与决策，以使本国在世界经济发展的竞争中占有一席之地。材料是发展国民经济、促进社会进步和保障国家安全的物质基础，也是新技术革命的物质基础。可以说，材料的发展水平制衡了整个社会科技的发展和物质生活的提高。

无论是远古时代，还是生产力高度发达的今天，无论是工业、农业、现代国防，还是日常生活，均离不开材料。材料是人类社会进步的里程碑，纵观人类利用材料的历史，可以清楚地看到，每一种重要新材料的发现和应用，都把人类改造自然的能力提高到一个新的水平。材料科学技术的每一次重大突破都会引起生产技术的重大变革，甚至引起一次世界性的技术革命，大大地加速社会发展的进程，给社会生产力和人类生活带来巨大变革，推动人类物质文明的前进，如图 1-1 所示。

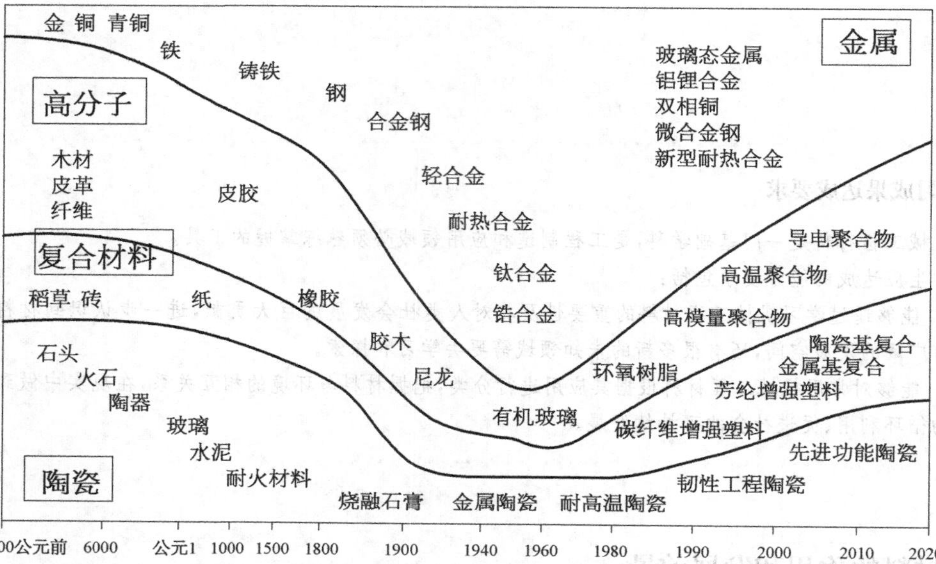

图 1-1 工程材料的出现随历史时间发展示意图(时间是非线性的)

同样，20 世纪的四项重大发明，即原子能、半导体、计算机、激光器也离不开材料科学的发展。仅以计算机为例，1946 年由美国研制的埃尼阿克(ENIAC)电子数值积分计算机，共用 18 000多只电子管，质量 30 t 有余，占地 170 m^2，每小时耗电 150 kW，真可谓“庞然大物”。半导体材料出现后，特别是 1967 年大规模集成电路问世以来，计算机实现了微型化，才得以进入办公室及普通百姓人家。现在一台功能和第一台电子管计算机相当的微型计算机，其运行速度加快几百倍，体积仅为原来的 30 万分之一，质量仅为原来的 6 万分之一。我国的“两弹一星工程”“航天工程”以及“嫦娥工程”(探月工程)等尖端技术的发展也离不开材料。因此，新材料技术已成为当代技术发展的重要前沿。1981 年，日本国际贸易和工业部选择了优先发展的三个领域，即新材料、新装置和生物技术。1986 年 3 月，我国制定了《高技术研究发展计划纲要》即“863 计划”，将新材料列入重点研究领域之一，并命名为“关键新材料和现代材料科学技术”。材料科学的发展及进步已成为衡量一个国家科学技术水平的重要标准。

1.1.2 开发新材料是国家发展的战略需求

当今是高技术主宰着社会，一方面高技术促进社会的发展，并保障国防安全，另一方面，高技术是传统产业改造、发展支柱产业不可或缺的部分，而新材料又是高技术的先导和基础，所以开发新材料已受到高度重视。新材料具有强烈的基础性、支撑性、技术价值和迫切的战略需求。新材料，主要是指那些正在发展，且具有优异性能和应用前景的一类材料。为了规范新材料的含义，一般把具备以下三个条件之一的材料称为新材料：

(1) 新出现或正在发展中的、具有传统材料所不具备的优良性能的材料。科学家们发现,除金刚石、石墨外,还有一些新的以单质形式存在的碳。其中发现较早并已在研究中取得重要进展的是C60分子(图1-2)。C60分子是一种由60个碳原子构成的分子,它形似足球,因此又名足球烯(C60这种物质是由C60分子组成的,而不是由原子构成的)。有人建议称C60及其一系列碳原子簇为“球碳”,理由是它们是由碳元素组成的球形分子;有人建议称其为“笼碳”,理由是它们是一种中空的笼形分子;还有人建议把“球碳”“笼碳”和“富勒”综合起来,称为“富勒球碳”和“富勒笼碳”。但迄今为止,还没有一种令大家都满意的名称。C60具有金属光泽,有许多优异性能,如超导、强磁性、耐高压、抗化学腐蚀,在光、电、磁等领域有潜在的应用前景。

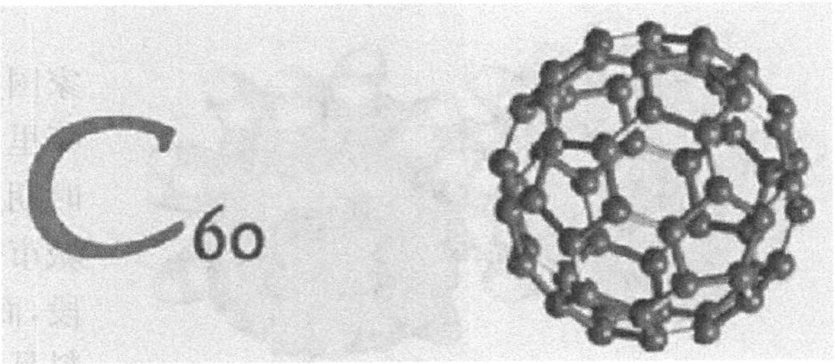

图1-2 C60分子

(2) 高技术发展需要具有特殊性能的材料。如记忆合金(图1-3)和具有光电转换功能的太阳能电池板(图1-4)。

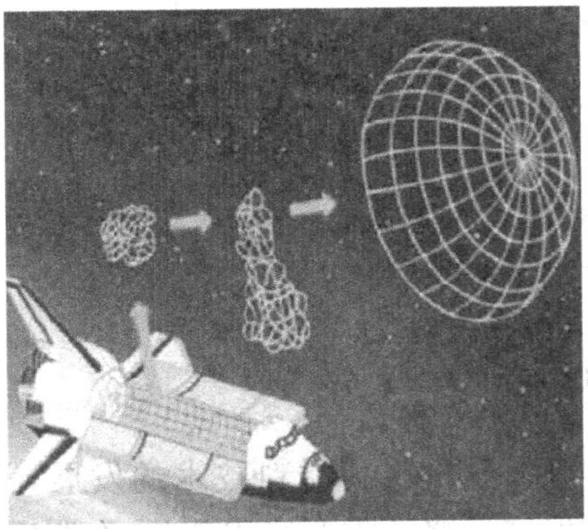

图1-3 形状记忆合金——飞船网状自展天线

图1-4 卫星的太阳能电池板

(3) 由于采用新技术(工艺、装备)明显提高性能,或者出现新功能的材料。如“超级钢”(图1-5)、纳米材料(图1-6)等。

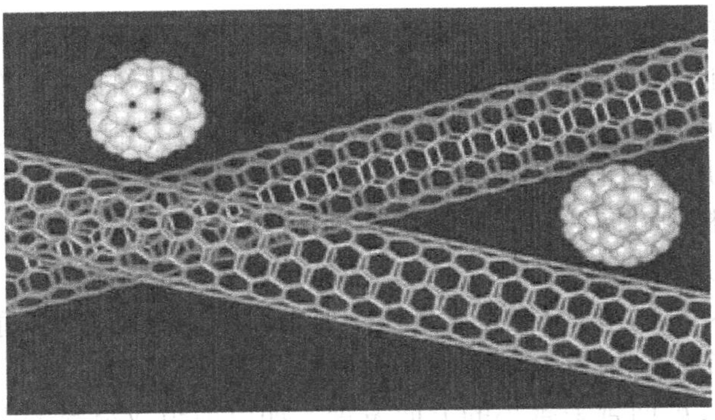

图1-5 碳纳米管(抗拉强度为钢的40倍)

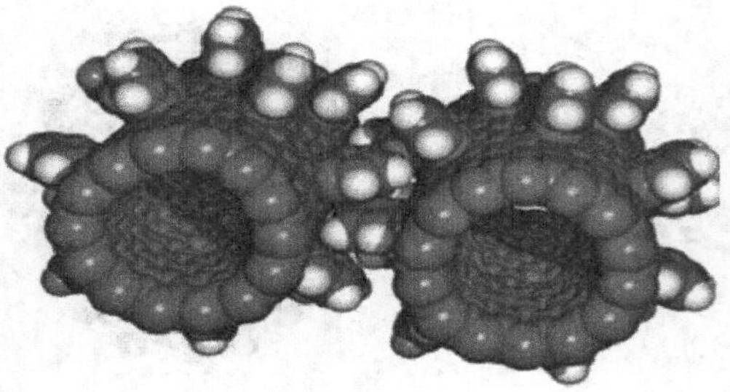

图1-6 纳米齿轮

材料发展水平的高低已经成为衡量一个国家国力强弱的标准之一。资料显示，在未来20年里，我国会在能源方面面临一系列挑战。这一时期是实现现代化的关键时期，也是经济结构、城市化水平、居民消费结构发生明显变化的阶段，而能源材料是解决能源危机的关键。能源材料是材料的一个重要组成部分，包括新能源技术材料、能量转换与储能和节能材料等。图1-7所示为由于采用了新的材料，发动机的工作温度进一步升高，工作效率也随之提高。如果能在能源材料方面取得突破，不仅能解决即将到来的能源危机，而且能大大促进我国今后在能源领域的发展。材料科技的发展对国防建设起着不可估量的作用，从简单的兵器到飞机坦克，从手机到通信卫星，材料的发展制约着一切。

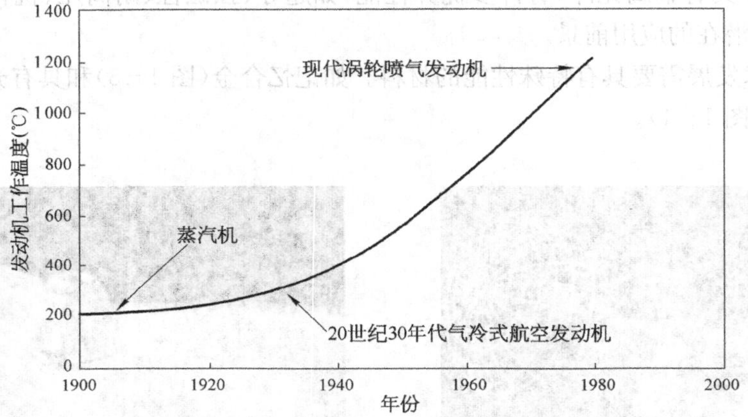

图1-7 发动机发展时间与工作温度关系曲线

所以，国家要发展，材料科技需先行。世界各国都十分重视新材料技术的发展，美国、欧洲、日本等发达国家和地区都把发展新材料作为科技发展战略的重要组成部分，在制定国家科技与产业发展计划时，将新材料技术列为21世纪优先重点发展的关键技术之一，以保持其经济和科技的领先地位。我国的新材料科技及产业的发展，在政府的大力关心和支持下，也取得了重大的进展和卓越的成绩，为国民经济和社会发展提供了强有力的支撑。

1.1.3 材料具有广阔的发展前景

日新月异的现代技术的发展需要很多新型材料的支持。未来材料科技发展的方向为精细化、超高性能化、高功能化、复杂化、生态环境化、智能化。当前，材料技术的发展趋势有以下几种：

(1) 从均质材料向复合材料发展。以前人们只使用金属材料、高分子材料等均质材料，现在开始越来越多地使用诸如把金属材料和高分子材料结合在一起的复合材料。

(2) 由以结构材料为方向往功能材料、多功能材料并重的方向发展。以前讲材料，实际上都是指结构材料。但是随着高技术的发展，其他高技术要求材料技术为它们提供更多更好的功能材料，而材料技术也越来越有能力满足这一要求。所以现在各种功能材料越来越多，终有一天功能材料将会同结构材料在材料领域平分秋色。

(3) 材料结构的尺度向越来越小的方向发展。如以前组成材料的颗粒，尺寸都在向微米

(100万分之一米)方向发展。由于颗粒极度细化,有些材料的性能发生了截然不同的变化。如以前给人以极脆印象的陶瓷,居然可以用来制造发动机零件。

(4) 由被动性材料向具有主动性的智能材料方向发展。过去的材料不会对外界环境的作用做出反应,完全是被动的。新的智能材料能够感知外界条件变化、进行判断并主动做出反应。

(5) 通过仿生途径发展新材料。生物通过千百万年的进化,在严峻的自然环境中经过优胜劣汰发展到今天,自有其独特之处。通过"师法自然"并揭开其奥秘,给人们以无穷的启发,为开发新材料提供又一条广阔的途径。

1.2 工程材料的分类及工程应用

工程材料是指具有一定性能,在特定条件下能够承担某种功能、能被用来制作零件和元件的材料。工程材料种类繁多,有许多不同的分类方法,其工程应用也非常广泛。

1.2.1 工程材料的分类

1) 按材料的化学组成分类

(1) 金属材料。指具有正的电阻温度系数及金属特性的一类物质,是目前应用最为广泛的工程材料。按金属元素构成情况的不同,可分为金属与合金两种类型。所谓金属,是指由单一元素构成的、具有正的电阻温度系数及金属特性的一类物质;所谓合金,是指由两种或两种以上金属或金属与非金属元素构成的、具有正的电阻温度系数及金属特性的一类物质。金属材料按化学组成不同又可分为黑色金属及有色金属两种类型。黑色金属主要包含钢(碳钢、合金钢)和铸铁,即以铁元素、碳元素为主的金属材料;有色金属包含除钢铁以外的金属材料,其种类很多,按照它们特性的不同,又可分为轻金属(Al、Mg、Ti)、重金属(Cu、Ir、Pb)、贵金属(Au、Ag、Pt)、稀有金属(Ta、Zr)和放射性金属(Ta)等多种。

(2) 无机非金属材料。指以天然硅酸盐(黏土、长石、石英等)或人工合成化合物(氮化物、氧化物、碳化物、硅化物、硼化物、氟化物等)作为原料,经粉碎、配置、成型和高温烧结而成的硅酸盐材料。无机非金属材料包括水泥、玻璃、耐火材料和陶瓷等,其主要原料是硅酸盐矿物,因此又称为硅酸盐材料。

(3) 高分子材料。指以高分子化合物为主要组分的材料,又称为高聚物。按材料来源可分为天然高分子材料(蛋白质、淀粉、纤维素等)和人工合成高分子材料(合成塑料、合成橡胶、合成纤维);按性能及用途可分为塑料、橡胶、纤维、胶粘剂、涂料等。金属材料、陶瓷材料、高分子材料统称三大固体材料;合成塑料、合成橡胶、合成纤维统称三大合成材料。

(4) 复合材料。指由两种或两种以上不同性质的材料,通过不同的工艺方法人工合成的、各组分间有明显界面且性能优于各组成材料的多相材料。多数金属材料不耐腐蚀,无机非金属材料脆性大,高分子材料不耐高温且易老化。人们将上述两种或两种以上的不同材料组合起来,使之取长补短、相得益彰,就构成了复合材料。复合材料由基体材料和增强材料复合而成,基体材料包括金属、塑料(树脂)、陶瓷等,增强材料包括各种纤维和无机化合物颗粒等。

2) 按材料的使用性能分类

(1) 结构材料。指以强度、刚度、塑性、韧性、硬度、疲劳强度、耐磨性等力学性能为性能指标,用来制造承受载荷、传递动力的零件和构件的材料。结构材料可以是金属材料、高分子材料、陶瓷材料或复合材料。

(2) 功能材料。指以声、光、电、磁、热等物理性能为指标,用来制造具有特殊性能元件的材料，如大规模集成电路材料、信息记录材料、充电材料、激光材料、超导材料、传感器材料、储氢材料等都属于功能材料。目前功能材料在通信、计算机、电子、激光和空间科学等领域扮演着极其重要的角色。

1.2.2 工程材料的工程应用

工程材料广泛应用于汽车、轮船、飞机等工业部门，如齿轮、轴承、汽车连杆、摇臂等零件。铝合金因为其强度高、质量轻被广泛应用于车身结构件。镁合金零件尺寸稳定性好，其振动阻尼性能优于铝和钢，常被用作汽车座椅架、方向盘柱、发动机缸盖等。高分子材料应用于仪表盘壳、冰箱衬里以及飞机舱内装饰板、隔音板等。复合材料具有强度高、可设计性强等优点，正日益成为汽车轻量化的首选材料。复合材料已经在奔驰、宝马、大众、沃尔沃、莲花、曼恩等欧洲汽车公司的多种车型中大量应用。

1.3 新材料的发展与展望

1.3.1 材料与环境及可持续发展

材料产业作为国民经济的基础和先导，一方面推动着社会经济的发展和人类文明的进步；另一方面，在材料的采矿、提纯、加工、制备、生产、使用以及废弃过程中，需要消耗大量的资源和能源，同时排放出的大量废水、废气和废渣又会造成环境的污染与生态的破坏，威胁人类的生存和健康。全球性生态环境的迅速恶化和资源面临枯竭，是21世纪人类生存和发展所面临的重大危机，已成为国际社会普遍关注的焦点之一。自1992年里约垫内卢地球峰会通过《21世纪章程》以来，可持续发展的思想和具体行动计划已在全世界被普及和实施。发展是人类永恒的主题，而如何解决发展进程中的资源与环境问题是人类生存的前提。

日本东京大学的山本良一教授认为，生态环境材料应是将先进性、环境协调性和舒适性融为一体的新型材料。其特征首先是节约资源和能源；其次是减少环境污染，避免温室效应与臭氧层破坏；第三是容易回收和循环再生利用。在此基础上，经过我国众多学者长时间的讨论，达成如下共识："生态环境材料应是同时具有满意的使用性能和优良的环境协调性（或者能够改善环境）的材料。所谓环境协调性是指资源和能源消耗少，环境污染小和循环再生利用率高。"这里既包括按生态环境材料的基本思想和设计原则开发的新材料，也包括对传统材料的生态化改造，即在材料生命周期评价（life cycle assessment，LCA，国内比较普遍的另一称谓是环境协调性评价）的基础上，通过对材料制造工艺的不断调整和改造，逐渐实现传统材料的生态环境材料化。

近年来很多学者把LCA方法与材料（产品）的设计结合在一起，可以为材料选用、绿色产品的开发等提供科学依据，拓宽了LCA的应用范围。例如，钢铁材料是机械工业的主要原料，用于拖拉机曲轴生产的主要有三种原料：优质碳素钢、铸钢、球墨铸铁。三种材料都可以满足曲轴的性能要求，但是由于碳素钢、铸钢、球墨铸铁的生产工艺差别很大，因此这三种材料的环境负荷必然存在差异。为了实现产品的环境友好设计，尽量减少曲轴生产对环境的危害，有必要对这种差异进行研究，以便更好地选用材料。表1-1是三种材料各生产1 000 kg毛坯环境负荷的LCA编目表。由LCA研究可以看到，如果用优质45钢，由于铁矿石资源消耗量大，工艺复杂，其环境负载明显比球墨铸铁和铸钢要高。环境负载由高到低排序为45钢＞球墨铸铁＞铸钢，同时考虑到材料的综合性能，尽管球墨铸铁的环境负载稍高，但其耐磨性能、减振性能较好，这样可以延长机械的使用寿命（同时也降低了寿命周期中的环境负载），因此在曲轴生产中建议选用铸钢和球墨铸铁。

表 1-1　三种材料的环境负荷比较

材料名称	资源消耗(kg)					排放量(kg)				
	铁矿石	铁合金	石灰岩	废钢	能量(10^{10} J)	CO_2	SO_x	NO_x	废水	固体废弃物
45 钢	2 400	17	18.5	129	4.78	12 129.77	75.014	0.008	70 218.88	14 723.93
铸钢 ZG310-570	380	8	20	1 425	1.03	3 479.86	23.27	0.641	13 375.09	2 656.75
球墨铸铁 QT600-3A	1 235	22	60	877	2.34	3 592.48	17.238	0.608	20 865.88	7 924.94

资源和能源瓶颈要求资源和材料应用的高效率，而废弃物的大量增加对再生循环技术的要求日趋紧迫，环境净化与修复等新型环境功能材料是治理污染的保障，用环保材料替代有害材料已是人们急需解决的技术课题。这些环境友好的新一代关键技术的开发与相应新型产业的建设与发展，是建立循环经济、构筑和谐社会的物质基础。因此，生态环境材料的研究开发及其产业化已经成为社会发展的急迫需求。

1.3.2　新材料研究的发展趋势

新材料是新兴工业的基础，国家发改委自 2000 年开始组织实施了新材料高技术产业化专项，大力发展对国民经济有重要支撑作用的新材料，特别是发展具有自主知识产权和受西方制约并对我国实行技术、产品封锁的新材料的产业化，在一些重点、关键新材料的制备技术、工艺技术、新品种开发技术及节能、环保和资源综合利用技术上有突破性的进展。国家"十三五"规划则明确指出，新材料产业要围绕信息、生物、航空航天、重大装备、新能源等产业发展的需求，提升电子信息材料水平，加快航空航天材料研制，扩大能源材料生产。

2015 年我国新材料产业规模约 1.9 万亿元。稀土功能元素、先进储能材料、光伏材料、超硬材料、特种不锈钢、玻璃纤维及其复合材料等产业产能居世界前列。2015 年太阳能电池组件达到 23 GW，同比增长 20.8%；半导体照明产业初步形成了从上游外延材料生长与芯片制造、中游器件封装到下游集成应用的比较完整的研发与产业体系，2015 年产业规模超过 5 000 亿元。图 1-8 为 2010—2015 年我国新材料的产业规模趋势图。

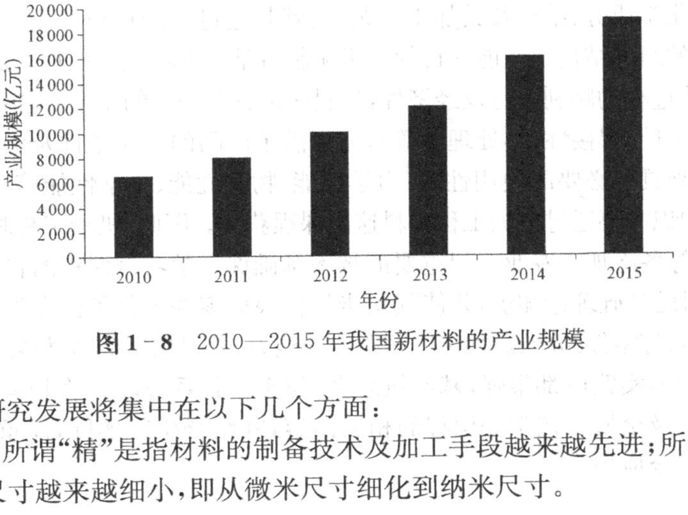

图 1-8　2010—2015 年我国新材料的产业规模

今后新材料研究发展将集中在以下几个方面：

(1) 精细化。所谓"精"是指材料的制备技术及加工手段越来越先进；所谓"细"是指组成、制备材料粒子的尺寸越来越细小，即从微米尺寸细化到纳米尺寸。

(2) 高功能化。是指功能材料应向更高功能化方向发展，例如发展高温超导材料等。

(3) 超高性能化。是指结构材料应向超高性能化的方向发展，例如发展超高强度钢、金属材料的超塑性等。

(4) 复杂化。是指复合化和杂化：所谓复合化是指将两种或两种以上不同性质的材料，通过不同工艺方法形成的各组分间有明显界面且性能优于各组成相的多相材料的一种方法；所谓杂化是指将有机、无机及金属三大类材料在原子和分子水平上混合而构思设想形成性能完全不同于现有材料的一种新材料的制备方法。

(5) 智能化。是指材料可以像人类大脑一样，会思考、会判断、能思维，如形状记忆合金。

(6) 可再生及生态环境化。可再生是指制备的材料可以重复利用，具有可再生的能力与属性；生态环境化是指生产制备时材料安全、可靠、无毒副作用，且对周围环境无任何污染的性质。只有这样才能使生产制备的材料可以重复利用，对周围环境无污染，使生产制备的新材料与再制造工程联系在一起，与我国发展的大政方针联系在一起，才能符合我国经济发展的战略方针，即循环经济、可持续发展。

新材料发展呈现结构功能一体化、材料器件一体化、纳米化、复合化、绿色化的特点，其作用在高马赫数飞行器、微纳机电系统和新能源电池方面发挥得淋漓尽致。新材料在行业科技进步中举足轻重。例如，高性能特殊钢和高温合金是高铁轮对和飞机发动机最好的选择，超高强铝合金是大飞机框架的关键结构材料，高强高韧耐腐蚀钛合金是蛟龙号壳体及海洋工程不可或缺的材料。

此外，新材料制备的新方法、新工艺、新装备至关重要，须协调发展。新材料的研究成果正快速产业化并不断降低成本。新材料的研发、工程化与产业化成为各国研究单位、大学企业、政府和市场关注、着力的重点。

1.4 本课程的目的、意义、内容与要求

机械工程材料是研究材料的化学成分、组织结构、加工工艺与性能的关系及其规律的一门学科。机械工程材料和机械设计、机械制造、机械电子工程等机械类及近机械类专业的关系极其密切。机械设计主要包含产品的功能设计、结构设计、材料设计等方面。在设计某一产品时，设计者既要进行功能设计和结构设计，即通过精确的计算和必要的试验确定决定产品功能的技术参数和整机结构及零件的强度、形状、尺寸等，为了保证产品的功能与性能，同时还要进行材料设计，即确定材料的化学成分、结构及其加工工艺，也就是通过控制材料的化学成分及加工工艺过程，达到控制材料的组织结构与性能的目的。机械制造是将材料经济地加工成最终产品的过程。为了保证加工工艺过程的顺利进行及经济性，材料必须具备一定的工艺性能（冶炼性、铸造性、压力加工性、切削加工性、焊接性、热处理性等），为了满足产品的工作条件及保证产品具有一定的使用寿命，产品必须具备必要的使用性能（力学性能、物理性能、化学性能等）与经济性。材料设计及选材的相关知识需要通过机械工程材料这门课程获得。因此，机械工程材料是机械制造、机械设计、机械电子等各冷加工专业一门重要的技术基础课。学习该课程的目的和意义是使学生获得有关工程材料的基础理论知识，并使其初步具备根据零件工作条件和失效方式合理地选择与使用材料，正确制订零件的冷、热加工工艺路线的能力，掌握强化金属材料的途径及方法。

本课程理论性和实践性都很强，基本概念多，与实际联系密切。学生学习时应注意联系物理、化学、工程力学及金属工艺学等课程的相关内容，并结合生产实际，注重分析、理解前后知识的整体联系及综合应用。

第 2 章

工程材料的性能

◎ **学习成果达成要求**

工程材料在不同的载荷与环境条件下服役，其使用性能和工艺性能等性能指标是工程设计制造中选材、加工、质量、故障等的分析评价依据。

学生应达成的能力要求包括：

1. 能够准确提出工程载荷下材料应具备的性能指标要求。
2. 能够在工程设计中准确运用材料性能指标选用材料。
3. 能够掌握工程材料常用的力学性能评定方法，并能在安全、质量管理中运用。

材料的性能指标是设计、制造零件和工具的重要依据。材料的性能包括使用性能和工艺性能两类。使用性能是指工程材料在使用条件下所表现出来的性能，包括力学性能（也称机械性能）、物理性能、化学性能等。工艺性能是指工程材料在制造工艺过程中适应加工的性能，金属材料的工艺性能包括铸造性能、锻造性能、焊接性能、热处理性能、机械加工性能等。

工程材料力学性能是指材料在外加载荷（外力或能量）作用下或载荷与环境因素（温度、介质和加载速率）联合作用下表现出来的行为。这种行为通常表现为材料的变形和断裂。因此，材料的力学性能可以理解为材料抵抗外加载荷引起的变形和断裂的能力。当外加载荷的性质、环境温度与介质等外在因素不同时，对材料力学性能指标的要求也不相同。室温下常用的力学性能指标有强度、塑性、刚度、弹性、硬度、冲击韧性、断裂韧性和疲劳极限等。

按负荷（载荷）随时间变化的情况，可把载荷分成静载荷和动载荷。若载荷缓慢地由零增加到某一定值以后保持不变或变动很不显著，即为静载荷，如机器的重量对基础的作用。若载荷随时间显著变化，则为动载荷，如钢材锻造时锤头对毛坯的作用。在设计机械产品时，主要根据零件所承受的载荷和失效的方式正确选择材料的性能（主要是强度等力学性能）指标进行定量计算，以确定产品的结构和零件的尺寸。

2.1 工程材料的静载力学性能

机械零件上的静载荷有四种基本形式，即拉伸或压缩、剪切、扭转和弯曲。很多零件同时承受几种载荷作用，例如，车床主轴工作时承受弯曲、扭转与压缩三种载荷作用，钻床工作时其立柱同时承受拉伸与弯曲两种载荷作用，如图 2-1、图 2-2 所示。工程领域静载时材料的力学性能指标主要有强度、塑性和硬度。以下以工程金属材料为例介绍各指标。

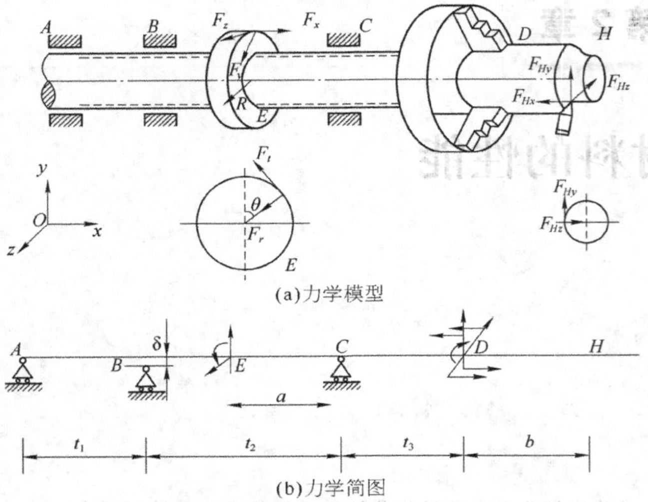

图 2-1　车床主轴

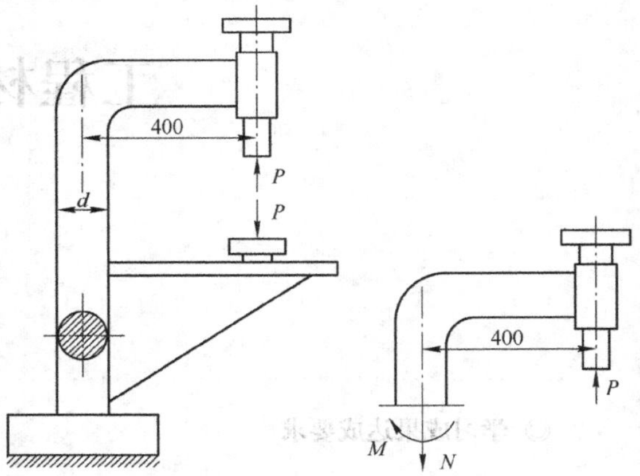

图 2-2　某型号钻床立柱载荷图

工程金属材料的强度和塑性通过室温拉伸性能试验测定。现行的国家标准是 2011 年 12 月 1 日实施的 GB/T 228—2010《金属材料拉伸试验第一部分：室温试验》。

2.1.1　强度及评定

2.1.1.1　拉伸试验和应力-应变曲线

强度是指在外力作用下，材料抵抗变形和断裂的能力。材料的强度指标常通过拉伸试验测定。图 2-3 是退火低碳钢的拉伸试样在拉伸前后形貌的变化图，图 2-4 是根据低碳钢拉伸试验载荷（拉力）与变形量（伸长量）的变化关系做出的应力 R-应变 e 曲线（依照 GB/T 228—2010）。图中应力即单位横截面积上的拉力，单位 MPa，应变即单位长度的延伸率，无单位（mm/mm），应力应变公式如下：

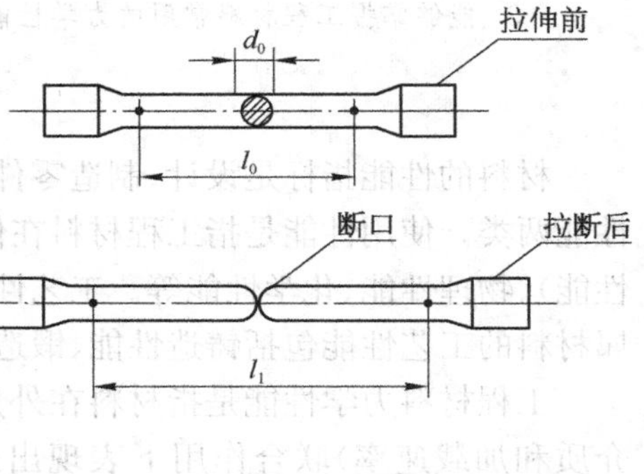

图 2-3　低碳钢拉伸试样初始及拉断状态

$$R = F/S_0 \tag{2-1}$$

$$e = \Delta L/L_0 \tag{2-2}$$

其中　　　　$\Delta L = L_u - L_0$

式中，F 为外力（N）；S_0 为试样原始横截面积（mm^2）；L_0 为试样标距长（mm）；ΔL 为试样的总伸长（mm）；L_u 为断裂后标距长（mm）。

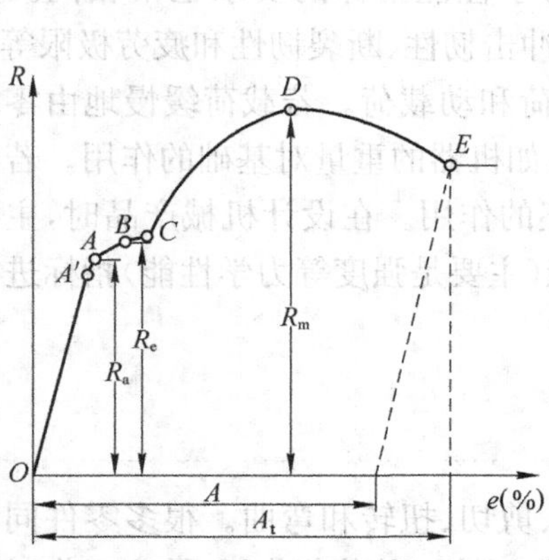

图 2-4　低碳钢拉伸应力-应变曲线

A—延伸率（总塑性应变），无单位；
A_t—E 点时的总应变（含弹性应变及塑性应变）

应力-应变曲线不受试样尺寸的影响，可以从曲线上直接读出材料的一些常规力学性能指标。在图 2-4 所示的 R-e 曲线上，OA 段为弹性阶段。在此阶段随载荷增加试样的变形增大，若去除外力，变形完全恢复，这种变形称为弹性变形，其应变值很小（多数金属材料≤0.1%)。A 点的应力 R_a 称为弹性极限，为材料不产生永久变形可承受的最大应力值，是弹性零件的设计依据。OA 线中 OA' 段为一斜直线，在 OA' 段应变与应力始终成比例，所以 A' 点的应力 R'_a 称为比例极限，即应变量与应力成比例所对应的最大应力值。由于 A 点和 A' 点很接近，工程上一般不做区分。

2.1.1.2 弹性和刚度

材料在弹性范围内，应力与应变的比值(R/e)称为弹性模量 E，单位为 MPa，即

$$E = R/e \tag{2-3}$$

弹性模量反映了材料抵抗弹性变形的能力，表征材料产生弹性变形的难易程度，在工程上称为材料的刚度。金属材料的弹性模量主要取决于材料内部原子间的作用力，如晶体材料的晶格类型、原子间距，各种强化手段对弹性模量的影响较小。金属与合金的弹性模量不能通过合金化和热处理、冷变形等方法来改变。提高零件刚度的主要办法是增加横截面积或改变截面形状。金属的弹性模量随温度升高逐渐降低。

材料的弹性模量 E 与其密度 ρ 的比值(E/ρ)称为比刚度。比刚度大的材料，如铝合金、钛合金、碳纤维增强复合材料等，在航空航天工业上得到了广泛应用。

理想的弹性材料在加载时(应力不超过材料的弹性极限)立即产生弹性变形，卸载时变形立即消失，应变和应力是同步发生的。但实际工程材料尤其是高分子材料，加载时应变不是立即达到平衡值，卸载时变形也不立即消失，应变总是落后于应力。这种应变滞后于应力的现象称为黏弹性。具有黏弹性的物质，其应变不仅与应力大小有关，而且与加载速度和保持载荷的时间有关。

2.1.1.3 强度

强度是材料在外力作用下抵抗永久变形和断裂的能力。根据外力的作用方式，有多种强度指标，如屈服强度、抗拉强度、抗弯强度、抗剪强度、比强度等。

在图 2-4 中，当试验应力 R 超过 A 点时，试样除产生弹性变形外还产生塑性变形；在 BC 段，应力几乎不增加，但应变大量增加，称为屈服。B 点的应力称为屈服强度 R_e，即

$$R_e = F_e/S_0 \tag{2-4}$$

式中，F_e 为试样产生屈服时所承受的最大外力(N)；S_0 为试样原始横截面积(mm^2)。

有些塑性材料没有明显的屈服现象发生，对于这种情况，用试样标距范围内产生 0.2%塑性变形时的应力值作为该材料的屈服强度，以 $R_{p0.2}$ 表示($R_{p0.2}$ 也称规定塑性延伸强度)。屈服强度表示材料由弹性变形阶段过渡到弹-塑性变形阶段的临界应力，也是材料抵抗微量塑性变形的抗力。一般而言，工程中大多数零件都是在弹性范围内工作的，如果产生过量塑性变形，就会使零件失效，所以屈服强度是设计零件和选材的主要依据之一。

材料发生屈服后，试样应变的增加有赖于应力的增加，材料进入强化阶段，如图 2-4 的 CD 段所示，在此阶段，试样的变形为均匀变形，到 D 点应力达最大值 R_m。D 点以后，试样在某个局部的横截面发生明显收缩，出现“颈缩”现象，此时试样产生不均匀变形。由于试样横截面积的锐减，维持变形所需要的应力明显下降，并在 E 点处发生断裂。D 点对应的最大应力值 R_m 称为抗拉强度，它是材料抵抗均匀变形和断裂所能承受的最大应力值，即

$$R_m = F_m/S_0 \tag{2-5}$$

式中，F_m 为试样拉断前承受的最大外力(N)。

抗拉强度 R_m 是材料抵抗断裂的能力，也是设计和选材的主要依据之一。R_m 测量方便、数据易得，如果单从保证零件不产生断裂的安全角度考虑，或者用低塑性材料、脆性材料制造零件时，都可以 R_m 作为设计依据，但所取安全系数要大些。

高温工况要注意抗拉强度 R_m 降低及高温蠕变现象。抗拉强度 R_m 在高温下随加载时间的延长而降低。如 20 钢在 450 ℃的短时抗拉强度为 330 MPa，若试样仅承受 230 MPa 的应力，在该温度下持续工作 300 h 就会发生断裂；如果将应力降至 120 MPa，持续 10 000 h 才会发生断裂。高温蠕变是指在温度 $T \geqslant (0.3 \sim 0.5)T_m$（$T_m$ 为材料的熔点，以 K 为单位）及远低于屈服强度的应力下，材料随加载时间的延长缓慢地产生塑性变形的现象。

高温蠕变比高温强度能更有效地预示材料在高温下长期使用时的应变趋势和断裂寿命，是材料的重要力学性能之一，它与材料的材质及结构特征有关。蠕变的另一种表现形式是应力松弛。它是指承受弹性变形的零件，在工作过程中总变形量保持不变，但随时间的延长工作应力自行逐渐衰减的现象。例如，高温紧固件因应力松弛使紧固失效。在高温下服役的零构件，如蒸汽锅炉、蒸汽轮机、燃气涡轮、喷气发动机以及火箭、原子能装置等，要求用高温强度好、热稳定性高的材料来制造。另外温度反复变化还会引起热疲劳，温度急剧变化时会产生热冲击，低温下材料会变脆。

在航空航天及汽车工业中，为了减轻零件的重量，在产品和零件设计时经常采用比强度的概念。材料的强度指标与其密度的比值称为比强度(R_m/ρ)。强度相等时，材料的密度越小(即重量越轻)，比强度越大。另外，屈强比(R_e/R_m)表征了材料强度潜力的发挥、利用程度和该种材料所制零件工作时的安全程度。

2.1.2 塑性及评定

塑性是材料在外力作用下产生塑性变形(外力去除后不能恢复的变形)而不断裂的能力。通常塑性以材料断裂时最大相对塑性变形来表征。拉伸时用伸长率(A)或断面收缩率(Z)表示塑性，两者均无单位量纲。

伸长率即断后总伸长率，以 A 表示，即

$$A = \frac{L_u - L_0}{L_0} \times 100\% \tag{2-6}$$

式中，L_0 为标距原长(mm)；L_u 为断裂后标距长度(mm)。

断面收缩率以 Z 表示，即

$$Z = \frac{S_0 - S_u}{S_0} \times 100\% \tag{2-7}$$

式中，S_0 为试样原始横截面积(mm^2)；S_u 为断口处的横截面积(mm^2)。

同一材料的试样长短不同，测得的 A 略有不同。如 L_0 为试样原始直径 d_0 的 10 倍，则伸长率常记为 A_{10}；如 L_0 为试样原始直径 d_0 的 5 倍，则伸长率记为 A_5。同一种材料，$A_5 > A_{10}$，所以对不同材料，A_5 与 A_{10} 不能直接比较。考虑到材料塑性变形时可能有颈缩行为，故 Z 能更真实地反映材料塑性的好坏，但 A、Z 均不能直接用于工程计算。

材料具有的良好塑性能降低应力集中，使应力松弛、吸收冲击能，产生形变强化、提高零件的可靠性，同时有利于压力加工，这对工程应用和材料的加工都具有重大意义。

材料的应力—应变图亦能反映其韧性(静力韧性)。拉伸曲线与横坐标包围的面积愈大，

材料从变形到断裂过程中所吸收的能量愈多，即所谓材料的韧性愈好。

2.1.3　硬度及评定

硬度是材料抵抗硬物压入其表面的能力，也可将硬度看作材料表面局部区域抵抗变形或者破裂的能力。在材料制成的半成品和成品的质量检验中，硬度是标志产品质量的重要依据。常用的硬度指标有布氏硬度、洛氏硬度等。

2.1.3.1　布氏硬度

现行的布氏硬度试验方法是 2010 年 4 月 1 日开始实施的 GB/T 231.1—2009《金属材料布氏硬度第一部分：试验方法》，该标准中布氏硬度采用硬质合金球，以相应的试验载荷 F 压入试样表面，经规定的保持时间后卸载，然后测量试样表面的压痕直径 d，计算出压痕表面积，进而得到所承受的平均应力值，即为布氏硬度值，记作 HB，单位为 N/mm²，一般不予标出。布氏硬度测试如图 2-5 所示，计算见下式：

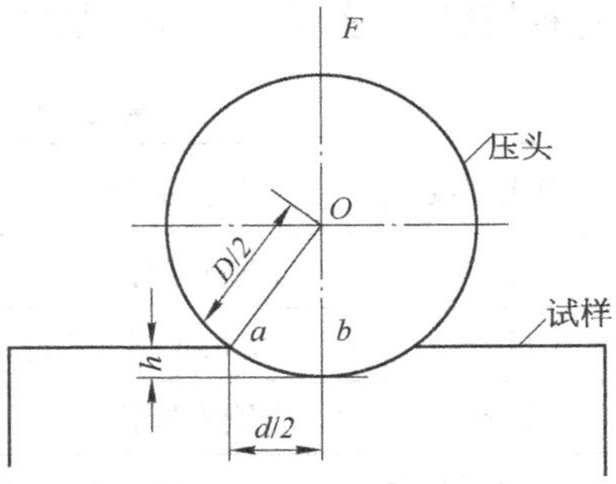

图 2-5　布氏硬度测试图

$$HBW = \frac{F}{S} = \frac{2F}{\pi^{D}(D - \sqrt{D^2 - d^2})} \tag{2-8}$$

式中，F 为加在压头上的载荷(N)；S 为压痕表面积(mm^2)。

布氏硬度的表示方法为：符号 HBW 之前为硬度值，符号后面的数值依次表示球体直径、载荷大小及载荷保持时间(保持时间 10～15 s 时可不标注)。例如，硬质合金球直径 10 mm，载荷 9.81 kN(1 000 kgf)，保持 30 s，硬度值 270，可记为 270HBW10/1 000/30，也可简单表示为 HBSW270。具体试验时，硬度值可根据实测的 d 按已知的 F、D 值查表求得。

布氏硬度试验的优点是：因压痕面积大，测量结果误差小，且与强度之间有较好的对应关系，故有代表性和重复性。但同时也因压痕面积大而不适宜于成品零件以及薄而小的零件。此外，还因测试过程相对较费事，故也不适合于大批量生产的零件检验。布氏硬度试验范围不超过 HBW650，一般用于测试退火件、正火件及调质件的硬度值，用于低、中硬度的退火状态下钢材铸铁、有色金属及调质钢的硬度测试。

2.1.3.2　洛氏硬度

现行的洛氏硬度试验方法是 2010 年 4 月 1 日开始实施的 GB/T 230.1—2009《金属材料洛氏硬度试验第 1 部分：试验方法》，在该标准中洛氏硬度也是采用一定规格的压头，在一定载荷作用下压入试样表面，然后测定压痕的残余深度来计算、表示其硬度值，记为 HR。实际测量时可直接从硬度计表盘上读得硬度值。该标准为测定不同性质工件的硬度，采用不同材料与形状尺寸的压头和载荷的组合，获得有 A、B、C、D、E、F、G、H、K、N、T 共 11 种不同的洛氏硬度标尺，并给出了各标尺所对应的适用范围。应用洛氏硬度试验方法时可以根据材料或工件的硬度状况选择不同的标尺。常用的标尺有 A、B、C、N 等。其中 A 标尺适用于测试高硬度淬火件、较小与较薄件的硬度，以及具有中等厚度硬化层零件的表面硬度；B 标尺适用于测定硬度较低的退火件、正火件和调质件；C 标尺是广泛采用的标尺，适用于测试经淬火回火等热处理零件的硬度，以及具有较厚硬化层零件的表面硬度；N 标尺适用于测试薄件、小件的硬度以及具有浅或中等厚度硬化层零件的表面硬度。每一种标尺用一个字母写在硬度符号 HR 之后，其中 HRA、HRB、HRC 最常用，其硬度值(数字)置于 HR 之前，如

60HRC、75HRA 等。

值得注意的，一是洛氏硬度压头一般采用较硬的金刚石圆锥或硬质合金球。如果产品标准或协议中有规定时也可使用钢球压头；二是洛氏硬度不适用于晶粒粗大且组织不均匀的零件。为了区别洛氏硬度试验所使用的压头类型，使用硬质合金球压头和使用钢球压头进行试验时，硬度符号后面分别加“W”和“S”。当产品标准中另有规定时，施加全部试验力的时间可以超过 6 s。这种情况下，实际施加试验力的时间应在试验结果中注明。例如：HRFW65，10 s。

表 2-1　常用洛氏硬度标尺的试验条件与应用范围

洛氏硬度	压头类型	总载荷(N)	测量范围	应用举例
HRA	120°金刚石圆锥	588.4	20～88HRA	高硬度表面、硬质合金
HRB	1.587 5 mm 淬火钢球	980.7	20～100HRB	退火、正火钢、灰铸铁、有色金属
HRC	120°金刚石圆锥	1 471	20～70HRC	调质钢、淬火回火钢

注：使用硬质合金球压头，硬度符号后面分别加“W”。使用钢球压头，硬度符号后面加“S”。

常用洛氏硬度标尺的试验条件与应用范围见表 2-1。

洛氏硬度的优点是操作迅速简便，压痕较小，几乎不损伤工件表面，适用于成品检验，故应用最广。但因压痕较小，使代表性、重复性较差一些，数据分散度也较大一些。当硬度不均匀时，数值波动较大，因此需要多打几个点，取其平均值。

2.1.3.3　维氏硬度

维氏硬度的测试原理、方法与条件参照 GB/T 4340.1—2009《金属维氏硬度试验方法》。试验原理类似布氏硬度，以相对面夹角为 136°的金刚石四方角锥为压头，以选定的载荷压入试样表面，经规定的保持时间后，卸去载荷，计算单位压痕面积上的载荷即为硬度值。试验时测量压痕两对角线长度 d，算出平均值，查表可得硬度值。

维氏硬度表示方法基本与布氏硬度相同，比如 640HV30/20 表示用 294.3 N(30 kgf)载荷保持 20 s 测得的维氏硬度值为 640(加载时间为 10～15 s 时不注明时间)。

维氏硬度所加载荷较小，主要用于薄工件或薄表面硬化层的低、中、高硬度测试。

2.1.3.4　其他硬度

为了测试一些特殊对象的硬度，工程上还有一些其他硬度试验方法。

(1) 显微硬度 HV。实质为小载荷的维氏硬度，用于材料微区硬度(如单个晶粒、夹杂物、某种组成相等)的测试，可参照 GB/T 4342—1991《金属显微维氏硬度试验方法》进行。如载荷为 0.98 N(0.1 kgf)，持续时间为 15 s，测得硬度值为 450，则记为 450HV0.1/15。

(2) 莫氏硬度。是一种刻划硬度，用于陶瓷和矿物的硬度测定，其标尺是选定 10 种不同矿物，从软到硬分为 10 级，如金刚石硬度对应于莫氏硬度 10 级，很软的滑石为 1 级。

(3) 邵氏(A 型)硬度(HS)。在规定的试验条件下，用标准弹簧压力将硬度计上的钝形压针压入试样时，指针表示出硬度度数(0～100)，用于橡胶、塑料的测定。

硬度作为一种综合的性能参量，与其他力学性能如强度、塑性、耐磨性之间有一定的关系，根据测定的硬度值估计出材料的近似抗拉强度(通常，钢的抗拉强度≈3.4 倍 HB)。材料的硬度还与工艺性能有联系，如塑性加工性能、切削加工性能和焊接性能等，如最佳切削硬度在 HBS170～230，硬度能较敏感地反映材料的成分与组织结构的变化，还可作为评定材料工艺性能的参考，故可用来检验原材料和控制冷、热加工质量。由上所述，硬度已成为衡量产品质量的重要标志。在产品设计图样的技术条件中，硬度是一项主要技术指标。一般除强韧性要求高的情况之外，均可按硬度估算强度等，从而免做复杂的拉伸试验。硬度试验在实际生产中往往作为产品质量检查、制定合理加工工艺的最常用的重要实验方法。硬度试验设备简单，操作迅速方便，一般不破坏成品零件，因而无须加工专门的试样，试验对象可以是各类工程材料和各种尺寸的零件。

2.2　工程材料的动载力学性能

机械零件上的动载荷按载荷随时间变化的方式，可分为冲击载荷与变动载荷。冲击载荷则是物体的运动在瞬时发生变化所引起的载荷，如急刹车时飞轮的轮轴、锻造时汽锤的锤杆等都受到冲击载荷的作用。变动载荷是大小或大小和方向随时间按一定的规律做周期性变化的载荷，或呈无规则随机变化的载荷，前者称为周期变动载荷(又称循环载荷)，后者称为随机变动载荷。周期变动载荷又分交变载荷和重复载荷。交变载荷是指载荷大小和方向均随时间做周期性变化的载荷，如曲轴轴颈上的一点在运转过程中所受的载荷就是交变载荷。重复载荷是指载荷大小做周期性变化，但方向不变的变动载荷，如齿轮转动时作用于每一个齿根受拉侧的载荷是重复载荷。汽车、拖拉机等在不平坦的路面上行驶，它的许多机件常受偶然冲击，所承受的载荷就是随机变动载荷。

零件在冲击载荷作用下的失效形式通常为过量弹性变形、过量塑性变形，严重时会产生断裂。零件在变动载荷作用下的主要破坏形式是疲劳断裂，统计资料表明，在各类机件的断裂失效中，疲劳断裂占80%以上。工程领域动载时材料的力学性能指标主要有冲击韧性、疲劳强度、断裂韧性。以下以工程金属材料为例介绍各指标。

2.2.1　冲击韧性

零件在工作中受冲击载荷作用，由于外力瞬时冲击作用引起的变形和应力要比静载荷引起的应力大得多，因而选用制造这类零件的材料时，必须考虑材料抵抗冲击载荷作用的能力，即冲击韧性。韧性是指金属在断裂前吸收变形能量的能力。夏比冲击试验是一种常用的评定金属材料韧性指标的动态试验方法，现行的国家标准是2008年6月1日开始实施的GB/T 229—2007《金属材料夏比摆锤冲击试验方法》。

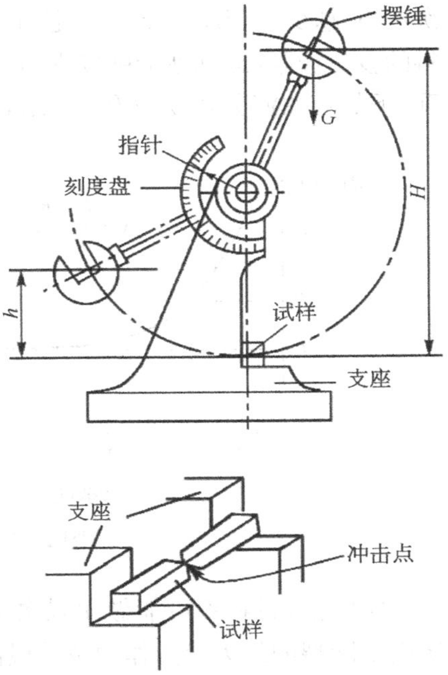

图2-6　冲击试验装置及试样安装示意图

材料的韧性为其强度和塑性的综合指标，反义为脆性。采用一次摆锤冲击试验，如图2-6所示，冲断标准缺口试样。试样所吸收的吸收能量 K(单位为J)表示材料冲击韧性的大小。在GB/T 229—2007中，用字母V和U表示缺口几何形状，用下标数字2或8表示摆锤刀刃半径，如KU8表示U型缺口试样在8 mm摆锤刀刃下的冲击吸收能量。

一般把冲击韧性高的材料称为韧性材料，低者为脆性材料。韧性材料在断裂前有明显的塑性变形，脆性材料则反之。金属的韧性一般随加载速度的提高、温度的降低以及应力集中程度的加剧而下降。

低温工况中要注意韧脆状态转化现象。有的材料在室温及室温以上处于韧性状态，冲击韧性很高，而低温下冲击韧性急剧下降，即具有韧性—脆性转化现象。通常可通过材料的冲击吸收功 A_k 与温度的变化关系来确定材料的韧脆状态转化。当温度降低至某一值时，冲击吸收功 A_k 会急剧减小，使材料呈脆性状态。材料由韧性状态转变为脆性状态的温度 T_k 称为脆性转变温度。材料的 T_k 低，表明其低温韧性好。

冲击韧性不可直接用于零件的设计与计算，但可用于判断材料的冷脆倾向和不同材质材料之间韧性的比较，以及评定材料在一定工作条件下的缺口敏感性。

2.2.2 疲劳强度

实际工况中，在冲击载荷下工作的机械零件，如轴、齿轮、弹簧、活塞杆等机器零件，都是在交变载荷下工作的，它们工作时所承受的应力一般都低于材料的屈服强度。零件在这种交变动载荷作用下，经受小能量的多次冲击，因冲击损伤的积累引起裂纹扩展，从而造成断裂的现象称为疲劳。因此，疲劳是机械零件在循环或交变应力作用下，经过一段时间产生失效的现象。

材料承受的交变应力 R 与材料断裂前承受的交变应力的循环次数 N(疲劳寿命)之间的关系可用疲劳曲线来表示，如图 2－7a 所示。材料承受的交变应力 R 越大，则断裂时应力循环次数 N 越少。当应力低于一定值时，试样可以经受无限周期循环而不破坏，此应力值称为材料的疲劳极限(或称疲劳强度 R_N)，用来表征材料抵抗疲劳的能力。对称循环交变应力(图 2－7b)下的弯曲疲劳强度用 R_{-1}表示，单位为 MPa。

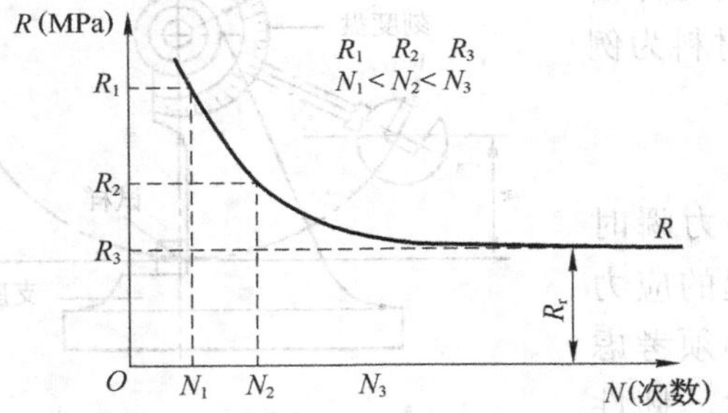

(a)疲劳曲线

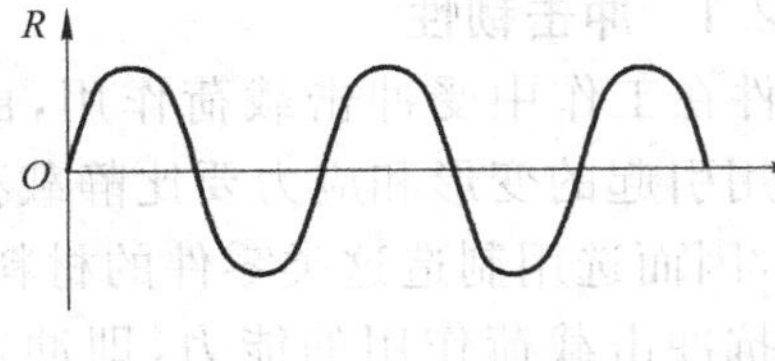

(b)对称循环交变应力

图 2－7　疲劳曲线和对称循环交变应力图

实际上，材料不可能做无限次交变载荷试验，对于黑色金属，一般规定将应力循环 10^7 周次而不断裂的最大应力作为疲劳极限。有色金属、不锈钢取 10^8 周次。

疲劳断裂属低应力脆断，断裂应力远低于材料静载下的 R_m 甚至 R_e，断裂前无明显塑性变形，即往往无先兆，会产生突然断裂，因此危害很大。其断口一般存在裂纹源、裂纹扩展区和最后断裂区 3 个典型区域。

一般而言，钢铁材料 R_{-1}值约为其 R_m 的一半，钛合金及高强钢疲劳强度较高，而塑料、陶瓷的疲劳强度则较低。金属的疲劳极限受到很多因素的影响。主要有工作条件(温度、介质及载荷类型)、表面状态(粗糙度、应力集中情况、硬化程度等)、材质、残余内应力等。对塑性材料，一般其 R_m 越大，则相应的 R_{-1}就越高。改善零件的结构形状、降低零件表面粗糙度，以及采取各种表面强化的方法，都能提高零件的疲劳极限。

2.2.3 断裂韧性

断裂韧性为材料抵抗裂纹失稳扩展断裂的能力。桥梁、船舶、高压容器、转子等大型构件有时尽管在设计时保证了足够的伸长率、韧性和屈服强度，也会发生低应力脆断，其名义断裂应力甚至低于材料的屈服强度。其原因是构件或零件内部存在着或大或小、或多或少的裂纹和气孔、夹渣等类似裂纹的缺陷，裂纹在应力作用下会发生失稳扩展，从而导致机件发生低应力脆断。

裂纹扩展的临界状态所对应的应力场强度因子称为临界应力场强度因子，用 K_{IC}表示，单位为 $MN \cdot m^{-3/2}$，它代表材料的断裂韧性。

断裂韧性 K_{IC}与材料本身的成分、组织和结构有关。常用材料的断裂韧性见表 2-2。

表 2-2 常用材料的断裂韧性

材料	$K_{IC}(MN \cdot m^{-3/2})$	材料	$K_{IC}(MN \cdot m^{-3/2})$
纯塑性金属(Cu、Al)	95～340	木材(纵向)	11～14
压力容器钢	～155	聚丙烯	～3
高强钢	47～150	聚乙烯	0.9～1.9
低碳钢	～140	尼龙	～3
钛合金(Ti6Al4V)	50～120	聚苯乙烯	～2
玻璃纤维复合材料	20～56	聚碳酸酯	0.9～2.8
铝合金	22～43	有机玻璃	0.9～1.4
碳纤维复合材料	30～43	聚酯	～0.5
中碳钢	～50	木材(横向)	0.5～0.9
铸铁	6～20	SiC 陶瓷	～3
高碳工具钢	～20	Al_2O_3 陶瓷	2.8～4.7
硬质合金	12～16	钠玻璃	～0.7

2.3 工程材料的物理和化学性能

工程设计制造时除了要考虑材料的力学性能以外，在某些特殊的环境介质和服役条件下还需考虑材料的理化性能。

2.3.1 物理性能

材料的物理性能包括密度、热学性能(熔点、热容、热膨胀性、导热性等)、电学性能(导电性、热电性、压电性、铁电性、光电性、磁电性等)、磁学性能及光学性能等，下面介绍工程材料选择和应用时常需考虑的几种物理性能。

(1) 密度。材料的密度是指单位体积材料的质量。常用金属材料的密度见表 2-3。一般将密度小于 5×10^3 kg/m^3 的金属称为轻金属，如 Al、Mg、Ti 等。密度大于 5×10^3 kg/m^3 的金属称为重金属，如 Fe、Cr、Ni 等。抗拉强度 R_m 与相对密度 ρ 之比称为比强度；弹性模量 E 与相对密度 ρ 之比称为比弹性模量。这两者也是某些减轻自重的机械零件材料性能的重要指标。比如铝合金的强度低于钢，但比强度较大，用铝合金代替钢制造同一零件，其重量可减小很多。汽车发动机的气缸体和缸盖用铝合金制造轻量化很明显，一般可减重 30%以上。

(2) 熔点。材料从固态向液态转变时的平衡温度称为熔点。金属都有固定的熔点，常用金属的熔点见表 2-3。金属、合金的铸造与焊接要利用这个性能。熔点低的易熔合金可用于制造焊锡、保险丝、防火安全阀等，如铅、锡、铋、镉的合金等，熔点高的合金用于制造重要机械零件、结构件与耐热零件，如 W、Mo、V 等难熔合金，镍基高温合金在整个高温合金领域占有特殊的重要地位，它广泛地被用来制造航空喷气发动机、各种工业燃气轮机最热端部件。高分子材料一般不是完全晶体，没有固定的熔点。

表 2-3　常用金属的物理性能

金属名称	符号	密度 ρ (10^3 kg/m^3)(20 ℃)	熔点 (℃)	热导率 λ [W/(m·K)]	线膨胀系数 α_e (10^{-6} K^{-1})(0～100 ℃时)	电阻率 (10^{-8} Ω·m) (0 ℃)
银	Ag	10.49	960.8	418.6	19.7	1.5
铝	Al	2.698	660.1	221.9	23.6	2.655
铜	Cu	8.92	1 083	393.5	17.0	1.67～1.68(20 ℃)
铬	Cr	7.19	1 857	67	6.2	12.9
铁	Fe	7.84	1 538	75.4	11.76	9.7
镁	Mg	1.74	650	153.7	24.3	4.47
锰	Mn	7.43	1 244	4.98(−192 ℃)	37	185(20 ℃)
镍	Ni	8.90	1 453	92.1	13.4	6.84
钛	Ti	4.508	1 667	15.1	8.2	42.1～47.8
锡	Sn	7.298	231.91	62.8	2.3	11.5
钨	W	19.3	3 380	166.2	4.6(20 ℃)	5.1

(3) 热膨胀性。材料随温度变化而膨胀、收缩的特性称为热膨胀性能，用线膨胀系数 α_L 和体膨胀系数 α_V 来表示，对各向同性材料有 $\alpha_V = 3\alpha_L$：

$$\alpha_L = \frac{l_2 - l_1}{l_1 \Delta t} \tag{2-9}$$

式中，l_1、l_2 分别为膨胀前后试样的长度；Δt 为温度变化量(K或℃)。

陶瓷的线膨胀系数最低，金属次之，高分子材料最高。常用金属的线膨胀系数见表 2-3。在工程实际中，许多场合要考虑热膨胀性。对于精密仪器或机器的零件，线膨胀系数是一个非常重要的性能指标。在异种金属焊接中，常因材料的热膨胀性相差过大而使焊件变形或破坏。如相互配合的柴油机活塞与缸套之间的间隙很小，既要允许活塞在缸套内做往复运动,又要保证其气密性,因此活塞与缸套材料的热膨胀性能要相近,以免两者卡住或者出现漏气现象。

(4) 导热性。表征材料热传导性能的指标有导热系数 λ[也称热导率,W/(m·K)]和传热系数 k[W/(m^2·K)]。常用金属的热导率见表 2-3。金属中银和铜的导热性最好,其次为铝;纯金属的导热性比合金好,而非金属导热性较差,特别是高分子材料。

导热性好的材料其散热性也好,可用来制造热交换器等传热设备的零部件。导热性差的如高合金钢,其加热速度就要慢一些,因为在锻造或热处理时,加热和冷却速度过快会引起零件表面和内部之间大的温差,从而产生不同的膨胀,形成过大的热应力,使材料发生变形或开裂。

(5) 导电性。材料传导电流的能力称为导电性,用电阻率 ρ(Ω·m)来衡量。金属一般具有良好的导电性。导电性与导热性一样,是随合金成分的复杂化而降低的,因而纯金属的导电性一般比合金好。纯铜、纯铝的导电性好,可用于制作输电线;Ni-Cr 合金、Fe-Mn-Al 合金、Fe-Cr-Al 合金的导电性差而电阻率较高,可用作电阻丝。一般而言,塑料、陶瓷导电性很差,常作为绝缘体使用,但部分陶瓷为半导体,少数陶瓷材料在特定条件下为超导体。通常金属的电阻率随温度升高而增加,而非金属材料则与此相反。

(6) 磁性。磁性是材料被外界磁场磁化或吸引的能力。金属材料可分为铁磁性材料(在外磁场中能强烈地被磁化,如铁、钴、镍等)、顺磁性材料(在外磁场中只能微弱地被磁化,如锰、钴等)和抗磁性物质(能抗拒或削弱外磁场对材料本身的磁化作用,如锌、铜、银、铝、奥氏体钢)三类。铁磁性材料可用于制造变压器、电动机、测量仪表中的铁心等;需避免电磁场干扰的零件、结构(如航海罗盘)则应选用抗磁性材料制造。对于铁磁性材料,当温度升高到一定数值(居里点)时,磁畴被破坏,可变为顺磁性材料。非金属材料一般无磁性。

2.3.2 化学性能

材料的化学性能是指材料抵抗各种化学介质作用的能力,包括溶蚀性、耐腐蚀性、抗渗入性、抗氧化性等,可归结为材料的化学稳定性。通常,将材料因化学侵蚀而损坏的现象称为腐蚀。比如井下油管、海洋采油平台、船载电子装备等的主要损坏形式即为腐蚀。金属和合金抵抗周围介质(如大气、水汽)及各种电解液侵蚀的能力叫做耐蚀性或抗腐蚀性。对于常用的结构材料,最常考虑的化学性能是耐腐蚀性能。非金属材料的耐腐蚀性远高于金属材料。金属的腐蚀既容易造成一些隐蔽性和突发性的严重事故,又损失了大量的金属材料。

金属腐蚀主要有化学腐蚀和电化学腐蚀。在潮湿的大气中,桥梁、钢结构的腐蚀;在海水中海洋采油平台、舰船壳体的腐蚀;土壤中的地下输油、输气管线的腐蚀以及在含酸、含盐、含碱的水溶液等工业介质中金属的腐蚀,都属于电化学腐蚀的类型。为了提高金属的耐腐蚀能力,原则上应保证以下三点:一是尽可能使金属保持均匀的单相组织,即无电极电位差;二是尽量减小两极之间的电极电位差,并提高阴极的电极电位,以减缓腐蚀速度;三是尽量不与电解质溶液接触,减小甚至隔断腐蚀电流。

2.4 工程材料的工艺性能

工艺性能是指材料在制造机械零件和工具的过程中,采用某种加工方法制成成品的难易程度。

2.4.1 金属材料的工艺性能

金属材料的工艺性能包括铸造性能、锻造性能、焊接性能、热处理性能及切削加工性能等。材料工艺性能的好坏，会直接影响制造零件的工艺方法、质量及制造成本。

(1) 铸造性。铸造性能是指浇注铸件时，金属及合金易于成型并生产出优质铸件的性能。流动性好、收缩率小、偏析倾向小是表示铸造性能好的指标。如铸铁的流动性比钢好，它能浇铸较薄与较复杂的铸件。收缩小，则铸件中缩孔、缩松和变形、裂纹等缺陷较少；偏析小，则铸件各部位的成分和组织皆较均匀。在应用最广泛的钢铁材料中，铸铁的铸造性能优于铸钢，在钢的范围，中、低碳钢的铸造性能又优于高碳钢，故高碳钢较少用作铸件。常用的金属材料中，灰铸铁和青铜的铸造性能较好。

(2) 可锻性。可锻性是指金属适应锻、轧等压力加工的能力，和变形温度有关。可锻性的好坏主要以材料的塑性及变形抗力来衡量。塑性高或变形抗力小，锻压所需外力小，允许的变形量大，则可锻性好。一般来说，铸铁不可压力加工，而钢可以压力加工。但工艺性能有较大差异，随着钢中碳及合金元素含量的增高，其压力加工性能变差，低碳钢的可锻性比中碳钢、高碳钢好，碳钢的可锻性比合金钢好，铸铁则没有可锻性。高碳钢或高碳高合金钢一般只进行热压力加工，且热加工性能也较差，如高铬钢、高速钢等；高温合金因合金含量更高，故热压力加工性能更差。变形铝合金和大多数铜合金，像低碳钢一样具有较好的压力加工性能。

(3) 可焊性。可焊性是指材料是否易于焊接在一起并能保证焊缝质量的性能，也就是指在一定的焊接工艺条件下金属材料获得优质焊接接头的难易程度。可焊性的好坏一般用焊接处出现各种缺陷的倾向来衡量。焊接性能好的材料可用一般的焊接方法和焊接工艺进行焊接，焊缝中不易产生气孔、夹渣或裂纹等缺陷，焊后接头强度与母材相近。焊接性能差的金属材料要采用特殊的焊接方法和工艺才能进行焊接。金属的可焊性随其碳和合金元素含量的增加而变差，因此钢比铸铁易于焊接，且低碳钢焊接性能最好，中碳钢次之，高碳钢最差。在常用金属材料中，低碳钢有良好的可焊性，而高碳钢、铸铁铝合金的可焊性差。

(4) 切削加工性。切削加工性能是指材料在切削加工时的难易程度。它与材料的成分、硬度、韧性、导热性及内部组织状态等许多因素有关。切削加工性好的金属切削时消耗的功率小，刀具寿命长，切屑易于折断脱落，切削后表面粗糙度低。一般来说，材料的硬度越高、加工硬化能力越强、切屑不易断排、刀具越易磨损，其切削加工性能就越差。在钢铁材料中，易切削钢、灰铸铁和硬度处于 HBS180～230 范围的钢具有较好的切削加工性能；而奥氏体不锈钢、高碳高合金钢(高铬钢、高速钢、高锰耐磨钢)的切削加工性能较差。铝、镁合金及部分铜合金具有优良的切削加工性能。

(5) 热处理工艺性。热处理工艺性是指材料接受热处理的难易程度和产生热处理缺陷的倾向，可用淬透性、淬硬性、回火脆性、氧化脱碳倾向，变形开裂倾向等指标评价。工程材料必须首先区分是否可进行热处理强化，如纯铝、纯铜、部分铜合金、单相奥氏体不锈钢一般不可热处理强化；对可热处理强化的材料而言，热处理工艺性能相当重要，这将在第 5 章中讨论。

2.4.2 高分子材料和陶瓷材料的工艺性能

塑料工业包含树脂生产和塑料制品生产(即塑料成形加工)两个系统。塑料制品的加工工艺有注塑、挤出、压延等，也就是塑料通过加热、塑化(使塑料加热成熔融可塑状态)、成形、冷却的过程成为制品。与其他材料相比，高聚物成形加工性能很好，且工艺简单、生产率高。

大多数陶瓷材料的制备工艺都采用粉末原料配制、室温预成型、高温常压或高压烧结制成。成品成型工艺包括粉浆成型、压制成型、挤压成型等。陶瓷材料硬度高，脆性大，一般不能进行机械切削加工。

第3章

工程材料的结构

◎ **学习成果达成要求**

工程材料的结构表明了材料的组元及其排列和运动方式,对材料的机械性能和工艺性能都有重要影响。

学生应达成的能力要求包括:

1. 能够区分常见金属的晶体结构,并分析金属的结晶过程对晶体结构和性能的影响。
2. 能够理解合金的相结构和同素异构转变。
3. 能够应用二元合金相图,预测合金的使用性能和工艺性能,为科研或实际生产提供依据。

工程材料分为金属材料和非金属材料。金属材料通常都是晶体。金属的晶体结构是指金属材料内部原子排列的规律,它决定着材料的显微组织特性和材料的宏观性能。合金是指两种或两种以上的金属元素或非金属元素通过熔炼、烧结或其他方法制成的具有金属特征的物质。在金属或合金中,化学成分相同、结构相同,且与其他部分之间以界面相互分开的均匀组成部分被称为相。合金的性能一般由组成该合金的各相的成分、结构、形态、特性及各相的组合情况决定。非金属材料主要包括各类高分子材料和陶瓷材料,其各种特殊性能,均是由其不同于金属材料的化学组成及微观组织结构决定的。

3.1 晶体的基本知识

3.1.1 晶体与非晶体

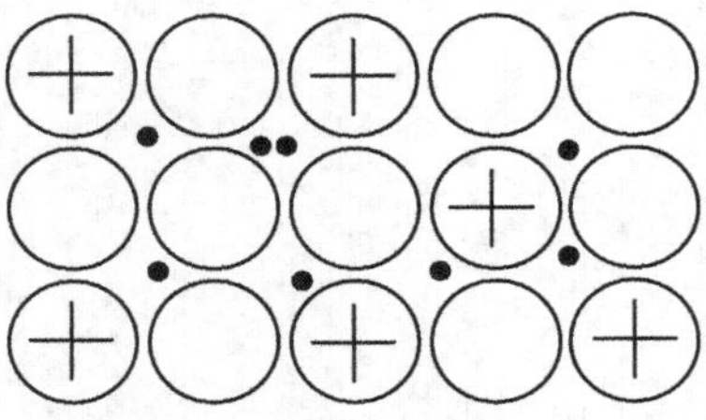

图3-1 CH_4 的空间构型

自然界中的物质,其原子、离子或分子等质点的排列方式各不相同。氩气等气体中的原子随机地充满密闭空间,这种排列称为无序排列。石英玻璃中的 SiO_2 具有硅-氧四面体$(SiO_4)^{4-}$结构,其空间构型与图3-1中的 CH_4 相同,即4个氧原子与1个硅原子短程有序排列,但四面体可随机地联结在一起,形成短程有序而长程无序的玻璃体。金属中的原子、离子或分子则是在空间有规则、周期性地重复排列,其特点是既短程有序,又长程有序。

固体材料按其原子、离子或分子等质点的排列方式可分为两大类:质点长程有序排列的物质称为晶体,质点完全无序或短程有序而长程无序排列的物质称为非晶体。晶体通常有规则的外形和固定的熔点;非晶体通常既无规则的外形,又无固定的熔点。非晶体有时又称为无定形物。金属和合金大多是晶体,陶瓷和聚合物既包括非晶体,又包括晶体。晶体和非晶体可在一定条件下发生转化,某些成分的熔融态合金,以大于 10^6℃/s 的速度冷却时可形成非晶态合金,而玻璃也可通过热处理的方式转变为晶态。

3.1.2　晶格、晶胞和晶格常数

金属具有光泽,有良好的导电性和导热性,常用的金属有铁、铬、锰、铝、镁、铜、锌、钛、镍、钼、锡、钒、钨等。由于纯金属一般情况下硬度、强度较低,不能满足工程技术要求,而且成本较高,所以,工业上广泛使用的不是纯金属,而是合金。下面以纯金属为切入点讲解晶体结构。

如果把组成晶体的原子(或离子、分子)看作刚性球体,那么晶体就是由这些刚性球体按一定规律周期性地堆叠而成的,如图 3-2a 所示。不同晶体的堆叠规律不同。为研究方便,将刚性球体假设为处于球心的点,称为节点。由节点形成的空间点的阵列称为空间点阵。用假想的直线将这些节点连接起来形成的三维空间格架称为晶格,如图 3-2b 所示。晶格直观地表示了晶体中原子(或离子、分子)的排列规律。

从微观上来看,晶体是无限大的。为便于研究,常从晶格中选取一个能代表晶体原子排列规律的最小几何单元进行分析,这个最小的几何单元称为晶胞,如图 3-2c 所示。晶胞在三维空间中重复排列便可构成晶格和晶体。晶胞各边的尺寸 a、b、c 称为晶格尺寸,又称晶格常数。晶胞的大小和形状通过晶格常数 a、b、c 和各棱边之间的夹角 α、β、γ 来描述。根据这些参数,可将晶体分为七种晶系,其中,立方晶系和六方晶系比较重要。

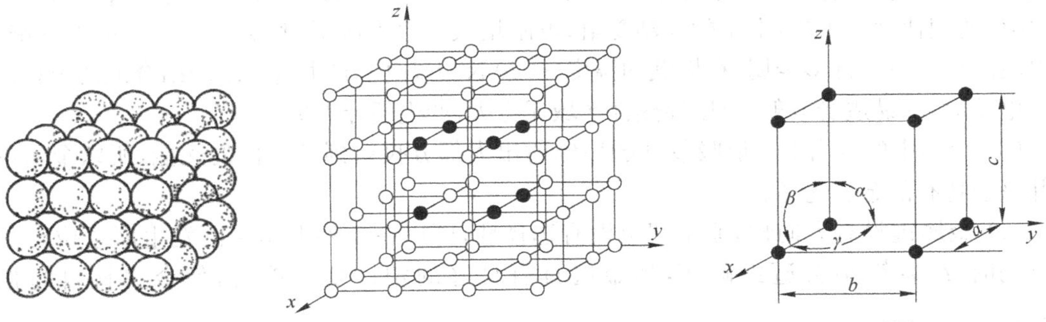

(a)晶体　(b)晶格　(c)晶胞

图 3-2　简单立方晶格、晶胞示意图

晶格常数(或称之为点阵常数)指的就是晶胞的边长,也就是每一个平行六面体单元的边长,它是晶体结构的一个重要基本参数。

在材料科学研究中,为了便于分析晶体中的粒子排列,可以从晶体的点阵中取出一个具有代表性的基本单元(通常是最小的平行六面体)作为点阵的组成单元,称为晶胞,晶胞不一定是最小的重复单元,其一般是原胞(一般认为原胞是组成晶体的最小单元)体积的整数倍。

三维空间中的晶格一般有 3 个晶格常数,分别用 a、b 和 c 表示。但在立方晶体结构这一特殊情形下,这 3 个常数都相等,故仅用 a 来表示。类似的情形还有六方晶系结构,其中 a 和 b 这两个常数相等,因此只用 a 和 c。一族晶格常数也可合称为晶格参数。但实际上,完整的晶格参数应当由 3 个晶格常数和 3 个夹角来描述。例如,对于常见的金刚石,其晶格常数为 $a=3.57\times10^{-10}$ m(300 K)。这里的晶胞是等边结构,但是仅从晶格常数并不能推知金刚石的实际结构。

3.2 金属材料的晶体结构和结晶

3.2.1 金属的特性和金属键

金属材料是以金属键为主结合的材料，具有良好的导电性、导热性、延展性和金属光泽。是目前用量最大、应用最广泛的工程材料。

周期表中Ⅰ、Ⅱ、Ⅲ族元素的原子在满壳层外有一个或几个价电子。原子很容易丢失其价电子而成为离子。被丢失的价电子不为某个或某两个原子所专有或共有，而是为全体原子所共有。这些共有化的原子称为自由电子，它们在正离子之间自由运动，形成所谓的电子气。正离子在三维空间或电子气中呈高度对称的规则分布。正离子和电子气之间产生强烈的静电吸引力，使全部离子结合起来。这种结合力就称为金属键。在金属晶体中，价电子弥漫在整个体积内，所有的金属离子都处于相同的环境之中，全部离子(或原子)均可被看作具有一定体积的圆球，所以金属键无所谓饱和性和方向性。

金属以金属键结合，因此金属具有下列特性：

(1) 良好的导电性和导热性。金属中有大量自由电子存在，当金属的两端存在电势差或外加电场时，电子可以定向地流动，使金属表现出优良的导电性。金属的导热性很好，一是由于自由电子的活动性很强，二是依靠金属离子的振动可以导热。

(2) 正的电阻温度系数，即随温度升高电阻增大。绝大多数金属具有超导性，即在温度接近绝对零度时电阻突然下降，趋近于零。加热时，离子(原子)的振动增强，空位增多，离子(原子)排列的规律性受干扰，电子的运动受阻，电阻增大。温度降低时，离子(原子)的振动减弱，则电阻减小。对于许多金属，在极低的温度(<20 K)下，由于自由电子之间结合成两个相反自旋的电子对，不易遭受散射，所以导热性区域无穷大，产生超导现象。

(3) 金属中的自由电子能吸收并随后辐射出大部分投射到其表面的光能，所以金属不透明并呈现特有的金属光泽。

(4) 金属键没有方向性，原子间也没有选择性，所以在受外力作用而发生原子位置的相对移动时，结合键不会遭到破坏，使金属具有良好的塑性变形能力，使金属材料的强韧性好。

3.2.2 金属的晶体结构

3.2.2.1 典型的金属晶格

晶体的晶体结构通常分为7个晶系，14个晶格。绝大多数金属的晶体结构为体心立方、面心立方和密排六方三种紧密而简单的结构，其中体心立方、面心立方结构属于立方晶系，密排六方结构属于六方晶系。

1) 体心立方晶格

体心立方晶格的晶胞(图3-3)是由8个原子构成的立方体，且在其体心位置还有一个原子。晶胞中每个顶点上的原子同时为周围8个晶胞所共有，故每个体心立方晶胞中的原子数为 $\frac{1}{8}\times 8+1=2$ 个。晶格常数 $a=b=c$，故通常只由一个常数 a 表示。体心立方晶胞沿体对角线方向上的原子是彼此紧密排列的，由此可计算出原子半径 $r=\frac{\sqrt{3}}{4}a$。

属于这种结构的金属有Na、K、Cr、W、Mo、V、α-Fe等。

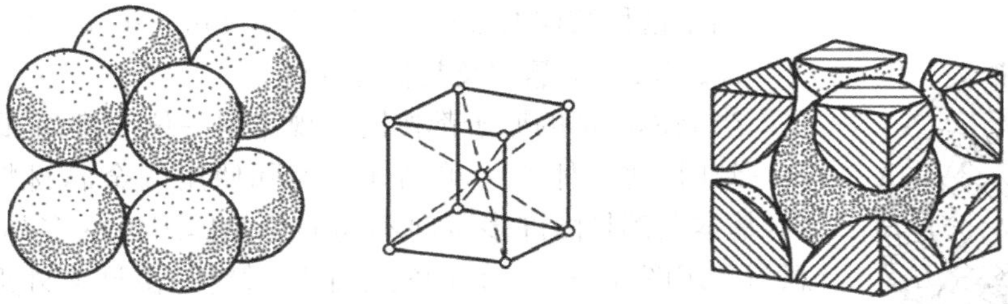

(a) (b) (c)

图 3-3 体心立方晶胞

2）面心立方晶格

面心立方晶格的晶胞(图 3-4)也是由 8 个原子构成的立方体，在立方体的每个面心位置还各有一个原子。故每个晶胞中的原子数是 $\frac{1}{8}\times 8+\frac{1}{2}\times 6=4$ 个。此种晶胞每个面上沿对角线方向的原子紧密排列，故原子半径 $r=\frac{\sqrt{2}}{4}a$。

属于这种结构的金属有 Au、Ag、Al、Cu、Ni、λ-Fe 等。

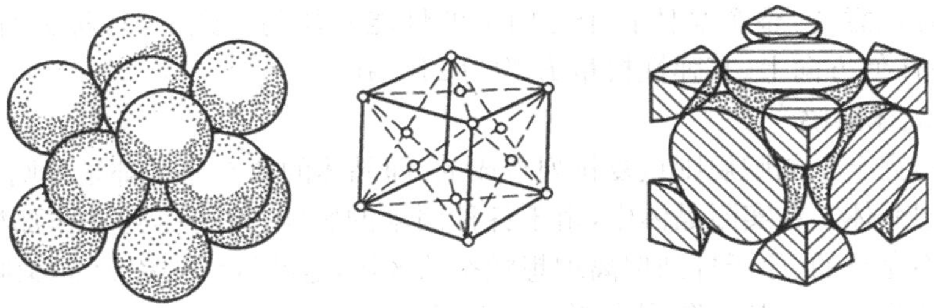

(a) (b) (c)

图 3-4 面心立方晶胞

3）密排六方晶格

密排六方晶格的晶胞(图 3-5)是由 12 个原子构成的六方棱柱体，上下两个六方底面的中心各有 1 个原子，上下底面之间还有 3 个原子。密排六方晶格的晶格常数比值 $\frac{c}{a}\approx 1.633$。每个密排六方晶胞中包含 $\frac{1}{6}\times 6\times 2+\frac{1}{2}\times 2+3=6$ 个原子。

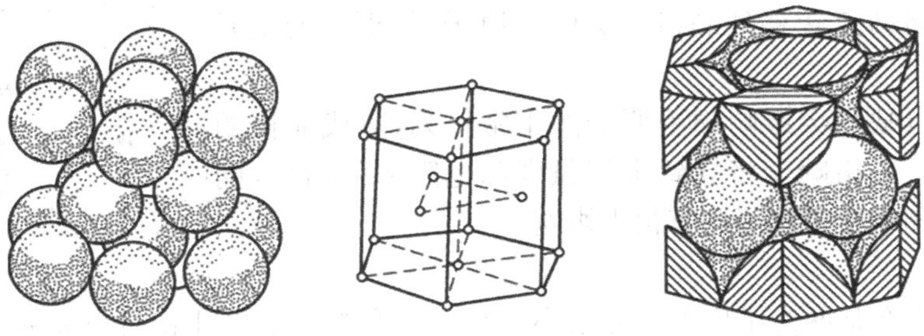

(a) (b) (c)

图 3-5 密排六方晶胞

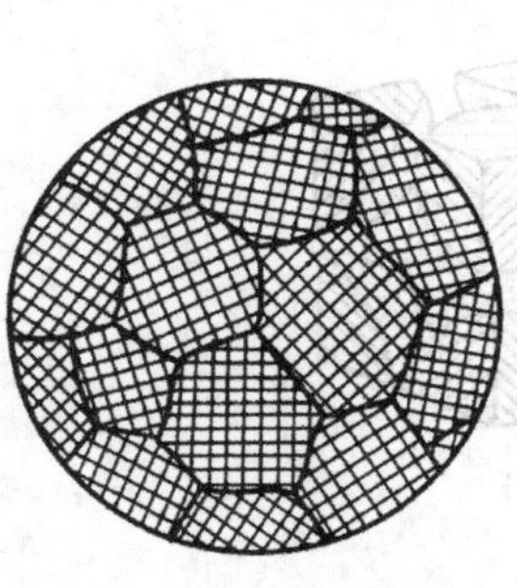

图 3-6　多晶体示意图

属于这种结构的金属有 Mg、Zn、Be、Cd、α-Ti 等。

3.2.2.2　多晶体及其伪等向性

当晶体内部的原子都按同一规律同一位向排列，即晶格位向完全一致时，此晶体称为单晶体。实际使用的金属材料中单晶体极少，基本上都是由许多位向不同的单晶体组成的多晶体，其截面示意图可用图 3-6 表示，即实际金属材料是由许多外形不规则的颗粒状小晶体组成，其中每个小晶体称为一个晶粒。在每个晶粒内部，晶格位向是均匀一致的，相邻晶粒的位向存在一定差异。晶粒之间的界面称为晶界，它是不同位向晶粒之间的过渡区，故晶界的原子排列是不规则的。

晶粒的尺寸(平均截线长)依金属的种类和技工工艺的不同而不同。在钢铁材料中，一般为 $10^{-1}\sim10^{-3}$ mm，必须在显微镜下才能看到。在显微镜下观察到的金属材料的晶粒大小、形态和分布称为"显微组织"。晶粒也有大到几至十几毫米，小至微晶、纳米晶。

实际晶粒都不是理想的晶体，每个晶粒内部不同区域的晶格位向还是有微小的差别，这些小区域称为亚晶粒，尺寸一般为 $10^{-5}\sim10^{-3}$ mm，亚晶粒之间的界面称为亚晶界。

在多晶体的金属中，每个晶粒相当于一个单晶体，具有各向异性，但各个晶粒在整块金属内的空间位向是任意的，整个晶体各个方向上的性能是均匀一致的，这称为"伪等向性"。例如，工业纯铁在任何方向上，其弹性模量 E 均为 210 GPa。

3.2.2.3　晶体缺陷

若整个晶体完全是晶胞规则重复排列构成的，即晶体的所有原子都是规则排列的，则这种晶体被称为理想晶体。在实际晶体中，由于各种因素的影响，原子排列并非那样规则和完整，总会存在一些不完整的、原子排列偏离理想状态的区域，这些区域被称为晶体缺陷。晶体缺陷按其几何形态分为三类：点缺陷、线缺陷和面缺陷。

1) 点缺陷

点缺陷是指在三维尺度上都不超过几个原子直径的、很小的缺陷。晶体的点缺陷主要指空位和间隙原子，如图 3-7 所示。空位就是没有原子的结点，晶格结点上的原子并非固定不动，而是以其平衡位置为中心不停地做热振动，若受到某种因素(如加热、辐射等)的影响，个别原子的能量增大到足以克服周围原子对它的束缚时，这些原子便可能脱离平衡位置迁移出去，从而在结点处形成空位。位于晶格间隙中的原子称为间隙原子，它可能是从晶格结点转移到晶格间隙中的原子，但更多的是异类原子。

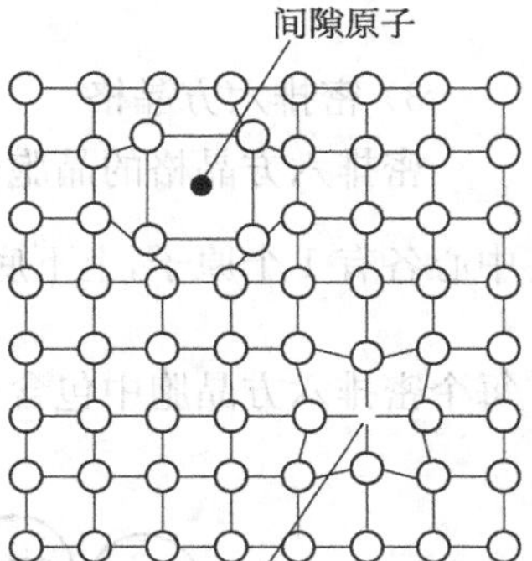

图 3-7　晶格空位和间隙原子示意图

晶体中的点缺陷会影响周围原子的正常排列，造成晶格的局部弹性畸变。晶格畸变将导致金属强度和电阻率的增加，同时对扩散过程和相变过程等均有很大影响。

2) 线缺陷

线缺陷是指在某两个维度上尺寸很小而在另一个维度上尺寸相对很大的缺陷，这类缺陷在金属中就是位错，位错可分为两种类型：刃型位错和螺旋位错。

如图 3-8 所示，在金属晶体中，由于某种原因，晶体的一部分沿一定晶面，相对于晶体的未动部分，逐步发生了一个原子间距的错动。该原子面像是一个后塞进去的半原子面，不延伸至下半部晶体中，犹如切入晶体的刀刃，这就是刃型位错。当半原子位于该晶面上方时称为正刃型位错，用“⊥”表示，而半原子面位于该晶体下方时，称为负刃型位错，用“⊤”表示。

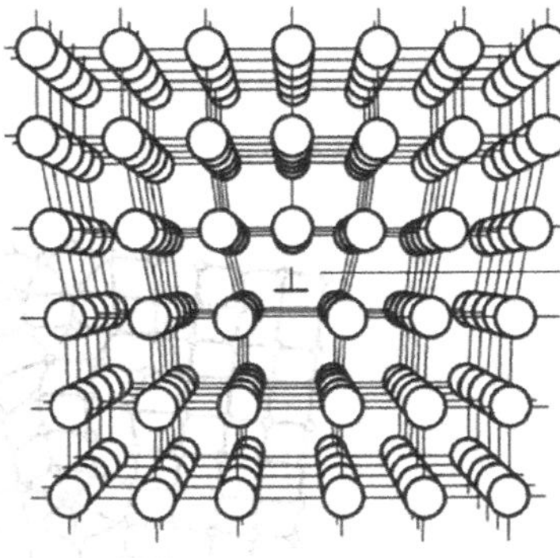

图 3-8 刃型位错示意图

在金属晶体中，由于多种原因，也可能出现一种原子呈螺旋形错排的线缺陷，称为螺型位错，如图 3-9 所示。

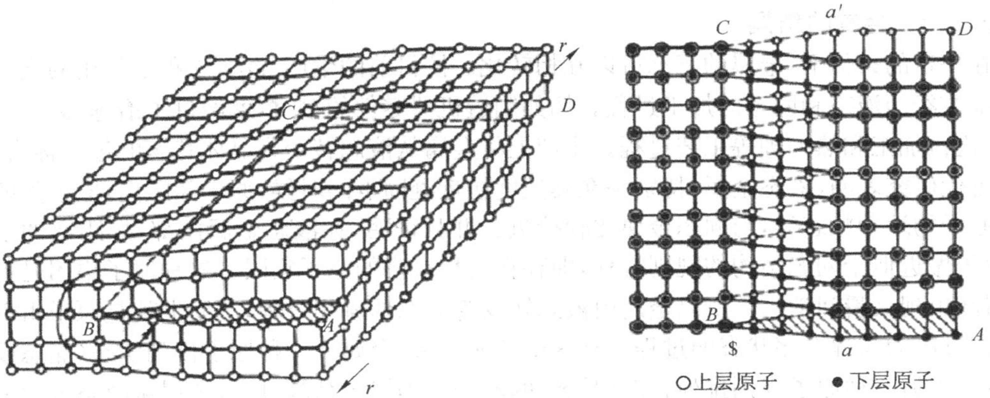

图 3-9 螺旋位错示意图

位错线周围原子的排列规律被打乱，晶格发生较严重的畸变。位错的存在对金属的力学性能、物理性能和化学性能以及塑性变形、扩散、相变等许多过程都有重要影响。

3）面缺陷

面缺陷是指在某两个维度上尺寸很大而在另一个维度上尺寸很小的缺陷，金属晶体中的面缺陷主要指晶界、亚晶界和相界等。

晶界是不同位向晶粒之间的过渡区，如图 3-10 所示。晶界上原子排列不是完全混乱无序的，但排列要受相邻晶粒的影响，因而原子常占据不同位向的折中位置，晶格畸变较大，位错密度高，杂质原子含量一般高于晶粒内部。晶界的宽度约为 3 个原子间距。亚晶界可以看作由一系列刃型位错组成（图 3-11），亚晶界和晶界有相似的特征。一般来说，金属的晶粒越细，单位体积金属中晶界和亚晶界面积越大，金属的强度便越高，这就是金属的细化强化。此外晶界同样对金属的塑性变形、相变、扩散等过程有重要影响。

金属中晶体缺陷的存在是不可避免的，晶体缺陷破坏了晶体的完整性，对金属的力学性能、物理性能、化学性能以及许多变化过程都会产生影响，改变这些缺陷的数量和分布，已成为改善金属性能的重要途径。但必须指出，晶体缺陷的存在并不改变金属的晶体特质。

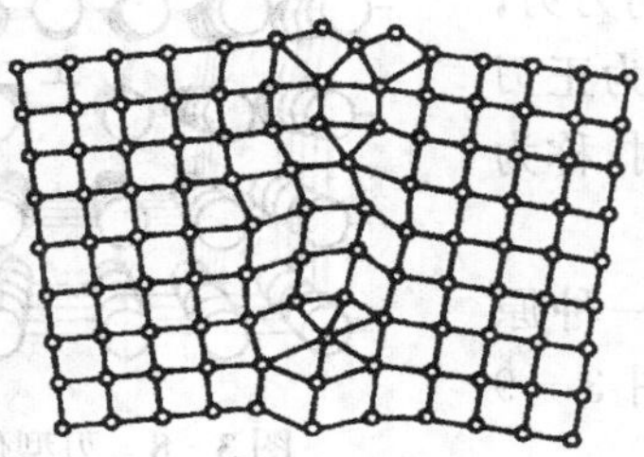

图 3－10　晶界原子排列示意图

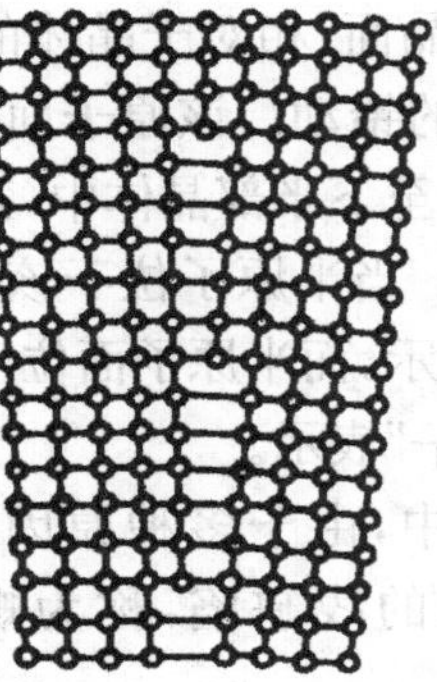

图 3－11　亚晶界位错结构示意图

3.2.3　金属的结晶

在一定的条件下，金属的三态可以互相转化。按目前的生产方法，工程上使用的金属材料通常都要经历液态和固态的加工过程。例如制造机器零件的钢材，就经过了冶炼、铸锭、轧制、锻造、机械加工和热处理等工艺过程。生产上将金属从液态转变为晶体状态的过程称为结晶。

近代研究表明，液态金属，特别是在其温度接近凝固点的时候，原子间距离，原子间的作用力和原子的运动状态等，与固态金属比较接近。并且证明，在液态金属内部，短距离的小范围内，原子做近似于固态结构的规则排列，即存在近程有序的原子集团。这种原子集团是不稳定的，瞬间出现又瞬间消失。所以金属由液态转变为固态的凝固过程，实质上就是原子由近程有序状态过渡为长程有序状态的过程。从这个意义上讲，金属从一种原子排列状态（晶态或非晶态）过渡为另一种原子规则排列状态（晶态）的转变过程属于结晶过程，金属从液态过渡为固态的转变称为一次结晶。而金属从一种固态过渡为另一种固态的转变称为二次结晶。

3.2.3.1　金属结晶的条件

结晶过程不是在任何情况下都能自发进行的。

将某些纯金属（如铅）少许放入小坩埚里，把小坩埚放在坩埚炉内加热，使金属成为液态，然后让液态金属在坩埚炉中缓慢冷却，并不断记录冷却过程中金属的温度变化与相应的时间，根据这些数据可绘成如图 3－12 所示的冷却曲线。

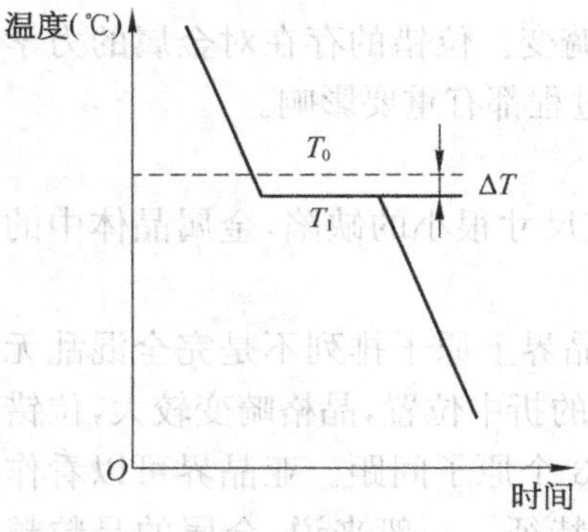

图 3－12　金属的冷却曲线

由图 3－12 可以看出，冷却曲线具有一段水平线段，这是结晶时金属放出结晶潜热形成的。若把此金属的理论结晶温度绘于图上，就会发现此金属的实际结晶温度低于理论的结晶温度，这种现象称为过冷。图中理论结晶温度与实际结晶温度的差值称为过冷度。

实验测出，过冷度不是恒定值。同一金属从液态冷却时，冷却速度越大，实际结晶温度就越低，因而结晶时的过冷度也越大。实际金属总是在过冷的条件下进行结晶的。过冷是金属结晶的条件。

3.2.3.2　晶核的形成和长大

金属的结晶过程，实际上就是金属原子由不规则排列过渡到规则排列形成晶体的过程。

因此,由液态金属向固态金属的转变是不可能在一瞬间完成的,必须经过一个由小到大、由局部到整体的发展过程。观察结晶过程表面,结晶是依靠两个密切联系的基本过程实现的:第一,先在液体内部生成一批极小的晶体作为晶体中心和晶核;第二,这些晶核逐渐长大,并发展到整个液体。小块金属结晶的全过程可大致描述如下:

在一定的过冷度下,开始时液体中没有晶核生长和长大(图 3-13a),液体处于过冷的结晶孕育阶段,酝酿晶核的生成。过一段时间以后,晶核开始以一定的速度生成(图 3-13b)。并随之开始以一定的速度长大,但此时总的体结晶速度不大。接着,在已有晶核不断长大的同时,又不断出现新的晶核(图 3-13c),体结晶速度迅速增大,在这个时候,晶体开始接触(图 3-13d),液体中可供结晶的空间随即减少,体结晶速度开始减慢。后来由于未结晶的液体越来越少(图 3-13e),体结晶速度不断变慢,经过一段时间之后,液体消失(图 3-13f),结晶完毕。结果生成一种多晶体结构的金属固体。在这里,就每一个晶体的结晶过程来说,在时间上可划分为先生核,后长大两个阶段,但就整个金属来说,生核和长大在整个结晶期间是同时进行的。

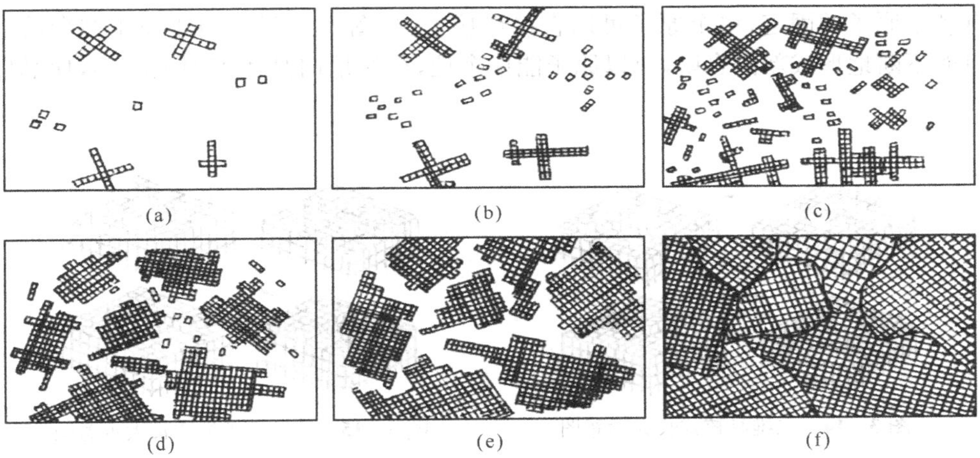

图 3-13 结晶过程示意图

1) 晶核的形成

结晶核心(晶核)的生成有两种方式:自发生核、外来生核。

自发生核:在液态下,金属中存在大量尺寸不同的短程有序的原子基团。在结晶温度以上时它们是不稳定的,但是当温度降低到结晶温度以下,并且过冷度达到一定的大小之后,液体进行结晶的条件具备,液体中那些超过一定大小的短程有序原子基团开始变得稳定,不再消失,进而成为结晶核心。这种从液体结构内部自发长出结晶核心的称为自发结晶。

温度越低即过冷度越大时,金属由液态向固态转变的动力越大,能稳定存在的短程有序的原子基团可以越小,所以生成的自发晶核越多。

外来生核:实际金属往往是不纯净的,内部总含有这样或那样的外来杂质。杂质的存在常常能够促使晶核在其表面形成。这种依附于杂质而生成的晶核称为外来生核。

按照生核时能量有利的条件分析,能起外来生核作用的杂质,必须符合"结构相似、大小相当"的原则。只有当杂质的晶体结构和晶格参数与金属的相似或相当时,它才能成为外来晶核的基体,容易在其上生成晶核。但是,有一些难熔杂质,虽然其晶体结构与金属的相差甚远,由于表面的微细凹孔和裂缝中有时能残留未熔金属，也能强烈地促进外来核心的生成。

自发生核和外来生核是同时存在的，在实际金属合金中，外来生核比自发生核更重要，往往起优先和主导的作用。

2）晶核的长大

结晶时，晶核生成以后，随即是晶核的长大。晶核的长大实质上就是原子由液体向固体表面的转移。这种转移比较复杂，主要的机制有两种。

（1）二维晶核式长大机制。假如已形成的晶核表面平整光洁，则按照能量条件分析，原子单个地从液体转移到并固定在晶核表面是困难的，容易被热流冲落。同自发生核类似，只有在一定的过冷度下，晶核表面附近液体的原子连接成一定大小的单原子面（即所谓二维晶核）以后，才能成片地、稳定地固定在晶核的表面上（图 3－14），并且也只有从这个时候起，原子才能很快地往二维晶核的侧面上连接，排满整个表面。依靠这种二维晶核的层层铺贴及扩展，使晶核逐渐长大。

（2）单原子扩散式长大机制。由于种种原因，从液体中生成的晶核的表面往往是不平整光洁的，常常存在小台阶或其他缺陷，例如，出现螺旋位错的露头点等。这些地方在能量上最有利于原子的固定，单个原子可以直接连接上去（图 3－15）。由于原子往台阶上固定的同时能不断地形成新的台阶，所以原子能单个地，很快地向晶体表面上转移，使晶体迅速长大。

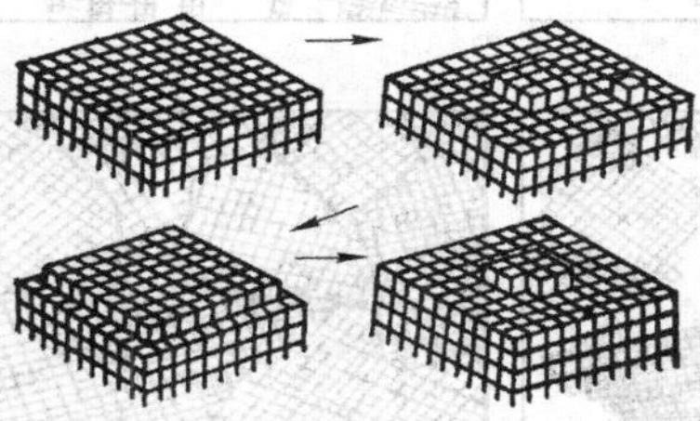

图 3－14 二维晶核式长大示意图

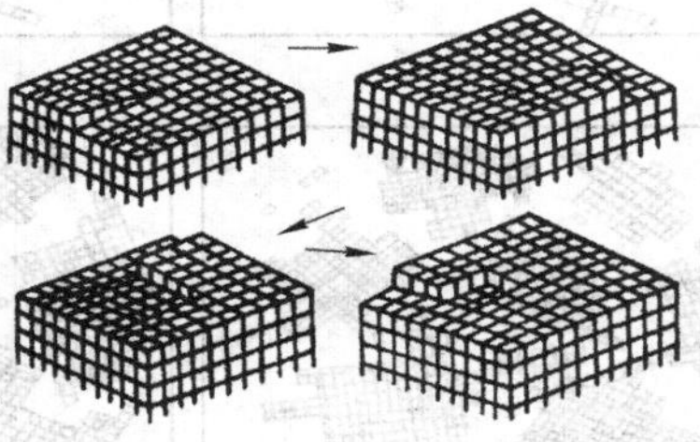

图 3－15 单原子扩散式长大示意图

3）晶体的长大方式

晶体的长大方式对晶体的形状和构造以及晶体的许多特性有很大的影响，是结晶过程中一个非常重要的问题。由于结晶条件的不同，晶体的长大方式主要有两种。

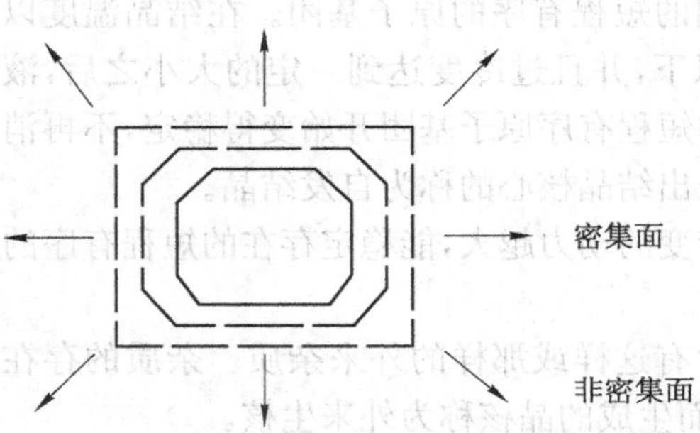

图 3－16 树枝状长大方式

在过冷度较小的情况下，不纯金属晶体主要以其表面向前平行推移的方式长大，即进行所谓平面式长大。晶体的长大应服从表面能最小的原则。晶体沿不同方向长大的速度是不一样的，即不同的晶面垂直长大速度不同。以沿原子最密面垂直方向的长大速度最慢，而非密排面的长大速度较快。所以，平面是长大的结果，晶体获得表面为原子最密面的规则形状（图3－16）。在这种方式的长大过程中，晶体一直保持规则的形状，只是在许多晶体彼此接触之后，规则的外形才遭到破坏。应该指出，晶体的平面长大方式在实际金属的结晶中是较少见到的。

当过冷度较大，特别是存在杂质时，金属晶体往往以树枝状的形式长大。开始时，晶核可以长大为很小的、形状规则的晶体，然后，在晶体继续长大的过程中，优先沿一定方向生长出空间骨架，这种骨架形同树干，称为一次晶轴。在一次晶轴增长和变粗的同时，在其侧面生出新的枝丫，枝丫发展成枝干，称为二次晶轴。随着时间的推移，二次晶轴成长的同时又可长出三次晶轴，三次晶轴上再长出四次晶轴，等，如此不断地成长和分枝下去，直至液体全部消失。结果，结晶得到一个具有树枝形状的所谓树枝晶(图 3－17)。

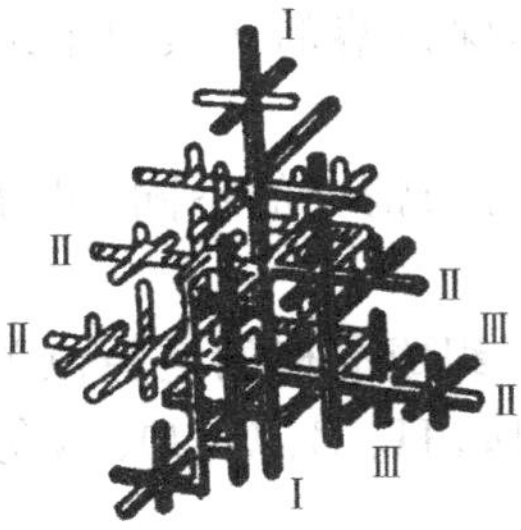

图 3－17　树枝晶示意图

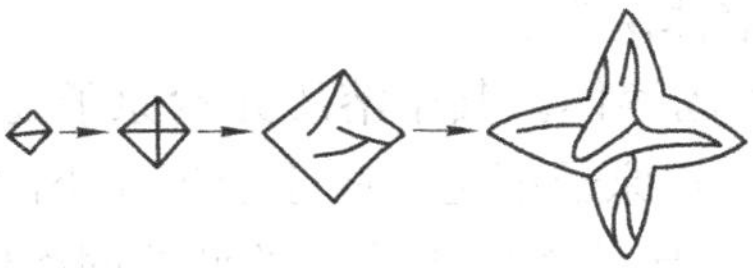

图 3－18　树枝晶形成示意图

规则的小晶核之所以能够形成树枝晶(图 3－18)，是因为：第一，在金属晶核长大过程中有潜热放出。此热量主要依靠金属液体对流、部分依靠金属的传导被传走。显然，晶体的突出部分(如顶角和棱边)的散热条件比面上的优越，因而长大较快，于是长成深入液体中的晶枝；第二，晶体的顶角及棱边上的缺陷较多，从液体中转移来的原子容易在这些地方固定，因而有利于晶体的长大；第三，长大中的晶体为树枝状结构时，表面积最大，便于晶体从周围液体中获得生长所需要的原子。由此可以看到，金属晶体结晶采取树枝状长大方式，主要取决于各种实际因素，例如冷却速度、散热条件和杂质状况等。控制这些因素，即可控制晶体长大的方式，最终可以达到控制晶体的结构和性能的目的。

实际金属多为树枝晶结构，在结晶过程中，如果液体的供应不充分，金属最后凝固的树枝晶之间的间隙不会被填满，晶体的树枝状就很容易显露出来。例如，在许多金属的铸锭表面常能见到树枝状的“浮雕”。

3.2.3.3　**结晶理论的应用**

近年来，工业结晶技术的推广，新领域的开发以及应用理论的研究，在国际上异常活跃。国际结晶发展的新动向是用熔融结晶提取高纯有机物质，由反应沉淀结晶制取生物化学物质(包括医药)、超微粒子及功能晶体。为了开发结晶粒子的设计，在机理研究方面，近期又侧重改变分子排列，以达到对不同晶型的探索。

在国内，随着石油化工、精细化工及生化、医药行业的发展，对工业结晶新技术提出了迫切的要求。工业结晶的新技术主要集中在熔融结晶，溶液结晶，加压结晶以及降膜结晶等方面。

3.3　合金的晶体结构和结晶

3.3.1　合金的基本概念

所谓合金，是指由两种或两种以上的金属元素或金属元素与非金属元素通过冶炼等方法结合而成的具有金属特性的物质。例如钢、铸铁、黄铜、青铜等都是合金材料。由于合金具有比纯金属更好的力学性能及某些特殊物理、化学性能(例如耐高温、耐腐蚀等),因而,工业上合金材料比纯金属应用更为广泛。

3.3.2 合金的相结构

在合金中,通常把具有同一化学组分且结构相同、组成均匀的部分称为相,而相与相之间有明显的界面。固态合金中,相的晶体结构可分为固溶体与金属化合物两大类。

1) 固溶体

合金在固态下,其晶格类型与其中某一类元素的晶格相同,这类元素称为溶剂元素,而其他元素(称为溶质元素)则溶解在溶剂元素所组成的晶格中,保持溶剂元素原子组成的晶格不发生变化,这样形成的均匀固态相结构称为固溶体。

固溶体按照溶质元素原子在溶剂元素原子组成晶格中分布情况的不同,可分为间隙固溶体与置换固溶体两类。

(1) 间隙固溶体。其中溶质元素原子处于溶剂元素原子组成晶格的空隙位置。间隙固溶体中的溶质元素原子都是一些原子半径小的非金属元素,例如 H、B、C、O、N 等。钢铁材料中的铁素体、奥氏体都属于这种类型的固溶体。

(2) 置换固溶体。其中溶质元素原子取代了溶剂元素原子组成的晶格中某些位置上溶剂元素的原子。形成置换固溶体的溶质元素原子都是原子半径大的金属原子,例如 Cr、Ni、Zn、Sn 等。钢铁材料中,一些合金元素(例如 Cr、Ni、Mn、Si 等)的加入,往往都是为了形成这种类型的固溶体。

从力学性能看,固溶体通常具有较高的塑性、韧性和较低的强度、硬度。但是,由于溶质元素原子的溶入,使晶格发生畸变,使之塑性变形抗力增大,因而较纯金属具有更高的强度、硬度,这就是所谓的固溶强化作用。

固溶强化是提高金属材料力学性能的重要途径之一。例如,工业上广泛应用的普通低合金高强度结构钢 Q345(16Mn),就是将 Mn 元素(作为溶质原子)加入钢中,造成固溶强化作用,从而使其强度较普通碳素结构钢 Q235 提高 25%~40%。

2) 金属化合物

金属材料中,由相当数量的金属键结合,并具有明显金属特征的化合物称为金属化合物。金属化合物的晶格类型与组成化合物的各组元晶格类型完全不同,一般可用化学式表示。其性能特点是熔点高、硬而脆。它在合金中的数量、大小、形态及分布状态对合金的性能影响很大。当它以细小颗粒均匀分布在固溶体基体上时,将使合金的强度、硬度、耐磨性明显提高,这一现象称为弥散强化。因此金属化合物是合金中重要的强化相。

金属化合物的种类很多,常见的有正常价化合物、电子化合物以及间隙化合物。前两种常在非铁金属材料中出现,例如,黄铜中的 β 相(CuZn)。而钢及硬质合金中,常见到的是间隙化合物,例如,碳钢中的渗碳体(Fe_3C)、合金钢中的 Cr_7C_3、$Cr_{23}C_6$、Fe_4W_2C 等,以及钢经化学热处理后在其表面形成的 FeN、Fe_4N、FeB 等。此外,合金钢及硬质合金中的 VC、WC、TiC 等具有极高的硬度和熔点,常称为间隙相(复杂晶格的间隙化合物)。近代表面工程技术中,利用气相沉积技术在材料表面沉积 TiN、TiC 等也属于间隙相范畴。

由于三种晶格类型原子排列的形式不同,其紧密程度也就不同,因而存在不同程度的空隙。其中,体心立方晶格的空隙最大,如果金属由面心立方晶格转变为体心立方晶格,将使体积胀大,在固态下,有些金属随着温度的变化,常以不同的晶格类型存在。例如,纯铁就有两种晶格类型：体心立方晶格及面心立方晶格，如图 3－19 所示。在室温下的纯铁（α－Fe）具有体心立方晶格；而在 912～1 394 ℃温度范围内存在的纯铁（λ－Fe）则具有面心立方晶格，其间的转变称为金属的同素异构转变。金属或合金的同素异构转变是金属热处理的基础。转变时，由于晶体体积的变化，必将产生较大的内应力，并造成性能上的改变。

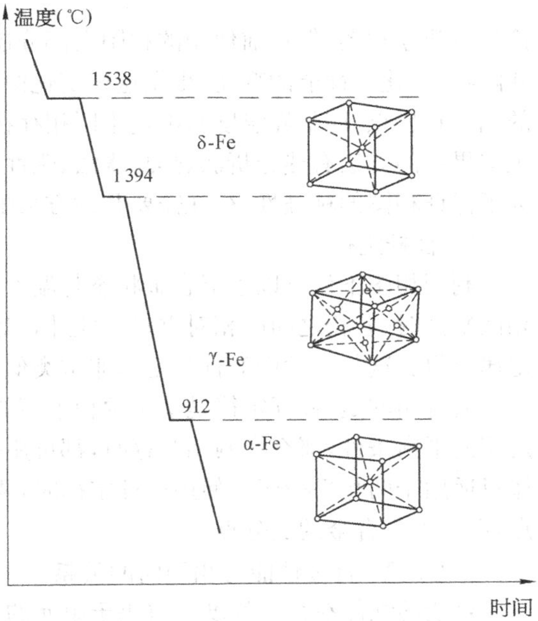

图 3－19　同素异构体转变

3.3.3　合金的结晶

3.3.3.1　二元合金相图基本知识

由两个组元组成的合金系称为二元合金系，它是最基本也是目前研究最充分的合金系，例如 Pb－Sb 系、Ni－Cu 系等。

相图就是表示合金系中合金的状态与温度、成分间关系的图解，即用图解的方式表示合金系在平衡条件下，不同温度和不同成分的合金所处的状态（相组成、相的成分及相对量等），因此相图又被称为状态图和平衡相图。所谓相平衡是指在合金系中，一定条件下，参与结晶或相变过程的各相之间的相对量和相的浓度不再改变时的一种动态平衡状态。

利用相图不仅可以了解合金系中不同成分的合金在不同温度的平衡条件下的状态，即相、相的成分及相的相对含量，而且还能了解合金在加热与冷却过程中所发生的转变并预测合金性能的变化规律，所以相图是进行材料研究、金相分析、制定热压力加工、铸造、热处理等工艺的重要依据和有效工具。

1）二元合金相图的表示方法

合金的状态通常是由合金的成分、温度和压力三个相互影响的因素确定的，但合金的熔炼、加工处理等都是在常压下进行，所以合金的状态可由合金的成分和温度两个因素确定。

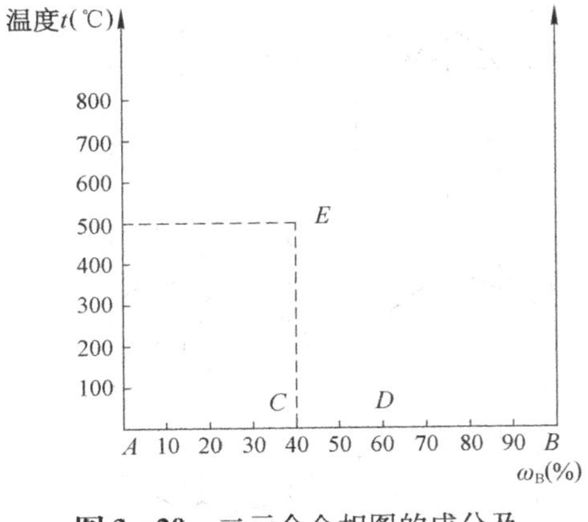

图 3－20　二元合金相图的成分及温度表示方法

对二元合金系来说，常用横坐标表示成分，纵坐标表示温度，如图 3－20 所示。横坐标上任一点表示一种成分的二元合金，如图中 *A*、*B* 两点表示组成合金的两个纯组元，*C* 点成分（质量分数）为（60％A＋40％B），*D* 点成分（质量分数）为（40％A＋60％B）。坐标平面内的任意一点称为表象点，它表示相应成分合金在该点对应温度时的状态。如图 3－20 中的 *E* 点表示成分（质量分数）为（60％A＋40％B）的合金在对应温度 500 ℃时合金所处的状态。

2）二元合金相图的建立

建立相图的方法有实验测定和理论计算两种，计算机技术的迅猛发展，无疑有助于通过理论计算建立相图，但目前使用的相图大部分还是根据实验建立的。合金发生相的转变时，必须伴随物理、化学性能的变化，根据这些变化便可实验测定相图。因此，准确测定各种成分合金的相变临界点（即临界温度），确定不同相存在的温度和成分区间，是建立相图的关键。常用测定临界点的方法有热分析法、热膨胀法、磁性测定法、金相法、电阻法和 X 射线结构分析法等。为了保证相图的精确性，往往需要几种方法配合使用。

3）杠杆定律

利用相图不仅可以了解合金状态与温度、成分之间的关系，还可以计算某种状态下（如两相区平衡时）各相之间的相对重量。此外，二元合金处于两相平衡时，两相的重量比可用杠杆定律求得。这与力学中的杠杆定律非常类似，故也称之为杠杆定律。

需说明的是，杠杆定律是基于两相平衡的一般原理导出的，因此不管什么合金系，只要满足相的平衡条件，那么在两相共存时，都可用杠杆定律计算两相的相对重量，也就是说杠杆定律只适用于两相平衡区。使用杠杆定律时，要注意杠杆的两个端点是给定温度下两相的成分点，而支点是合金的成分点。

3.3.3.2 合金性能与相图间的关系

合金的性能在很大程度上取决于组元的特性及其成分和组织，而合金相图是表示平衡条件下合金的成分、温度与组成相或组织状态关系的图解，因此，合金相图与合金性能之间必然存在一定的关系，可以借助相图所反映出的上述关系和参量来预测合金的使用性能（如力学和物理性能等）和工艺性能（如铸造性能、压力加工性能、热处理性能等），从而为科研或实际生产提供参考。

1）合金的使用性能与相图的关系

由相图可大致推断合金在平衡状态下的力学性能和物理性能。图 3－21 反映了集中基本类型的二元合金相图与使用性能之间的关系。当合金形成单相固溶体时，合金的性能与组元及溶质元素的溶入量有关。对于一定的溶质和溶剂，溶质的溶入量越多，合金的强度、硬度提高越多（即产生固溶强化），同时电阻增大，电导率降低。

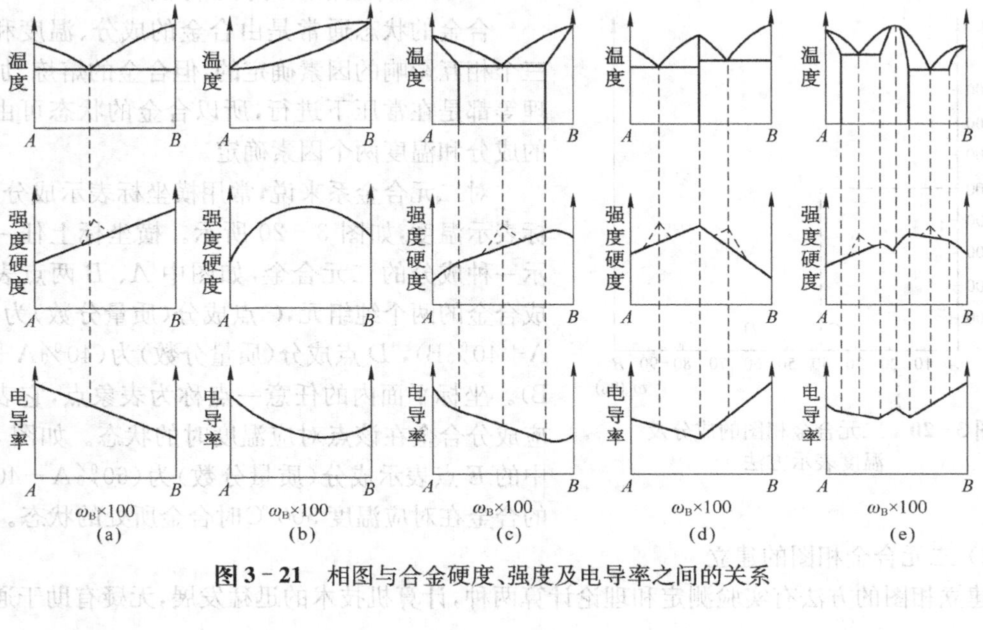

图 3－21 相图与合金硬度、强度及电导率之间的关系

当合金通过包晶、共晶或共析转变形成两相混合物，特别是两相机械混合物时，合金的性能往往是两组成相性能的平均值，即性能与成分呈线性关系。这种情况下，各相的分散度对于对组织敏感的性能有较大的影响。例如共晶成分及接近共晶成分的合金，通常组成相微小分散均匀混合，则其强度、硬度可提高，如图3-21中虚线所示。在有稳定化合物(中间相)的相图中，合金的性能在成分线上会出现奇异点。

由合金的固溶体析出的次生相，一般都能提高合金的强度和硬度，使合金强化，但它们若呈针状或带尖角的块状，或沿晶界以连续或断续的网状析出，将使合金的塑韧性及综合力学性能降低。由过饱和固溶体析出弥散的强化相来强化合金的方法称为弥散强化(或沉淀强化、时效强化)。显然，弥散强化的效果与次生相的弥散度有关，弥散度越高，强化效果越好。工业生产中常采用不同方法来获得弥散分布的次生相。如用热处理得到高饱和固溶体，在随后的加热过程中，使强化相弥散析出；或是向合金中加入(如由粉末冶金方法加入等)强化相质点。

2) 合金的工艺性能与相图的关系

图3-22表示合金的铸造性能与相图的关系。合金的铸造性能表现为流动性(即液体充填铸型的能力)、缩孔及热裂倾向等，这些性能主要取决于相图中的液相线与固相线之间的水平与垂直距离，即结晶的成分间隔与温度间隔，间隔越大，合金的铸造性能越差。

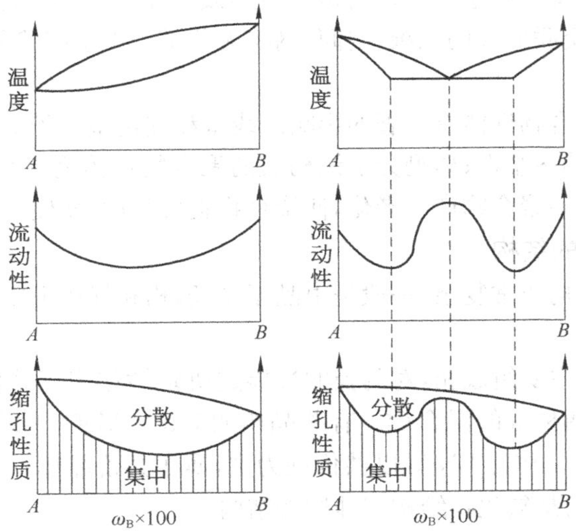

图3-22 合金的流动性、缩孔性质与相图之间的关系

压力加工(如锻造等)性能好的合金通常是单相固溶体，因为它强度较低，塑性好，变形均匀且不易开裂。而由两相混合物组成的合金，由于两相的强度和塑性不同，变形大时两相的界面易开裂，特别是组织中存在较多的脆性化合物时，压力加工性能更差。

固溶体合金的切削加工性能不够好，因为它塑性好，切削不易断开而缠绕在刀具上，不但增加了零件表面的粗糙度，也难于进行高速切削。而具有两相组织的合金，由于两相中总有一个相比较脆，切屑易于脱落，便于进行高速切削，所以能加工出表面质量高的零件。为了提高钢的切削加工性能，有时还特意在冶炼时加入一定量的Pb、Bi等元素而获得易切削钢，非常适用于切削加工。

借助相图还能判断合金热处理的可能性。相图中没有固态相变的合金不能进行热处理强化,但能采用扩散退火来消除组织中的晶内偏析等缺陷;具有同素异构转变的合金可以通过重结晶退火和正火等热处理来细化晶粒;具有溶解度变化的合金可通过时效处理方法来弥散强化合金;某些具有共析转变的合金(如各种碳钢、合金钢等),可通过热处理(淬火及回火等)得到具有不同性能的组织以满足不同的使用要求。

3.4 非金属材料的结构

非金属材料一般指除金属材料以外的几乎所有材料,它主要包括各类高分子材料(如橡胶、塑料、合成纤维及部分胶粘剂等)与陶瓷材料(如玻璃、水泥、耐火材料、陶瓷器皿等)。

3.4.1 高分子材料的结构

根据高分子链的空间几何形状,高分子材料的结构可分为三种类型:线型、支化型、体型(交联型)。

(1) 线型分子链。各链节以共价键连接成线性长链分子,其直径不足 1 nm,而长度可达几百甚至几千纳米,像一条长线。但通常不是直线,而是卷曲状或线团状。

(2) 支化型分子链。在主链的两侧以共价键连接着相当数量的长短不一的支链,其形状有树枝形、梳形、线团支链形。由于支链的存在影响其结晶度及性能。

(3) 体型(网型或交联型)分子链。它是在线型或支化型分子链之间,沿横向通过链节以共价键连接起来,产生交联而成的三维(空间)网状大分子。由于网状分子链的形成,使聚合物分子间不易相互流动。

分子链的形态对聚合物性能有显著的影响。线型和支化型分子链构成的聚合物称线型聚合物,一般具有高弹性的热塑性;体型分子链构成的聚合物称体型聚合物,一般具有较高的强度和热固性。另外交联使聚合物产生老化,使聚合物丧失弹性、变硬、变脆。

3.4.2 陶瓷材料的结构

陶瓷材料的组织结构非常复杂,一般是由晶相、玻璃相和气相组成。

1) 晶相

晶相是陶瓷材料的主要组成相,对陶瓷的性能起决定性作用。晶相一般是由离子键和共价键结合而成,通常是两种键的混合键。有些晶相如 CaO、MgO 等以离子键为主,属于离子晶体;有些晶相如 Si_3N_4、SiC、BN 等以共价键为主,属于共价晶体。不论哪种晶相都具有各自的晶体结构,最常见的是氧化物结构和硅酸盐结构。

大多数氧化物结构是氧离子排列成简单立方、面心立方和密排六方晶体结构,金属离子位于其晶格间隙中。如 CaO、MgO 为面心立方结构,Al_2O_3 为密排六方结构。

硅酸盐是陶瓷的主要材料,这类化合物的化学组成较复杂,但构成这些硅酸盐的基本结构单元都是硅氧四面体(SiO_4),四个氧离子构成四面体,硅离子居四面体的间隙中。

与有些金属一样,陶瓷晶相中有些化合物也存在同素异构转变。因为不同结构晶体的密度不同,所以在同素异构转变过程中总伴随着体积变化,会引起很大的内应力,常常导致陶瓷产品在烧结过程中开裂。但有时,可利用这种体积变化来粉碎石英岩石。

实际陶瓷晶体中也存在晶体缺陷(点、线、面缺陷)。这些缺陷除加速陶瓷的烧结扩散过程之外,还影响陶瓷性能。如晶界和亚晶界影响陶瓷的强度,一般晶粒越细,强度越高。

大多数陶瓷是多相多晶体,这时就将晶相分为主晶相、次晶相、第三晶相等。应该指出,陶瓷材料的物理、化学、力学性能主要是由主晶相决定的。

2）玻璃相

玻璃相是一种非晶态固体。它是在陶瓷烧结时，各组成相与杂质产生一系列物理化学反应后形成的液相，待冷却时凝固成非晶态玻璃相。玻璃相是陶瓷材料不可缺少的组成相，其作用是将分散的晶相黏结在一起，降低烧结温度，抑制晶相的晶粒长大和填充气孔。

玻璃相熔点低，热稳定性差、在较低的温度下即开始软化，导致陶瓷在高温下发生蠕变，而且其中常常存在一些金属离子从而降低陶瓷的绝缘性。因此，工业陶瓷要控制玻璃相的数量，一般为20%～40%。

3）气相

气相是指陶瓷孔隙中的气体，即气孔。它是在陶瓷生产过程中不可避免地形成并保留下来的；陶瓷中的气孔率通常为5%～10%，并力求气孔细小呈球形、均匀分布。气孔对陶瓷性能有显著影响，它使陶瓷强度降低，介电损耗增大，电击穿强度下降，绝缘性降低，这是不利的；但同时它使陶瓷密度减小，并能吸收振动，这是有利的。因此，应控制工业陶瓷中气孔的数量、形状、大小和分布。一般希望尽量降低气孔率，只有在某些特殊情况下，如用作保温的陶瓷和化工用的过滤多孔陶瓷等，则需要增加气孔率，有时气孔率可高达60%。

第4章

铁碳合金组织和相图

◎ **学习成果达成要求**

铁碳合金是机械制造工业中应用广泛的金属材料，铁碳合金相图在铸造、锻造、焊接和各种热处理工艺中都有广泛应用。

学生应达成的能力要求包括：

1. 能够掌握铁碳合金的基本组织及其特性。

2. 能够根据铁碳合金相图，合理地选择不同含碳量的钢或铸铁，确定合金铸造时的浇铸温度、锻造温度和各种热处理工艺的加热温度，分析铁碳合金的焊接性能。

现代机械制造工业中应用较为广泛的是金属材料，尤其是钢铁材料。工业生产中的铸铁和普通碳钢属于铁碳合金，合金铸铁和合金钢是加入了合金元素的铁碳合金，因此，铁碳合金是以铁和碳为组元的二元合金。钢铁材料之所以适用范围广阔，首先在于可用的成分跨度大，从近于无碳的工业纯铁到含碳4%左右的铸铁，在此范围内合金的相结构和微观组织都发生了很大的变化；另外，还在于可采用各种热加工工艺，尤其是金属热处理技术，大幅度地改变某一成分合金的组织和性能。为了了解钢铁材料，必须了解铁与碳之间的相互作用，认识铁碳合金的本质以及铁碳合金的成分、组织结构与性能之间的关系。

4.1 铁碳合金中的相和组织

4.1.1 工业纯铁

1) 过冷现象与过冷度

物质从液体转变为固体的过程称为结晶。每一种物质都有一定的平衡结晶温度(T_0)。平衡结晶温度是指液体的结晶速度与晶体的熔化速度相等时的温度，在此温度下固液共存，达到可逆平衡。但实际上，液体达到 T_0 时并不能进行结晶，而必须在平衡结晶温度 T_0 以下的某一温度 T_1 时才开始结晶，称为实际开始结晶温度。在实际结晶过程中，T_1 总是小于 T_0，这种现象称为过冷现象，两者之间的温度差 $T = T_0 - T_1$ 称为过冷度。过冷度可由热分析法测得。图4-1a为热分析法测出的纯铁结晶时的冷却曲线。由图可见，液态纯铁冷却至 T_0 时并不结晶，只有冷却到 T_1 时才开始结晶。由于结晶放出潜热，补偿了它向外逸散的热量，所以温度稍有回升，并在冷却曲线上出现低于 T_0 的“平台”，这时结晶在恒温下进行，直至溶液结晶完毕。之后在固态下温度又继续下降。过冷度不是一个恒定值，它随物质的性质、纯度以及结晶前液体的冷却速度等因素而改变。对于同一种物质，冷却速度越快，T_1 越低，过冷度越大，冷却曲线上平台温度与平衡结晶温度间的温度差越大，如图 4－1b 所示。在非常缓慢的冷却条件下，过冷度极小，可以把平台温度近似看作平衡结晶温度。

根据热力学第二定律，在等温等压条件下，一切自发过程都朝着使系统自由能降低的方向进行。液态金属的自由能和固态金属的自由能与温度的关系曲线如图 4－1c 所示，可以看出，液态、固态金属的自由能均随温度的升高而下降，但液态金属的自由能随温度的变化曲线比固态更陡。由于固、液两相的曲线斜率不同，自由能曲线必然相交于一点，交点对应的温度称为理论结晶温度或称为熔点。T_0 温度下液态与固态自由能相等，因而两相能够长期共存并处于动态平衡状态。当温度高于 T_0 时液态的自由能降低，金属将由固态转变为液态；而当温度低于时 T_0，固态的自由能降低，金属将由液态转变为固态。只有温度低于 T_M 时，固态金属的自由能才低于液态金属的自由能，结晶才有驱动力，所以结晶的热力学条件，是必须具有一定的过冷度。由热力学可证明，在恒温、恒压条件下，单位体积的液体与固体的自由能变化 ΔG_v 为

$$\Delta G_v = \frac{-L_M \Delta T}{T_M} \tag{4-1}$$

式中，ΔT 为过冷度；L_M 为熔化潜热。该式表明过冷度越大结晶的驱动力也就越大。

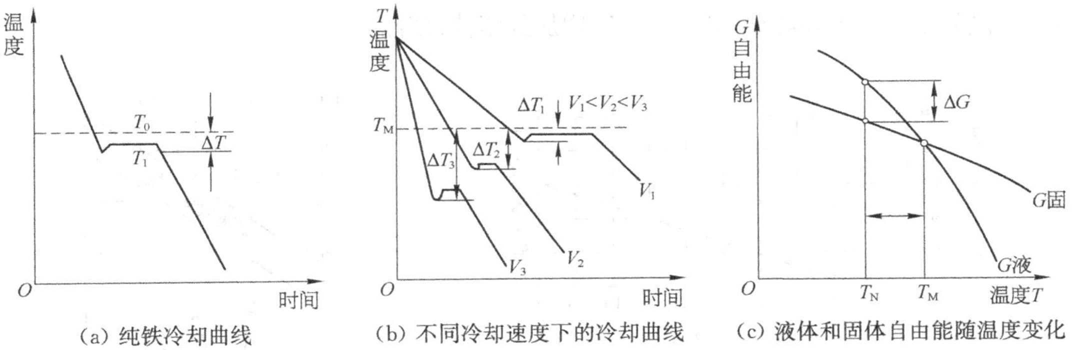

图 4－1　过冷现象与过冷度

2）结晶过程

液态纯铁在冷却到凝固点以后开始结晶。实验观察表明，结晶开始后，先自液体中产生一些稳定的微小晶体，称为晶核。然后这些晶核不断地长大，同时在液体中又不断产生新的稳定晶核并长大，直到全部液体结晶为固体，最后形成由许多外形不规则的晶粒所组成的多晶体，如图 4－2 所示。这个形成晶核并长大的过程是一切物质进行结晶的普遍规律。多晶体中一个晶粒是由一个晶核长成的，相邻晶粒之间的界面称为晶界。若一块晶体是由一个晶核长成，只有一个晶粒，称之为单晶体。单晶体一般只作为功能材料，例如用作半导体的单晶硅等。实际使用的金属材料通常是多晶体。结晶时的冷却速度越大，过冷度越大，晶核越多，晶粒越细；材料的纯度降低时，增加了人工晶核数，故晶核越多，晶粒越细。金属材料的晶粒越细小，其强度越高，韧性、塑性越好。人们常采取各种工艺措施来细化金属晶粒。如：把砂型铸模改为金属性铸模以增加过冷度，或在浇注前向金属溶液中添加其他杂质元素作为人工晶核，该方法称为变质处理或孕育处理。

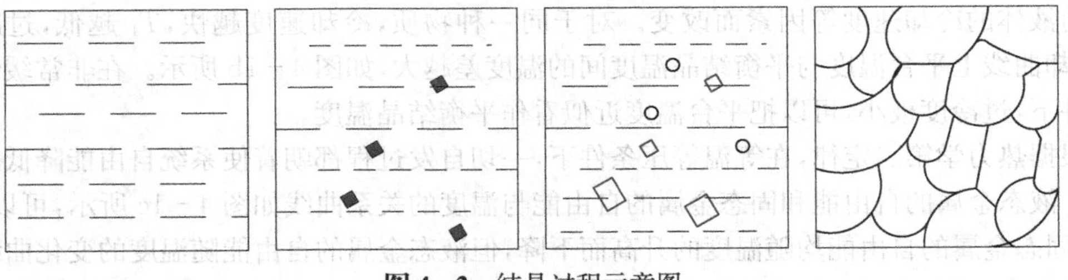

图 4-2 结晶过程示意图

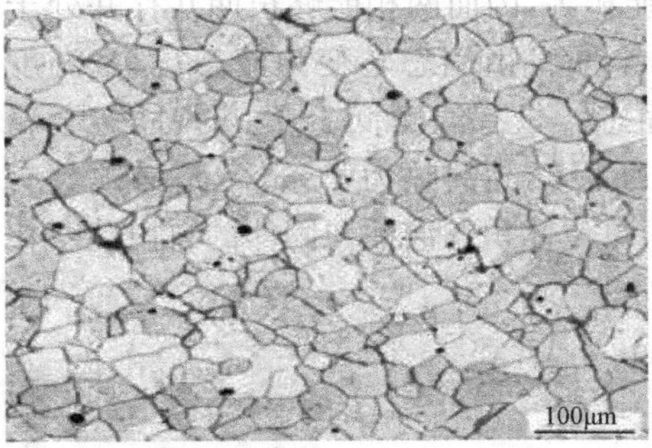

图 4-3 工业纯铁的显微组织

3) 工业纯铁的组织与性能

含有少量杂质的纯铁称为工业纯铁，室温下具有体心立方结构，其显微组织由许多晶粒组成，如图 4-3 所示。一般情况下，工业纯铁的强度很低，塑性、韧性很好。但冷、热加工工艺不同，纯铁的晶粒形状和大小不同，其性能也不同，如图 4-4 所示。图中晶粒大小用晶粒度表示。生产上我国将晶粒分为 8 级，国外分为 14 级，级数越大，晶粒越细。而纯铁的晶粒越细，屈服强度越高，如图 4-4a 所示。韧脆转变温度越低，韧性越好，如图 4-4b 所示。因此，细化晶粒既可以提高纯铁强度，又可以增加其塑性、韧性。

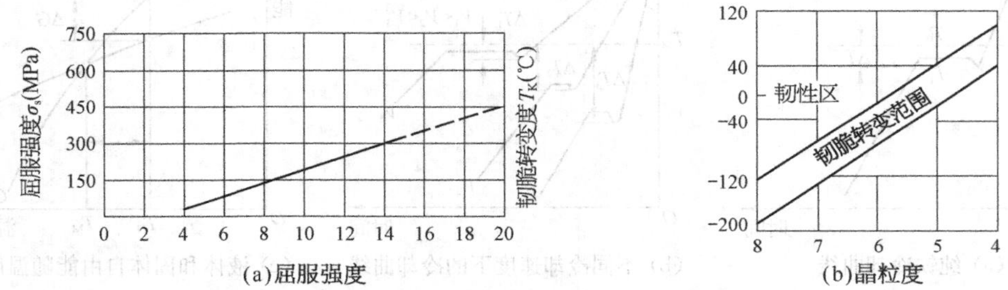

图 4-4 纯铁的屈服强度和韧性与晶粒大小关系

4.1.2 铁素体

铁素体(图 4-5)是碳溶解在 α-Fe 的间隙固溶体中，常用符号 F 表示。具有体心立方晶格，其溶碳能力很低，常温下仅能溶解 0.000 8%的碳，在 727 ℃时最大的溶碳能力为 0.02%。称为铁素体或 α 固溶体，用 α 或 F 表示。亚共析成分的奥氏体通过先共析析出形成铁素体。碳在 α-Fe 中的间隙位置是扁八面体的中心。单相铁素体在金相显微镜下呈均匀明亮的多边形。铁素体的机械性能与纯铁极为相近，强度、硬度低，塑性韧性好。

图 4-5 铁素体

1) 形成过程及成分

铁素体晶界圆滑，晶内很少见孪晶或滑移线，颜色浅绿、发亮，深腐蚀后发暗。钢中铁素体以片状、块状、针状和网状存在。这部分铁素体称为先共析铁素体或组织上自由的铁素体。随形成条件不同，先共析铁素体具有不同形态，如等轴形、沿晶形、纺锤形、锯齿形和针状等。铁素体还是珠光体组织的基体。在碳钢和低合金钢的热轧(正火)和退火组织中，铁素体是主要组成相，铁素体的成分和组织对钢的工艺性能有重要影响，在某些场合下对钢的使用性能也有影响。碳溶入 δ－Fe 中形成间隙固溶体，呈体心立方晶格结构，因存在的温度较高，故称高温铁素体或 δ 固溶体，用 δ 表示，在 1 394 ℃以上存在。在 1 495 ℃时溶碳量最大。碳的质量分数为 0.09%。

2) 主要性能

纯铁素体组织具有良好的塑性和韧性，但强度和硬度都很低；冷加工硬化缓慢，可以承受较大减面率拉拔，但成品钢丝抗拉强度很难超过 1 200 MPa。由于铁素体含碳量很低，其性能与纯铁相似，塑性、韧性很好，伸长率 $\delta = 45\% \sim 50\%$。强度、硬度较低，约为 250 MPa，而 HBS ＝80。纯铁在 912 ℃以下具有体心立方晶格。由于 α－Fe 是体心立方晶格结构，它的晶格间隙很小，因而溶碳能力极差，在 727 ℃时溶碳量最大，可达 0.021 8%，随着温度的下降溶碳量逐渐减小，在 600 ℃时溶碳量约为 0.005 7%，在室温时溶碳量约为 0.000 8%。因此其性能几乎与纯铁相同，其机械性能：①抗拉强度 180～280 MN/m^2。②屈服强度 100～170 MN/m^2。③延伸率 30%～50%。④断面收缩率 70%～80%。⑤冲击韧性 160～200 J/cm^2。⑥硬度 HB 50～80。由此可见，铁素体的强度、硬度不高，但具有良好的塑性与韧性。铁素体的显微组织与纯铁相同，呈明亮的多边形晶粒组织，有时由于各晶粒位向不同，受腐蚀程度略有差异，因而稍显明暗不同。

4.1.3 奥氏体

碳溶入 γ－Fe 中形成的固溶体称为奥氏体，呈面心立方晶格，以符号 A 表示。

γ－Fe 的溶碳能力较 α－Fe 高许多。如在 1 148 ℃时，最大溶碳量为 2.11%；温度降低时，溶碳能力也随之下降，到 727 ℃时，溶碳量为 0.77%。由于 γ－Fe 仅存在于高温下，因此，稳定的奥氏体通常存在于 727 ℃以上，故在铁碳合金中奥氏体属于高温组织。

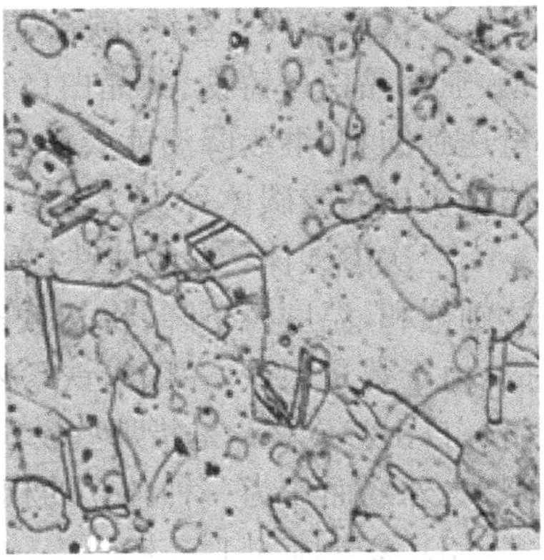

图 4－6 奥氏体

奥氏体的力学性能与其溶碳量有关。一般来说，其强度、硬度不高，但塑性优良($\delta = 40\% \sim 50\%$)。在钢的轧制或锻造过程中，为使钢易于进行塑性变形，通常将钢加热到高温，使之呈奥氏体状态。

在显微镜下，奥氏体也是呈多边形晶粒，但晶界较铁素体平直，并存有双晶带，如图 4－6 所示。

有关奥氏体的形成过程、晶粒长大及其控制、过冷奥氏体的连续转变和等温转变两种情况，详见第 5 章。

4.1.4 渗碳体

渗碳体是铁与碳形成的金属化合物，其化学式为 Fe_3C。在铁碳合金中有不同形态的渗碳体，其数量、形态与分布对铁碳合金的性能有直接影响。分为一次渗碳体(从液相中析出)、二次渗碳体(从奥氏体中析出)和三次渗碳体(从铁素体中析出)。

1) 理化特性

渗碳体是一种具有复杂晶格结构的间隙化合物。它的含碳量为 6.69%；熔点为1 227 ℃

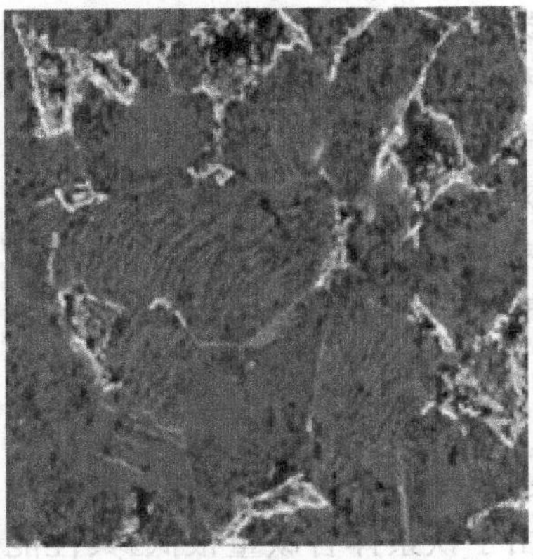

图4-7 渗碳体组织形貌

左右；不发生同素异晶转变；但有磁性转变，它在230 ℃以下具有弱铁磁性，而在230℃以上则失去铁磁性；其硬度很高(相当于HB800)，而塑性和冲击韧性几乎等于零，脆性极大。渗碳体不易受硝酸酒精溶液的腐蚀，在显微镜下呈白亮色，但受碱性苦味酸钠的腐蚀，在显微镜下呈黑色，如图4-7所示。渗碳体的显微组织形态很多，在钢和铸铁中与其他相共存时呈片状、粒状、网状或板状。渗碳体是碳钢中主要的强化相，它的形状与分布对钢的性能有很大的影响。同时Fe_3C又是一种介(亚)稳定相，在一定条件下会发生分解：$Fe_3C \longrightarrow 3Fe + C$，所分解出的单质碳为石墨。这一过程对于铸铁和石墨钢具有重要意义。

2) 形成过程

初生渗碳体：在铁-碳合金平衡结晶过程中，具有过共晶成分的合金(过共晶白口铸铁)的液相合金冷却到液相线以下时析出的渗碳体称为初生渗碳体。

共晶渗碳体：在莱氏体组织中，点条状奥氏体均匀分布在渗碳体基体上，这种渗碳体称为共晶渗碳体。

先共析相及先共析渗碳体：具有亚共析和过共析成分的合金，在发生共析转变前，总是随着温度的降低，先析出构成共析转变产物的某一相，先析出的相称为先共析相，如亚共析钢中的先共析铁素体和过共析钢中的先共析渗碳体。由于形成条件不同，先共析相的形态有块状、网状和魏氏组织三大类。

共析渗碳体：珠光体中的渗碳体称为共析渗碳体。

二次渗碳体：在铁-碳合金平衡结晶过程中，具有共析成分(含碳量)以上的合金(过共析钢、亚共晶白口铸铁、共晶白口铸铁、过共晶白口铸铁)在缓冷到一定程度时，奥氏体中的含碳量达到饱和，继续降温就会沿奥氏体晶界析出渗碳体，在显微组织上呈网状分布。这种由奥氏体中析出的渗碳体称为二次渗碳体。

三次渗碳体：工业纯铁在平衡冷却至碳在铁中的固溶线以下时，碳在铁素体中的溶解度达到饱和，温度再下降，将从铁素体中析出三次渗碳体。三次渗碳体是从铁素体晶界上析出的，由于数量很少，一般沿铁素体晶界呈断续片状分布。

自由渗碳体：是指那些游离于珠光体(共析组织)或莱氏体(共晶组织)等机械混合物(组织)之外的而作为一种独立的相存在的渗碳体，如先共析渗碳体、初生渗碳体等。

3) 渗碳体加工工艺

钢中渗碳体以各种形态存在，外形和成分有很大差异。一次渗碳体多在树枝晶间处析出，呈块状，角部不尖锐；共晶渗碳体呈骨骼状，破碎后呈多角形块状；二次渗碳体多在晶界处或晶内，可能是带状、网状或针状；共析渗碳体呈片状，退火、回火后呈球状或粒状。在金相图谱中渗碳体白亮，退火状态呈珠光色。一次渗碳体和破碎的共晶渗碳体只有在莱氏体钢丝，如9Cr18、Cr12、Cr12MoV中才能见到，只要热加工工艺得当，冷拉用盘条中的一次渗碳体块度应较小、无尖角，共晶渗碳体应破碎成小块、角部要圆滑，否则根本无法拉拔，渗碳体带轻度棱角的盘条，可以通过正火后球化退火＋轻度拉拔＋高温再结晶退火的方法加以挽救。带状和网状渗碳体也是拉丝用盘条中不应出现的组织，这两种组织提高钢的脆性，不利于钢丝加工成形，显著降低成品钢丝的切削性能和淬火均匀性，对网状 2.5 级的盘条可用正火的方法改善，一般来说钢丝经冷拉-退火两次以上循环，网状可降低 0.5～1 级。

4.1.5 珠光体

1) 珠光体的组织形貌

共析成分的奥氏体在 550 ℃温度区等温时，将发生珠光体类型的转变，形成铁素体和渗碳体的两相机械混合物。由于转变温度较高，也称高温转变。珠光体转变是典型的扩散型相变。珠光体的组织形态为层片状或球粒状。

(1) 片状珠光体。片状珠光体由片状交替的铁素体和渗碳体构成，如图 4-8 所示。一片铁素体和一片渗碳体的总厚度，称为珠光片体间距，用 S_0 表示。片层方向大致相同的区域，称为珠光体团或珠光体晶粒。一个奥氏体晶粒内可以形成若干个珠光体团。

片间距在 150～450 nm 时，在光学显微镜下即能清楚地观察到铁素体和渗碳体的形貌。片间距在 80～150 nm 内时，用 900 倍以下的光学显微镜难以分辨铁素体和渗碳体的形态，这种细片状珠光体称为索氏体。片间距小到 30～80 nm 时，必须用电子显微镜才能观察清楚，这种珠光体称为屈氏体。这些具有片状特征的珠光体组织，不论珠光体、索氏体和屈氏体，它们之间的差异只是片间距不同，因而区分界限也是相对的。上述三种组织的典型形貌如图 4-9 所示。

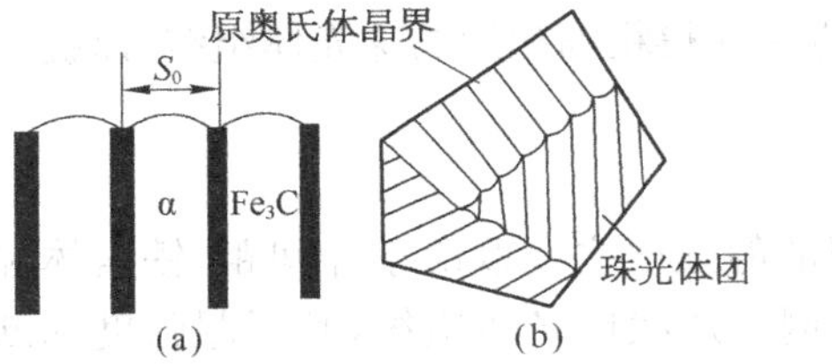

图 4-8 片状珠光体的片间距与珠光体示意图

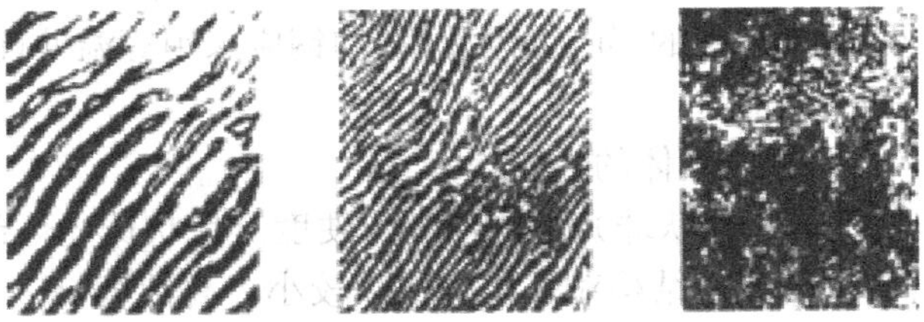

图 4-9 共析钢珠光体、索氏体和屈氏体的典型形貌

(2) 粒状珠光体。对于共析钢和过共析钢，如碳素工具钢、合金工具钢、轴承钢等工业用钢，为了调整组织、改善性能，常常需要得到铁素体基体上分布粒状碳化物的组织，称为“粒状珠光体”或“球状珠光体”。一般通过球化退火获得粒状珠光体，T12 钢的球化组织如图 4-10 所示。此外，淬火钢经过高温回火后，也可获得碳化物呈球粒状分布的回火屈氏体和回火索氏体。珠光体的片间距取决于形成温度。珠光体温度越低、过冷度越大，相变驱动力也越大，片间距则越小，如图 4-11 所示。碳素钢中珠光体的片间距(mm)与过冷度的关系可用以下经验公式表示：

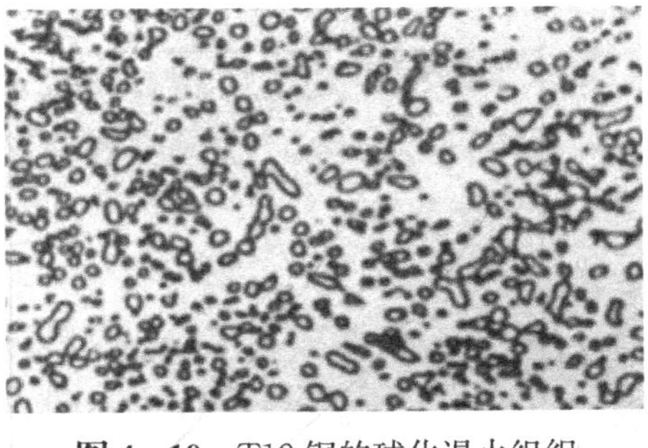

图 4-10 T12 钢的球化退火组织

$$S_0 = \frac{8.02}{\Delta T} \times 10^3 \tag{4-2}$$

如果过冷奥氏体先在较高温度区等温形成部分珠光体，之后使未转变的奥氏体再在较低

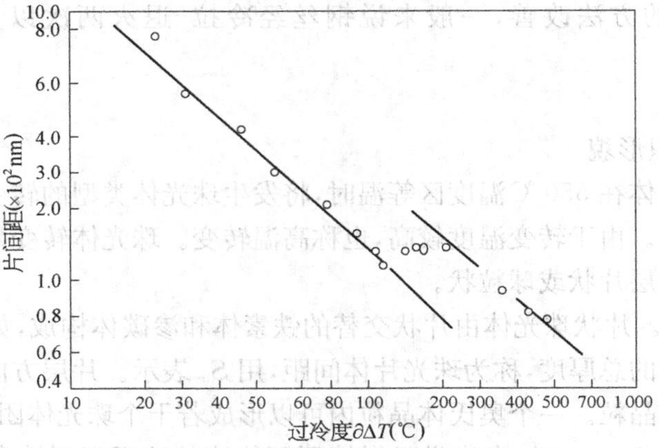

图 4-11 T12 钢的珠光体片间距与过冷度的关系

的温度下等温转变为珠光体，则获得不均匀的珠光体，先形成的珠光体片间距大，后形成的珠光体片间距小。共析钢先在 700 ℃等温，再在 674 ℃等温后水冷，可以看到片间距明显不同的片状珠光体区域。

同理，如果过冷奥氏体在连续冷却过程中分解，则高温形成的珠光体比较粗，低温形成的珠光体比较细。这种粗细不均匀的珠光体，将引起力学性能的不均匀，从而对钢的切削加工性能产生不利的影响。因此，结构钢应采用等温处理的方法获得粗细相近的珠光体组织，以提高钢的性能。

2）珠光体的性能

（1）片状珠光体的强度与硬度。片状珠光体组织的静强度主要取决于片间距，铁素体和渗碳体的亚结构对强化的贡献较小。高纯度 0.8%碳钢的片状珠光体组织，其屈服强度和断裂强度随形成温度的降低而提高，在较高的转变温度区内，屈服强度和断裂强度随转变温度升高而明显下降。珠光体的基体相是硬度低、易变性的铁素体，因此主要依靠渗碳体进行强化。渗碳体的强化作用不仅依靠本身的高强度，同时还利用与铁素体之间的相界面增大位错运动的阻力。珠光体片层间距较大时，相界的总面积较小，因而强化作用也较小。此外，硬脆的渗碳体片厚度过大，不仅难以变形，而且易于脆裂，导致塑性和韧性降低；当珠光体片层间距较小时，相界的总面积增大，强化作用显著提高，并且渗碳体越薄，越容易随同铁素体一起变形而不至引起脆裂，所以细片状珠光体（索氏体、屈氏体）不但强度、硬度高，而且塑性、韧性也较好，如图 4-12 所示。

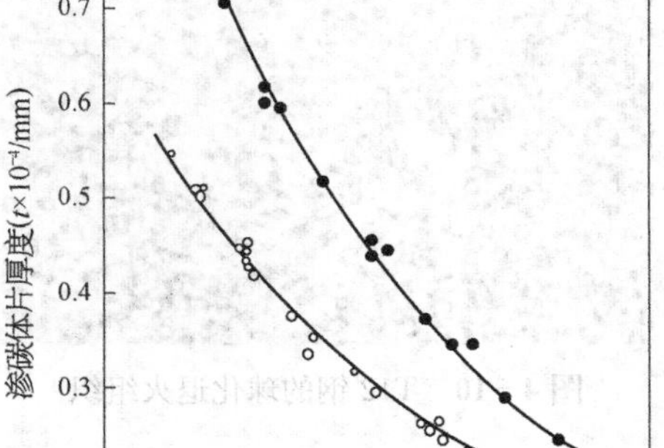

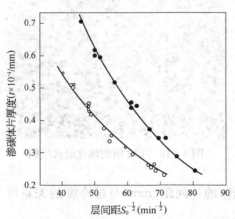

图 4-12 渗碳体片的厚度与片间距的关系

1—$\omega_C = 0.8\%$；2—$\omega_C = 0.6\%$

（2）粒状珠光体的强度。球化退火的粒状珠光体，其组织形态是无亚晶界的铁素体基体上分布着颗粒状碳化物。在退火状态下，对于相同含碳量的钢，粒状珠光体比片状珠光体具有较小的相界面，其

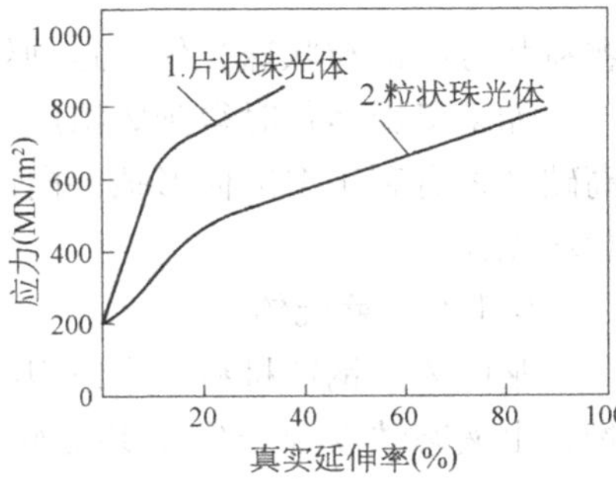

图 4－13　共析钢不同组织的应力应变曲线

硬度、强度较低，塑性较高，如图 4－13 所示。所以，粒状珠光体常常是高碳钢切削加工前要求获得的组织形态。这种组织形态，不仅提高了高碳钢的切削加工性能，而且可以减小钢件的淬火变形和开裂倾向。中碳钢和低碳钢的冷挤压成型，也要求具有粒状碳化物的原始组织。通过控制珠光体中碳化物的形状、大小和分布，可以控制钢的强度和硬度。在相同的抗拉强度下，粒状珠光体比片状珠光体的疲劳强度有所提高。

3）珠光体的形成过程

（1）片状珠光体的形成过程。共析成分过冷奥氏体的珠光体转变，多半在奥氏体的晶界上形核，晶界的交点更有利于珠光体形核。在其他晶体缺陷比较密集的区域，新相也易于形核。如奥氏体中碳浓度不均匀，或者有较多未溶的渗碳体，珠光体晶核也可在奥氏体的晶粒内部形成。珠光体由两个相组成，共析转变时存在领先相的问题，领先相的晶核即为珠光体的有效晶核。铁素体或渗碳体都有可能成为领先相。如果以渗碳体为领先相，则片状珠光体的形成过程如图 4－14 所示。片状珠光体转变时，包括纵向长大和横向长大两个过程，纵向长大是渗碳体片和铁素体片同时向奥氏体的连续延伸，而横向长大则主要是渗碳体与铁素体的交替堆叠。

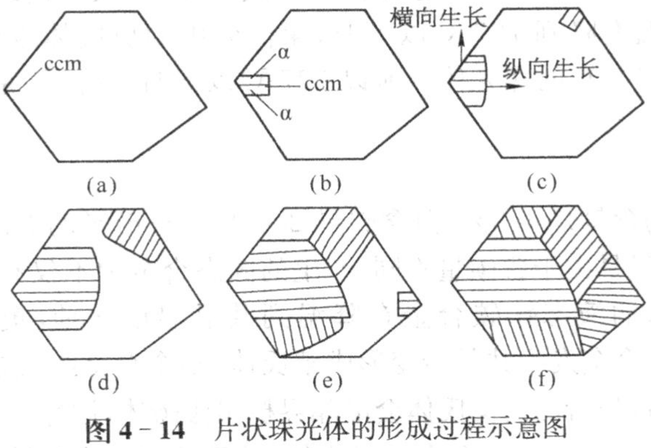

图 4－14　片状珠光体的形成过程示意图

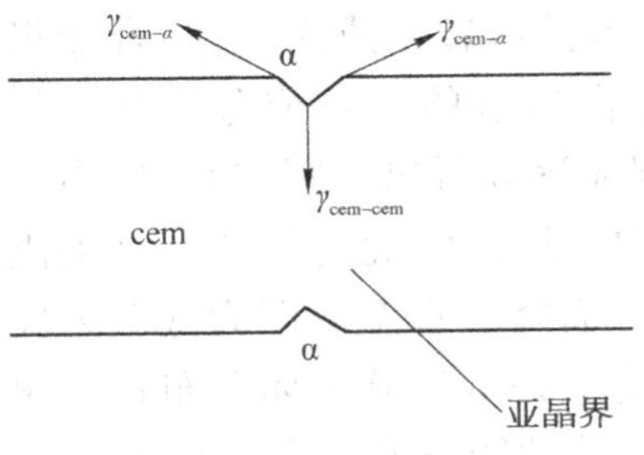

图 4－15　片状渗碳体球化机理示意图

（2）粒状珠光体的形成过程。粒状珠光体一般是通过渗碳体球化获得的，转变过程如图 4－15 所示，图中 $\gamma_{cem-\alpha}$ 是渗碳体和铁素体的界面张力，$\gamma_{cem-cem}$ 是渗碳体之间的界面张力。如果将片状珠光体加热到略高于 A_1 温度，将得到奥氏体和未完全溶解的渗碳体组织，这时渗碳体已不是完整的片状，而是凸凹不平、厚度不均的，甚至某些地方已经断开。与曲率半径小的渗碳体尖角相接触的奥氏体碳浓度较高，而与曲率半径较大的渗碳体平面相接触的奥氏体碳浓度较低，奥氏体中的 C 原子将从渗碳体的尖角处向平面处扩散，破坏了晶面平衡。为了恢复平衡，渗碳体尖角处将溶解而使曲率变大，平面处将长大而使曲率半径变小，直至逐渐成为颗粒状。之后从加热温度缓慢冷却到 A_1 以下，得到渗碳体呈颗粒状分布的粒状珠光体。这种处理称为球化退火。

如果奥氏体化时得到碳浓度分布极其不均匀的奥氏体，在随后的冷却过程中，大量存在的高碳区将有利于渗碳体形核并向四周长大，形成颗粒状渗碳体。继续缓慢冷却后，也可得到粒状珠光体。

4.1.6 莱氏体

莱氏体是钢铁材料基本组织结构中的一种，常温下为珠光体、渗碳体和共晶渗碳体的混合物。由液态铁碳合金发生共晶转变形成的奥氏体和渗碳体所组成，其含碳量为 4.3%。是 1882 年阿道夫·莱德布尔发现的。

1）主要性能

在高温下形成的共晶渗碳体呈鱼骨状或网状分布在晶界处，经热加工破碎后，变成块状，沿轧制方向呈链状分布。当温度高于 727 ℃时，莱氏体由奥氏体和渗碳体组成，用符号 Ld 表示。在低于 727 ℃时，莱氏体由珠光体和渗碳体组成，用符号 Ld′表示，称为变态莱氏体。因莱氏体的基体是硬而脆的渗碳体，所以硬度高，塑性很差。莱氏体由共晶奥氏体和共晶渗碳体机械混合组成，为铁碳相图共晶转变的产物。

2）形成过程

液态铁碳合金在 1 147 ℃左右会发生共晶转变，含碳量为 4.3%的液态铁碳合金会转化为含碳量为 2.11%的奥氏体和含碳量为 6.67%的渗碳体两种晶体的混合物，其比例大约是 1∶1。随着温度的降低，莱氏体中总碳含量组成不变，但其中的组分奥氏体和渗碳体的比例则发生改变。当温度降到 727 ℃以下时，莱氏体中的奥氏体成分会发生共析转变，生成铁素体和渗碳体层状分布的珠光体。所以 727 ℃以下时，莱氏体是珠光体和渗碳体的机械混合物。

3）组成成分

虽然莱氏体中碳的含量是 4.3%，但含碳量 2.06%～6.67%的液态铁碳合金在降温过程中都会有莱氏体产生，只是由于含碳量不同，产生的固态合金中不仅有莱氏体还有其他成分。含碳量 2.11%～4.3%的液态铁碳合金在降温到共晶温度之前，奥氏体即逐渐析出。到 1 147 ℃时，剩余的液态合金发生共晶转变形成莱氏体，整个合金组成是先析出的奥氏体和莱氏体。温度继续降低后，先析出的奥氏体会沿晶界析出渗碳体，被称为二次渗碳体。

这样含碳量 2.11%～4.3%的合金是奥氏体、莱氏体和二次渗碳体的混合物，但二次渗碳体和莱氏体中的渗碳体很难区分。而降到 727 ℃以下时，奥氏体转变成珠光体，合金组成为珠光体、低温莱氏体和二次渗碳体的混合物，是亚共晶白口铁的主要成分。含碳量 4.3%～6.67%的液态铁碳合金在降温到共晶温度之前，渗碳体逐渐析出，被称为一次渗碳体。到1 147 ℃时，剩余的液态合金会发生共晶转变反应转变成莱氏体，此时的合金是莱氏体和一次渗碳体的混合物。随后一直保持这一组成至 727 ℃，而降至室温后即为低温莱氏体和一次渗碳体的混合物，是过共晶白口铁的主要成分。结构上是低温莱氏体分布在粗树枝状的白色一次渗碳体之间。纯莱氏体中含有的渗碳体较多，故性能与渗碳体相近，即极为硬脆。

4.2 铁碳合金相图

纯铁的强度很低，不能制作受力强度较大的零件及构件。若在其中加入少量的碳后，其硬度和强度可成倍提高。碳钢是重要的金属材料，其基本组元是铁和碳，故称为铁碳合金。铁碳合金相图可用于研究铁碳合金在平衡条件下的成分—温度—组织—性能之间关系和变化规律，对钢铁材料的研究、合金的选用、正确制定各种热加工工艺等都有重要指导意义。

4.2.1 铁碳合金相图的基本分析

铁和碳可以形成铁碳合金等一系列稳定的化合物，而稳定的化合物可以作为一个独立的组元，因此整个铁碳合金相图可视为由 Fe－Fe_3C，Fe－Fe_2C，Fe_2C－Fe－FeC 等一系列二元相图组成。生产实践证明，含碳量超过5%的铁碳合金很脆，几乎无使用价值，所以通常所讲的铁碳合金相图实际是 Fe－Fe_3C 相图，即含碳量<6.69%的部分，如图4－16所示。

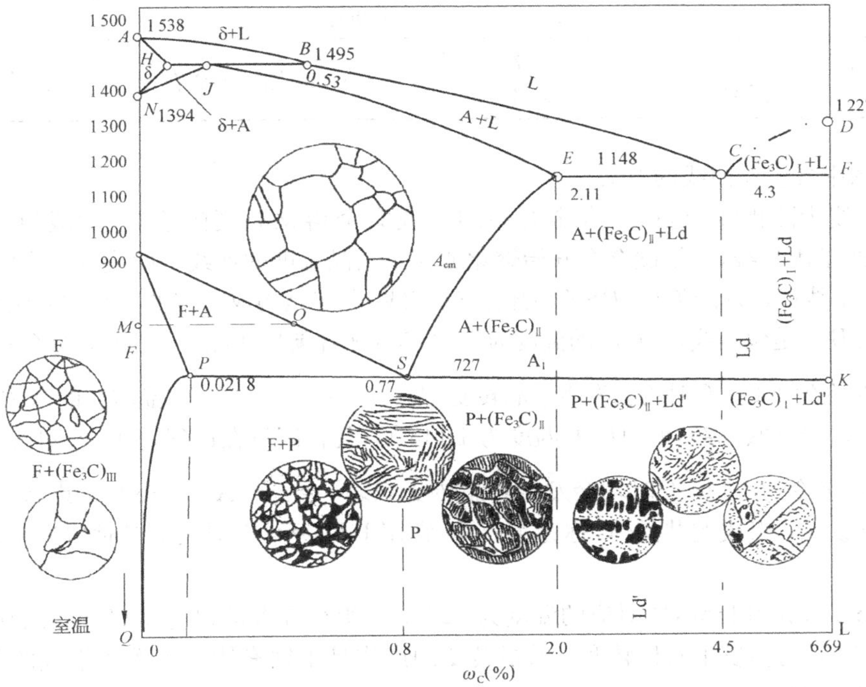

图4－16 铁碳合金相图

1）相图中主要的特性点及其意义

相图中各点的温度、含碳量及含义见表4－1。

表4－1 相图中各点的温度、含碳量及含义

符号	温度(℃)	含碳量(%)	含 义
A	1 538	0	纯铁的熔点
B	1 495	0.53	包晶转变时液态合金成分
C	1 148	4.30	共晶点
D	1 227	6.69	Fe_3C 的熔点
E	1 148	2.11	碳在 γ－Fe_3C 中的最大溶解度
F	1 148	6.69	Fe_3C 的成分

（续表）

符号	温度(℃)	含碳量(%)	含　义
G	912	0	$\alpha-Fe_3C \longrightarrow \gamma-Fe_3C$ 同素异构转变点
H	1 495	0.09	碳在 $\delta-Fe_3C$ 中的最大溶解度
J	1 495	0.17	包晶点
K	727	6.69	Fe_3C 的成分
N	1 394	0	$\gamma-Fe_3C \longrightarrow \delta-Fe_3C$ 同素异构转变点
P	727	0.021 8	碳在 $\alpha-Fe_3C$ 中的最大溶解度
S	727	0.77	共析点
Q	600 （室温）	0.005 7 (0.000 8)	600 ℃（或室温）时碳在 $\alpha-Fe$ 中的溶解度

2）相图中各主要曲线的意义

ABCD 线为液相线，是铁碳合金开始结晶或完全熔化温度的连线，此线以上为液相。*AHJECF* 线是固相线，是铁碳合金开始熔化或完全结晶温度的连线。此线以下为固相。

三条水平线（*HJB*、*ECF*、*PSK*）为恒温转变线，它们是构成相图的三个重要组成部分。

(1) *HJB* 线是包晶线，所对应的温度为 1 495 ℃，凡含碳量在此线范围（0.09%～0.53%）的铁碳合金，缓冷到 1 495 ℃时均会发生包晶转变，$L_B + \delta_H \xrightleftharpoons{1\,495\ ℃} A_T$ 包晶转变的产物是奥氏体。

(2) *ECF* 线是共晶线，所对应的温度为 1 148 ℃，凡含碳量在此线范围（2.21%～6.69%）的铁碳合金，缓冷到 1 148 ℃时均会发生共晶转变（$L_C \xrightleftharpoons{1\,148\ ℃} A_E + Fe_3C$），共晶转变的产物是奥氏体与渗碳体组成的共晶体，称为莱氏体，常用 Ld 表示；冷却至室温时称为变态莱氏体，用 Ld′ 表示。

(3) *PSK* 线是共析线，所对应的温度为 727 ℃。所有含碳量超过 0.021 8%的铁碳合金，缓冷到 727 ℃时均会发生共析转变。共析转变的产物是由铁素体与渗碳体组成的共析体，称为珠光体，常以 P 表示。

以上三条水平线均处于三相平衡状态，反应过程均为恒温转变过程。在相图中还有以下三条比较重要的特性线：

ES 线，碳在奥氏体中的溶解度曲线。碳在奥氏体中的最大溶解度是 *E* 点（1 148 ℃，$\omega_C = 2.21\%$）；在 727 ℃的 *S* 点含碳量为 0.77%。所以，凡是含碳量大于 0.77%的合金，在自 1 148 ℃缓冷至 727 ℃的过程中，均会从奥氏体中沿晶界析出渗碳体，通常称为二次渗碳体，以区别于从液相中直接结晶的一次渗碳体。

PQ 线，碳在铁素体中的溶解度曲线。碳在铁素体中的最大溶解度是在 *P*（727 ℃，$\omega_C = 0.021\,8\%$），而室温溶解度几乎趋于零，故一般铁碳合金，从 727 ℃缓冷至室温过程中，均为从铁素体中析出渗碳体，通常称之为三次渗碳体。铁碳合金中的数量极少，除了工业纯铁及低碳钢外，常予以忽略。

GS 线，奥氏体与铁素体之间的转变曲线，它是在冷却过程中奥氏体转变为铁素体的开始线，或者是在加热过程中铁素体向奥氏体转变的终了线。

相图中 *AHN* 线和 *GPQ* 线的左方分别为 δ 相区和 α 相区；*NJESG* 包围的区域为奥氏体

区域；*ABCD* 线以上的区域为液相(单相)区域。两个单相区之间的区域为两相区，该两相区是由相邻的两个单相所组成。在 Fe－Fe_3C 相图中三相区为一水平线，在水平线上将发生恒温平衡转变。该三相区的相组成是由参与三相平衡反应的三个单相所组成。

4.2.2 铁碳合金的成分、组织和性能关系

根据含碳量和组织的不同，通常把铁碳合金分为三类：工业纯铁、碳钢和白口铸铁。根据室温组织不同，碳钢又可以分为共析钢($\omega_C = 0.77\%$)、亚共析钢($\omega_C = 0.0218\% \sim 0.77\%$)和过共析钢($\omega_C = 0.77\% \sim 2.11\%$)三种；白口铸铁又可以分为共晶白口铁($\omega_C = 4.3\%$)、亚共晶白口铸铁($\omega_C = 2.11\% \sim 4.3\%$)和过共晶白口铁($\omega_C = 4.3\% \sim 6.69\%$)。工业上常用的铸铁是亚共晶白口铸铁，而共晶和过共晶白口铸铁很少使用，一般仅作为炼钢材料。

1) 典型合金的平衡结晶过程及室温平衡组织

(1) 共析钢。共析钢的冷却曲线和平衡相变过程如图 4－17 所示。温度在 1 以上时，合金为液相状态。温度降低到 1 时，液相合金中开始结晶出奥氏体；随着温度的下降，奥氏体数量不断增加；到 2 时，结晶结束，合金为单相奥氏体组织。温度在 2～3 时，合金组织不发生变化，当温度降至 3 时，合金发生共析转变，形成片层状的铁素体与渗碳体组成的机械混合物——珠光体。在 3～4 时，组织不变，全部为珠光体。图 4－18 所示是共析钢显微组织，白色为铁素体基体，黑色线条为渗碳体。珠光体具有较好的综合力学性能：硬度为 HBS180。

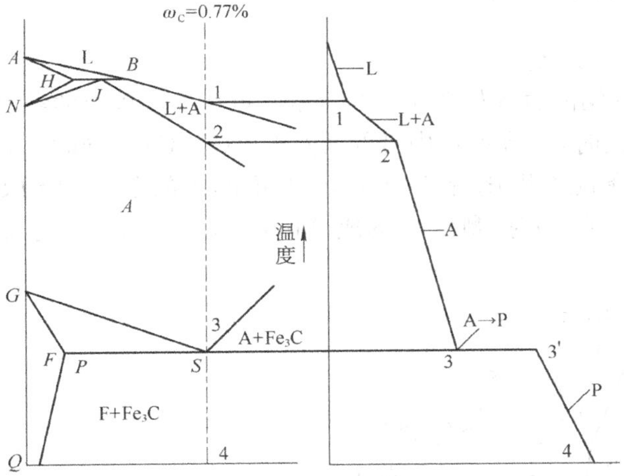

图 4－17 共析钢的结晶过程示意图

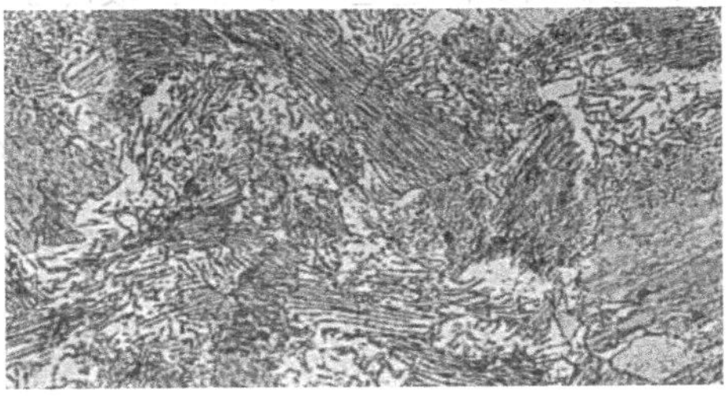

图 4－18 共析钢的显微组织

(2) 亚共析钢。共析钢的结晶过程如图 4－19 所示。合金在 1～2 之间按匀晶转变析出 δ 固溶体。缓冷至 2 时(1 495 ℃)，固溶体的含碳量为 0.09%，L 的含碳量为 0.53%，此时发生包晶转变 $L_{0.53} + \delta_{0.09} \rightleftharpoons A_{0.17}$。由于合金含碳量大于 0.17%，所以包晶转变终了后，还有剩余的液相存在。在 2～3 之间，液相不断结晶出奥氏体(A)。冷至点 3 的温度时，合金全部为奥氏体。当奥氏体缓冷至 *GS* 线时，开始发生 AF 转变，同时引起尚未转变的 A 中碳浓度增加。点 4～5 的降温过程中，A 逐渐减少且其含碳量沿 *GS* 线增加而趋近于 *S* 点，F 的逐渐增多且其含碳量沿 *GP* 线增加而趋近于 *P* 点。当缓冷至点 *S*(727 ℃)时，剩余 A 的成分达到 *S* 点，发生共析转变形成珠光体。缓冷至室温时，其平衡组织为先共析铁素体和珠光体(F+P)。所有亚共析钢室温下的平衡组织都是 F+P，但是 F、P 的相对量不同，随着含碳量的增加，P 的相

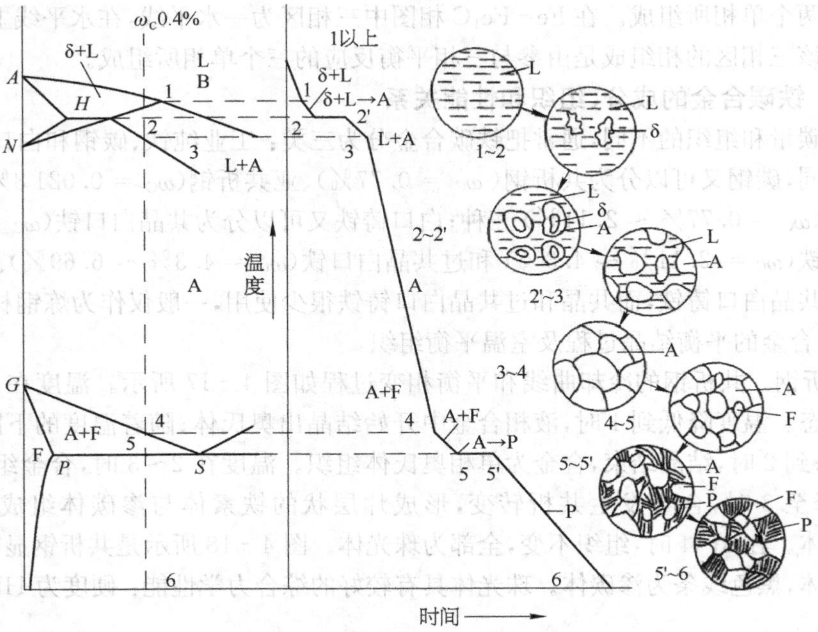

图 4－19　亚共析钢的结晶过程示意图

对量增加，F 的相对量减少，且 F 的形态也有变化。

(3) 过共析钢。合金含碳量为 1.2% 的结晶过程如图 4－20 所示。点 3 温度以上的结晶过程与共析钢相似。当奥氏体缓冷至 *ES* 线时，开始从 A 中沿着晶界析出 $(Fe_3C)_{II}$，同时引起尚未转变的 A 中碳浓度减小。点 3～4 的降温过程，随着 $(Fe_3C)_{II}$ 不断析出，A 的含碳量沿 *ES* 线逐渐减少而趋近于 *S* 点，当缓冷至点 4(727 ℃)时，剩余 A 的成分达到 $w_C = 0.77\%$，于是

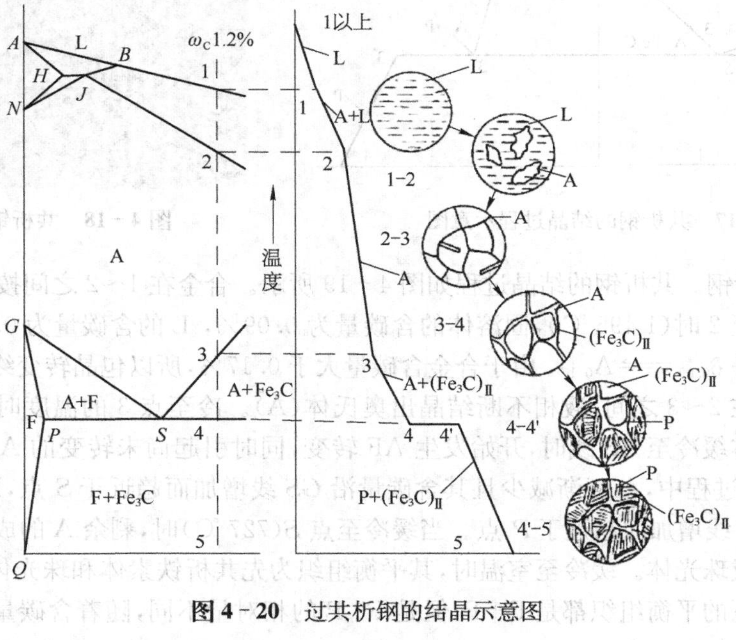

图 4－20　过共析钢的结晶示意图

发生共析转变，形成珠光体（图 4－20 中的 4－4′）。缓冷至室温，平衡组织都是 $P+(Fe_3C)_{II}$，但随着含碳量的增加，P 的相对量减少。

（4）共晶白口铸铁。共晶白口铸铁的冷却曲线和平衡相变过程如图 4－21 所示。在点 1 之上合金为液相状态，温度降到点 1 时，发生共晶反应，形成奥氏体和渗碳体的机械混合物莱氏体。在 1～2 的降温过程中，莱氏体中的 A 不断析出 $(Fe_3C)_{II}$，同时 A 的含碳量沿 *ES* 线逐渐减少。温度继续降低到点 2，A 的含碳量达到 0.07%（*S* 点），此时便会发生共析转变，形成 P。此后的莱氏体组织由珠光体、二次渗碳体和共晶渗碳体组成，即 $P+(Fe_3C)_{II}+Fe_3C$，称为低温莱氏体或变态莱氏体。

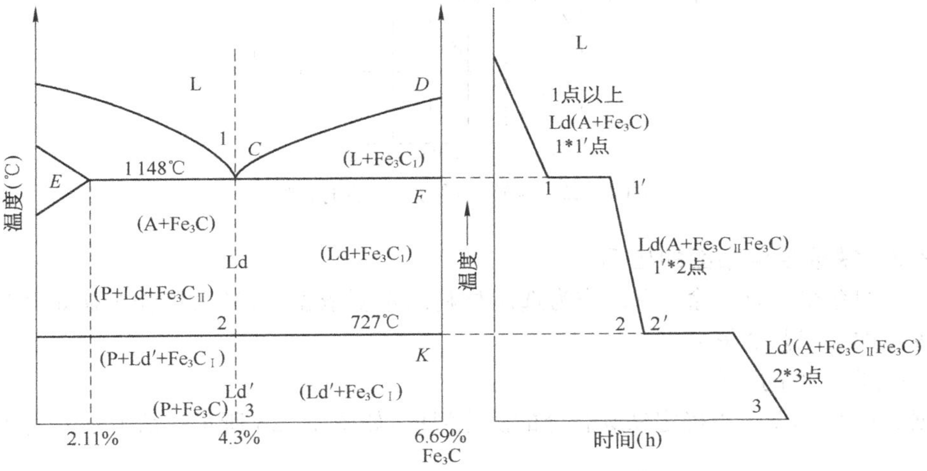

图 4－21　共晶白口铸铁的冷却曲线和平衡相变过程示意图

2）铁碳合金的含碳量与平衡组织、力学性能之间关系

（1）含碳量与平衡组织的关系。通过对铁碳合金平衡结晶过程的分析可知，含碳量不同，合金结晶的过程也不相同，因此，会获得不同类型的室温平衡组织，对铁碳合金室温组织的分析表明，随着含碳量的增加，不仅组织中渗碳体的相对数量增加，而且渗碳体形态和分布情况也有变化。由在铁素体晶界的点分布变为与铁素体成层片状分布，过共析钢则增加了在原奥氏体晶界的网状分布，当形成莱氏体时，渗碳体已作为基体出现，过共晶白口铸铁中渗碳体还会以粗大板片状分布。正是渗碳体相对量及其形态的变化，使得不同含碳量的铁碳合金具有不同的性能。

（2）含碳量与力学性能关系。一般认为在铁碳合金中，渗碳体是一个强化相，当它与铁素体构成层片状珠光体时，合金的硬度和强度得到提高，珠光体量越多，则其硬度和强度越高。但当渗碳体呈网状分布在珠光体边界上，尤其是作为基体或长条状分布在莱氏体基体上时，将使铁碳合金的塑性和韧性大幅度下降，以致合金强度随之降低，这是高碳钢和白口铁脆性大的原因。图 4－22 所示为含碳量对钢力学性能的影响。如图所示，当含碳量为 1.0%时，随着钢中含碳量增加，钢的硬度和强度不断增加，而塑性、韧性不断下降；当含碳量＞1.0%时，因出现网状渗碳体而导致钢的强度下降，但硬度仍会增加。

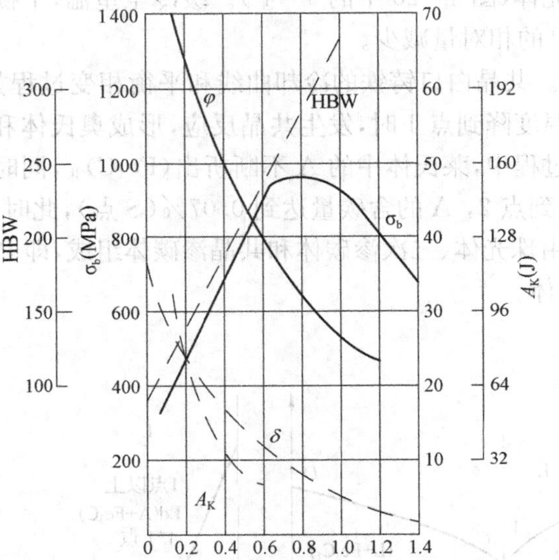

图 4-22 含碳量对力学性能的影响

4.2.3 铁碳合金相图的应用

Fe-C 相图在工业上除了可以作为选用材料的重要依据外，还可以作为制定铸造、锻造、热处理等热加工工艺的依据。

1) 在铸造方面的应用

根据 Fe-C 相图可以确定铁碳合金的浇注温度，如图 4-23 所示。从 Fe-C 相图还可以

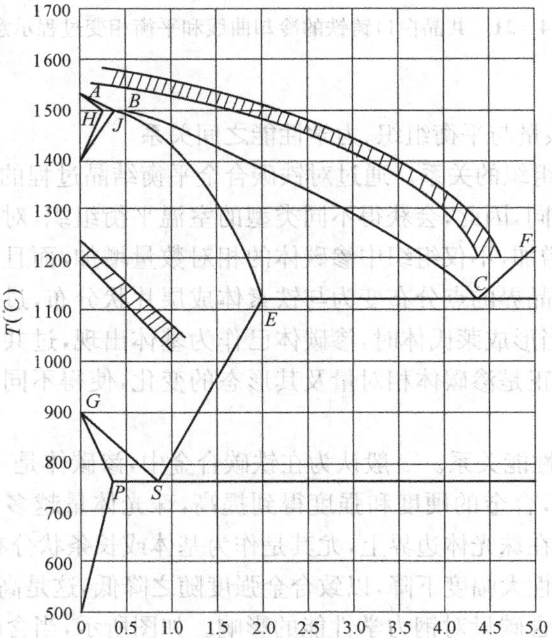

图 4-23 Fe-C 相图与锻造工艺关系

知道纯铁和共晶成分的铁碳合金其凝固区间最小，故它们的流动性好，分散缩孔少，可使缩孔集中在冒口内，有可能得到致密铸件。另外，共晶成分合金结晶温度较低，流动性也较好。因此，在铸造生产中接近于共晶成分的铸铁得到了较广泛的应用。

铸钢也是常用的铸造合金，含碳量一般在0.15%～0.60%之间。从Fe-C相图可以看出，铸钢的铸造性能并非很好，铸钢的凝固区间越大，缩孔就越大，且容易形成分散缩孔，流动性也较差，化学成分不均匀性严重。此外，铸钢的熔化温度比铸铁高得多。铸钢在铸态时晶粒粗大，常出现魏氏组织，该组织的特点是铁素体沿晶界分布并呈针状插入珠光体，使钢的塑性和韧性显著下降。另外，由于铸钢件冷却迅速，内应力较大。

铸钢的上述组织缺陷可以通过热处理方法消除，因此，铸钢在铸造后必须进行热处理。铸钢在机械制造业中，主要用于一些形状复杂、难以进行锻造或者切削加工，而又要求较高强度和塑性零件的铸造。由于铸钢的铸造性能较差，又需要价格高昂的炼钢设备，故近年来在铸造生产中有以球墨铸铁部分代替铸钢的趋势。

2）在锻造方面的应用

钢处于奥氏体状态时，强度较低，塑性较好，便于塑性变形。因此，钢材的轧制或锻造必须选择在Fe-C相图奥氏体单相区中的适当温度范围内进行。其选择原则是，开始轧制或锻造温度不得过高，以免钢材氧化严重，而终止轧制或锻造温度也不能过低，以免钢材塑性变差，导致裂纹产生，因此图4-23所示锻轧区阴影范围内是较合适的锻轧加热温度。

第5章

钢的热处理

◎ **学习成果达成要求**

热处理是改善和提高工程金属材料使用性能和加工性能的一种重要途径。

学生应达成的能力要求包括：

1. 能够针对提高工程零部件、工具等产品质量和寿命等问题，选择合理的热处理基本工艺，并掌握其强化规律和适用范围。

2. 能够掌握钢铁热处理后的各种主要的组织形态及性能知识，通过创造性运用热处理工艺，充分发挥材料的性能潜力。

3. 能够了解当代化学热处理及热处理新技术发展的领域及趋势，促进新技术的应用和发展。

热处理是将固态金属或合金在一定介质中加热、保温和冷却，以改变其整体或表面组织，从而获得所需性能的一种工艺，图 5－1 为热处理原理图。热处理是改善和提高工程金属材料使用性能和加工性能的一种重要途径。如车辆变速箱内的齿轮零件，用于传递扭矩与动力、调整速度。齿根要承受较大的弯曲应力和交变应力，齿轮表面承受较大的接触应力，并在高速下承受强烈的摩擦力；另外，齿轮之间经常要承受换挡造成的冲击与碰撞，这就要求齿轮表面有高硬度、高耐磨性和高的接触疲劳强度，同时心部有较高的强度和高韧性。为满足这类零件的性能要求，须进行表面热处理。图 5－2、图 5－3 是 20CrMnTi 汽车变速箱齿轮热处理技术要求以及热处理工艺路线。

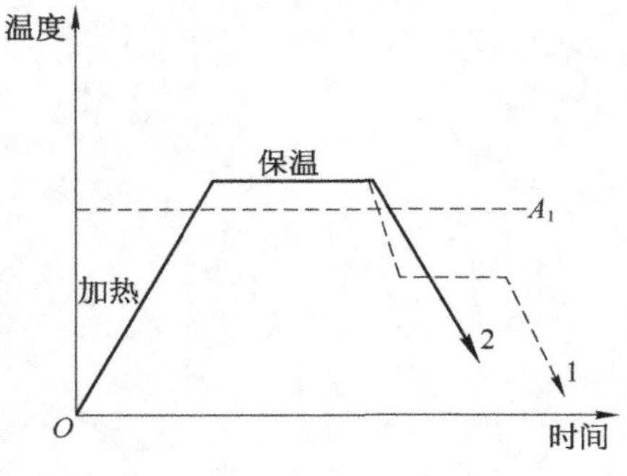

图 5－1　热处理原理图

1—等温冷却；2—连续冷却

齿面硬度为 HRC60～62，心部硬度 HRC35～38

图 5－2　20CrMnTi 齿轮技术要求

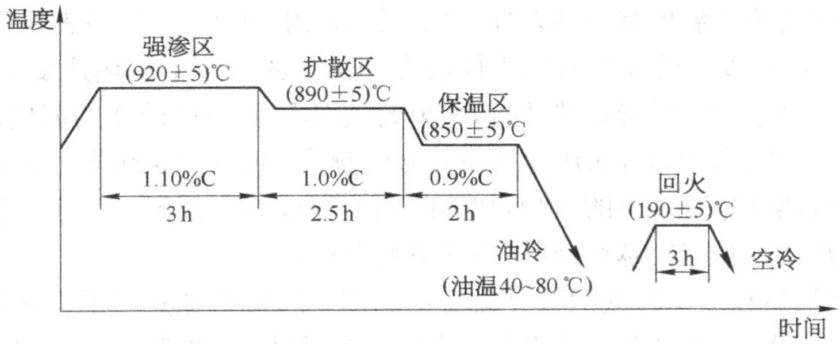

图5-3 20CrMnTi齿轮的热处理工艺路线(渗碳、淬火、回火)

热处理工艺中有三大基本要素：加热、保温、冷却。这三大基本要素决定了材料热处理后的组织和性能。加热是热处理的第一道工序。不同的材料，其加热工艺和加热温度都不同。保温的目的是保证工件烧透，防止脱碳、氧化等。保温时间和介质的选择与工件的尺寸和材质有直接的关系。一般工件越大，导热性越差，保温时间就越长。冷却是热处理的最终工序，也是热处理最重要的工序。钢在不同冷却速度下可以转变为不同的组织。

按照热处理在零件生产过程中位置和作用的不同，热处理工艺还可分为预备热处理和最终热处理。预备热处理是零件加工过程中的一道中间工序，其目的是改善锻、铸毛坯件组织、消除应力，为后续的机加工或进一步的热处理做准备。最终热处理是零件加工的最终热处理工序，其目的是使经过成型工艺，达到要求的形状和尺寸的零件的性能达到所需要的使用性能。根据热处理时加热和冷却方式及获得的组织和性能变化的特点，热处理的基本类型大体可分为整体热处理、表面热处理、局部热处理和化学热处理等，整体热处理有退火、正火、淬火和回火等基本工艺、表面热处理包括表面淬火和化学热处理、其他新型热处理有可控气氛热处理、真空热处理和形变热处理等。现在，不光金属材料，陶瓷材料和高分子材料也都可以通过热处理来改变其性能，如陶瓷的表面退火、相变增韧，玻璃的钢化处理和高聚物的结晶化等。

5.1 钢在加热时的转变

材料的热处理通常指的是将材料加热到相变温度以上发生相变，然后予以冷却使之再发生相变的工艺过程。通过这个相变与再相变，材料的内部组织发生了变化，因而性能随之变化。不同的材料，其加热工艺和加热温度都不同。加热分为两种，一种是在临界点 A_1 温度以下的加热，此时不发生组织变化。另一种是在 A_1 温度以上的加热，目的是获得均匀的奥氏体组织，这一过程称为奥氏体化(图5-4)。

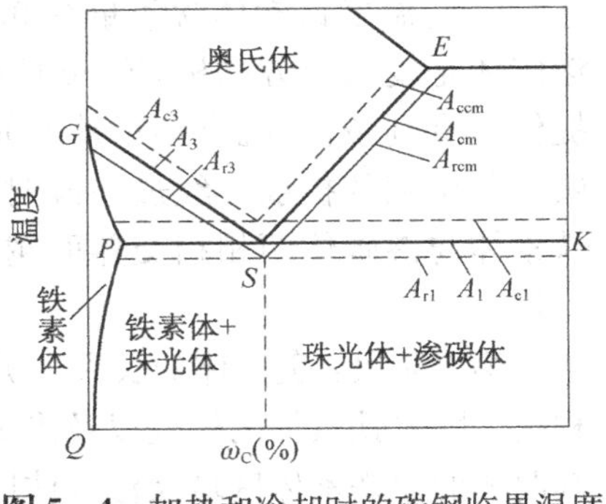

图5-4 加热和冷却时的碳钢临界温度

根据铁碳相图，共析钢加热到超过 A_1 温度时，全部转变为奥氏体；而亚共析钢和过共析钢必须加热到 A_3

和 A_{cm} 以上才能获得单相奥氏体。在实际热处理加热条件下，相变是在不平衡条件下进行的，其相变点与相图中的相变温度有一些差异。如从铁碳相图中看到，钢加热到 727 ℃（状态图的 PSK 线，又称 A_1 温度）以上的温度时珠光体转变为奥氏体。这个加热速度十分缓慢，实际热处理的加热速度均高于这个缓慢加热速度，实际珠光体转变为奥氏体的温度高于 A_1，定义实际转变温度为 A_{c1}。A_{c1} 高于 A_1，加热速度越快，A_{c1} 越高，同时完成珠光体向奥氏体转变的时间亦越短。由于过热和过冷现象的影响，加热时相变温度偏向高温，冷却时偏向低温，这种现象称为滞后。加热或冷却速度越快，则滞后现象越严重。

图 5－4 表示加热和冷却时碳钢临界温度示意图。通常把加热时的实际临界温度标以字母“c”，如 A_{c1}、A_{c3}、A_{ccm}；而把冷却时的实际临界温度标以字母“r”，如 A_{r1}、A_{r3}、A_{rcm} 等。相变的临界点 A_{c1}、A_{c3}、A_{ccm} 与平衡转变时的温度 A_1、A_3、A_{cm} 的差值称为过热度；同理，冷却时 A_{r1}、A_{r3}、A_{rcm} 与平衡转变时的温度 A_1、A_3、A_{cm} 的差值称为过冷度。

5.1.1 加热时奥氏体化

钢的热处理多数需要先加热得到奥氏体，然后以不同速度冷却使奥氏体转变为不同的组织，得到不同性能的钢。加热后得到的奥氏体组织状态的均匀性和晶粒大小对热处理的最终质量影响很大。

5.1.1.1 共析钢的加热转变

从铁碳相图中看到，钢加热到 A_{c1} 线以上的温度时珠光体转变为奥氏体。共析碳钢（含碳量 0.77%）加热前为珠光体组织，一般为铁素体相与渗碳体相相间排列的层片状组织，加热过程中奥氏体的转变可分为四步进行，如图 5－5 所示。

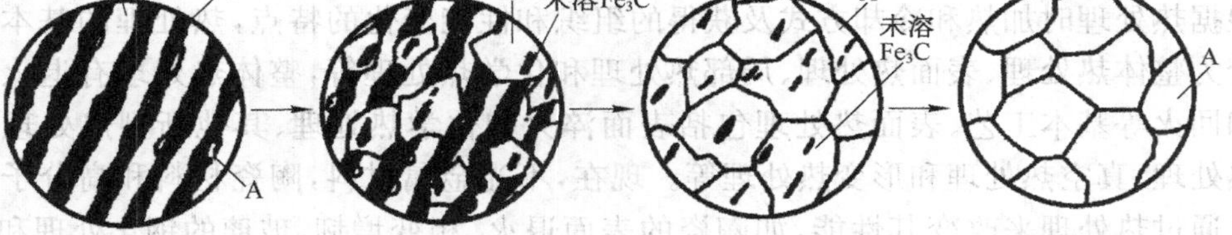

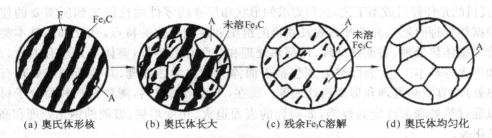

(a) 奥氏体形核　(b) 奥氏体长大　(c) 残余 Fe_3C 溶解　(d) 奥氏体均匀化

图 5－5　共析钢中珠光体向奥氏体转变示意图

第一阶段：奥氏体晶核的形成。将共析钢加热到 A_{c1} 以上温度后，珠光体处于不稳定状态，在 A_{c1} 温度铁素体含碳量约 0.021 8%，渗碳体含碳量 6.69%，铁素体是体心立方晶格，渗碳体是复杂斜方晶格，F/Fe_3C 相界面上原子排列不规则以及碳浓度不均匀，为优先形核提供了有利条件，既有利于铁的晶格由体心立方变为面心立方，又有利于 Fe_3C 的溶解以及碳向新生相的扩散。经过一段时间的孕育，在铁素体与渗碳体的交界处产生奥氏体晶核。铁素体与渗碳体两相相交界面越多，奥氏体晶核越多。奥氏体含碳量 0.77%，为面心立方晶格。

第二阶段：奥氏体的长大。奥氏体晶核形成后，它的一侧与渗碳体相接，另一侧与铁素体相接。随着铁素体的转变以及渗碳体的溶解，即铁素体区域、渗碳体区域缩小，奥氏体不断向其两侧的原铁素体区域及渗碳体区域扩展长大，直至铁素体完全消失，奥氏体彼此相遇，形成一个个的奥氏体晶粒。奥氏体晶核长大的过程，也就是 $\alpha-Fe \longrightarrow \gamma-Fe$ 的连续转变和 Fe_3C

向奥氏体的不断溶解过程。

第三阶段：残余渗碳体的溶解。在奥氏体形成过程中，由于渗碳体与奥氏体的晶体结构和含碳量的差别远大于同体积的铁素体，所以铁素体向奥氏体的转变速度比渗碳体溶解速度要快，在铁素体完全转变之后尚有不少未溶解的“残余渗碳体”存在，还需一定时间保温，让渗碳体全部溶解。

第四阶段：奥氏体成分的均匀化。即使渗碳体全部溶解，奥氏体内的成分仍不均匀，在原铁素体区域形成的奥氏体含碳量偏低，在原渗碳体区域形成的奥氏体含碳量偏高，还需保温足够时间，让碳原子充分扩散，奥氏体成分才可能均匀。片层状珠光体中铁素体和渗碳体的相界面积很大（2 000～10 000 mm^2/mm^3），所以奥氏体的形核部位很多，形核率很高。当奥氏体化温度不高，但保温时间足够长时，可以获得细小而均匀的奥氏体晶粒。

上述分析表明，要使珠光体转变为奥氏体并使奥氏体成分均匀，必须有两个必要而充分的条件：一是温度条件，要在 A_{c1} 以上加热，二是时间条件，要求保持温度在 A_{c1} 以上足够时间。在一定加热速度下，超过 A_{c1} 的温度越高，奥氏体的形成与成分均匀化需要的时间越短；在一定的温度（高于 A_{c1}）条件下，保温时间越长，奥氏体成分越均匀。

5.1.1.2 非共析钢的加热转变

亚共析钢、过共析钢的奥氏体形成过程与共析钢基本相同，但是加热温度仅超过 A_{c1} 时，只能使原始组织中的珠光体转变为奥氏体，而亚共析钢的铁素体或过共析钢的二次渗碳体仍保留，只有加热温度超过 A_{c3}（亚共析钢）或 A_{ccm}（过共析钢）后，才能全部转变或溶入奥氏体，得到单一的奥氏体组织。如果亚共析钢仍仅在 A_{c1}～A_{c3} 之间加热，无论加热时间多长，加热后的组织仍为铁素体与奥氏体共存；对过共析钢在 A_{c1}～A_{ccm} 之间加热，加热后的组织应为二次渗碳体与奥氏体共存；这种加热后冷却过程的组织转变也仅是奥氏体向其他组织的转变，其中的铁素体及二次渗碳体在冷却过程中不会发生转变。对过共析钢，在加热到 A_{ccm} 以上，全部得到奥氏体时，因为温度较高，且含碳量高，使所得的奥氏体晶粒明显粗大。

5.1.2 奥氏体的晶粒大小

珠光体向奥氏体的转变刚完成时，奥氏体的起始晶粒度是比较细小的。如果继续升高温度或者延长保温时间，就会得到进一步长大的奥氏体晶粒。实际晶粒度是指具体热处理或热加工条件下得到的奥氏体晶粒度，它直接影响着钢冷却后的组织和性能。钢的奥氏体越细小，冷却转变后钢的组织也越细小，力学性能越好；反之，若奥氏体晶粒粗大，则冷却后的组织也粗大，使钢的力学性能尤其是冲击韧性变差，即发生所谓“过热”现象。因此，在热处理过程中应注意从加热温度、保温时间、加热速度、钢的化学成分及原始组织等几个方面考虑控制奥氏体的晶粒大小。

工程上往往希望得到细小而成分均匀的奥氏体晶粒，可以采用以下途径：途径之一是在保证奥氏体成分均匀的情况下选择尽量低的奥氏体化温度；途径之二是快速加热到较高的温度经短暂保温使形成的奥氏体来不及长大而冷却得到细小的晶粒。

工程上把奥氏体晶粒尺寸大小定义为晶粒度，并分为 8 级，其中 1～4 级为粗晶粒，5 级以上为细晶粒，超过 8 级为超细晶粒。图 5－6 为奥氏体晶粒的标准评级示意图。

在工程上，多种热加工处理需要对钢材进行奥氏体化。例如，钢材锻造必须在高温奥氏体相区进行；许多强化热处理工艺需要先将钢件加热到奥氏体相区；某些元素如 C、N、B 等渗入钢铁表层，也多在奥氏体相区进行等。

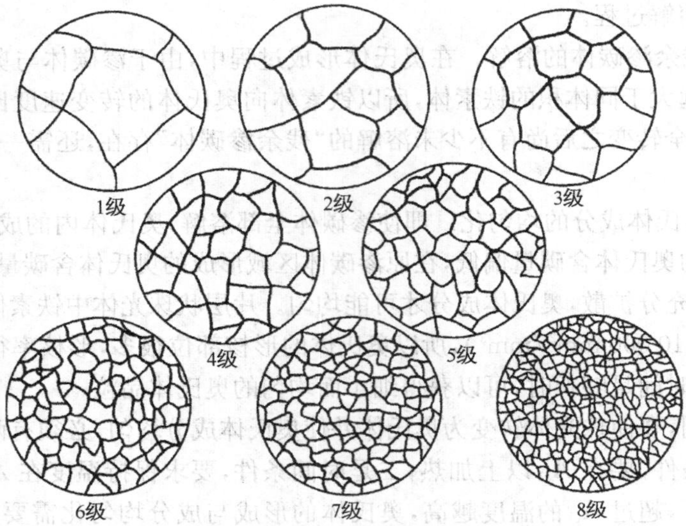

图 5-6 奥氏体晶粒的标准评级示意图

5.2 钢在冷却时的转变

钢的常温性能不仅与加热时获得的奥氏体晶粒大小、化学成分的均匀程度有关,也与奥氏体冷却转变后的最终组织有关。钢材奥氏体化后的冷却方式有两种(图 5-1):一种是等温冷却(曲线 1),将奥氏体骤冷到临界转变温度以下某一温度进行保温,使其在此温度发生等温转变,然后再冷至室温;另一种是连续冷却(曲线 2),将奥氏体一直连续冷却至室温,在此过程中进行组织转变。等温冷却转变曲线是选择热处理冷却制度的参考,连续冷却转变曲线更能反映热处理冷却状况,作为选择热处理冷却制度的依据。无论采用何种冷却方式,关键是奥氏体在什么温度下进行组织转变。

5.2.1 等温冷却转变

5.2.1.1 共析钢过冷奥氏体的等温转变

共析钢在临界转变温度 A_1 以上是稳定的奥氏体,当奥氏体过冷到共析临界点 A_1 以下时处于不稳定状态,这种在临界温度以下存在且不稳定的、将要发生转变的奥氏体,称为过冷奥氏体。过冷奥氏体等温转变曲线(TTT 曲线)可综合反映过冷奥氏体在不同过冷度下的等温转变过程:转变开始和转变终了时间、转变产物的类型以及转变量与时间、温度之间的关系等。因其形状通常像英文字母"C",故俗称其为 C 曲线。

图 5-7 是共析钢过冷奥氏体等温转变 TTT 曲线。图中两条 C 形曲线将过冷奥氏体转变分成 3 个区域:转变开始曲线以左为未转变的过冷奥氏体区;两曲线之间为过冷奥氏体转变区或过冷奥氏体和转变产物的共存区;转变终了曲线意味着过冷奥氏体转变结束,其右边对应不同的转变产物。M_s、M_f 分别是过冷奥氏体转变为马氏体的开始和终止温度,两线之间为过冷奥氏体向马氏体转变的区域。过冷奥氏体发生转变前所经历的等温时间为孕育期。孕育期越短,说明过冷奥氏体越不稳定。在约 550 ℃处过冷奥氏体最不稳定,等温转变时的孕育期最短,转变速度最快。该处俗称 C 曲线的"鼻尖"。

图 5-7 中,随过冷度 ΔT 不同,共析钢的过冷奥氏体将发生 3 种类型的组织转变。

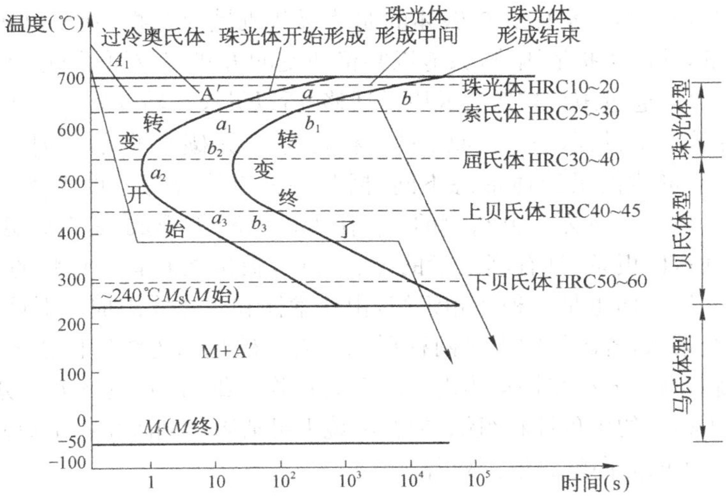

图 5-7 共析钢的 TTT 曲线

1) 珠光体转变(全扩散型转变)

A_1～550 ℃为珠光体转变区(高温转变区,P 区),转变产物为片层状珠光体类型组织。层状珠光体是一种双相结构的组织,是一层铁素体和一层渗碳体的混合物。珠光体转变区其转变温度高、原子扩散充分,形成含碳量和晶体结构相差悬殊,并与母相奥氏体截然不同的两种固态新相,即铁素体和渗碳体。这一过程是靠铁原子与碳原子长距离扩散迁移,铁素体和渗碳体交替形核长大而形成的相间的片层状组织。随着转变温度下降,过冷度增加,过冷奥氏体稳定性变小,孕育期变短,转变产物(片层)也变细。

P 区产物根据片层的厚薄不同,又可细分为三种,如图 5-8 所示。

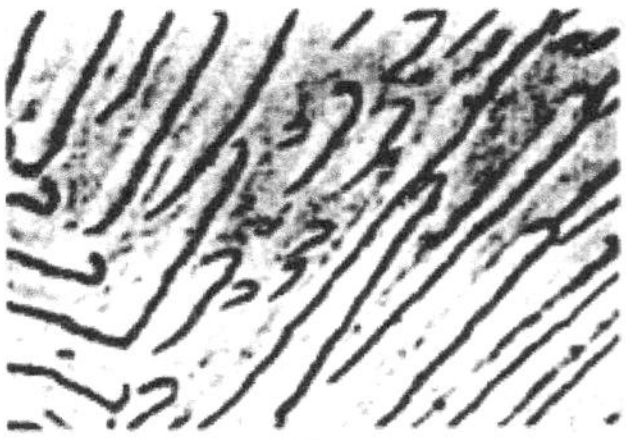
(a) 珠光体(3 800×)

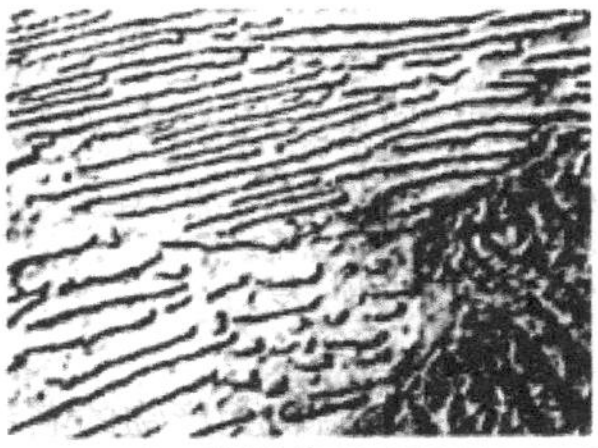
(b) 索氏体(8 000×)

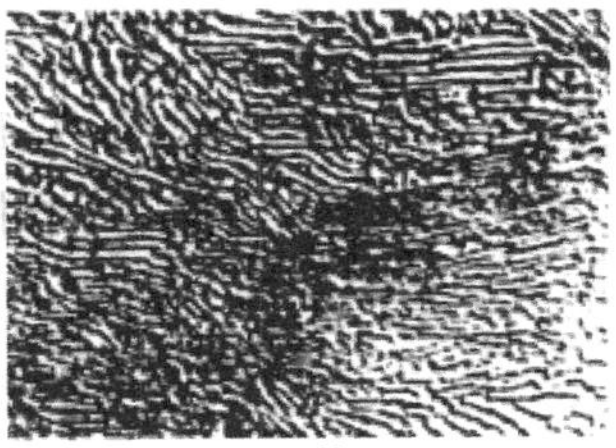
(c) 屈氏体(8 000×)

图 5-8 共析钢过冷奥氏体珠光体转变的三种类型

第一种是珠光体,其形成温度为 A1～650 ℃,片层间距 150～450 nm,一般在 500 倍的光学显微镜下即可分辨。用符号“P”表示。第二种是索氏体,其形成温度为 650～600 ℃,片层间距 80～150 nm,一般在 800～1 000 倍光学显微镜下才可分辨。用符号“S”表示。第三种是托氏体,其形成温度为 600～550 ℃,片层间距 30～80 nm,只有在电子显微镜下才能分辨。用符号“T”表示。实际上,这三种组织都是珠光体,其差别只是珠光体组织的“片间距”不同,形成温度越低,片间距越小。“片间距”越小,组织的硬度越高,屈氏体的硬度高于索氏体,远高于粗珠光体。

2) 贝氏体转变(半扩散型转变)

从 550 ℃到 M_s 的范围为贝氏体转变区(中温转变区,*B* 区),过冷奥氏体发生贝氏体转变。贝氏体是碳过饱和的铁素体和渗碳体的非片层状机械混合物，硬度也比珠光体型的高。由于转变温度较低，铁原子扩散困难，只能以共格切变的方式完成原子的迁移，而碳原子则有一定的扩散能力，可以通过短程扩散完成原子迁移，所以贝氏体转变属于半扩散型相变。在贝氏体转变中，存在着两个过程，一是铁原子的共格切变，二是碳原子的短程扩散。

转变温度不同，形成的贝氏体形态不同，据此将贝氏体分为上贝氏体($B_{上}$)和下贝氏体($B_{下}$)，组织特征如图 5-9 所示。共析钢的 $B_{上}$ 在 350～550 ℃形成，是自原奥氏体晶界向晶内生长的稍过饱和铁素体板条，具有羽毛状的金相特征，板条之间有小片状的 Fe_3C。在 240～350 ℃形成 $B_{下}$，下贝氏体也是一种两相组织，由铁素体和碳化物组成。下贝氏体铁素体的形态含碳量低时呈板条状，含碳量中等时两种形态兼有。碳化物为渗碳体或 ε-碳化物，碳化物呈极细的片状或颗粒状，分布在铁素体内。由于碳化物极细，在光镜下无法分辨，故看到的是与回火马氏体极为相似的黑色针状组织，但在电镜下可清晰看到碳化物呈短杆状，沿着与铁素体长轴成 55°～60°角的方向整齐地排列着。

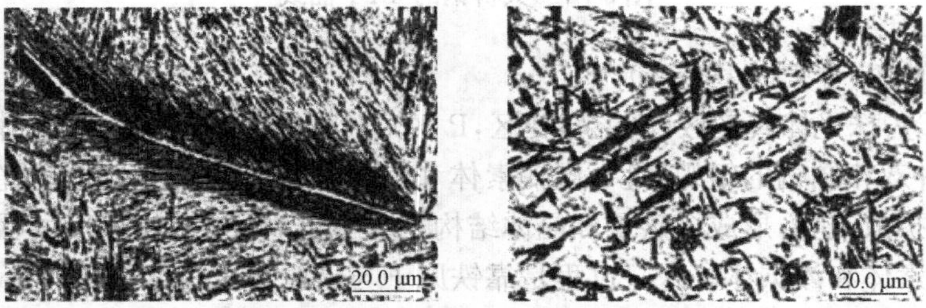

(a) 45钢加热至870 ℃保温1 h后460 ℃等温（上贝氏体+马氏体）　(b) 45钢加热至870 ℃保温1 h后340 ℃等温（下贝氏体+马氏体）

图 5-9　45 钢上贝氏体 $B_{上}$ 和下贝氏体 $B_{下}$ 组织特征

$B_{上}$ 形成温度高，铁素体片较宽，且渗碳体分布在铁素体片层之间，容易引起脆断，故强度和韧性较差，基本上没有实用价值。$B_{下}$ 的铁素体针细小，过饱和程度高，碳化物弥散度大，其强度、硬度、塑性和韧性均高于 $B_{上}$，具有较优良的综合机械性能，是生产上常用的组织。生产中某些高硬度且有较高韧性要求的零件，如拉刀，常用等温淬火获得 $B_{下}$ 组织，具有热处理变形小、不易开裂等优点。贝氏体的性能特征见表 5-1。

表 5-1　共析钢中温转变产物的名称与特征

组织名称	形成温度(℃)	显微组织特征	硬度 HRC	其他
上贝氏体	350～550	铁素体呈平行扁平状，细小渗碳体条断续分布在铁素体之间，在光学显微镜下呈暗灰色羽毛状特征	40～45	韧性差
下贝氏体	240～350	铁素体呈针叶状，细小碳化物呈点状分布在铁素体中，在光学显微镜下呈黑色针叶状特征	45～55	韧性较好

3）马氏体转变(无扩散型转变)

C 曲线图低温区的两条水平线 M_s、M_f 之间是一个特殊转变范围——马氏体转变区域(低温转变区，M 区)，在 M_s 与 M_f 之间过冷奥氏体与马氏体共存，过冷奥氏体在马氏体开始形成的温度 M_s 以下转变为马氏体，这个转变持续至马氏体形成的终了温度 M_f。在 M_f 以下，过冷奥氏体停止转变。

由于转变温度低，铁、碳原子已不能进行迁移，只能进行无扩散型（切变式）相变，母相成分不变，得到所谓的马氏体组织，其相变速度极快。马氏体实质上是含有大量过饱和碳的 α 固溶体（也可近似看成含碳极度过饱和的针状或条状铁素体），产生很强的强化效果。马氏体与过冷奥氏体含碳量相等，晶格同铁素体体心立方。体心立方晶格的铁素体在室温含碳量约 0.008%，共析钢马氏体晶格内含碳量约 0.77%，由此导致体心立方晶格畸变为体心正方晶格，因此，马氏体是含过饱和碳的固溶体，是单一的相，与高温、中温转变产物有本质区别。

马氏体转变是在一定温度范围内进行的，具有不完全性。如共析钢的马氏体转变在240～−50 ℃进行。随着温度不断降低，马氏体转变量不断增加。但是，即使冷却到马氏体转变终了温度 M_f 点，也不能使所有奥氏体都转变成马氏体，总有一部分剩余，称为残余奥氏体（A′）。钢中奥氏体的含碳量越高，其 M_s、M_f 点越低，残余奥氏体数量越多。一般中碳钢淬火至室温时，有 1%～2%的残余奥氏体，而高碳钢则高达 10%以上。马氏体组织中少量的残余奥氏体（≤10%）不会明显降低钢的硬度，反而可以改善钢的韧性。但是，如果残余奥氏体的数量过多，不仅会明显降低钢的强度、硬度和耐磨性，而且零件在长期的使用过程中，残余奥氏体会向较稳定的 α 相转变，使零件的尺寸和形状发生变化，从而降低了零件的精度。

钢中马氏体有板条马氏体和针状马氏体两种形态（图 5－10），主要取决于含碳量。ω_C 低于 0.20%时，为板条马氏体，大多强韧；ω_C 高于 1.0%时，则为针状马氏体，大多硬脆；当 ω_C 为 0.2%～1.0%时，为两者的混合组织。“条”或“针”的粗细主要取决于奥氏体晶粒的尺寸大小，奥氏体晶粒越大，“针”或“条”越粗。

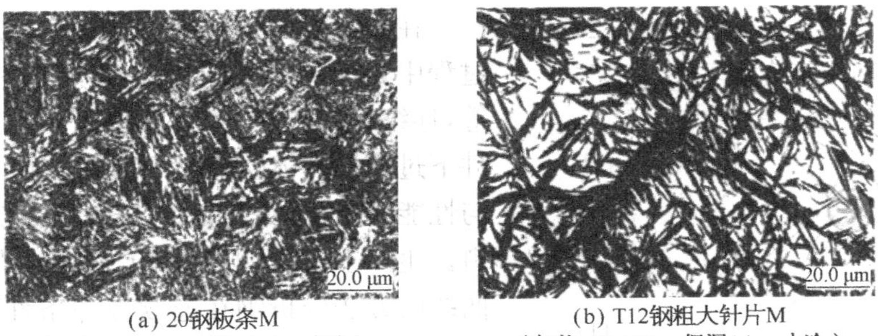

(a) 20钢板条M
（加热1 100 ℃，保温1 h，水冷）

(b) T12钢粗大针片M
（加热1 100 ℃，保温1 h，水冷）

图 5－10 板条马氏体和针状马氏体两种形态

马氏体是一种铁磁相，在磁场中呈现磁性，而奥氏体是一种顺磁相，在磁场中无磁性。当奥氏体变为马氏体时，体积会膨胀，产生相变应力，严重时使工件开裂。钢中的马氏体强化属于相变强化，实为固溶强化、细晶强化、位错强化等的综合结果。表 5－2 是共析碳钢不同组织硬度的比较。

表 5－2 共析碳钢不同组织硬度的比较

组织	珠光体	索氏体	屈氏体	上贝氏体	下贝氏体	马氏体
形成温度(℃)	A_1～650	650～600	600～550	550～350	350～M_3	M_5～M_f
硬度(HRC)	5～20	25～35	35～40	40～45	50～60	60～65

5.2.1.2 非共析钢过冷奥氏体的等温转变

亚共析钢、过共析钢过冷奥氏体的等温转变曲线如图 5-11 所示。对于亚共析钢，随着含碳量的增加，其 C 曲线向右移。但对于过共析钢，由于其加热温度常在不完全奥氏体化温度范围内，存在的未溶渗碳体颗粒促进过冷奥氏体的分解，使 C 曲线向左移动，由此可见，在正常热处理条件下，共析钢的 C 曲线常是最靠右的，奥氏体最稳定。其次，亚共析钢、过共析钢的 C 曲线在"鼻尖"以上还多出一条先共析铁素体或先共析渗碳体的析出线，使高温转变区获得的组织为铁素体＋珠光体或二次渗碳体＋珠光体。随着过冷度增大，先析出相（F 或 Fe_3C_{II}）的数量下降，直到被抑止为止。

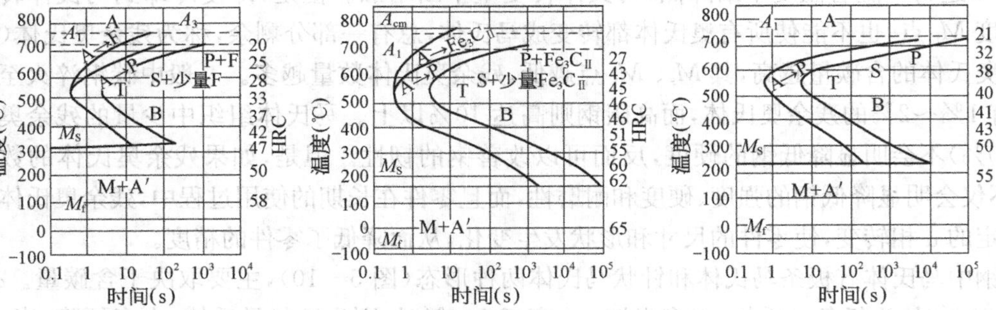

(a) 亚共析钢　　(b) 过共析钢　　(c) 共析钢

图 5-11　亚共析钢、过共析钢、共析钢过冷奥氏体的等温转变曲线

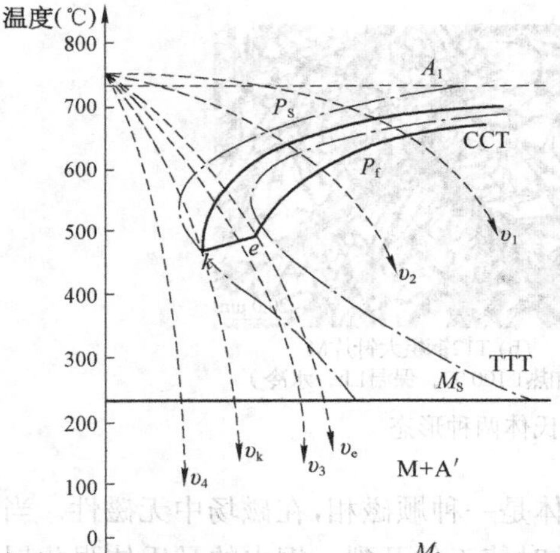

图 5-12　共析钢过冷奥氏体连续冷却转变曲线

5.2.2 连续冷却转变

在实际生产中，许多热处理工艺是在连续冷却过程中完成的，如炉冷退火、空冷正火、水冷淬火等，连续冷却转变 CCT 曲线反映了在连续冷却条件下过冷奥氏体的转变规律，是分析转变产物组织与性能的依据，也是制订热处理工艺的重要参考资料。生产上常采用在 TTT 曲线上叠加 CCT 冷却曲线的方法分析钢在连续冷却条件下的组织变化（图 5-12）。

图 5-12 中实线部分即为共析钢的连续转变曲线。共析钢的 CCT 曲线只有 P、M 转变区，而没有出现 B 转变区。图中 P_s 线为过冷奥氏体向珠光体转变的开始线；P_f 线为转变终了线；P_s 与 P_f 之间为转变区；*ke* 为过冷奥氏体 A 转变中止线，即表示冷却曲线与 *ke* 线相遇时，过冷奥氏体 A 向珠光体的转变中止，剩余的过冷奥氏体 A 一直保留到 M_s 点进行马氏体转变。v_k 称为临界冷却速度，它是过冷奥氏体 A 在连续冷却过程中不发生分解，而全部过冷至 M_s 点以下发生马氏体转变的最小冷却速度。v_k 越小，奥氏体越稳定，钢越容易得到马氏体组织。因而即使在较慢的冷却速度下也会得到马氏体。v_e 是过冷奥氏体 A 在连续冷却条件下全部转变为珠光体的最大冷却速度。这些对淬火等工艺操作具有十分重要的意义。

图 5-12 中的通常炉冷 v_1 和空冷 v_2 的冷却速度均小于 v_e，相应得到的组织分别为珠光

体和索氏体。油冷 v_3 时则主要得到屈氏体 T。温度越低，屈氏体越多、过冷奥氏体 A 越少，直到冷却至 *ke* 线，过冷奥氏体才停止向屈氏体的转变。然后，过冷奥氏体 A 和屈氏体 T 混合组织冷却至 M_s 线时，剩余的过冷奥氏体 A 开始转变为马氏体 M，但马氏体转变有不完全性，所以最终组织为（T＋M＋A′）。如果采用水中冷却 v_4，冷却速度高于 v_k，避开 P 区的转变，直接过冷到 M_s～M_f 范围，转变为马氏体和少量残留奥氏体。

就碳钢而言，连续冷却难以得到贝氏体，某些合金钢因其特殊的 C 曲线，连续冷却时也可得到贝氏体。

5.3 钢的整体热处理

常用的有退火、正火、淬火和回火等基本热处理。图 5-13 是钢的几种基本热处理工艺曲线示意图。同一种材料，热处理工艺不一样，其性能差别很大。表 5-3列出 45 钢制 ϕ15 mm 的均匀圆棒材料经退火、正火、淬火加低温回火以及淬火加高温回火的不同热处理后的机械性能，导致性能差别如此大的原因是不同的热处理后内部组织的截然不同。当然，同类型热处理的加热温度与冷却条件要由材料成分确定。这些表明，热处理工艺（或制度）选择要根据材料的成分，材料内部组织的变化依赖于材料热处理及其他热加工工艺，材料性能的变化又取决于材料的内部组织变化，热处理工艺与材料成分、组织结构、零件加工工艺、性能要求等几方面密切相关。

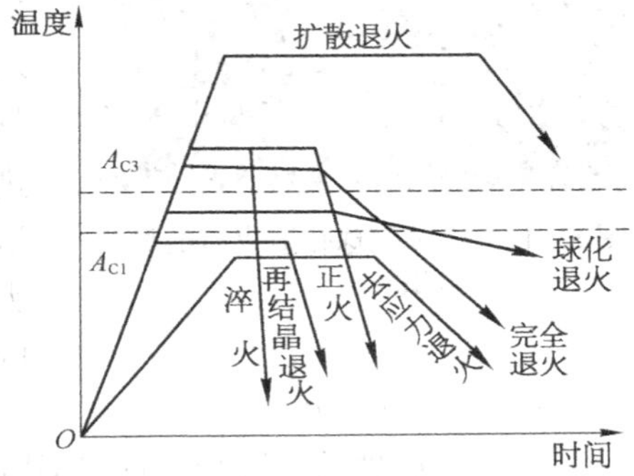

图 5-13 钢的基本热处理工艺曲线示意图

表 5-3 45 钢经不同热处理后的性能

热处理方法	机械性能(试样直径 15 mm)				
	R_m(MPa)	R_e(MPa)	A(%)	Z(%)	K(J)
退火(随炉冷却)	600～700	300～350	15～20	40～50	32～48
正火(空气冷却)	700～800	350～450	15～20	45～55	40～64
淬火(水冷)低温回火	1 500～1 800	1 350～1 600	2～3	10～12	16～24
淬火(水冷)高温回火	850～900	650～750	12～14	60～66	96～112

5.3.1 钢的退火

退火是将钢加热到相变温度 A_{c1} 以上或以下，较长时间保温并缓慢冷却（一般随炉冷却）的一种工艺。退火的种类很多，常用的退火方法及分类如图 5-14 所示。

1) 完全退火

完全退火是亚共析成分的各种碳钢将钢件或钢材加热到 A_{c3} 以上 20～50 ℃，经完全奥氏体化后进行随炉缓慢冷却，以获得“F＋P”接近平衡组织的

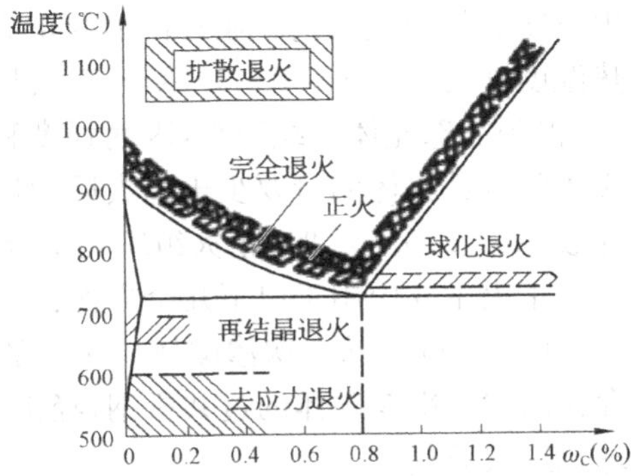

图 5-14 常用退火等基本工艺加热温度

热处理工艺。对过共析钢，如果加热至 A_{ccm} 以上，完全奥氏体化后缓冷，则会出现网状二次渗碳体，所以过共析钢不能采用完全退火。因此，完全退火主要用于亚共析成分的各种碳钢和合金钢的铸、锻件及热轧型材，有时也用于焊接结构。目的是为了降低硬度、改善组织和切削加工性能，以及消除内应力等。

2）球化退火

球化退火是钢随炉升温加热到 A_{c1} 以上 A_{ccm} 以下的双相区，较长时间保温，并缓慢冷却的工艺，主要适用于共析或过共析的工模具钢，以使其中的碳化物球化（粒化），并消除网状的二次渗碳体，因此称为球化退火。其目的是降低硬度，改善切削加工性能，并为以后的淬火做组织准备。球化退火时加热温度稍高于 A_{c1}，以便保留较多未溶碳化物粒子或保持较大的奥氏体中碳浓度分布的不均匀性，促进球粒状碳化物的形成。随炉冷却或等温冷却时，这些未溶碳化物粒子或碳的高浓度区将作为核心吸收碳原子，长大成为球粒状组织。图 5-15 所示是 T12 钢球化退火后的显微组织。

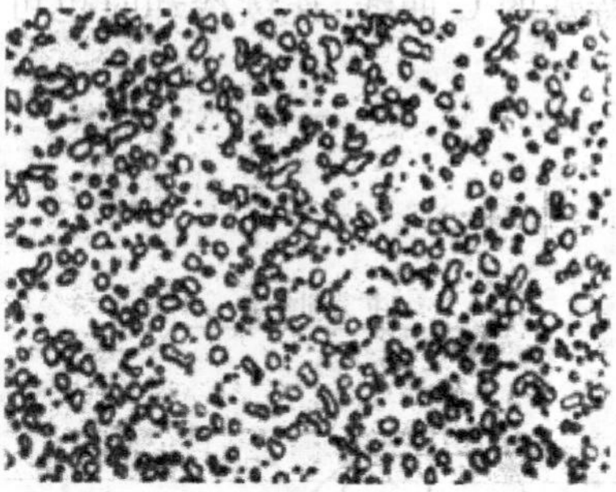

图 5-15 T12 钢球化退火后的显微组织

3）去应力退火

一些铸铁件、锻件、焊接件、热轧件、冷拉件等变形加工工件会残存很大的内应力，为了消除由于变形加工以及铸造、焊接过程引起的残余内应力而进行的退火称为去应力退火。去应力退火是将零件加热到 A_1 点以下的适当温度保温数小时后缓慢冷却。

4）再结晶退火

再结晶退火是将经冷变形的钢加热到再结晶温度以上 150～250 ℃，保持适当时间后缓慢冷却的退火工艺。其目的是使冷变形后破碎拉长的晶粒重新形核长成均匀等轴晶粒，消除加工硬化和残余应力，也利于再次冷变形加工，常用来作为变形加工工序间的软化工艺。

5）扩散退火

扩散退火是将工件加热到 A_{c3} 以上 150～200 ℃，略低于固相线的温度（亚共析钢通常为 1 050～1 150 ℃），长时间（一般 10～20 小时）保温，然后随炉缓慢冷却到室温。主要目的是均匀钢内部的化学成分。主要适用于金属铸锭、高合金钢铸件或锻坯铸造后的钢件。

5.3.2 钢的正火

正火是将钢材或钢件加热到 A_{c3} 或 A_{ccm} 临界温度以上，保温，完全奥氏体化以后从炉中取出空冷的热处理工艺。亚共析钢的正火加热温度为 $A_{c3}+(30～50)$℃；而过共析钢的正火加热温度则为 $A_{ccm}+(30～50)$℃。正火与退火的主要区别在于冷却速度不同，正火冷却速度较大，得到的珠光体组织很细，因而强度和硬度也较高。$w_C=0.6\%$ 时，正火组织为“铁素体＋索氏体”，且铁素体的量要少于退火后的量，这是由于较快冷却抑制了部分先共析铁素体形成的缘故；$w_C>0.6\%$ 时，正火组织几乎全为索氏体。

正火主要应用于以下几个方面：

(1) 消除网状二次渗碳体。所有的钢铁材料通过正火，均可使晶粒细化。而原始组织中存在网状二次渗碳体的过共析钢，经正火处理后可消除对性能不利的网状二次渗碳体，以保证球化退火质量。

(2) 作为最终热处理。对于机械性能要求不高的结构钢零件，经正火后所获得的性能即可满足使用要求，可用正火作为最终热处理。

(3) 改善切削加工性能。一般而言，金属材料的硬度在 HBW160～230 时切削加工性能较好。材料的硬度与组织密切相关，铁素体太软、切削时粘刀；碳化物呈块状、网状和细片状时，切削性能均不好；铁素体与珠光体适当搭配或珠光体呈球粒状时，切削性能好。因此，对于 $w_C < 0.25\%$ 的低碳钢或低碳合金钢，通常采用正火代替完全退火，作为预备热处理。原因就是完全退火后硬度太低，一般在 HBW170 以下，切削加工性能不好。而正火可以获得较多珠光体，使硬度适当提高。对 w_C 为 0.25%～0.40%的中碳钢也常用正火(还可用退火)；对 w_C 为 0.40%～0.60%的钢通常用完全退火，获得铁素体和片层状珠光体(≤50%)混合组织并使硬度降低；$w_C > 0.6\%$ 的高碳钢采用正火消除网状渗碳体后再进行球化退火，以获得粒状珠光体，使硬度下降，且粒状渗碳体对刃具磨损也小。至于合金钢，由于合金元素使珠光体的数量和钢的硬度增加，一般采用退火而不用正火。以上工艺方案均能使钢件获得良好的切削加工性能。

5.3.3 钢的淬火

将亚共析钢加热到 A_{c3} 以上，共析钢与过共析钢加热到 A_{c1} 以上($<A_{ccm}$)的温度，保温后高于上临界冷却速度 v_k 快速冷却，使奥氏体转变为马氏体(有时为贝氏体或贝氏体—马氏体的混合组织)的热处理工艺叫淬火。马氏体强化是钢的主要强化手段，因此淬火的目的就是获得马氏体，提高钢的机械性能，是热处理中应用最广的工艺之一。

淬火的主要工艺参数包括加热温度、加热和保温时间、冷却速度等。与加热方式、冷却介质、冷却方式等有关。确定工件淬火参数的依据是工件结构及技术要求、材料牌号、相变点及过冷奥氏体等温或连续冷却转变曲线、淬火前原始组织等资料。

5.3.3.1 淬火温度的确定

淬火温度即钢的奥氏体化温度。选择淬火温度的原则是获得均匀细小的奥氏体组织。图 5-16 是碳钢的淬火温度范围示意。

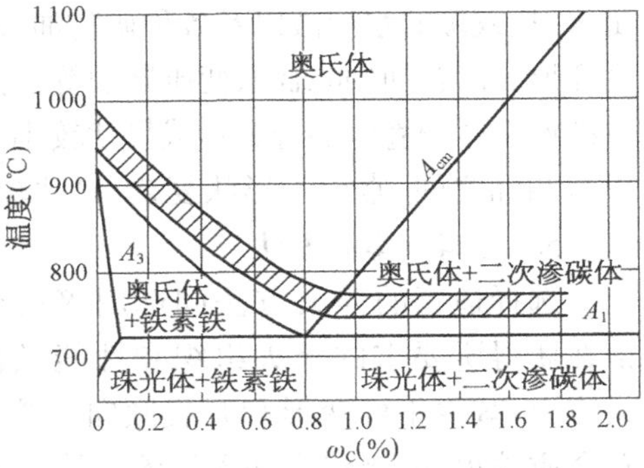

图 5-16 碳钢的淬火温度范围

亚共析钢的淬火温度一般为 A_{c3} 以上 30～50 ℃，淬火后获得均匀细小的马氏体组织。如果温度过高，会因为奥氏体晶粒粗大而得到粗大的马氏体组织，使钢的机械性能恶化，特别是使塑性和韧性降低；如果淬火温度低于 A_{c3}，淬火组织中会保留未熔铁素体，使钢的强度硬度下降。过共析钢则需要保留预先热处理球化组织中的部分碳化物，而采用不完全淬火[A_{c1} +(30～50)℃]，得到"细小马氏体+粒状碳化物+少量残余奥氏体"的组织。其原因：一方面，过共析钢加热至稍高于 A_{c1} 的温度，降低了高温奥氏体的含碳量(此时 $w_C \approx 0.77\%$)，其转变的马氏体含碳量也降低，从而降低了马氏体的脆性；另一方面，加热温度低，所得马氏体组织细小，还减少了残余奥氏体的数量，有利于提高钢的硬度与耐磨性。若过共析钢也采用温度高于 A_{ccm} 的完全淬火，则会得到粗大片状的高碳马氏体，使钢的脆性增大，并且高温加热淬火应力大，使钢件的变形开裂倾向急剧增大。

合金钢的淬火加热温度取决于所含合金元素是升高(如 Cr、Mo、Si 等)还是降低(如 Mn、Ni 等)A_{c1} 等临界点。高合金工具钢因含大量强碳化物形成元素，能有效阻碍高温下奥氏体晶粒的长大，为获得高合金度的奥氏体，充分发挥合金元素的作用，可采用高的淬火加热温度。如高速钢刀具淬火时需在1 200 ℃以上加热。

5.3.3.2 加热时间的确定

加热时间由升温时间和保温时间组成。从零件入炉至温度升至淬火温度所需的时间为升温时间，并以此作为保温时间的开始。保温时间是指零件烧透及完成奥氏体化过程所需要的时间，钢材淬火加热（奥氏体化）的保温时间一般采用0.5～1 min/mm，具体钢种的淬火温度和保温时间可参阅热处理手册和有关书籍。

5.3.3.3 淬火冷却介质的确定

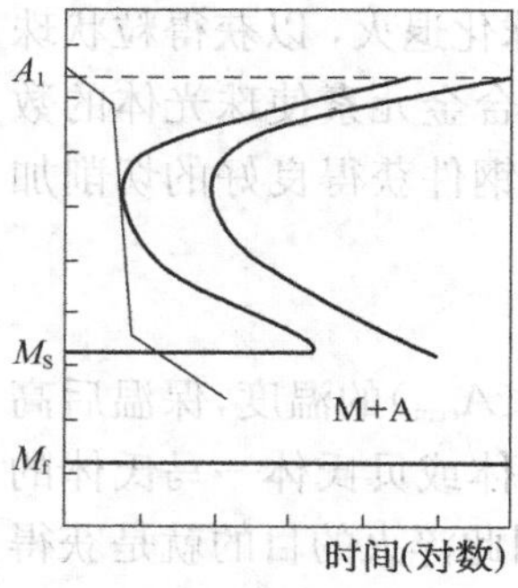

图5-17 理想淬火冷却曲线示意图

淬火的目的是得到马氏体组织，为此淬火冷却速度必须大于临界冷却速度 v_k。淬火过程是冷却非常快的过程。但是，冷却速度快必然产生很大的淬火内应力，这往往会引起工件变形，所以冷却速度要适当，即在保证淬硬的条件下，尽量使用缓和的冷却介质，以防温差过大、应力过大导致工件的变形与开裂。理想的淬火冷却曲线如图5-17所示。只要在"鼻尖"温度附近快冷，使冷却曲线躲过"鼻尖"，不碰上C曲线，就能得到马氏体。也就是说，在"鼻尖"温度以上，在保证不出现珠光体类型组织的前提下，可以尽量缓冷；在"鼻尖"温度附近则必须快冷，以躲开"鼻尖"，保证不产生非马氏体相变；而在 M_s 点附近又可以缓冷，以减轻马氏体转变时的相变应力。如为了获得马氏体，钢件在400～650 ℃应快冷（$v > v_k$，图5-12），避免碰上C曲线"鼻尖"而产生P转变，但在400 ℃以下应慢冷，以减轻其淬火变形、开裂倾向。但是到目前为止，还找不到完全理想的淬火冷却介质。常用的淬火冷却介质是水、盐或碱的水溶液以及各种矿物油、植物油。水价廉、冷却能力强，但易使零件因表里温差大而变形、开裂；油（如机油、变压器油等）冷却能力弱，利于减小工件热处理变形及开裂，但只适于过冷奥氏体较稳定的合金钢或尺寸较小的碳钢件，否则淬不透；而碱浴、盐浴沸点高，冷却能力介于水和油之间，常用于形状复杂、尺寸较小、变形要求小的工具的分级淬火和等温淬火。

5.3.3.4 淬火方法

选择适当的淬火方法同选用淬火介质一样，可以保证在获得所要求的淬火组织和性能条件下，尽量减小淬火应力，减少工件变形和开裂倾向。淬火分单介质淬火、双介质淬火、分级淬火和等温淬火等方法（图5-18）。

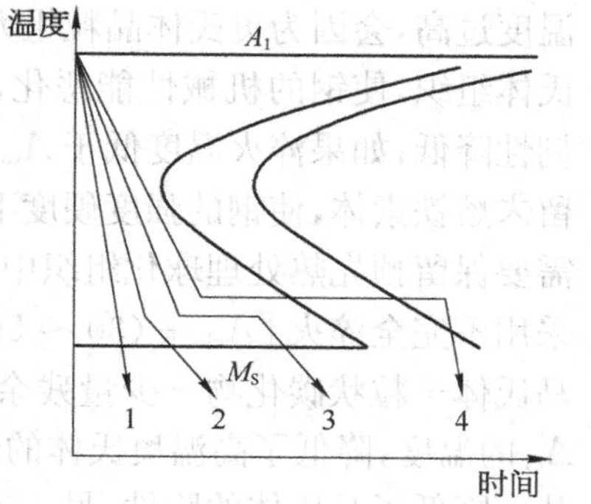

图5-18 各种淬火方法冷却曲线示意图

1）单介质淬火

它是将奥氏体状态的工件放入一种淬火介质中一直冷却到室温的淬火方法（图5-18曲线1）。这种方法操作简单，容易实现机械化，适用于形状简单的碳钢和合金钢工件。一般碳钢（淬透性低）用水淬，合金钢（淬透性高）及尺寸为3～10 mm的小碳钢件可以用油淬。

2）双介质淬火

它是先将奥氏体状态的工件在冷却能力强的淬火介质中冷却至接近 M_s 点温度时，再立即转入冷却能力较弱的淬火介质中冷却，直至完成马氏体转变（图5-18曲线2）。双介质淬火是先水淬后油冷或先水淬后空冷（均连续进行），用于直径较大的简单形状低合金钢件或容易产生淬火缺陷的复杂形状碳钢件。

3）分级淬火

它是将奥氏体状态的工件首先淬入略高于钢的 M_s 点的盐浴或碱浴炉中，保温数分钟，当工件内外温度均匀后，再从浴炉中取出空冷至室温，完成马氏体转变（图 5－18 曲线 3）。此工艺能有效地减少淬火应力，常用于尺寸不大的零件（如合金钢刀具）。

4）等温淬火

它是将奥氏体化后的工件在稍高于 M_s 的盐浴或碱浴中冷却并保温足够时间（0.5～2 h），从而获得下贝氏体组织的淬火方法（图 5－18 曲线 4），适用于处理形状复杂、要求变形小或韧性高的合金钢零件，但周期长，生产率低。

5）冷处理

为了进一步提高高碳（合金）钢的硬度、耐磨性和尺寸稳定性，可采用冷处理，即将钢材淬火冷却到室温后继续冷却到 0 ℃以下，如－60～－80 ℃（冷却介质为干冰）或更低温度（常称深冷处理，如－196 ℃液氮处理），使组织中的残余奥氏体继续转变为马氏体。这种处理对精密量具、模具、柴油机等精密偶件等具有重要意义。

5.3.3.5 钢的淬透性

钢的淬透性是指奥氏体化后的钢在淬火时获得淬硬层深度的能力，其大小用钢在一定条件下淬火获得的淬硬层深度来表示。淬透性是钢的重要热处理工艺性能，也是选材和制定热处理工艺的重要依据之一。淬透性不同的钢材淬火后沿截面的组织和机械性能差别很大，在零件设计时必须慎重考虑所选钢材的淬透性。如螺栓、连杆和锤杆等要求整个截面力学性能均匀的零件，应选用易淬透性钢材，使整个截面淬透。受弯曲、扭转的零件，如轴类、齿轮，以及表面要求高耐磨性并耐受冲击的零件及某些模具，心部一般不要求很高的硬度，可选用淬透性较低的钢材，不必全部淬透。

钢的淬透性反应经奥氏体化的材料接受淬火时形成马氏体多少的能力，或在相同条件下材料获得较大深度淬火马氏体的能力。C 曲线越向右，其过冷奥氏体越稳定，淬火临界冷却速度越小，则淬透性越好。因此，一般合金钢的淬透性明显好于碳素钢，除 Co 以外，所有溶于奥氏体中的合金元素都提高了淬透性。合金含量越多，其淬透性越好，如含中等量铬的 Cr5MoIV，Cr6WV 和 Cr4W2MoV 钢，还有含铬锰的 Cr2Mn2SiWMoV 钢，这些钢都具有很好的空冷淬硬性（也称空淬）和淬透深度。另外，奥氏体的均匀性、晶粒大小及是否存在第二相等因素都会影响淬透性。

实际工件淬硬层深度是该工件在具体条件下淬火时，工件表面马氏体区到内层刚好有 50％马氏体处的深度，其与钢的淬透性、淬火介质、零件尺寸等诸多因素有关。

5.3.3.6 钢的淬硬性

淬硬性是指钢材淬火后所达到硬度的大小，主要取决于马氏体中的含碳量，合金元素对其影响不大。当含碳量越高时，试样在淬火后获得的马氏体晶格畸变越严重，也就使得钢的硬度越高，其淬硬性也越高。如 45 钢、65 钢，在淬火后 65 钢的最大硬度高于 45 钢，故 65 钢的淬硬性应比 45 钢好。在钢中有时会存在一定量的合金元素，这些合金元素的存在虽然可以产生固溶强化现象，但对硬度的影响不大，故对淬硬性的影响也不大。

5.3.4 钢的回火

回火一般是紧接淬火的热处理工艺，淬火后再将工件加热到 A_{c1} 以下某一温度，保温后再冷却到室温的一种热处理工艺。如图 5－19 所示，以铬系热作模具钢一般热处理过程为例，锻

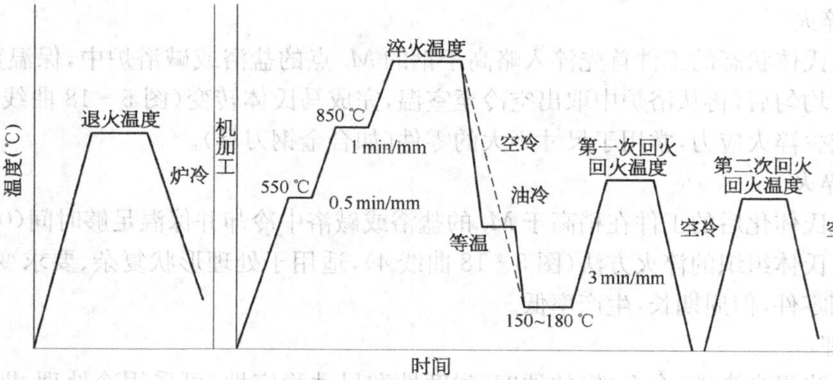

图 5-19　铬系热作模具钢一般热处理过程

锻造→等温退火(加热到 860~890 ℃,等温 700~720 ℃),缓冷至 500 ℃出炉→淬火(1 000~1 050 ℃、油冷)→540~600 ℃回火(回火温度根据硬度要求确定)

坯等温退火,然后机加工,最终热处理淬火和回火。

淬火后的钢铁工件组织为马氏体(有时尚有贝氏体等)和少量残余奥氏体,都是极端非平衡组织,处于高的内应力状态,不能直接使用,必须即时回火,否则会有工件断裂的危险。淬火后回火的目的在于升高温度并持续一段时间,这样增强了原子的活动性,马氏体和残余奥氏体向稳定组织($F+Fe_3C$)转变,减少或消除了残余奥氏体,以稳定工件尺寸;降低或消除内应力,以防止工件开裂和变形;调整工件的内部组织和性能,以满足工件的使用要求。

5.3.4.1　钢在回火时的转变

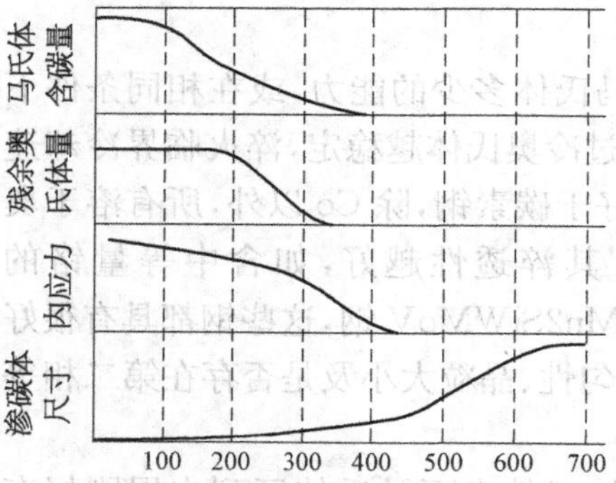

图 5-20　淬火钢回火时组织转变

根据转变发生的过程和形成的组织,回火可分为四个阶段:

第一阶段(200 ℃以下):马氏体分解。

第二阶段(200~300 ℃):残余奥氏体分解。

第三阶段(250~400 ℃):碳化物的转变。

第四阶段(400 ℃以上):渗碳体的聚集长大与α相的再结晶。

淬火钢回火转变的具体变化情况如图 5-20 所示。随着回火过程的进行,钢的硬度降低,而塑性、韧性提高。表 5-4 是不同回火组织的性能特点。

表 5-4　回火组织及其特点

回火组织	形成温度	组 织 特 征	性 能 特 征
回火马氏体	150~350 ℃	极细的ε碳化物分布在马氏体基体上	强度、硬度高,耐磨性好。硬度一般为 HRC58~64
回火屈氏体	350~500 ℃	细粒状渗碳体分布在针状铁素体基体上	弹性极限、屈服极限高,具有一定的韧性。硬度一般为 HRC35~45
回火索氏体	500~650 ℃	粒状渗碳体分布在多边形铁素体基体上	综合机械性能好,强度、塑形和韧性好。硬度一般为 HRC25~35

5.3.4.2 回火工艺及调质

按照回火后的性能要求，淬火以后的回火有低温回火、中温回火、高温回火。按照回火温度和工件所要求的性能，一般将回火分为三类。图5-21是45钢回火组织图例。

在低温回火(150～250 ℃)时，Fe、C扩散困难，仅从淬火马氏体中弥散析出与母相马氏体共格的$Fe_{2.4}C$薄片，使马氏体饱和度降低，但其形态未变，仍是碳在α-Fe中的过饱和固溶体，这样的混合组织称回火马氏体(图5-21a)；同时，由于马氏体的分解，含碳量过饱和的α相的晶格畸变下降，减轻了对残余A的压力，使M_s上升，残余A则转变为与回火马氏体近似的下贝氏体。回火马氏体是由两相组成的，易被腐蚀，在显微镜下观察呈黑色针叶状。这一阶段内应力逐渐减小。

在中温回火(350～500 ℃)时，Fe、C原子扩散较易，马氏体分解完成，过饱和的α相中的含碳量达到饱和状态，实际上就是M转换为F，但这时的铁素体仍保持着马氏体针叶状的外形，$Fe_{2.4}C$碳化物这一过渡相也转变为极细的颗粒状渗碳体。这种由针叶状F和极细粒状渗碳体组成的机械混合物称为回火屈氏体(图5-21b)，在这一阶段马氏体的内应力大大降低。

在高温回火(500～650 ℃)时，Fe、C原子充分扩散，且α相发生了再结晶，得到多边形铁素体基体上分布着细粒状Fe_3C的混合物，称为回火索氏体(图5-21c)。500 ℃以上时发生再结晶，从针叶状转变为多边形的粒状，在这一回复再结晶的过程中，粒状渗碳体聚集长大成球状，即在500～650 ℃得到由粒状铁素体和Fe_3C组成的回火索氏体。

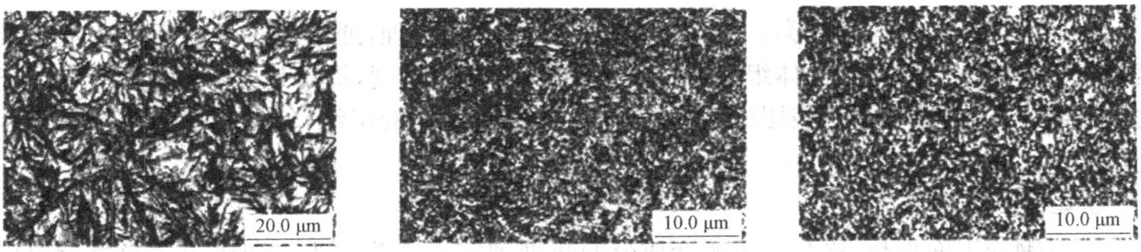

(a) 回火马氏体(T12钢，200 ℃回火)　(b) 回火屈氏体(45钢，400 ℃回火)　(c) 回火索氏体(45钢，600 ℃回火)

图5-21 45钢回火组织

调质热处理工艺就是淬火+高温回火，以获得回火索氏体的热处理工艺。碳钢首先通过淬火获得马氏体组织，然后500～650 ℃加热回火获得回火索氏体。其组织均匀细小，碳化物呈细粒状，对基体的割裂作用及应力集中小，强韧性比正火态有显著提高，工程上承载比较大的动载荷工作的各种机器和机构的结构件，如轴类、连杆、螺柱、齿轮等常采用调质处理，主要目的是得到强度、塑性都比较好的综合机械性能。

回火组织与连续冷却组织或等温冷却组织有所不同，尤其是中高温回火以后。如前所述，过冷奥氏体连续冷却或等温冷却所得的屈氏体与索氏体是片层状结构，而回火屈氏体与回火索氏体则是粒状渗碳体分布于铁素体基体上，其组织微细，第二相是均匀细小的弥散状态，强度和韧性配合良好。另外，低碳钢的板条马氏体本身就处于强韧组织状态，工程上只需采取在200 ℃以下回火(甚至不回火)的工艺，以保持其强韧性。

添加合金元素之后钢的回火规律与碳钢类似，但各个回火阶段会移向更高温度，尤其是含强碳化物形成元素的合金钢材。例如，高速钢在560 ℃回火后的组织仍是回火马氏体。

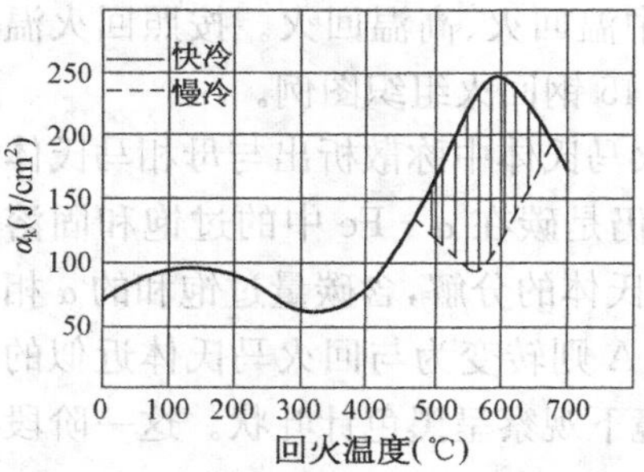

图5-22 钢的韧性与回火温度的关系

5.3.4.3 回火脆性

图5-22是随着回火温度的升高,钢的冲击韧性的变化规律。从图中可以看出,在250～350 ℃和500～650 ℃,钢的冲击韧性明显下降,这种脆化现象称为回火脆性。

1) 低温回火脆性

淬火钢在250～3 500 ℃内回火时出现的脆性称为低温回火脆性,也称第一类回火脆性。几乎所有的钢都存在这类脆性。这是一种不可逆回火脆性,目前尚无有效办法完全消除这类回火脆性。所以一般都不在250～350 ℃回火。

2) 高温回火脆性

淬火钢在500～650 ℃回火时出现的脆性称为高温回火脆性,也称为第二类回火脆性。这种脆性主要发生在含Cr、Ni、Si、Mn等合金元素的结构钢中。这种脆性与加热、冷却条件有关。加热至600 ℃以上后,以缓慢的冷却速度通过脆化温度区时,出现脆性;快速通过脆化区时,则不出现脆性。此类回火脆性是可逆的,在出现第二类回火脆性后,重新加热至600 ℃以上快冷,可消除脆性。

5.4 钢的表面热处理

钢的表面热处理有两大类:一类是表面加热淬火热处理,通过对零件表面快速加热及快速冷却使零件表层获得马氏体组织,从而增强零件的表层硬度,提高其抗磨损性能。另一类是化学热处理,通过改变零件表层的化学成分,从而改变表层的组织,使其表层的机械性能发生变化。

5.4.1 表面淬火

仅对钢的表面加热、冷却而不改变成分的热处理淬火工艺称为表面淬火。通过对表层进行快速加热,使之奥氏体化,随即迅速冷却获得表面淬火组织,以提高表面硬度与耐磨性,而工件内部仍保持原有组织与性能。按加热方式可分为感应加热、火焰加热、接触加热和激光、电子束表面淬火等。最常用的是前两种。

5.4.1.1 感应加热表面淬火

1) 感应加热的基本原理

感应线圈通以交流电时,就会在它的内部和周围产生与交流频率相同的交变磁场。若把工件置于感应磁场中,则其内部将产生感应电流并由于电阻的作用被加热。感应电流在工件表层密度最大,而在芯部几乎为零,这种现象称为集肤效应。电流透入工件表层的深度主要与电流频率有关:

$$\delta = 503\sqrt{\frac{\rho}{\mu f}} \tag{5-1}$$

式中,δ为感应电流透入深度(mm);ρ为被加热零件电阻($\Omega \cdot mm^2/m$);μ为被加热零件的磁导率(G/Oe);f为电流频率(Hz)。

可以看出,电流频率越高,感应电流透入深度越浅,加热层也越薄。因此,通过频率的选用可以得到不同工件所要求的淬硬层深度。图 5－23 表示工件与感应器的位置及工件截面上电流密度的分布。加热器通入电流，工件表面在几秒之内迅速加热到远高于 A_{c3} 的温度，接着迅速冷却工件表面，在零件表面获得一定深度的硬化层。

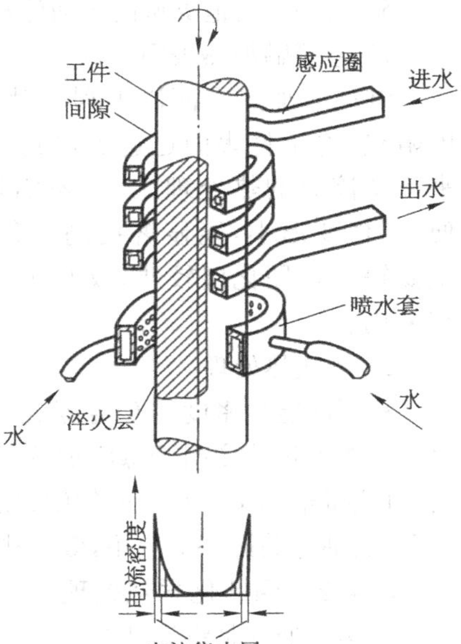

图 5－23 感应加热表面淬火示意图

2）感应加热表面淬火的分类

根据电流频率的不同，可将感应加热表面淬火分为三类：

第一类是高频感应加热淬火，常用电流频率范围为 200～300 kHz，一般淬硬层深度为 0.5～2.0 mm。适用于中小模数的齿轮及中小尺寸的轴类零件等。

第二类是中频感应加热淬火，常用电流频率为 2 500～800 Hz，一般淬硬层深度为 2～10 mm。适用于较大尺寸的轴和大中模数的齿轮等。

第三类是工频感应加热淬火，电流频率为50 Hz，不需要变频设备，淬硬层深度可达 10～15 mm。适用于较大直径零件的穿透加热及大直径零件如轧辊、火车车轮等的表面淬火。

3）感应加热适用的材料

表面淬火一般适用于中碳钢和中碳低合金钢，如 45、40Cr、40MnB 等。这些钢经正火或调质处理后再表面淬火，心部有较高的综合机械性能，表面也有较高的硬度和耐磨性。另外，铸铁也是适合于表面淬火的材料。

4）感应加热表面淬火的特点

与普通淬火相比，感应加热表面淬火主要具有以下特点：

(1) 加热温度高，升温快。这是由于感应加热速度很快，因而过热度大。

(2) 工件表层易得到细小的隐晶马氏体，因而硬度比普通淬火提高 HRC2～3，且脆性较低。

(3) 工件表层存在残余压应力，因而疲劳强度较高。

(4) 工件表面质量好。这是由于加热速度快，没有保温时间，工件不易氧化和脱碳，且由于内部未被加热，淬火变形小。

(5) 生产效率高，便于实现机械化、自动化。淬硬层深度也易于控制。

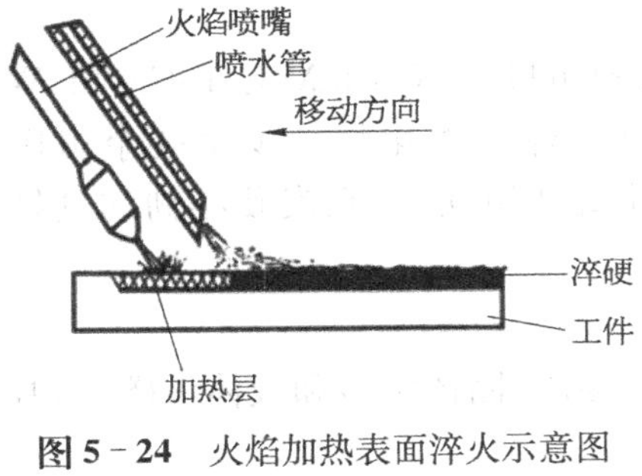

图 5－24 火焰加热表面淬火示意图

5.4.1.2 火焰加热表面淬火

火焰加热淬火是用乙炔-氧或煤气-氧等火焰直接加热工件表面，然后立即喷水冷却，以获得表面硬化效果的淬火方法，如图 5－24 所示。火焰加热温度高达 3 000 ℃以上，能将工件迅速加热到淬火温度，通过调节烧嘴的位置和移动速度，可以获得不同厚度的淬硬层。这种方法使用的设备简单，灵活性大，适用的钢种较广，但质量控制比较困难，主要用于单件、小批量及大型零件的表面淬火。火焰淬火后应及时回火。

5.4.1.3 其他类型的表面淬火

1）电接触加热表面淬火

电接触加热表面淬火利用触头和工件间的接触电阻在通以低电压的大电流时产生的电阻热，将工件表面迅速加热到淬火温度，当电极移开，借工件本身未加热部分的热传导来冷却淬火的热处理工艺，不需回火。这种方法使用的设备简单，工艺费用低，操作方便，工件变形小，能显著提高工件的耐磨性及抗擦伤能力，已用于机床导轨、气缸套等。主要缺点是硬化层较薄，仅 0.15～0.30 mm，组织与硬度的均匀性差，形状复杂的工件不宜采用。

2）激光热处理

利用高能量密度的 CO_2 激光束扫描辐照工件表面，使表面加热甚至熔化，并自冷中冷淬火。它的加热速度高于感应加热与火焰加热，对工件基体的热影响极小，淬火后表层硬度极高，可获得很薄又不宜剥落的硬化层，且变形极小，无须外加材料。激光表面淬火在汽车缸体、缸套、曲轴等关键件上应用，效率非常高。

5.4.2 钢的化学热处理

化学热处理是将钢件置于一定温度的活性介质中保温，使一种或几种渗入元素由表面向内渗入，改变其化学成分和组织，达到改进表面性能、满足技术要求的热处理过程。化学热处理的渗层与金属基体呈紧密的冶金结合，无明显分界面，在外力作用下不易剥落，因而工件具有高硬度、高耐磨性和高疲劳强度。化学热处理过程包括分解、吸收、扩散三个基本过程：①高温下介质（渗剂）分解出活性渗入元素的原子；②基体表面吸收活性原子，进入固溶体或形成化合物；③表面高浓度渗入元素向内部扩散，形成一定厚度的扩散层。

常用的化学热处理有渗碳、渗氮、碳氮共渗等。还有渗硫、渗硼、渗铝、渗钒、渗铬等。渗硼是在约 900 ℃左右采用固体或液体方式向钢渗入硼（B）元素，在钢表面形成几百微米以上厚度的 Fe_2B 或 FeB 化合物层，使其硬度较氮化的还要高，一般为 HV1 300 以上，有的高达 HV1 800，抗磨损能力很高。渗铬、渗钒等渗金属后，钢表层一般形成一层碳的金属化合物，如 Cr_7C_3、V_4C_3 等，硬度很高，如渗钒后硬度可高达 HV1 800～2 000，适合于增强工具、模具抗磨损能力。目前生产中最常用的化学热处理工艺是渗碳、渗氮和碳氮共渗，分别讨论如下。

5.4.2.1 渗碳

渗碳就是将低碳钢放入高碳介质中加热（到奥氏体状态，A_{c3} 以上温度）、保温，使活性碳原子进入表面并向内扩散，以获得高碳表层的化学热处理工艺。渗碳的主要目的是提高零件表层的含碳量，以便大大提高表层硬度，增强零件的抗磨损能力，同时保持心部的良好韧性。与表面淬火相比，渗碳主要用于那些对表面有较高耐磨性要求，并承受较大冲击载荷的零件。

渗碳用钢为低碳钢及低碳合金钢，如 20、20Cr、20CrMnTi、20CrMnMo、18Cr2Ni4W 等，低碳钢渗碳后再进行淬火、回火，表层为“高碳回火马氏体＋碳化物＋少量残余奥氏体”，有很高的硬度和强度，而心部仍保持低碳钢的高韧性及高塑性，达到表硬心韧的良好配合。

1）渗碳方法

根据使用时渗碳剂的不同状态，渗碳方法可以分为气体渗碳、固体渗碳和液体渗碳三种，常用的是前两种，尤其是气体渗碳。

(1) 气体渗碳。气体渗碳是将工件置于密封的气体渗碳炉内，图5-25所示为井式气体渗碳炉示意图。加热到900 ℃以上(一般900～950 ℃)，使钢奥氏体化，向炉内滴入易分解的有机液体(如煤油、苯、甲醇、醋酸乙酯等)，或直接通入渗碳气氛，通过在钢的表面发生反应，形成活性碳原子。反应如下：

$$2CO \longrightarrow CO_2 + [C]$$
$$CO_2 \longrightarrow H_2O + [C]$$
$$C_nH_{2n} \longrightarrow nH_2 + n[C]$$
$$C_nH_{2n} \longrightarrow (n+1)H_2 + n[C]$$

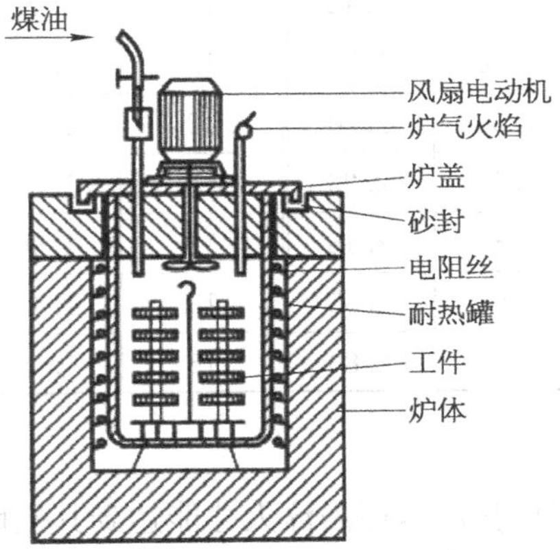

图5-25 井式气体渗碳炉示意图

(2) 固体渗碳。固体渗碳是将工件和固体渗碳剂装入渗碳箱中，用盖子和耐火泥封好，然后放在炉中加热至900～950 ℃，保温足够长时间，得到一定厚度的渗碳层。固体渗碳剂通常是一定粒度的木炭与15%～20%的碳酸盐($BaCO_3$或Na_2CO_3)的混合物。木炭提供渗碳所需要的活性碳原子，碳酸盐起催化作用，反应如下：

$$C + O_2 \longrightarrow CO_2$$
$$BaCO_3 \longrightarrow BaO + CO_2$$
$$CO_2 + C \longrightarrow 2CO$$

根据所采用的渗碳剂，主要有固体渗碳(木炭+碳酸盐如Na_2CO_3)和气体渗碳(充入含碳气体如丙烷、天然气，或滴入含碳的有机液体，如煤油、丙酮等)。气体渗碳法使用简便，生产率高，劳动条件好，且渗碳过程容易控制，渗碳质量好，在工业上应用极为广泛。

一般规定，从表层到过渡区的一半处的深度称为渗碳层深度。渗碳后采用与表层含碳量相同的高碳(合金)钢进行同样的淬火、回火处理。渗碳主要用于对表面有较高耐磨性能要求并承受较大冲击载荷的零件，如各种重载齿轮、活塞销、凸轮轴等。

2) 渗碳工艺及组织

渗碳处理的工艺参数是渗碳温度和渗碳时间。

由于奥氏体的溶碳能力较大，因此渗碳温度必须高于A_{c3}温度。加热温度越高，则渗碳速度越快，渗碳层越厚，生产率也越高。但为了避免奥氏体晶粒过分长大，所以渗碳温度不能太高，通常为900～950 ℃，平均渗碳速度为0.15～0.2 mm/h。表面最佳含碳量为0.85%～1.05%，渗碳后缓冷的组织从表面到内部连续依次为过共析组织($P+Fe_3C_{II}$)、共析组织(P)、过渡区较高含碳量亚共析组织(较多 P+F)及原始低碳亚共析组织(F+较少 P)。在温度一定的情况下，渗碳时间取决于渗碳层的厚度。表 5－5 是不同渗碳温度下不同渗碳时间的渗层厚度。

表 5－5　气体渗碳时渗层厚度与保温时间的关系

保温时间(h)	渗层厚度(mm) 温度(℃)				保温时间(h)	渗层厚度(mm) 温度(℃)			
	850	900	950	1 000		850	900	950	1 000
1	0.4	0.53	0.74	1.00	9	1.12	1.60	2.23	3.05
2	0.53	0.76	1.04	1.42	10	1.17	1.70	2.36	3.20
3	0.63	0.94	1.30	1.75	11	1.22	1.78	2.46	3.35
4	0.77	1.07	1.50	2.00	12	1.30	1.85	2.50	3.35
5	0.84	1.24	1.68	2.26	13	1.35	1.93	2.61	3.68
6	0.91	1.32	1.83	2.46	14	1.40	2.00	2.77	3.81
7	1.00	1.42	1.98	2.55	15	1.45	2.10	2.81	3.92
8	1.04	1.52	2.11	2.80	16	1.50	2.13	2.87	4.06

3）渗碳后的热处理

渗碳工艺的加热温度高，时间较长，还需淬火才能达到其硬度要求。气体渗碳后的零件常采用从渗碳温度随炉降温到适宜的淬火温度(约 850 ℃)后直接淬火(水或油)。渗碳件的热处理方法有三种：预冷直接淬火法、预冷一次淬火法、预冷二次淬火法。如车辆、工程机械等用的大量传动齿轮都采用渗碳热处理工艺提高其耐磨损性能，图 5－26 是 22CrNi2MoNbH 钢齿轮的热处理工艺曲线。

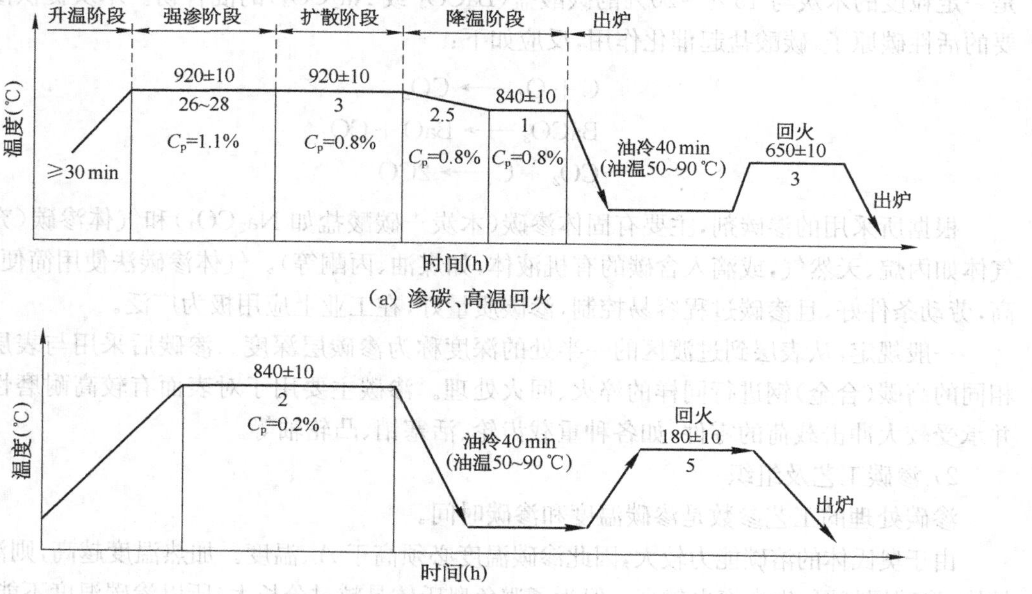

(a) 渗碳、高温回火

(b) 淬火、低温回火

图 5－26　22CrNi2MoNbH 钢齿轮的热处理工艺曲线

5.4.2.2 渗氮

渗氮工艺又称氮化，即向钢件表面渗入氮原子的工艺。它的主要目的是提高零件表层含氮量以增强表面硬度和耐磨性、提高疲劳强度和抗蚀性。

渗氮的原理和渗碳相似。

1) 氮化工艺

(1) 气体氮化。目前广泛应用的是气体氮化。氨经加热分解的活性氮原子被工件表面吸收并向内扩散，在表面形成氮化物层（如 AlN、CrN、MoN、TiN、WN，硬度为 HV950～1 100）及扩散层。

(2) 离子氮化。离子渗氮是在充以含氮气体的低真空炉体内把金属工件作为阴极，以炉体为阳极，通电后介质中的氮氢原子在高压直流电场下被电离，在阴阳极之间形成等离子区。在等离子区强电场作用下，氮和氢的正离子高速向工件表面轰击。离子的高动能转变为热能，加热工件表面至所需温度。由于离子的轰击，工件表面产生原子溅射，因而得到净化，同时由于吸附和扩散作用，氮遂渗入工件表面。与气体氮化相比，离子氮化的特点是处理周期短，仅为气体氮化的 1/4～1/3，例如 38CrMoAl 钢，氮化层深度若要达到 0.35～0.7 mm，气体氮化一般需 70 小时，而离子氮化仅需 15～20 小时。

2) 氮化后的组织和性能

氮化温度低于 A_{c1}，一般为 500～600 ℃，这是由于氮在 α-Fe 中有一定溶解能力，无须加热到高温。氮化时间长达 20～50 h，氮化层厚度为 0.3～0.5 mm。氮化后零件表面硬度比渗碳的还高，耐磨损性能很好，同时渗层一般处于压应力，疲劳强度高，但脆性较大。氮化层还具有一定的抗腐蚀性能。氮化后零件变形很小，通常不需再加工，也不必再热处理强化。适合于要求处理精度高、冲击载荷小、抗磨损能力强的零件，如一些精密零件、精密齿轮都可用氮化工艺处理。

5.4.2.3 碳氮共渗

碳氮共渗是同时向零件渗入 C、N 两种元素的化学热处理工艺，高温碳氮共渗也称为氰化处理。液体氰化时有毒，污染环境，劳动条件差，已很少应用。碳氮共渗包括固体、气体、液体三种介质形式，分别在不同温度下进行。目前以中温气体碳氮共渗和低温气体氮碳共渗（即气体软氮化）应用较广。

中温碳氮共渗是在加入含碳介质（如煤油、煤气）的同时通入氨，氮的渗入使表层碳浓度升高，使共渗温度降低、时间缩短。碳氮共渗温度为 830～850 ℃，保温 1～2 h 后渗层可达 0.2～0.5 mm，表层 ω_C 为 0.7%～1.0%、ω_N 为 0.15%～0.5%。由于未形成化合物层，共渗后需进行淬火与低温回火，表层为含 C、N 的回火马氏体、少量残余奥氏体和碳氮化合物粒子。

低温碳氮共渗常用尿素或甲酰胺等作渗剂，由于这种渗层的硬度比气体氮化的低，故又称为“软氮化”。共渗温度为 500～570 ℃，渗层深度为 0.1～0.4 mm（化合物层不到 20 μm），硬度为 HV570～680。工件软氮化后一般不再进行热处理和机械加工，可直接使用。工件除具有较好的耐磨、抗疲劳性能外，还具有很好的抗咬合和抗擦伤能力。软氮化不受钢种限制，适用于碳钢、合金钢、铸铁等材料，多用于模具、量具及耐磨零件如汽车齿轮、曲轴等的处理。经软氮化处理后，刀具耐磨性能提高，减少了“黏刀”现象，热加工模具不易与工件“焊合”，使用寿命大幅度提高。

5.5 热处理新技术

随着各行业新材料、新技术的应用,热处理技术也会相应不断地发展,热处理新工艺、新设备、新技术的不断创新以及计算机信息技术等的应用,使热处理生产的机械化、自动化水平不断提高,其产品的质量和性能不断改进。目前,热处理技术一方面是对常规热处理方法进行工艺改进,另一方面是在新能源、新工艺方面的突破,从而既节约能源,提高了经济效益,减少或防止环境污染,又能获得优异的性能。

5.5.1 可控气氛热处理

可控气氛热处理是指将热处理炉中气体的成分控制在预定范围,其目的是防止钢件在空气等介质中加热时的氧化与脱碳,也可在其中进行渗碳、碳氮共渗等化学热处理(图 5-27)。常用的可控气氛中,通过控制 CO/CO_2、CH_4/H_2 的比例,就可控制气氛的碳浓度,使得在一定温度下处于奥氏体状态的钢保持其含碳量不变。如气氛的碳浓度 0.8%,则共析钢在该气氛中加热时含碳量不变,但在该气氛中亚共析钢则会增碳,趋向 0.8%的平衡浓度。这样,通过控制气氛中不同的碳浓度,就可进行低碳钢的光亮退火、中碳钢和高碳钢的光亮淬火以及控制表面碳浓度的渗碳处理。同理,也可进行可控渗氮等。再如氮基气氛保护热处理,可以实现少或无氧化脱碳和光亮热处理;氮基气氛化学热处理可以减少内氧化等缺陷,提高化学热处理质量。

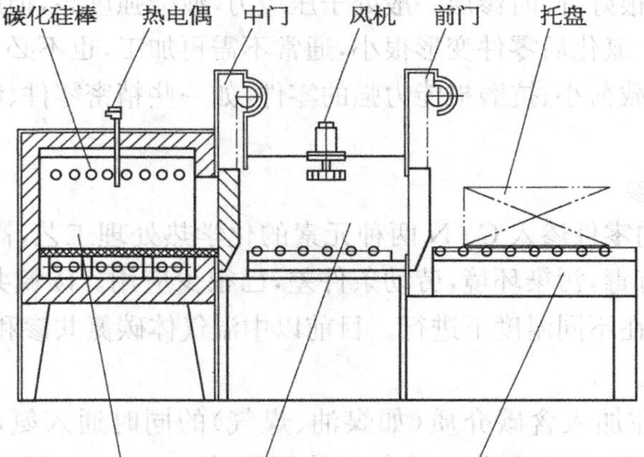

图 5-27 某刀片高温氮基气氛热处理炉

5.5.2 真空热处理

真空热处理是在低于一个大气压(1.33～0.013 3 Pa 真空度)下进行的热处理工艺,包括工艺的全部和部分在真空状态下进行的热处理。真空热处理可以实现几乎所有的常规热处理所涉及的热处理工艺,主要有真空淬火、真空退火、真空回火、真空渗碳、真空渗铬等。真空热处理可大大减少工件的氧化和脱碳;升温速度慢,工件截面温差小,热处理变形小;表面氧化物、油污在真空加热时分解,被真空泵排出,使得工件表面光洁美观,提高了工件的疲劳强度、耐磨性和韧性,所以真空热处理质量、使用寿命较一般热处理有较大的提高;真空热处理工艺操作条件好,易实现机械化和自动化,节约能源,减少污染,但设备较复杂,价格昂贵。目前主要用于工模具和精密零件的热处理。例如某些模具经真空热处理后，其寿命比原来盐浴处理的高出40%～400%。此外，真空加热炉可在较高温度下工作，且工件可以保持洁净的表面，因而能加速化学热处理的吸附和反应过程。因此，某些化学热处理，如渗碳、渗氮、渗铬、渗硼，以及多元共渗都能得到更快、更好的效果。如某阀门电动装置用电动机齿轮的材料是20CrMo钢，渗层深度要求为0.38 mm。渗碳热处理方式均采用脉冲式渗碳，每个脉冲时间为5 min，即充渗碳气体至2.66×10^4 Pa后保持5 min后立即抽走，渗碳结束后即进行扩散。为减小畸变，渗碳、扩散后采用预冷淬火处理，经真空渗碳热处理后的齿轮表面含碳量为0.97%～1.00%，所采用的真空渗碳热处理工艺如图5-28所示。

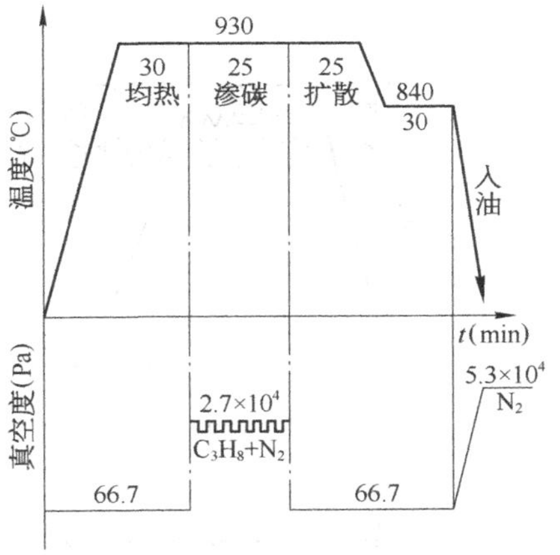

图5-28 某电动机齿轮渗层要求为0.38 mm的齿轮真空渗碳热处理工艺

5.5.3 激光热处理

激光热处理是利用专门的激光器发射能量密度极高的激光，以极快速度加热工件表面，自冷淬火后使工件强化的热处理。经激光热处理的工件可以在保持良好塑性的前提下，提高室温和高温拉伸强度、回火抗力、持久寿命、蠕变抗力、抗应力腐蚀性能、抗疲劳性能以及耐磨性能等。

目前生产中激光热处理大多使用CO_2气体激光器，它的功率可达10～15 kW，效率高，并能长时间连续工作。通过控制激光入射功率密度、照射时间及照射方式，即可达到不同的淬硬层深度、硬度、组织及其他性能要求。激光热处理具有加热速度快，加热到相变温度以上仅需要百分之几秒；淬火不用冷却介质，而是靠工件自身的热传导自冷淬火；光斑小，能量集中，可控性好，可对复杂的零件进行选择加热淬火；能细化晶粒，显著提高表面硬度和耐磨性；淬火后，几乎无变形，且表面质量好等优点。主要用于精密零件的局部表面淬火，也可对微孔、沟槽、盲孔等部位进行淬火。

5.5.4 形变热处理

形变热处理是将钢的热塑性变形和热处理有机结合起来，获得形变强化和相变强化综合效果的工艺方法。此工艺能获得单一强化方法所不能得到的优异性能(强韧性)，此外变形使奥氏体晶粒碎化，产生大量晶体缺陷，并在随后的淬火中保留下来，还可使组织和亚结构细化等，产生显著的强韧化效果。形变热处理可以利用锻、轧加工余热淬火来实现，既简化工艺，又节约能源、设备，还能减少工件氧化和脱碳，提高经济效益和产品质量。

形变热处理方式很多，有低温形变热处理、高温形变热处理、等温形变热处理、形变化学热处理等。高温形变热处理(图5-29)是将钢加热至A_{c3}以上，在奥氏体区变形后立即淬火，发生马氏体转变并回火。与普通淬火相比，高温形变热处理可提高强度10%～30%，提高塑性40%～50%，适用于碳钢、低合金钢结构零件，以及机械加工量不大的锻件或轧材，如连杆、曲轴、弹簧、叶片等。低温形变热处理将工件加热至奥氏体状态，保温一定时间后，迅速冷至A_{r1}至M_s点之间的某一温度进行形变，然后立即淬火、回火。与普通热处理相比，可以显著提高钢的强度和抗疲劳强度，提高钢抗磨损和抗回火的能力。它主要用于强度要求极高的工件，如高速钢刀具、模具、轴承、飞机起落架及重要弹簧等。

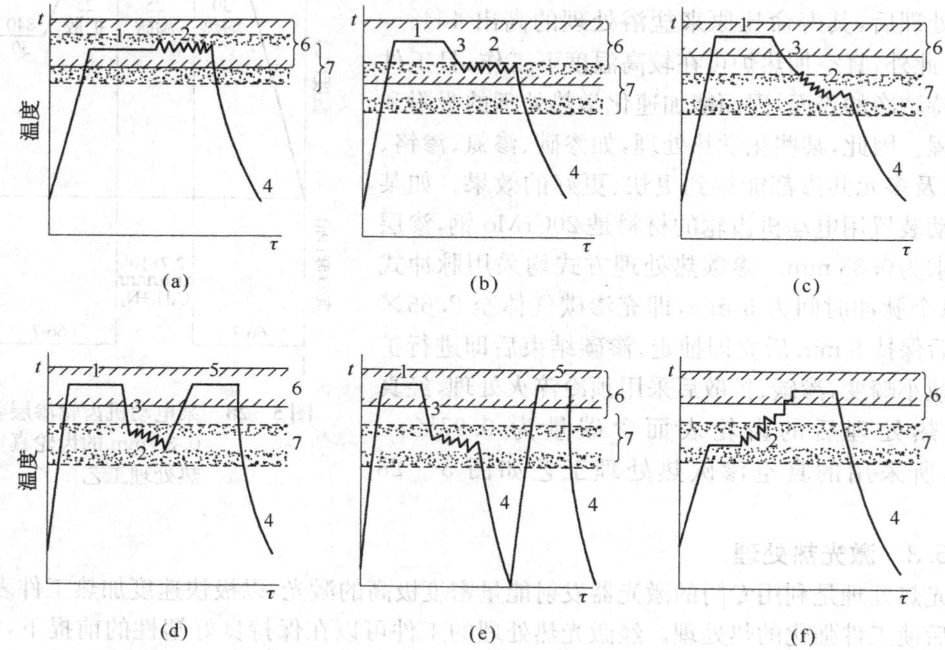

图 5-29 高温形变热处理工艺示意图

1—淬火加热与保温；2—压力加工；3—冷至变形温度；4—快冷；
5—重新淬火加热短时保温；6—淬火加热温度范围；7—塑性区

此外，目前新型热处理车间实现网络信息化管理，如设置热处理工艺基本参数（如炉温、时间和真空度等）及设备动作的程序控制，以及整条生产线（如包括渗碳、淬火、清洗及回火的整条生产线）的状态控制，进而发展到计算机辅助热处理工艺最优化设计和在线控制，以及建立热处理数据库，为热处理计算机辅助设计及性能预测提供了重要支持。

第6章

工业用钢

◎ **学习成果达成要求**

通过该章学习，学生应达成的能力要求包括：

1. 能够掌握工业用钢的分类方法和牌号的命名方法，认识常用材料牌号及性能特点。

2. 了解常见元素和杂质对碳钢性能的影响以及钢中合金元素的作用，能够合理认识钢材质量和性能调整措施，并能在生产中创新性应用。

3. 理解常见工业用钢的种类、性能特点以及应用，能够根据工业生产的具体要求合理选择钢种及热处理方式。

工业用钢按化学成分分为碳素钢(简称碳钢)和合金钢两大类。由于碳钢价格低廉、便于获得、容易加工、具有较好的力学性能，因此得到了极广泛的应用。但是，随着现代工业和科学技术的发展，对钢的力学性能和物理、化学性能提出了更高的要求。而碳钢即使经过热处理也不能满足这些要求，从而发展了合金钢。所谓合金钢就是为了改善和提高碳钢的性能或使之获得某些特殊性能，在碳钢中特意加入某些合金元素而得到的多元的以铁为基本元素的合金。由于合金钢具有比碳钢优良的特性，因而用量比率逐年增大。

6.1 常见元素和杂质对碳钢性能的影响

普通碳素钢除含碳以外，还含有少量锰(Mn)、硅(Si)、硫(S)、磷(P)、氧(O)、氮(N)和氢(H)等元素，这些元素并非为改善钢材质量有意加入的，而是由矿石及冶炼过程中带入的，故称为杂质元素。它们对钢性能有一定影响，为了保证钢材质量，在国家标准中对各类钢的化学成分都做了严格的规定。

(1) 硫。硫来源于炼钢的矿石与燃料焦炭，是钢中的一种有害元素。硫以硫化亚铁(FeS)的形态存在于钢中，FeS和Fe形成低熔点(985 ℃)化合物。而钢材的热加工温度一般在1 150～1 200 ℃，所以当钢材热加工时，由于FeS的过早熔化导致工件开裂，这种现象称为“热脆”。含硫量越高，热脆现象越严重，故必须对钢中含硫量进行控制。高级优质钢：$\omega_S < 0.02\% \sim 0.03\%$；优质钢：$\omega_S < 0.03\% \sim 0.045\%$；普通钢：$\omega_S < 0.055\% \sim 0.7\%$。

(2) 磷。磷是由矿石带入钢中的，一般来说磷也是有害元素。磷虽能使钢材强度、硬度增高，但会引起塑性、冲击韧性显著降低，特别是在低温时，使钢材显著变脆，这种现象称“冷脆”。

冷脆使钢材的冷加工及焊接性能变坏，含磷越高，冷脆性越大，故钢中对含磷量控制较严。高级优质钢：$\omega_P < 0.025\%$；优质钢：$\omega_P < 0.04\%$；普通钢：$\omega_P < 0.085\%$。

(3) 锰。锰是炼钢时作为脱氧剂加入钢中的。由于锰可以与硫形成高熔点(1 600 ℃)的MnS，一定程度上消除了硫的有害作用。锰具有很好的脱氧能力，能与钢中的FeO发生化学反应生成MnO进入炉渣，从而改善钢的品质，降低钢的脆性，提高钢的强度和硬度。因此，锰在钢中是一种有益元素。一般认为，钢中含锰量在0.5%～0.8%以下时，把锰看成是常见杂质。技术条件中规定，优质碳素结构钢中，正常含锰量是0.5%～0.8%；而较高含锰量的结构钢中，其量可达0.7%～1.2%。

(4) 硅。硅也是炼钢时作为脱氧剂加入钢中的元素。硅与钢水中的FeO能结成密度较小的硅酸盐炉渣而被除去，因此硅是一种有益元素。硅在钢中溶于铁素体内使钢的强度、硬度增加，塑性、韧性降低。镇静钢中的含硅量通常在0.1%～0.37%，沸腾钢中只含有0.03%～0.07%的硅。由于钢中硅含量一般不超过0.5%，因而对钢性能影响不大。

(5) 氧。氧在钢中是有害元素。它是在炼钢过程中自然进入的，尽管在炼钢末期要加入锰、硅、铁和铝进行脱氧，但不可能除尽。氧在钢中以FeO、MnO、SiO_2、Al_2O_3等形式夹杂，使钢的强度、塑性降低，尤其是对抗疲劳强度、冲击韧性等有严重影响。

6.2 合金元素在钢中的作用

6.2.1 合金元素对钢中基本相的影响

铁素体和渗碳体是碳钢中的两个基本相，合金元素加入钢中时，可溶于铁素体内，也可溶于渗碳体内。与碳亲和力弱的非碳化物形成元素，如镍、硅、铝、钴等，主要溶于铁素体中形成合金铁素体。而与碳亲和力强的碳化物形成元素，如锰、铬、钼、钨、钒、铌、锆、钛等，主要与碳结合形成合金渗碳体或碳化物。

1) 形成合金铁素体

合金元素在溶入铁素体后，由于其与铁的晶格类型和原子半径有差异，必然引起铁素体晶格畸变，产生固溶强化，使铁素体的强度、硬度提高，但塑性、韧性却有下降趋势。图6-1和图6-2为几种合金元素对铁素体硬度和韧性的影响。

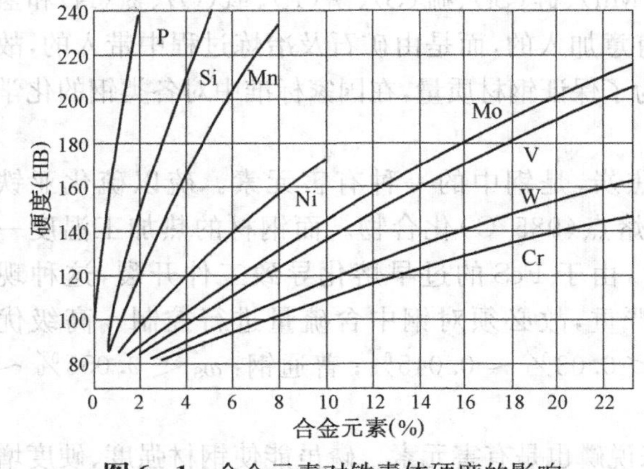

图6-1 合金元素对铁素体硬度的影响

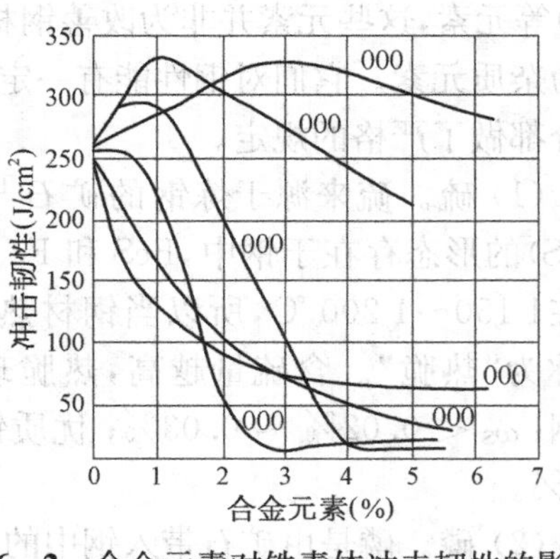

图6-2 合金元素对铁素体冲击韧性的影响

由图可知，硅、锰能显著地提高铁素体的强度和硬度。但 ω_{Si} 超过 0.5%，ω_{Mn} 超过 1.5% 时，将降低其韧性。而铬与镍比较特殊，铁素体中 $\omega_{Cr} \leqslant 2\%$、$\omega_{Ni} \leqslant 5\%$ 时，在显著强化铁素体的同时还可提高其韧性。

2）形成碳化物

碳化物是钢的重要组成相之一，碳化物的类型、数量、大小、形状及分布对钢的性能有很重要的影响。碳钢在平衡状态下，可按含碳量不同，将其分为亚共析钢、共析钢、过共析钢。通过热处理又可改变珠光体中 Fe_3C 片的大小，从而获得珠光体、索氏体、屈氏体等。在合金钢中，碳化物的状况显得更重要。作为碳化物形成元素，在元素周期表中都是位于铁以左的过渡族金属，越靠左，则 d 层电子数越少，形成碳化物的倾向越强。

锰是弱碳化物形成元素，与碳亲和力比铁强，溶于渗碳体中，形成合金渗碳体 $(FeMn)_3C$。这种碳化物的熔点较低，硬度较低，稳定性较差。

铬、钼、钨属于中强碳化物形成元素，既能形成合金渗碳体，如 $(FeCr)_3C$ 等，又能形成各自的特殊碳化物，如 Cr_7C_3、Cr_{23}、C_6、MoC、WC 等。这些碳化物的熔点、硬度、耐磨性以及稳定性都比较高。

铌、钒、钛是强碳化物形成元素，它们在钢中优先形成特殊碳化物，如 VC、NbC、TiC 等。它们的稳定性最高，熔点、硬度和耐磨性也最高。

6.2.2 合金元素对热处理的影响

合金钢一般都是经过热处理后使用的，主要通过热处理改变钢的组织来显示合金元素的作用。合金元素对钢热处理的加热和冷却过程均有影响。

6.2.2.1 对奥氏体化的影响

合金元素对奥氏体的形成速度影响很大。它是通过对钢的临界点位置的改变、对碳扩散速度的影响，以及对铁素体与渗碳体量的影响等，来改变奥氏体的形核率和长大速度的。

1）改变奥氏体区域

扩大奥氏体区域的元素有镍、锰、碳、氮等，这些元素使 A_1 和 A_3 温度降低，使 S 点、E 点向左下方移动，从而使奥氏体区域扩大。图 6-3 表示锰对奥氏体区域位置的影响。

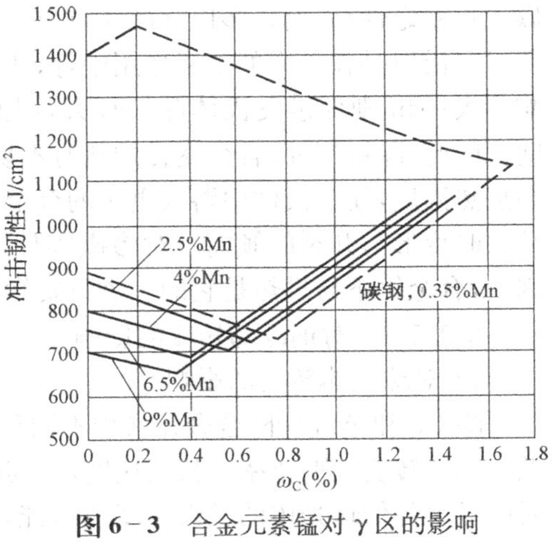

图 6-3 合金元素锰对 γ 区的影响

$\omega_{Mn} > 13\%$ 或 $\omega_{Ni} > 9\%$ 的钢，其 S 点就能降到零点以下，在常温下仍能保持奥氏体状态，称为奥氏体钢。由于 A_1，A_3 温度降低，会直接影响热处理加热温度，所以锰钢、镍钢的淬火温度低于碳钢。又由于 S 点的左移，使共析成分降低，与同样含碳量的亚共析碳钢相比，组织中的珠光体数量增加，从而使钢得到强化。由于 E 点的左移，又会使发生共晶转变的含碳量降低，在含碳量较低时，使钢具有莱氏体组织。如在高速钢中，虽然 ω_C 只有 0.7%～0.8%，但是由于 E 点左移，在铸态下会得到莱氏体组织，成为莱氏体钢。

缩小奥氏体区域的元素有铬、钼、硅、钨等，使 A_1 和 A_3 温度升高，S 点、E 点向左上方移

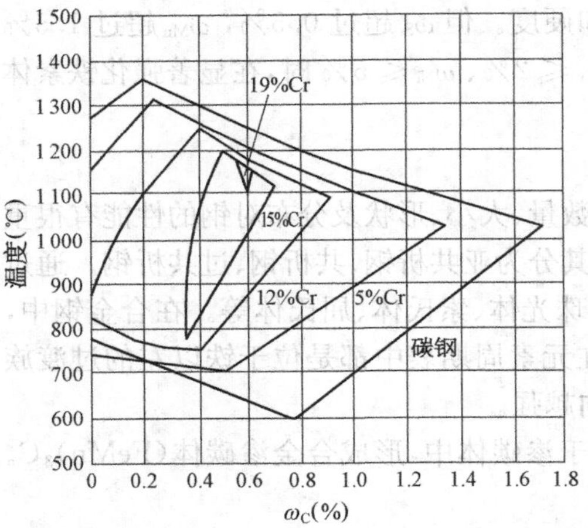

图 6-4 合金元素铬对 γ 区的影响

动，从而使奥氏体淬火温度也相应提高，图 6-4 是铬对奥氏体区域位置的影响。当 $\omega_{Cr} >$ 13%（含碳量趋于零）时，奥氏体区域消失，在室温下得到单相铁素体，称为铁素体钢。

2）影响奥氏体的形成速度

合金钢在加热时，奥氏体化的过程基本上与碳钢相同，即包括奥氏体的形核与长大，碳化物的溶解以及奥氏体均匀化这三个阶段，它是扩散型相变。钢中加入碳化物形成元素后，使这一转变减慢。一般合金钢，特别是含有强碳化物形成元素的钢，为了得到较均匀并含有足够数量合金元素的奥氏体，充分发挥合金元素的有益作用，就需更高的加热温度与更长的保温时间。

大多数合金元素（除镍、钴外）会减缓奥氏体化过程。将钢加热到 A_{c1} 以上发生奥氏体相变时，合金元素对碳化物稳定性的影响以及它们与碳在奥氏体中的扩散能力直接控制了奥氏体的形成过程。强碳化物形成元素，如 Ti、Nb、Zr 等的碳化物稳定性高，不易分解，同时还会提高碳在奥氏体中的扩散激活能，阻碍碳的扩散，从而延缓奥氏体化过程，比较明显地降低奥氏体的形成速度；相反，Ni、Co 等非碳化物形成元素降低碳在奥氏体中的扩散激活能，增大碳在奥氏体中的扩散速度，因而能使奥氏体的形成加速。

3）影响奥氏体晶粒的长大

合金元素除 Mn 和 P 能促进奥氏体晶粒长大以外，其他元素均不同程度地阻碍晶粒长大，从而细化了晶粒。强碳化物形成元素 Ti、Zr、Nb、V 的作用尤为明显，因为它们形成的合金碳化物稳定性高，而且多以弥散质点分布在奥氏体晶界上，使晶界迁移阻力增大；W、Mo、Cr 等对奥氏体晶粒长大的阻碍作用中等；非碳化物形成元素 Si、Ni、Cu 等对奥氏体晶粒长大影响不大；Mn 则促进奥氏体晶粒长大，因此，对锰钢热处理时，要严格控制加热温度和保温时间。因此，除锰钢外，合金钢在加热时不易过热，这样有利于在淬火后获得细马氏体；有利于提高加热温度，使奥氏体中溶入更多的合金元素，以增加淬透性及钢的机械性能；同时也可减小淬火时变形与开裂的倾向。对渗碳零件，使用合金钢渗碳后，可以直接淬火，以提高生产率。因此，合金钢不易过热是它的一个重要优点。

6.2.2.2 对钢冷却转变的影响

1）对珠光体转变的影响

除 Co 和 Al 以外，合金元素均不同程度地降低奥氏体向珠光体转变的速度。如 Ni 能降低珠光体转变的形核率与长大速度，尤其在过冷度较小的情况下影响较大。Cr 在过冷度较大时能显著降低珠光体的长大速度，Mo 能剧烈降低珠光体的形核率与长大速度。

2）对贝氏体转变的影响

合金元素的种类与含量，会改变贝氏体转变温度 *Bs* 点及转变速度。合金元素中除 Co 和 Al 加速贝氏体转变外，其他元素如 C、Mn、Ni、Cr、Cu、Mo、Si、W、V，以及少量的 B 都会延缓贝氏体的形成。C、Mn、Ni、Cr 对奥氏体有强烈的稳定作用，Mo 能够有效地延长珠光体相变的孕育期，但对贝氏体相变的影响很小。当钢中含碳量相同而增加 Mn、Cr、Mo 等元素时，均能延迟贝氏体转变，并使转变的温度区间降低。

3）对马氏体转变的影响

溶入奥氏体中的合金元素对C曲线的影响主要表现在三方面：

(1) 改变C曲线位置。大多数合金元素（除钴外）均使C曲线右移，使临界冷却速度减小，从而提高钢的淬透性，通常对于合金钢就可以采用冷却能力较低的淬火剂淬火，即采用油淬火，以减少零件的淬火变形和开裂倾向。

(2) 改变C曲线形状。合金元素不仅使C曲线位置右移，而且对C曲线形状也有影响。非碳化物形成元素和弱碳化物形成元素，如镍、锰、硅等，仅使C曲线右移，如图6-5a所示。而对于中强和强碳化物形成元素，如铬、钨、钼、钒等，溶于奥氏体后，不仅使C曲线右移，提高钢的淬透性，而且能改变C曲线的形状，将珠光体转变与贝氏体转变明显地分为两个独立的区域，见图6-5b。

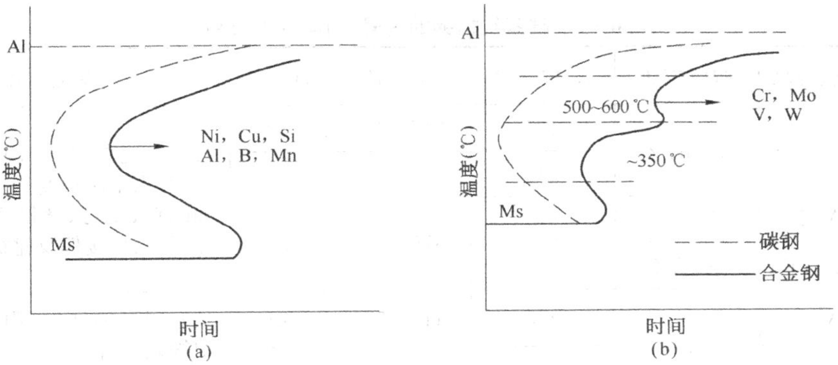

图6-5 合金元素对C曲线的影响

(3) 使M_s、M_f下降。除Al、Co元素提高M_s点以外，完全溶解到奥氏体中的绝大多数合金元素都不同程度地使M_s、M_f下降。Si、B基本上不影响M_s点，导致残余奥氏体增加，影响硬度和组织的稳定性。

合金元素对钢淬透性的影响，由强到弱可排成下列次序：钼、锰、钨、铬、镍、硅、钒。通过复合元素，采用多元少量的合金化原则，对提高钢的淬透性会更有效。

4）对回火过程的影响

淬火钢回火时，抵抗硬度下降的能力称为回火稳定性。由于合金元素溶入马氏体，使原子扩散速度减慢，因而在回火过程中马氏体不易分解，碳化物不易析出，析出后也较难聚集长大，从而提高了钢的回火稳定性。由于合金钢的回火稳定性比碳钢高，若要求得到同样的回火硬度，则合金钢的回火温度应比碳钢高，回火时间也应延长，因而内应力消除得好，钢的韧性和塑性指标也高。而当回火温度相同时，合金钢的强度、硬度则比碳钢高。

碳化物形成元素如铬、钨、钼、钒等，在回火过程中有二次硬化作用，即回火时出现硬度回升的现象。二次硬化实质上是一种弥散强化。二次硬化现象对需要较高红硬性的工具钢来说具有重要意义。

6.3 结构钢

结构钢是指符合特定强度和可成形性等级的钢，如船舶、车辆、飞机、导弹、轻重武器、铁路、桥梁、高压容器、机床等各类机器、各种结构所用的钢材均称为结构钢。

6.3.1 碳素结构钢

普通碳素结构钢的平均含碳量在0.06%～0.38%，主要用于一般工程结构和普通零件，通常轧制成钢板或型材，如圆钢、方钢、钢筋等，占钢总产量的70%以上。产品适用于一般工程结构所需的热轧钢板、钢带、型钢、棒钢等，可供焊接、铆接、拴接等构件使用。

碳素结构钢共分5个强度等级，其中牌号Q195与Q275碳素结构钢是不分质量等级的，Q215、Q235、Q255牌号的钢，当质量等级为A、B时，在保证力学性能的要求下，化学成分可根据使用要求做适当调整。Q235的质量等级为C、D时，可同时保证力学性能和化学成分。

普通碳素结构钢通常是热轧后空冷供货，用户一般不需要再进行热处理而是直接使用。表6-1列出了这类钢的牌号、力学性能及用途举例。

表6-1 碳素结构钢的牌号、力学性能及用途

<table>
<tr><th>牌号</th><th>质量等级</th><th>脱氧方法</th><th>R_{eL}(MPa)</th><th>R_m(MPa)</th><th>A(%)</th><th>特点及用途</th></tr>
<tr><td>Q195</td><td>—</td><td rowspan="2">F、b、Z</td><td>195</td><td>315～430</td><td>33</td><td rowspan="4">具有一定的强度、硬度和良好的塑性，用于制造受力不大的零件，如螺钉、螺母、垫圈等，也可用于冲压件、焊接件及建筑结构件</td></tr>
<tr><td>Q215</td><td>A、B</td><td>215</td><td>335～450</td><td>31</td></tr>
<tr><td rowspan="2">Q235</td><td>A、B</td><td>F、b、Z</td><td rowspan="2">235</td><td rowspan="2">375～500</td><td rowspan="2">26</td></tr>
<tr><td>C、D</td><td>Z、TZ</td></tr>
<tr><td>Q255</td><td>A、B</td><td rowspan="2">Z</td><td>255</td><td>410～550</td><td>24</td><td rowspan="2">具有较高的强度，用于制造承受中等载荷作用的零件，如农机具零件、销钉、小型轴类零件等</td></tr>
<tr><td>Q275</td><td>—</td><td>275</td><td>490～630</td><td>20</td></tr>
</table>

Q195、Q215钢为低碳钢，强度、硬度较低，塑性好，一般用于制造铁钉、铁丝及各种薄板，如黑铁皮、白铁皮和马口铁等，有时也用于制造冲压件和焊接结构件。

Q235A、Q255A钢常用于建筑钢筋、钢板等；也用于农机具中不太重要的工件，如拉杆、链条等。Q235B、Q255B可作为建筑工程中质量要求较高的焊接结构件，机械中可做一般转动轴、吊钩、自行车架等。Q235C、Q235D钢质量较好，可做一些重要的焊接结构件及机件。

Q275钢为中碳钢，强度较高，可代替30钢和40钢用于制造较重要的零件，以降低成本。

6.3.2 低合金高强钢

普通低合金结构钢(简称普低钢)也称为低合金高强度结构钢，是结合我国资源条件发展起来的钢种。普低钢是在碳素结构钢的基础上加入少量合金元素(一般≤3%)形成的，产品既保证力学性能，又保证化学成分，以适应工程上承载能力强、自重轻的要求。目前已大量用于桥梁、船舶、车辆、高压容器、管道、建筑物等方面。

低合金结构钢具有良好的机械性能，特别是有较高的屈服强度。如碳素结构钢Q235的屈服极限只有235 MPa，而低合金结构钢的屈服极限可达300～400 MPa，某些经过调质处理的低合金结构钢板屈服极限能达1 000 MPa。由于强度大大提高，用低合金结构钢代替碳素结构钢可以大量节约钢材，减轻产品自重，提高产品的可靠性。如用低合金结构钢Q345代替碳素结构钢 Q235，一般可节约钢材 20%～30%。我国的武汉长江大桥、南京长江大桥、九江长江大桥等工程结构使用的分别是 Q235、Q345、Q420 钢，其主跨度分别为 128 m、160 m、216 m。另外，低合金结构钢还具有比碳素结构钢更低的冷脆临界温度，这对在北方高寒地区（一般要求在 −40 ℃时，$A_k \geqslant 24 \sim 32$ J）使用的钢结构和运输工具，具有十分重要的意义。

这类钢通常在热轧后或正火状态下使用。为了保证良好的焊接性，其含碳量较低，一般不超过 0.2%。因此，强度的提高主要依靠加入合金元素来达到，如加入锰、硅等元素，可起到对铁素体的强化作用。加入钒、钛等元素，主要是细化组织，提高韧性。铜、磷等元素在钢中能提高钢的耐腐蚀性，其耐腐蚀的能力比普通碳素钢提高 2～3 倍。

常用低合金结构钢的牌号、力学性能及用途举例见表 6-2。

表 6-2 低合金结构钢的牌号、力学性能及用途

牌号	旧牌号	*Rel*(MPa)	*Rm*(MPa)	*A*(%)	特点及通途
Q295	09MnV、09MnNb 09Mn2、12Mn	295	390～570	23	具有良好的塑性、韧性和加工成形性能，用于制造低压锅炉、容器、油罐、桥梁、车辆及金属结构等
Q345	12MnV、14MnNb 16Mn、16MRe 18Nb	345	470～630	21	具有良好的综合力学性能和焊接性能，用于制造船舶、桥梁、车辆、大型容器、大型钢结构等
Q390	15MnV、15MnTi 16MnNb	390	490～650	19	具有良好的综合力学性能和焊接性能，冲击韧性较高，用于制造建筑结构、船舶、化工容器、电站设备等
Q420	15MnVN、14MnVTiRe	420	520～680	18	具有良好的综合力学性能和焊接性能，加工成形性能，低温韧性好，用于制造桥梁、高压容器、电站设备、大型船舶及其他大型焊接结构件等
Q460		460	550～720	17	

6.3.3 优质碳素结构钢和合金结构钢

6.3.3.1 优质碳素结构钢

优质碳素结构钢，又称优质热轧碳素结构钢，简称优质碳素钢或碳结钢，这类钢主要是镇静钢，与普碳钢相比，质量较优，规定有严格的化学成分，磷硫等有害杂质含量较少，并含有微量的镍和铬，后两种元素能改善钢的热处理性能，进而提高钢的机械性能。优质碳素结构钢除保证化学成分外，还同时保证机械性能的有关指标。

碳素结构钢按化学成分分为两组：第一组为普通含锰量钢，$\omega_{Mn} \leqslant 0.80\%$；第二组为较高含锰量钢，$\omega_{Mn} \leqslant 1.2\%$。较高含锰量钢硬度、强度较高，且热处理性能也较好。

优质碳素结构钢的牌号，以两位数字表示，数字代表平均含碳量的万分数的近似值，如 30 钢表示平均含碳量为 0.30%，较高含锰量钢则在钢号后面加锰或 Mn 字，普通含锰量钢又分为镇静钢和沸腾钢两种，沸腾钢在牌号后面加注沸或 F 字以示区别，专门用途的优质碳素结构钢，则在钢号后面加注代表用途的汉字或汉语拼音字母，如锅炉用优质碳结钢：20 锅(20G)或 25 锅(25G)等。

优质碳素结构钢主要在热处理后使用,但也可以不经过热处理直接使用。10～25 钢属低碳钢,强度不高,塑性韧性好,焊接性能优良,可用作制造不经受很大应力,但要求高韧性的零件,如螺钉、螺母、钢丝、钢带、钢管等。另外,还可做强度要求不太高的渗碳件、氰化件、锻件和铸件等。30～35 钢广泛用作锻件、热冲压件、冷镦件等,轧材也直接用于要求不太高的零件,如螺母、螺栓、法兰,接头等。40～45 钢等都是调质钢,综合机械性能较好,广泛用于制造各种中等尺寸的零件,经过调质处理后,可使机械性能得到改善,广泛用作各种轴、曲轴和机车柴油机的齿轮、齿条、阀盖、气阀摇臂、定位销、接叉头、滑块等零件。50 钢韧性较低,但强度耐磨性较高,用于载荷较大,耐磨要求较高,动载荷及冲击作用不大的零件。55～65 钢主要用于农机具的耐磨零件及机车车辆的车轮等。70～80 钢用于拉制高强度钢丝,用作各种弹簧。优质碳素结构钢的主要缺点是淬透性差,当零件尺寸较大或对零件芯部性能要求较高时,会达不到性能要求。

6.3.3.2 合金结构钢

机器零件或建筑构件在工作时将承受拉伸、压缩、弯曲、剪切、扭转、冲击、震动、摩擦等力的作用,或几种力的同时作用。在机器零件或建筑构件截面上产生张、压、切等应力。这些应力值可以是恒定的或变化的,在方向上可以是单向的或反复的;在加载方式上可以是逐渐的或骤然的。这些机器零件或建筑构件工作环境的温度范围大多是在－50～100 ℃之间,同时受到大气、水、润滑油及其他介质的腐蚀作用。而用碳钢制造的机械零件和各种工程结构件,由于其淬透性低,综合机械性能不高,已远远不能满足工业技术发展的需要,因而逐步发展了合金结构钢。

无论是用于制造各种机器结构零件的钢,还是用于建筑结构的钢,除根据使用情况对它们提出各种不同的要求外,也对它们提出一些基本的共同的要求,即:

(1) 符合经济原则,即价格低廉,节约钢材,并节省稀缺与贵重的合金元素。

(2) 在一定尺寸的工件上获得最高机械性能,保证工件长期安全运转或结构持久使用。

(3) 在保证性能的条件下,应使所用钢材的综合工艺过程尽量简单。

为了满足上述要求,各种元素的加入与相互配合是十分重要的。总的来说,合金元素在结构钢中的效果可归纳如下:

(1) 使钢得到高的机械性能,满足日益增高的要求。

(2) 增大钢的淬透性,以制造大型零件或构件,并在整个断面上获得均匀性能。

(3) 减小钢的脆断倾向。

合金元素的上述效果主要通过下列作用发挥出来:

(1) 提高各基本的相组成物的性能。

(2) 改变钢的组织(细化晶粒,改变相组成物的形状、大小及分布情况等)。

(3) 增大奥氏体的过冷能力。

(4) 增大钢的回火稳定性。

如前所述,结构钢中合金元素的主要效果,即使钢获得高的机械性能和高的淬透能力等,主要就是通过这些元素单独或复合的作用得到的。

一般除碳钢以外,机器制造用钢均属于低、中合金钢。而建筑结构工程用钢大部分只限于低合金钢。在一般结构钢中,目前还没有含合金元素超过10%的高合金钢。

6.3.4 弹簧钢

弹簧(图 6-6)的主要作用是吸收冲击能量，缓和机器的振动和冲击作用，或储存能量使零件完成事先规定的动作，保证机器和仪表的正常工作。因此弹簧必须具有高的屈服强度和较高的疲劳强度，以免产生塑性变形并防止过早地疲劳破断。

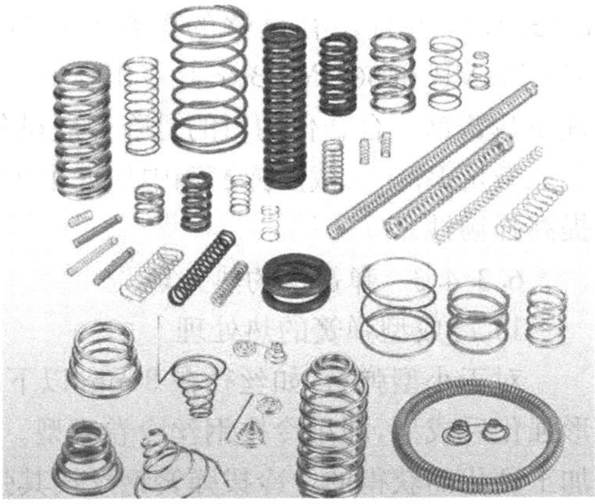

图6-6 弹簧

弹簧大体上可以分为热成型弹簧与冷成型弹簧两大类。其中冷成型弹簧是通过冷变形或热处理，使钢材具备一定性能之后，再用冷成型方法制成一定形状的弹簧。热成型弹簧一般用于制造大型弹簧或形状复杂的弹簧。由于碳素弹簧钢的淬透性低，一般只能用于制造截面直径小于 ϕ12～15 mm 的小弹簧。为了满足大型弹簧对弹簧钢的淬透性和力学性能的高要求，在碳素弹簧钢的基础上发展了合金弹簧钢。此外，在成型及热处理过程中，要特别注意防止表面产生氧化、脱碳及伤痕。

6.3.4.1 弹簧钢的用途及性能要求

在各种机器设备中，弹簧的主要作用是吸收冲击能量，缓和机械的振动和冲击作用。例如，用于汽车、拖拉机和机车上的叠板弹簧，它们除了承受车厢和载物的巨大质量外，还要承受因地面不平所引起的冲击载荷和振动，使汽车、火车等车辆运转平稳，并避免某些零件因受冲击而过早地破坏。此外，弹簧还可储存能量，使其零件完成事先规定的动作(如汽阀弹簧、喷嘴弹簧等)，保证机器和仪表的正常工作，弹簧应具有如下性能：

(1) 高的弹性极限、屈服极限和高的屈服比($\sigma_{0.2}/\sigma_b$)，以保证弹簧有足够高的弹性变形能力，并能承受大的载荷。

(2) 高的疲劳极限，以保证弹簧在长期的振动和交变应力作用下不产生疲劳破坏。

(3) 为满足成型的需要和可能承受的冲击载荷，弹簧应具有一定的塑性和韧性，$\delta_k \geqslant$ 20% 即可，而对 a_k 不进行明确要求。

此外，一些在高温和易腐蚀条件下工作的弹簧，还应具有良好的耐热性和抗蚀性。

6.3.4.2 弹簧钢的成分特点

弹簧钢的含碳量较高，以保证高的弹性极限与疲劳极限。碳素弹簧钢的含碳量一般为 0.8%～0.9%，合金弹簧钢的含碳量为 0.45%～0.7%。含碳量过低，达不到高屈服强度的要求；含碳量过高，钢的脆性很大。

加入 Si、Mn。Si 和 Mn 是弹簧钢中经常采用的合金元素，目的是提高淬透性、强化铁素体(因为 Si、Mn 固溶强化效果最好)、提高钢的回火稳定性，使其在相同的回火温度下具有较高的硬度和强度。其中 Si 的作用最大，但 Si 含量高时会增大碳石墨化的倾向，且在加热时易于脱碳；Mn 含量过高则易使钢过热。

加入 Cr、W、V、Nb 克服硅锰弹簧钢的不足。因为 Cr、W、V、Nb 为碳化物形成元素，可以防止过热(细化晶粒)和脱碳，从而保证重要用途弹簧具有高的弹性极限和屈服极限。

此外，由于弹簧钢的纯度对疲劳强度有很大影响，因此，弹簧钢均为优质钢(P ≤ 0.04%，S ≤ 0.04%)或高级优质钢(P ≤ 0.035%，S ≤ 0.035%)。加入的合金元素不仅能提高钢的淬透性，当对其合理配合再加上适当的热处理时，还可以增加回火稳定性，提高 σ_e、σ_b，使 $\sigma_s/\sigma_b\approx1$，并且还有足够的塑性和韧性。我国研制成功的 55SiMnMoV、55SiMnMoVNb、55SiMnVB 和 60SiMnBRe 是一组在 Si－Mn 钢基础上，加微量 Mo、V、Nb、B 和稀土元素的优质弹簧钢。合金化的目的是降低脱碳敏感性，故减少了钢中 Si 的含量，在中截面弹簧钢中加入微量 B；在大截面弹簧钢中加入了少量 Mo。此外，钢中加入少量 V、Nb 可以细化晶粒，提高强韧性。

6.3.4.3 弹簧钢的热处理

1）冷成型弹簧的热处理

对于小型弹簧，如丝径在 8 mm 以下的螺旋弹簧或弹簧钢带等，可以在热处理强化或冷变形强化后成型，即用冷拔钢丝冷卷成型。冷拔钢丝具有高的强度，这是利用冷拔变形使钢产生加工硬化而获得的。冷拔弹簧钢丝按其强化工艺不同分为 3 种情况。

（1）铅浴等温淬火冷拔钢丝。即将盘条先冷拔到一定尺寸，再加热到 $A_{c3}+(80\sim100)$℃使奥氏体化，随后在 450～550 ℃铅浴中等温，得到细片状珠光体组织，然后多次冷拔至所需直径。通过调整钢中含碳量和冷拔形变量（形变量可高达 85%～90%）以得到高强度和一定塑性的弹簧钢丝。这种铅淬拔丝处理实质上是一种形变热处理，即珠光体相变后形变，可使钢丝强度达到 3 000 MPa 左右。

（2）冷拔钢丝。这种钢丝主要通过冷拔变形得到强化，但与铅淬冷拔钢丝不同，它通过在冷拔工序中间加入一道约 680 ℃的中间退火改善塑性，使钢丝得以继续冷拔到所需的最终尺寸，其强度比铅淬冷拔钢丝的低。

（3）淬火回火钢丝。这种钢丝是在冷拔到最终尺寸后，再经过淬火加中温回火强化，最后冷卷成型的。此种强化方式的缺点是工艺较复杂，而强度比铅淬冷拔钢丝低。

经上述 3 种方式强化的钢丝在冷卷成型后必加一道低温回火工艺，其回火温度为 250～300 ℃，回火时间为 1 h。低温回火的目的是消除应力、稳定尺寸，并提高弹性极限。实践中发现已经强化处理的钢丝在冷卷成型后弹性极限往往并不高，这是因为冷卷成型将使可动位错增多，且由于包申格效应引起起始塑性变形抗力降低。因此在冷卷成型后必须进行一次低温回火，以造成多边化过程，提高弹性极限。

2）热成型弹簧的热处理

热成型弹簧一般是将淬火加热与热成型结合起来，即加热温度略高于淬火温度，加热后进行热卷成型，然后利用余热淬火（图 6－7），最后进行 350～450 ℃的中温回火，从而获得回火

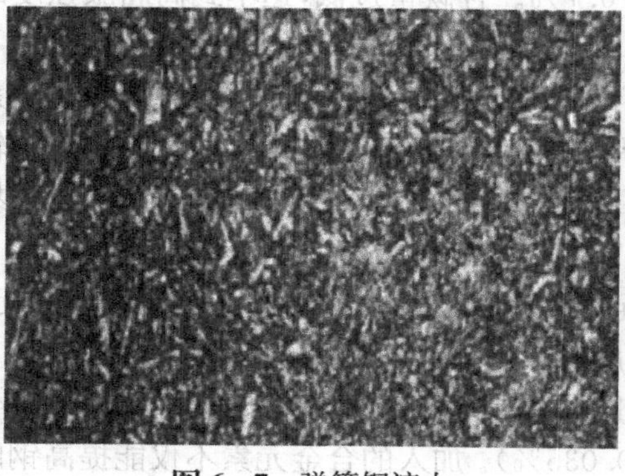

图 6－7 弹簧钢淬火

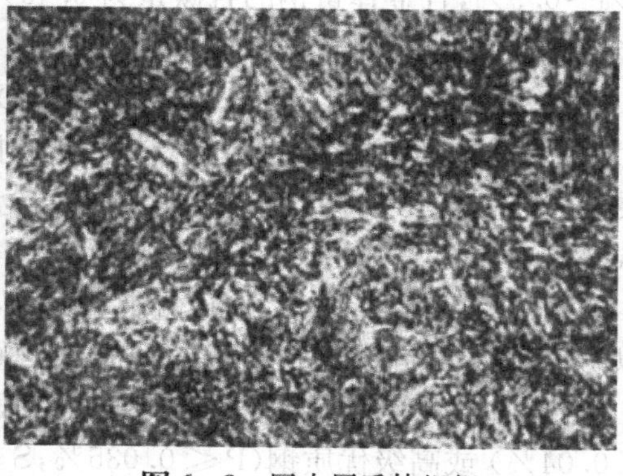

图 6－8 回火屈氏体组织

屈氏体组织(图 6-8)。这是一种形变热处理工艺,可有效地提高弹簧的弹性极限和疲劳寿命。一般汽车上大型板弹簧均采用此方法。对于中型螺旋弹簧也可以在冷状态下成型,而后进行淬火和回火处理。为进一步发挥弹簧钢的性能潜力,在弹簧热处理时应注意以下 3 点。

(1) 弹簧钢多为硅锰钢,硅有促进脱碳的作用,锰有促进晶粒长大的作用。表面脱碳和晶粒长大均使钢的疲劳强度大大下降,因此加热温度、加热时间和加热介质均应注意选择和控制。如采用盐炉快速加热,及在保护气氛条件下进行加热。淬火后应尽快回火,以防延迟断裂产生。

(2) 回火温度一般为 350～450 ℃。若钢材表面状态良好(如经过磨削),应选用低限温度回火;反之,若表面状态欠佳,可用上限温度回火,以提高钢的韧性,降低对表面缺陷的敏感性。弹簧钢要求有较高的冶金质量,以防钢中夹杂物引起应力集中成为疲劳裂纹源,故指标中规定弹簧钢为优质钢。

弹簧钢对钢材表面质量有严格要求,以防止因表面脱碳、裂纹、折叠、斑疤、气泡、夹杂和压入的氧气皮等引起应力集中,降低弹簧钢的疲劳极限。钢材表面质量对疲劳极限的影响见表 6-3。脱碳层深度对弹簧钢疲劳寿命的影响见表 6-4。

表 6-3 钢材表面质量对疲劳极限的影响

钢 号	R_m(MPa)	试样表面状态	R_{-1}(MPa)
55SiMn	1 460	磨光	615
		氧化、脱碳	180
50Si2Mn	1 100	氧化、脱碳	180
		热处理后砂纸打光	500
55Si2Mn	1 300	热处理后砂纸打光	500
		磨光	640
50CrMn	1 310	磨光	640
		抛光	670
50CrVA	1 665	未抛光	500
		带 60 缺口试样	197

表 6-4 55Si2Mn 脱碳层深度对弹簧钢疲劳寿命的影响

脱碳层深度	R_{-1}(MPa)	脱碳层深度	R_{-1}(MPa)
0	510	0.20	330
0.125	350	0.25	300

(3) 弹簧钢含硅量较高,钢材在退火过程中易产生石墨化,对此必须引起重视。一般钢材进厂时要求检验石墨的含量。

热轧弹簧钢采用加热成型制造弹簧的工艺路线大致如下(以板簧为例):

扁钢剪断—加热压弯成型后淬火、中温回火—喷丸—装配。

弹簧钢的淬火温度一般为 830～880 ℃,温度过高易发生晶粒粗大和脱碳现象。弹簧钢最忌脱碳，它会使其疲劳强度大为降低。因此在淬火加热时，炉气要严格控制，并尽量缩短弹簧在炉中的停留时间，也可在脱氧较好的盐浴炉中加热。淬火加热后在 50～80 ℃油中冷却，冷至 100～150 ℃时即可取出进行中温回火。回火后的硬度在 HRC39～52 范围，如螺旋弹簧回火后硬度为 HRC45～50，受剪切应力较大的弹簧回火后硬度为 HRC48～52，板簧回火后硬度为 HRC39～47。

弹簧的表面质量对使用寿命影响较大，因为微小的表面缺陷（如脱碳、裂纹、夹杂和斑疤等）即可造成应力集中，使钢的疲劳强度降低。试验表明，采用 60Si2Mn 钢制作的汽车板簧，经喷丸处理后，使表面产生压应力，寿命可提高 5～6 倍。

目前在弹簧钢热处理方面应用的等温淬火、形变热处理等一些新工艺，对其性能的进一步提高，取得了一定成效。

6.3.5 滚动轴承钢

6.3.5.1 滚动轴承的工作条件及对轴承钢的要求

1）滚动轴承的工作条件

滚动轴承由内圈，外套圈，滚动体（滚珠、滚柱和滚针）和保持器四部分组成，除保持器外，其余都用轴承钢制成。下面以向心滚动轴承为例，对受力情况做简要分析（图 6－9）。当轴承旋转时，位于轴承水平直径以下的滚珠承受着轴向载荷 Q 的作用，这个载荷在各个滚珠上的作用是不均匀的。在某一瞬间，作用在各滚珠上的力（R）可用余弦定律来描述，即 $R = Q\cos\theta$。当 $\theta = 0$ 时，位于内套圈正下方的滚珠受力最大。每转动一周，载荷从零增加到最大，再由最大减小到零，周而往复地增大和减小。由于滚动体和套圈滚道之间接触面积很小，因而接触应力可以高达 5 000 MN/m²，循环应力次数每分钟可达数万次。在周期载荷作用下，经一定时间的运转后，在套圈滚道或滚珠表面产生疲劳剥落。滚珠在旋转时，还受到离心力的作用，并随着转速的增加而增大。滚珠和套圈之间不仅存在滚动，而且还有滑动，因此相互之间的接触表面也承受着摩擦。轴承在使用中，不同程度地经受一些冲击载荷，还要与大气和润滑剂接触，对轴承造成一定的腐蚀作用。在上述几种因素的综合作用下，轴承运转一定时间后发生破坏。轴承正常损坏的形式是接触疲劳破坏；其次是摩擦磨损使精度丧失。当轴承出现剥落凹坑后，引起噪声增大、振动增强和温度升高，最后导致轴承不能正常运转而失效。

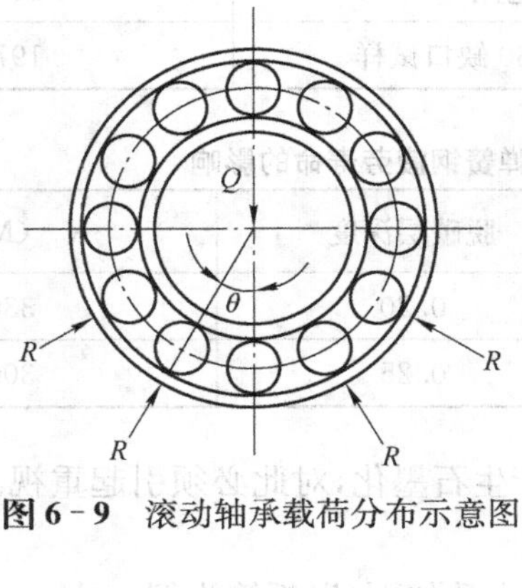

图 6－9　滚动轴承载荷分布示意图

图 6－10　滚动轴承接触轨迹上的疲劳剥落

研究指出，与疲劳破坏一样，轴承的接触疲劳破坏也包括疲劳裂纹的产生和裂纹扩展两个过程。根据赫芝的最大切应力理论计算结果，正应力在接触表面最大，它是引起表面裂纹的主要因素；而在没有滑动的情况下，切应力在深度为 0.786b 处达到最大（b 为接触带宽度）。由切应力引起的金属塑性变形，当塑性变形剧烈时，可导致组织的变化，即由回火马氏体转变为回火屈氏体，从而使钢的强度降低。如果在表层恰好存在非金属夹杂物或粗大的碳化物，可促使裂纹源的产生。在正常情况下，裂纹与表面大致成 45°夹角。在反复应力作用下，裂纹沿着 45°角方向扩展，达一定深度后裂纹转向平行表面扩展，裂纹扩展到相当尺寸后转向表面，随后从裂纹根部断裂，形成疲劳剥落，如图 6－10 所示。因此，切应力以及由此产生的塑性变形是引起疲劳裂纹的重要条件，而材料内部组织的变化以及组织缺陷则是疲劳裂纹产生的内因。因此，在提高轴承钢质量方面，最主要的是如何提高轴承钢的接触疲劳寿命。

2）对轴承钢性能和组织的要求

基于对轴承的工作条件和破坏情况的分析，对轴承钢的性能有下列要求：①高而均匀的硬度（HRC61～65）和高的耐磨性；②高的弹性极限和高的接触疲劳强度；③适当的韧性；④良好的尺寸稳定性；⑤一定的耐腐蚀性；⑥良好的工艺性能。对于在特殊工作条件下的轴承尚有不同要求，如耐高温、耐腐蚀、耐冲击和防磁等。

轴承的接触疲劳寿命（以下简称疲劳寿命或寿命）对钢的组织和性能的不均匀性特别敏感。因此，对轴承钢的组织提出了严格的要求。在使用状态下的组织应是在回火马氏体基体上均匀分布细颗粒的碳化物，这样的组织能赋予轴承钢所需要的性能。对原始组织则要求纯净和组织均匀，即要求钢中杂质元素和非金属夹杂物含量少，夹杂物应当细小均匀分布。

3）高碳铬轴承钢的化学成分

轴承钢中沿用最久的是高碳铬轴承钢，该钢由于机械性能和工艺性能好，以及具有高的疲劳寿命，因而在国内外获得广泛应用。铬轴承钢化学成分有以下特点：①高碳。当钢中含碳量超过 0.6%～0.7%时，淬火后的硬度才能达到最高值；同时为了获得一定数量耐磨的碳化物，轴承钢中的含碳量一般控制在 0.95%～1.05%。②以铬作为基本的合金元素。一方面铬可以提高钢的淬透性，使淬火获得高而均匀的硬度和均匀的组织；另一方面铬溶于渗碳体中形成比较稳定的合金渗碳体$(Fe, Cr)_3C$，淬火加热时溶解较慢，以细小颗粒均匀分布在基体上，有利于提高耐磨性，铬还可以增加钢的耐腐蚀性。但是钢中含铬量过高，会使淬火残留奥氏体增加，降低硬度和尺寸稳定性；同时会增大液析程度，增大碳化物不均匀性。因此铬含量应控制在 1.65%以下。③添加钼、锰、硅和钒等元素，进一步提高钢的淬透性，用以制造大型轴承。④严格控制杂质元素（硫、磷）和残余元素（镍、铜）的含量。因为磷促使晶粒长大，增加钢的脆性；硫增加钢中的非金属夹杂物；镍降低钢的淬火硬度；铜引起时效硬化。在铬轴承钢中典型的钢种是 GCr15，它的使用量约占铬轴承钢的 90%。

6.3.5.2 轴承钢的热处理

钢材的成分和冶金质量确定之后，钢的性能主要决定于热处理。通过热处理改变钢的显微组织，从而充分发挥材料的潜力。轴承钢的热处理包括预先热处理（正火和球化退火）和最终热处理（淬火、回火和稳定化处理）。

1）轴承钢的球化退火

球化退火目的不仅是降低硬度便于切削加工，更重要的是为淬火做组织准备，以获得具有均匀细粒状珠光体的组织。球化退火前原始组织应为细片状珠光体或网状碳化物不明显的片状珠光体。如果网状碳化物超过三级，则应消除网状后再进行球化退火。轴承钢常用的球化退火工艺有普通和等温球化退火两种，如图 6－11 所示。

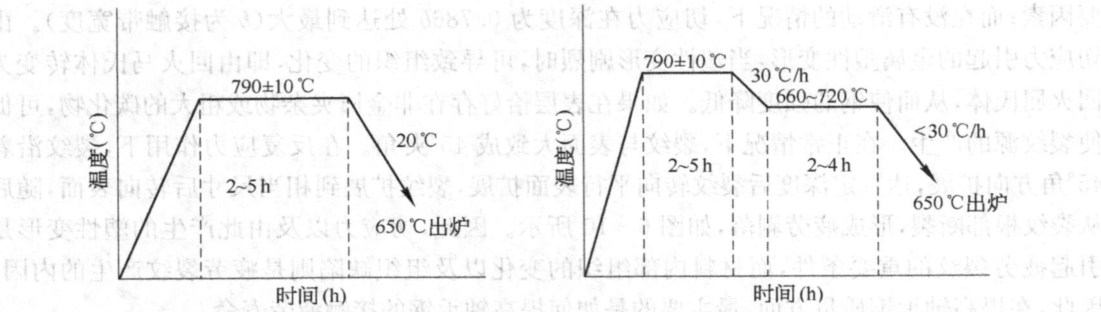

(a) 一般球化退火　　(b) 等温球化退火

图 6-11　GCr15 钢常用的球化退火工艺

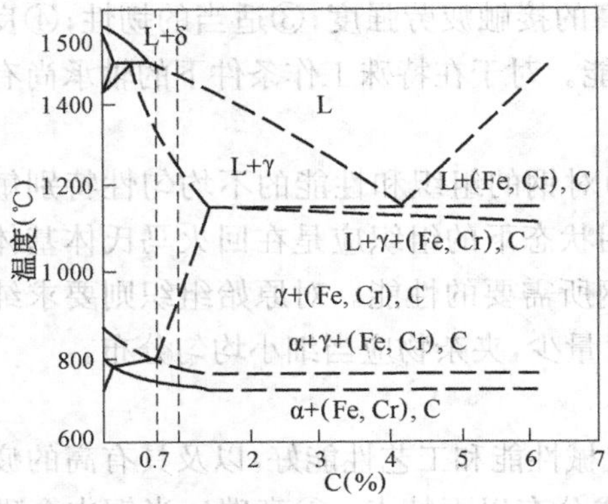

图 6-12　Fe-Cr-C 系合金 1.6%Cr 的垂直截面

在原始组织正常的情况下，球化退火的质量主要决定于加热温度、保温时间和冷却速度。由图 6-12可见，在碳钢中加入铬后，A_1 点上升，共析转变在一个温度范围内进行。含 1.6%Cr、1.0%C 的 GCr15，A_c 为 753～765 ℃，因此退火温度一般选用 780～800 ℃。低于 760 ℃，原始片状渗碳体未能完全溶解和团聚，奥氏体中的浓度极不均匀，冷却时碳化物沿着片层析出，或呈细小链状特征，这是加热不足的组织(图 6-13)。如果加热温度高于 840℃，则碳化物溶解过多，奥氏体微区成分趋于均匀化，冷却后出现一些粗片状珠光体，或粗大聚集的碳化物(图 6-14)。

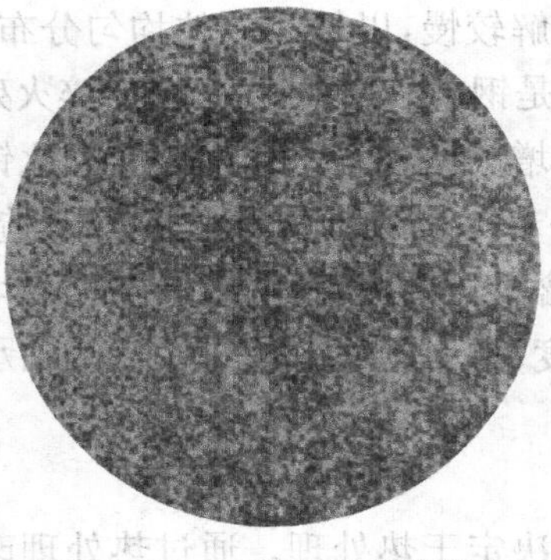

图 6-13　球化退火欠热组织

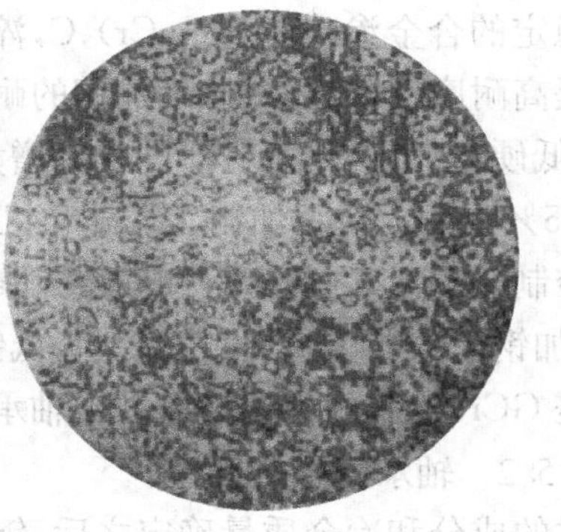

图 6-14　球化退火过热组织

退火温度与硬度的关系，如图 6-15 所示。当退火温度提高到 800～820 ℃时，硬度随着碳化物球化数量的增多而降低；超过 820 ℃之后，由于出现片状珠光体又使硬度回升。球化退火保温时间一般为 2～6 h，根据装炉量等因素具体确定，保温时间过长会引起碳化物的粗化。碳化物的形态主要决定于退火温度，而碳化物的弥散度则决定于冷却速度。冷速越快，碳化物的弥散度就越大，其硬度也越高。反之，冷速过慢，碳化物分散度小，颗粒大，退火硬度降低。生产上采用的冷速一般为 20～30 ℃/h；也可采用 700 ℃、2～4 h 等温冷却代替连续冷却。常

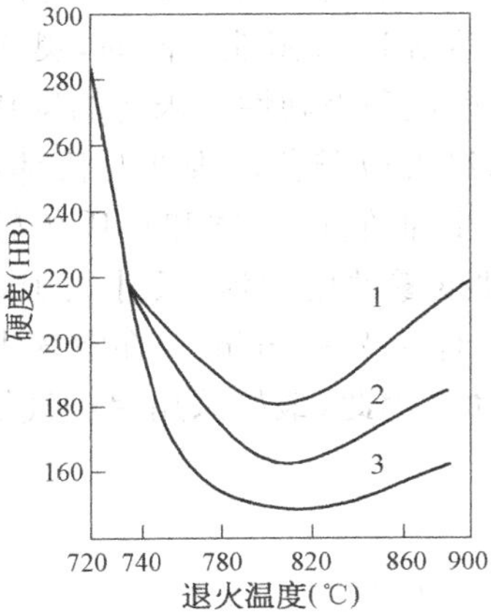

图 6-15 GCr15 钢退火温度与硬度的关系

冷却速度：1—100 ℃/h；2—30 ℃/h；3—5 ℃/h

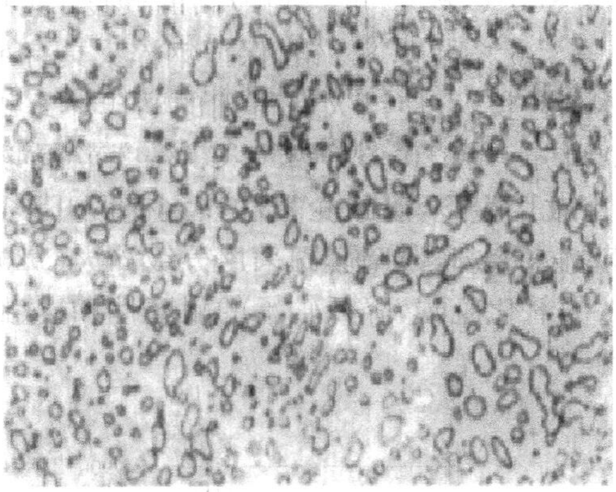

图 6-16 GCr15 钢的正常球化组织

(加热到 771 ℃，保温 5 h 后，以 11 ℃/h 速度冷至 649 ℃，空冷)

规球化退火组织中碳化物颗粒常不圆，且大小不均、尺寸较大(图 6-16)。为改善碳化物的质量，近年来国内外开展了碳化物细化工艺的研究，先将钢加热到 1 050 ℃进行固溶处理，使碳化物完全溶解于奥氏体，以消除原始粗粒碳化物对细化的不良影响，然后进行淬火，不仅可抑止碳化物的析出，还可得到促进碳化物细化的马氏体组织。为防止高温淬火产生显微裂纹，可采用分级淬火、等温淬火、沸水淬火和索氏体化处理，再经高温回火(720 ℃)或退火(780 ℃)。对于轴承套圈还可采用锻造余热淬火加球化退火(或高温回火)。经上述处理之后，可得到均匀细小的碳化物(退火碳化物颗粒为 0.6 μm，高温回火为 0.2～0.4 μm。

2) 轴承钢正火

正火的目的是消除网状碳化物，返修退火不合格品，及满足某些轴承的特殊要求。如某些轴承要求高的回火稳定性，须先经正火，使其退火后获得点状和细粒状珠光体，再经淬火才能得到合金度较高的马氏体，因而具有较高的回火稳定性。

正火加热温度根据具体要求选择。为消除粗大网状碳化物须采用较高的加热温度(930～950 ℃)；而消除细网状碳化物或返修产品宜选用较低的加热温度(850～870 ℃)。正火的冷速应足够快(≥50 ℃/min)，以防网状碳化物再次析出。经正火的钢材再经球化退火之后，往往会出现不均匀的粒状珠光体，即在细粒珠光体中出现大颗粒的碳化物，亦即生产上所称的“两套球”。产生的原因如前所述。因此，如无必要，应尽量不采用正火处理。

3) 轴承钢的淬火和回火

轴承钢的淬火加低温回火是为了提高钢的硬度、强度、耐磨性和耐疲劳性，并使之具有适当的韧性。

轴承钢的淬火加热应获得细小的奥氏体晶粒，快冷之后得到隐晶马氏体基体上分布细小均匀的颗粒碳化物(7%～9%)及少量残留奥氏体(<10%)，如图 6-17 所

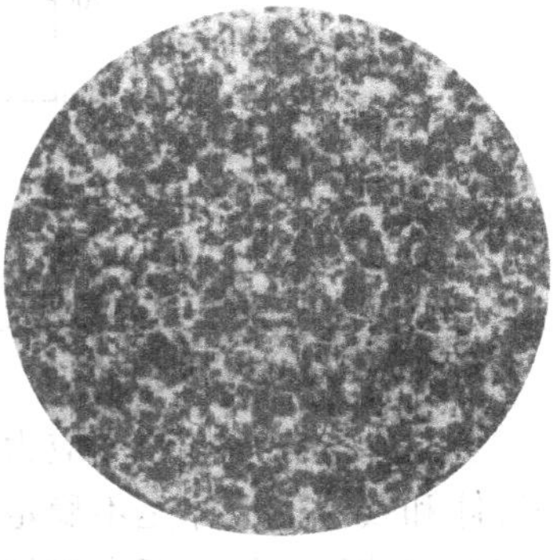

图 6-17 GCr15 钢正常淬回火组织(×500)

示，淬火硬度 HRC64～66。为满足这些要求，正确选择加热温度是很重要的。从图 6－18 可见，选用 840 ℃淬火，可得到最高的硬度、弯曲疲劳强度和冲击韧性。同时，奥氏体中溶解 0.5%～0.6%碳、0.8%铬，保证钢淬火具有足够的淬透性和淬硬性。未溶的碳化物能阻止奥氏体晶粒长大，使淬火获得细的马氏体组织。轴承淬火应避免出现非马氏体组织，由图 6－19 可知，在 650～M_a(250 ℃)温度范围必须快冷，以抑制珠光体和贝氏体转变。在 M_a 点以下改用慢冷，可减少零件淬火变形开裂。一般轴承零件用油淬，尺寸大于12 mm的钢球用苏打水冷却，薄壁套圈采用分级淬火(120～180 ℃停留 2～5 min)。在空气中加热会引起零件的氧化脱碳，降低轴承的耐磨性和接触疲劳寿命。因此，最好采用保护气氛加热或真空淬火。

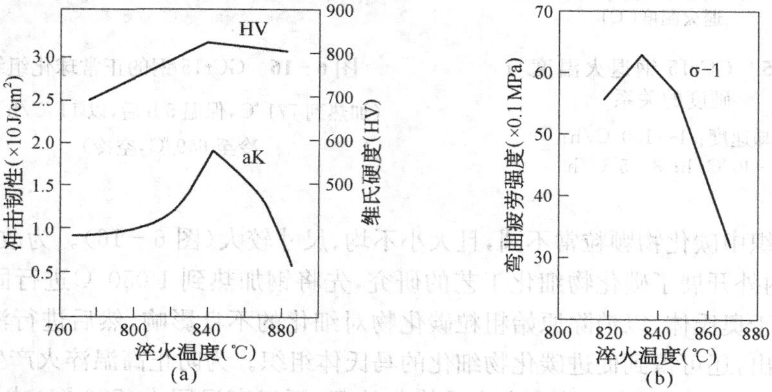

图 6－18 淬火温度对 GCr15 钢的 a_k、H_V、σ_{-1} 的影响

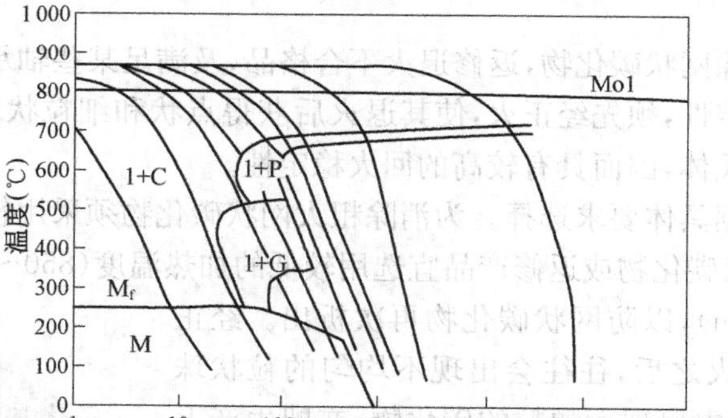

图 6－19 Fe－Cr－C 系合金在含 1.6%Cr 时连续冷却转变动力学曲线

轴承钢淬火后处于高应力状态，导致钢的韧性和疲劳强度等性能都很低；同时淬火组织中马氏体和残留奥氏体是不稳定相，会影响尺寸的稳定性。因此轴承淬火后须及时回火，以提高组织和尺寸稳定性及提高机械性能。根据 GCr15 回火时性能的变化(图 6－20、图 6－21)，最合适的回火温度为(160±5)℃，回火时间 2.5～3.0 h。

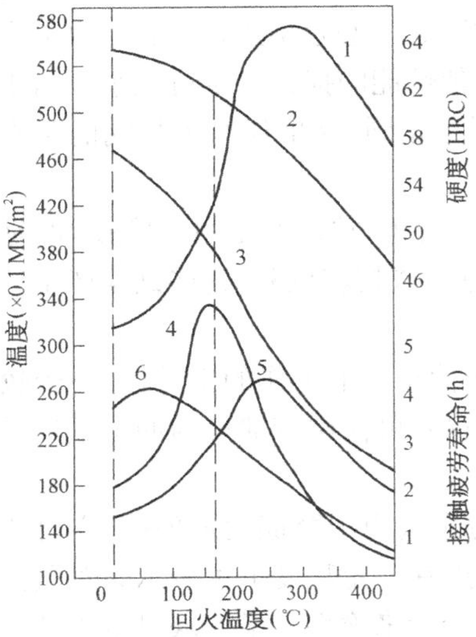

图6-20 回火温度对钢综合机械性能的影响

1—弯曲强度；2—硬度；3—压缩强度；4—接触疲劳寿命；5—扭转强度；6—拉伸强度

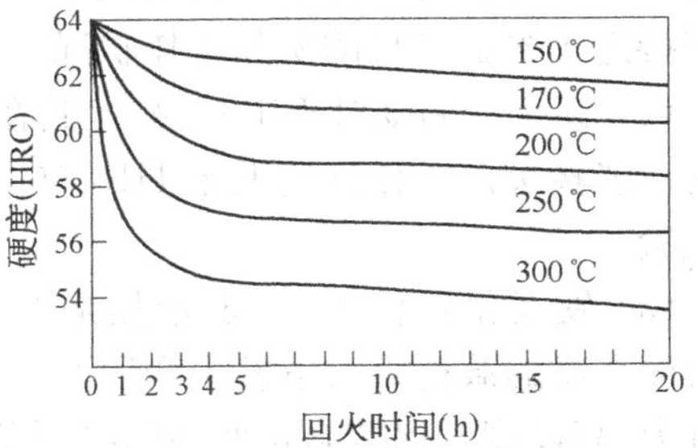

图6-21 GCr15钢回火温度和时间对硬度的影响

精密轴承的尺寸稳定性要求很高，有些高精度零件要求尺寸变化为10^{-5}～10^{-7}数量级。仅采用常规淬火回火工艺还不能满足要求，必须采用稳定化处理。影响尺寸稳定性的主要因素是内应力、马氏体和残留奥氏体，因此要设法消除这些不稳定性因素。采取的措施是进行冷处理和附加回火。冷处理是淬火的继续，使残留奥氏体向马氏体转变。淬火后在室温停留会引起奥氏体陈化稳定，应立即进行冷处理，一般冷却到－40～－70 ℃。待零件温度回升到室温，应及时回火以防开裂。对于硬度允许较低的精密轴承，也可以改用较高温度回火(180～250 ℃)代替冷处理。提高回火温度可以促使残留奥氏体分解和残余应力消除更充分，从而获得更高的尺寸稳定性。轴承零件经磨削加工会产生磨削应力，低温回火未完全消除的残余应力经磨削加工后将重新分布，这两种应力叠加在一起会引起尺寸变化，甚至产生表面龟裂。因此，轴承在磨削之后要进行消除应力回火(又称附加回火)，回火温度为120～150 ℃，它还可进一步起到稳定组织的作用。回火时间和次数按轴承精度等级确定。普通级3～5 h，回火一次；对精密级和超精级轴承，要在粗磨、细磨和精磨之后各进行一次附加回火，时间15～24 h。

6.4 工具钢

工具钢是用来制造各种工具的钢种。工具钢按照用途可分为：①刃具钢。包括碳素刃具钢、低合金刃具钢和高速钢。②模具钢。包括塑料模具钢、冷作模具钢和热作模具钢。③量具钢。④耐冲击工具钢。⑤轧辊用钢。与渗碳钢或氮化钢不同，工具钢可在相当大的深度上保持很高的强度和耐磨性。因此，工具钢除了经常用于制造工具外，还用于制造滚珠和滚棒轴承、量规、多种弹簧、燃油系统元件，以及各种机床和机器零件(如各种小齿轮、蜗轮、蜗杆等)。

工具钢的主要性能(或工作性能、使用性能)是指经过终加工后成品工具所应具有的机械性能、热性能以及物理和化学性能。工具的各种主要性能与工具钢化学成分和组织状态的依赖关系各不相同。因此,在许多情况下,同一种牌号的钢不可能同时使所有性能都达到最佳值,往往是一种或几种性能的改进必然引起其他性能的损失。这就需要根据给定的工作条件正确选择一组最主要的性能,使它们达到最佳值,而使其他性能的损失又尽可能小。由于工具钢的种类很多,工作条件相差很大,对其性能的要求也不尽相同,这里仅对工具钢的基本性能要求进行论述。

(1) 强度及塑性。一些工具,特别是细长形状工具的损坏,常常不是由于磨损,而是由于断裂。对于含碳量高的工具钢的强度试验,一般采取静弯曲或扭转试验,这些试验产生的压力状态接近于多数工具的实际工作状况。

(2) 韧度。韧度对于工具钢,尤其在承受较大冲击负荷条件下工作的工具,是一个较为重要的性能指标。工作硬度低于 HRC50～55 的钢,韧性较高,可使用带缺口的冲击试样进行韧度试验。

(3) 硬度和耐磨性。工具磨损是因为在工作时,部分金属由于摩擦而损失掉,亦可能是接触表面在高的载荷应力下发生变形而失去尺寸精度。硬度在一定程度上可表示为对塑性变形的抗力,高硬度是保持高耐磨性的必要条件,但过高硬度会带来脆性和增加缺口敏感度。

(4) 热稳定性。工具钢的热稳定性常用加热时能保持一定硬度值的最高温度来表示。在切削速度比较高或负重条件下,工具有时要承受比较高的温度,此时决定其切削性能(耐磨性)的主要因素是热稳定性。

(5) 抗热疲劳性。一些热作模具,特别是压铸模和热压模等,由于工作表面反复受热、受冷,会在表面出现网状裂纹(龟裂)而失效,这种现象称为热疲劳。

(6) 淬透性。在选择和使用工具钢时,淬透性是一个重要因素。有些工具要求的淬透性不高,因为这类工具整体淬透或淬硬层太深时,容易发生脆性破坏。而另外一些工具,特别是大尺寸者,却要求有高淬透性(如果淬透层太薄,在高的应力下,表面容易磨掉,甚至压陷),高淬透性的钢中允许采用较缓和的冷却介质和冷却方式,有利于减少内应力,减少畸变和开裂倾向。

(7) 畸变与开裂倾向。对于形状复杂的刃具、模具,热处理后一旦发生严重畸变,很难矫正和修理。因此,在钢材成分设计、冶炼、锻轧及热处理等各方面都应采取措施,以减少畸变倾向。低合金空淬微畸变模具钢,较好地解决了热处理畸变的问题,主要适用于制造精密复杂的模具。淬火产生的应力超过材料断裂抗力时将导致开裂。

(8) 脱碳敏感性。工具钢表面稍有脱碳,就会对性能产生不良影响。首先是使其表面硬度降低,减少耐磨性。即使硬度降低很少,但在过共析钢中,也会由于过剩碳化物的减少,使淬火加热时晶粒易于长大,强度降低。其次,表面脱碳也会引起工具淬火时的开裂。工具钢的脱碳敏感性与钢的化学成分、加热温度和加热介质有关。

(9) 磨削性。许多工具经淬火和回火后,还需要进行磨削加工。磨削性是指磨料的损耗、磨削后工件的表面质量和磨削时工件表面形成裂纹的倾向。钢中含大量硬度很高的碳化物(如 VC)时,会使磨料损耗显著增加。

(10) 切削加工性。在工具钢中,过共析钢及莱氏体钢由于过剩碳化物的存在,其切削加工性较亚共析钢低。为了获得好的加工性,工具钢一般均采用球化退火,以得到硬度较低的粒状珠光体组织。

6.4.1 刃具钢

刃具钢包括碳素刃具钢、低合金刃具钢和高速钢。

1）碳素刃具钢

碳素刃具钢指用于制作切削工具的碳素工具钢。碳素工具钢生产成本较低，原材料来源广方便易得；易于冷、热加工，在热处理后可获得相当高的硬度；在工作受热不高的情况下，耐磨性也较好，因而得到广泛应用。在切削过程中，刃具切削时受工件的压力，刃部与切屑之间产生剧烈的摩擦，刃部温度可达 500～600 ℃；此外，刃具还承受一定的冲击与振动。因此碳素刃具钢应具备高硬度（一般 HRC60 以上），以及一定的强度和韧性。

GB/T 1298—2008《碳素工具钢》中规定 8 个钢号，T7、T8、T8Mn、T9、T10、T11、T12、T13。碳素刃具钢的性能要求主要包括：

（1）淬透性。T8～T13 的淬透性相差不大，比较而言，T8Mn 及 T8 好于其他钢号。碳素工具钢的淬透性与含碳量的关系如图 6－22 所示。

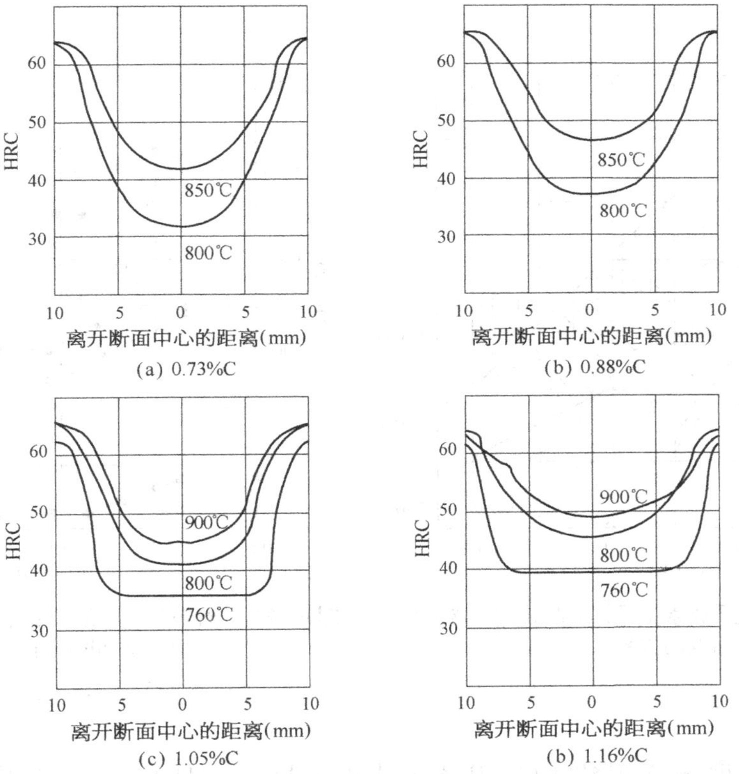

图 6－22 碳素工具钢淬透性与含碳量的关系

（断面 20 mm×20 mm 试样淬火后测得）

从图 6－22 可以看出，在高硬度（HRC60 以上）表面层厚度大体相同的条件下，自 800 ℃淬火后，心部的硬度对于亚共析钢（0.73%C）是 HRC32，共析钢（0.88%C）为 HRC37，过共析钢（1.05%C、1.15%C）为 HRC42～47。直径或厚度在 10～15 mm 以下的试样，水淬可完全淬透（指全部淬成马氏体加残余奥氏体）。直径或厚度大于 20～25 mm 的试样，所有碳素工具钢心部的硬度都要降低，致使表面层与内层之间的硬度落差增大。

（2）淬硬性。当钢中含碳量在 0.6%以上时，随着含碳量的增加，淬火硬度较缓慢地增加。对于有效厚度为 1～5 mm 的碳素工具钢，水淬后，当含碳量为 0.6%～0.7%时，硬度可达 HRC62～63。但对于尺寸较大的碳素工具钢，要想获得同样高的表面硬度，必须使含碳量增加到 0.8%～0.9%。当钢中含碳量增加到 0.9%～1.0%时，硬度可提高到 HRC65。

(3) 奥氏体晶粒度。在加热到 780 ℃时，T12A 钢晶粒度为 9 级，T8 钢为 5 级，T7A 钢为 7 级+5 级(晶粒大小不匀)。T7A 钢加热到 800 ℃时，比较粗大的晶粒增多而细小晶粒减少。加热至 825 ℃时，几乎全部为 5 级，而加热到 850 ℃时则粗化到 4 级。T8 钢加热到 800～825 ℃时，晶粒度为 4 级，加热到 850 ℃时，则长大为 3～4 级。T10～T13 钢温度自 770 ℃提高到 780 ℃时，晶粒长大不明显，当加热到 800 ℃时，晶粒明显长大，但仍然大于 5 级。加热到 825 ℃时，晶粒长大到 4～5 级，但晶粒比较均匀。总之，共析成分的 T8 及稍微过共析成分的钢 T9，晶粒长大倾向高于亚共析成分的 T7 钢和过共析成分的 T10～T13。图 6-23 为高级优质碳素工具钢的晶粒度与含碳量和加热温度的关系。

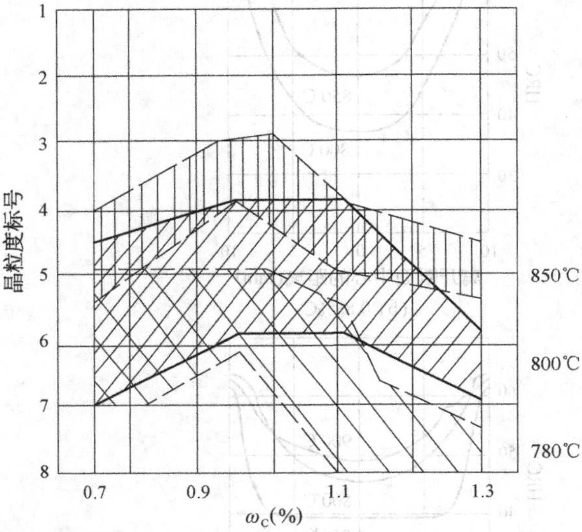

图 6-23 高级优质碳素工具钢的晶粒度与含碳量和加热温度的关系

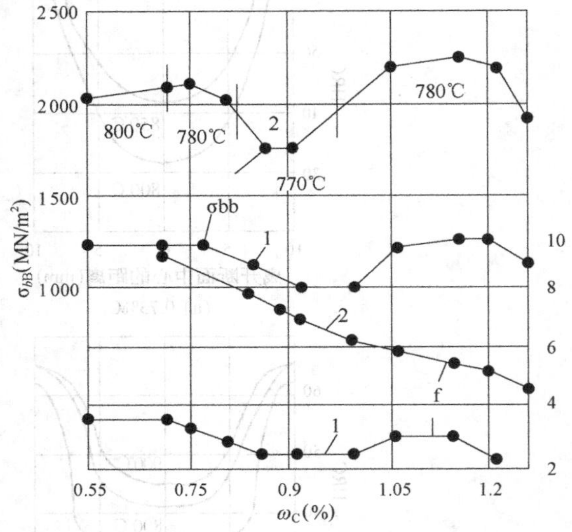

图 6-24 含碳量对碳素工具钢的强度和塑性的影响(淬火温度如图所示)

1—淬火后；2—淬火及 150 ℃回火 1 h

(4) 抗弯强度(σ_{bB})和挠度(f)。碳素工具钢一般在淬火低温回火状态下使用，其抗弯强度和挠度(韧度)随含碳量的变化关系如图 6-24 所示。从图可以看出，亚共析成分的钢淬火低温回火后，随含碳量的增加，抗弯强度 σ_{bB} 有所提高，在 0.75%C 左右达到极大值，随后降低，含碳量在 0.8%～0.9%时降到最低值，然后随着含碳量的增加而提高，在含碳量为 1.05%～1.2%时达到极大值，然后下降。还可看出，淬火状态下钢的挠度(韧度)很低，经过 150 ℃回火后大幅度提高，但其规律是 f 随钢的含碳量的增加而降低。碳素工具钢淬火后，一般采用 180～200 ℃回火，此时钢的 σ_{bB}、f 较高，HRC 稍有下降，但扭转冲击功最高。250～300 ℃回火时出现第一类回火脆性，韧性降低。

(5) 耐磨性。碳素工具钢的耐磨性与含碳量的关系如图 6-25 所示。其耐磨性随着钢含碳量的增加而提高。碳素工具钢抗回火软化性能较差，淬火状态下的硬度只能维持到 150 ℃

左右，经180～200 ℃回火后硬度可降低HRC2～3，超过250 ℃，硬度呈直线下降。考虑到球化退火的难易程度，奥氏体晶粒长大倾向，钢的强度、韧度及耐磨性等，综合评价后在碳素工具钢中，T11为最佳。主要原因是T11钢中的过剩碳化物量较合适。T9～T11钢过剩碳化物（二次碳化物）相对量见表6-5。

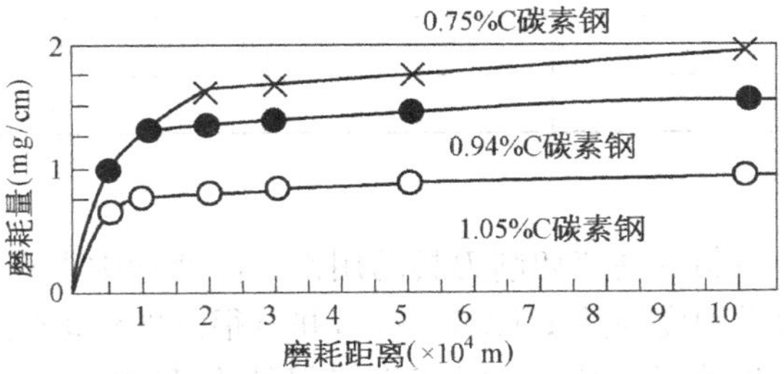

图6-25 碳素工具钢的耐磨性与含碳量的关系

表6-5 过共析碳素工具钢过剩碳化物相对量

钢 号	T9	T10	T11	T12	T13
过剩碳化物(%)	≈1.8	≈3.5	≈5.3	≈7.0	≈8.6

T7～T9碳素工具钢球化退火较难，不易得到理想的球化组织，淬火加热过热倾向性大，钢的韧度较低，耐磨性较差。T12、T13钢球化较容易，由于过剩碳化物量较多，阻碍加热时奥氏体晶粒长大，但因过剩碳化物较多，脆性增大，强度及韧性下降。显然，T11钢过剩碳化物相对量适宜，对性能起到良好作用。

2）低合金刃具钢

合金元素总量小于5%的量具刃具钢和冷作模具钢称为低合金工具钢。列入GB/T 1299—2000《合金工具钢》标准中的有9SiCr、4CrW2Si、Cr12MoV等37个牌号。低合金工具钢的用途见表6-6。

表6-6 常用低合金工具钢（刃具钢）的牌号及用途

钢组	牌号	用 途
量具刃具用钢	9SiCr	用于制造板牙、丝锥、钻头、铰刀、齿轮铣刀、冷冲模、冷轧辊
	8MnSi	用于制造木工凿子、锯条及其他刀具
	Cr06	用于制造剃刀及刀片、外科用锋利切削刀具、刮刀、刻刀、锉刀
	Cr2	用于制造低速、走刀量小、加工材料不很硬的切削刀具，如车刀、插刀、铰刀等；还可做样板、凸轮销、偏心轮、冷轧辊；也可做形状复杂的大型冷加工模具
	9Cr2	用于制造冷轧辊、压轧辊、钢印冲孔凿、冷冲模及冲头、木工工具
	W	用于制造麻花钻、丝锥、铰刀、辊式刀具

低合金工具钢的临界点见表6-7。

表 6-7 低合金工具钢(刃具钢)的临界点

临界点牌号	9SiCr	Cr06	Cr2	9Cr2	CrWMn	9CrWMn	W
Ac1	770	730	745	730	750	750	740
Acm	870	950	900	860	940	900	820
Ar1	730	700	700	700	710	700	710
Ms	160		240	270	260	205	
Mf	—30				—50		

3）高速钢

高速钢俗称锋钢，是指制造高速切削刃具的用钢。高速钢中含有大量碳化物形成元素，如钨、钼、钒、铬等。热处理后硬度高达 HRC63～70，并有很高的淬透性、红硬性、强度与耐磨性，高速切削时，刀具刃部温度高达 600 ℃，硬度仍能保持在 HRC62 左右。用其制造的切削工具，切削速度比碳素工具钢和合金工具钢刀具提高 1～3 倍，使用寿命提高 7～14 倍。

从高速钢的主要用途为制作切削工具看，切削能力当属其最重要的性能，而对切削能力起主要作用的则是以下三项性能：

(1) 高温下的抗软化能力——红硬性和高温硬度。

(2) 切削时与工件接触的刀具部分的抗磨损能力，即耐磨性。

(3) 工具强度与塑性的结合，即良好的韧性。可见这些主要与钢的二次硬化回火之后的性能有关。

6.4.2 模具钢

模具钢是用来制造冷冲模、热锻模、压铸模等模具的钢种，根据工作条件不同常分为塑料模具钢、冷作模具钢、热作模具钢三个类别。

1）塑料模具钢

塑料制品大部分采用模压成形，不少工业发达的国家塑料模具产值已居模具产值第一位。塑料模具钢一般可分为 5 类：①非合金型。主要采用中碳结构钢，如日本的 s55c 等。②预硬型。一般为中碳合金钢，如美国的 P20 钢，我国的 3Cr2Mo 钢。③时效硬化型。在低、中碳合金钢中，通过加入 Ni、Al、Ti、Cu 等元素，使淬火后的硬度较低，便于加工成模具，然后通过变形很小的时效硬化处理使模具达到要求的硬度，一般用于制造形状复杂的精密塑料模具。④渗碳型塑料模具钢。为一些含碳量很低的合金钢，由于塑性很好，适于采用冷挤压反印法压出型腔，然后经渗碳淬火后使用。⑤整体淬硬型塑料模具钢。采用高淬透性的冷作模具钢(如高碳高铬钢、空淬钢)或热作模具钢(如铬系热作模具钢等)，用于制造高耐磨性塑料模具。

塑料模具钢成形件结构复杂，要求尺寸精确，接缝密合，表面光滑，使用材料必须具备以下几种特定的性能要求，特别是精密塑料模具：①具有一定的综合力学性能。成型模具在工作过程中要承受温度、压力、侵蚀和磨损的作用，因而要求具有一定的强度、塑性和韧度。②可加工性好。塑料模具的形状往往比较复杂，切削加工成本常占到模具的绝大部分，因而要求其具有良好的加工性能。③模具材料应有良好的导热性和低的热膨胀系数。④模具材料应具有良好的热加工工艺性，如热处理畸变小，尺寸稳定性好，在 200～300 ℃的温度下长期工作不变形，应有良好的焊接性。⑤有的塑料模具还要求有良好的耐腐蚀性和一定的耐热性。

2）冷作模具钢

冷作模具也是应用范围非常广的模具，其产值历来居模具制造业的首位，近年来由于塑料模具发展迅速，在不少工业发达国家冷作模具已退居模具工业产值的第二位。目前世界上通用的冷作模具钢可分为三种类型：①低合金冷作模具钢。耐磨性和红硬性较差而韧性较高，一般可采用油淬火，成本较低，广泛用于生产批量不大的冷作模具。②中合金冷作模具钢。具有中等的耐磨性和红硬性，韧性也较高，淬透性好，可以空淬，综合性能好，广泛用于生产中等批量产品的冷作模具。③高碳高铬型冷作模具钢。耐磨性和红硬性较高，但是由于含有大量的共晶碳化物，所以韧性较差，广泛用于生产批量较大，要求耐磨性很高但是冲击载荷较轻的冷作模具。另外，要求不高的冷作模具也广泛采用碳素工具钢制造；要求耐磨性更高的冷作模具则采用高速工具钢、特种高合金模具钢和硬质合金作为模具材料。

冷作模具钢用于制造冲裁、冲压、冷挤压、冷镦、拉伸和压印模具。冷作模具在工作时，由于被加工材料的变形抗力比较大，模具的工作部分，特别是刃口会受到强烈的摩擦和挤压，所以，模具应具有高的硬度、强度和耐磨性。另外，模具在工作过程中还会受到冲击力的作用，故要求模具具有一定的韧度。还要求冷作模具钢具有可加工性高，脱碳敏感性小及淬火畸变小等工艺性能。

3）热作模具钢

主要用于制造金属材料热加工使用的模具，用量最大的为三类通用型热作模具钢。①低合金热作模具钢。代表性的钢号为5CrNiMo(V)和5CrMnMo等。这类钢有较好的淬透性和冲击韧性，但红硬性和热强性不高，一般用于服役温度不高而冲击载荷较大的模具，如锤锻模。②中合金热作模具钢。这类钢为铬系热作模具钢，代表性的钢号为H13(4Cr5MoSiVl)、H11(4Cr5MoSiV)、H12(4Cr5MoWSiV)、H10(4Cr3Mo3SiV)等。这类钢有良好的综合力学性能和热强性、抗冷热疲劳性能及抗液态金属冲蚀性，已经广泛地用于锻造压力机模具，铝合金压铸模具和热挤压用模具。③高合金热作模具钢。应用最广的是传统钨系热作模具钢H21(3Cr2W8V)。是用于工作温度较高的模具，近来大部分已被中合金热作模具钢取代。

根据模具的服役条件、环境和状况的不同，模具钢应具备不同的特性。在工业生产中，模具使用寿命和制成零件的精度、质量、外观性能，除与模具的设计、制造精度，以及机床精度和操作等有关外，正确地选用模具材料和其热处理工艺也是至关重要的。模具的早期失效中因材料选择不当和内部缺陷引起的大约占10%，由热处理不当引起的约占49%。因此需要根据模具给定的工作条件，正确选定材料的某一组主要性能，并使它达到最佳值，同时照顾到其他性能。

6.4.3 量具钢

机械制造业中，大量使用的卡尺、千分尺、块规、塞规、样板等统称量具。量具的用途是计量尺寸。因此，要求量具有精确而稳定的尺寸。对不同量具的特点、精度等级和制造方法、生产特点等因素综合考虑，量具用钢应符合以下要求。

(1) 高的耐磨性。使用时不能因磨损发生尺寸的改变。因此，量具应具有高的且均匀的表面硬度(HRC58～64)，块规、量规等量具要求的硬度范围为HRC63～65。其组织应为马氏体基体上均匀分布细密的碳化物及极少量的残余奥氏体。

(2) 高的表面光洁度。对于块规，为了彼此很好地紧密接触和附着，要求钢材纯洁，组织致密。表面上不能存在发纹、孔隙和大块非金属夹杂物。否则，在研磨和抛光加工后，这些缺陷都会成为锈蚀的起点，妨碍块规的紧密接触。

(3) 尺寸稳定性。量具在长期使用或存放过程中应产生尽可能小的尺寸变化，因而要求热处理后的量具具有低的残余奥氏体量和很小的残余应力值。

(4) 可加工性好。良好的可加工性可以提高生产率，减少或避免淬火后磨削时产生磨削烧伤和磨削裂纹，降低量具的表面粗糙度。

(5) 具有一定抗蚀性。为提高量具抵抗大气腐蚀和指纹接触腐蚀的能力，可采用镀铬等表面处理工艺或采用马氏体不锈钢来制造。

(6) 热处理畸变要小。对于形状复杂、加工余量小或热处理后直接研磨的量具，需选用热处理畸变小的钢种，如 CrWMn 钢等。

(7) 一定的淬透性。尺寸较大的量具应选用淬透性较好的钢种，以保证得到均匀的高硬度。

6.5 特殊性能钢

6.5.1 不锈钢

6.5.1.1 不锈钢的含义与分类

不锈耐酸钢简称不锈钢，它是由不锈钢和耐酸钢两大部分组成的，能抵抗大气腐蚀的钢称为不锈钢，而能抵抗化学物质腐蚀的钢称为耐酸钢。不锈钢由于具有优异的耐腐蚀性、成型性、相容性，以及在很宽温度范围内的强韧性等系列特点，在重工业、轻工业、生活用品行业以及建筑装饰等行业中获得了广泛的应用。

1) 不锈钢按钢中特征元素分类

铬系不锈钢：不锈钢中除铁外，主要合金元素是铬，这类不锈钢称为铬系不锈钢；铬镍系不锈钢：不锈钢中除铁外，主要合金元素是铬和镍，这类不锈钢称为铬镍系不锈钢。

影响不锈钢组织的两大类合金元素主要是会形成铁素体的 Cr、Mo、Si、Al、W、Ti、Nb 等，以及会形成奥氏体的 C、N、Ni、Co、Mn、Cu 等。其中，铬促进了钢的钝化并使钢保持稳定钝态；镍是强烈稳定奥氏体且扩大奥氏体相区的元素；钼在奥氏体不锈钢中的主要作用是提高钢中耐还原性介质腐蚀的性能和耐点腐蚀、耐缝隙腐蚀等的性能。

2) 不锈钢按钢的组织结构特征分类

钢的组织结构是指钢的晶体结构和钢的显微组织特征。不锈钢常按其组织结构的不同分类，主要可分为以下五大类。

(1) 铁素体不锈钢(F)。高、低温度下晶体结构为体心立方体，如图 6-26a 所示，铁素体不锈钢显微组织如图 6-26b 所示。

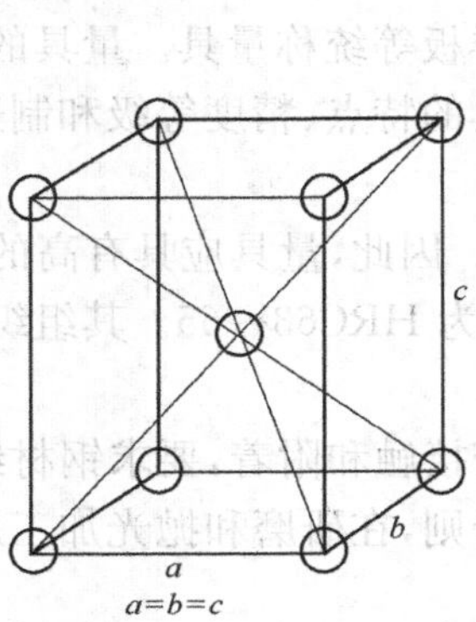

(a)

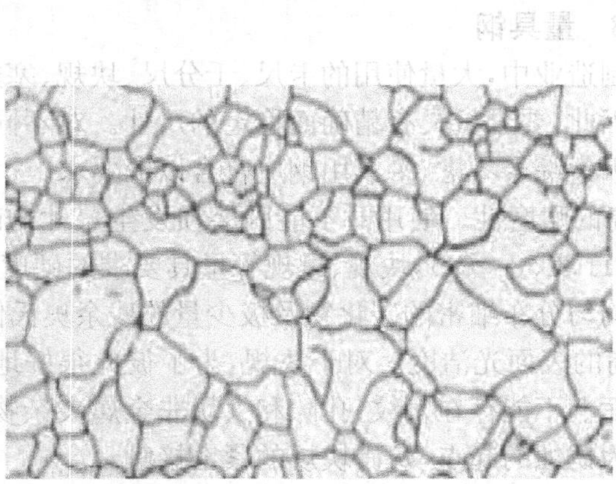

(b)

图 6-26 铁素体不锈钢晶体结构和显微组织

(2) 奥氏体不锈钢(A)。向铁素体不锈钢中加入适量具有奥氏体形成能力的镍，便会得到高温、室温均为面心立方晶体结构的奥氏体不锈钢(图 6－27a)，奥氏体不锈钢的显微组织如图 6－27b 所示。

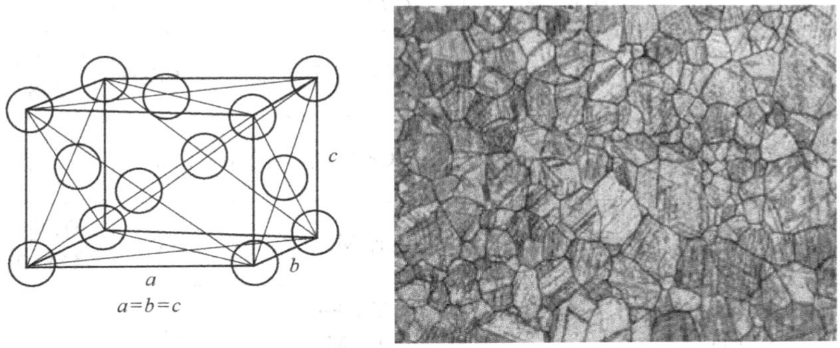

(a)　　　　(b)

图 6－27　奥氏体不锈钢晶体结构和显微组织

(3) 马氏体不锈钢(M)。高温下为奥氏体，室温和低温下的不锈钢组织为马氏体，马氏体系自奥氏体转变而来的相变产物。Fe－Cr－C 马氏体不锈钢的晶格结构为体心四方，如图 6－28a 所示；Fe－Cr－C 马氏体不锈钢的显微组织结构如图 6－28b 所示。

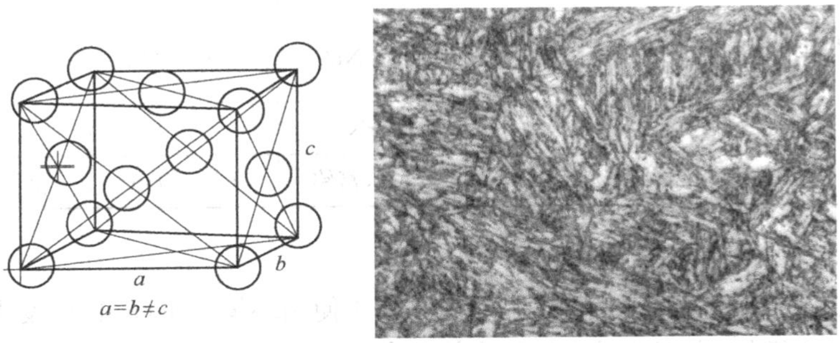

(a)　　　　(b)

图 6－28　马氏体不锈钢晶体结构和显微组织

(4) 双相不锈钢(F＋A)。钢的基体组织为铁素体和奥氏体为一定比例的双相结构。它们的显微组织如图 6－29 所示。双相不锈钢的代表性牌号有 1Cr25Ni5Mo1.5、1Cr21Ni5T 等。

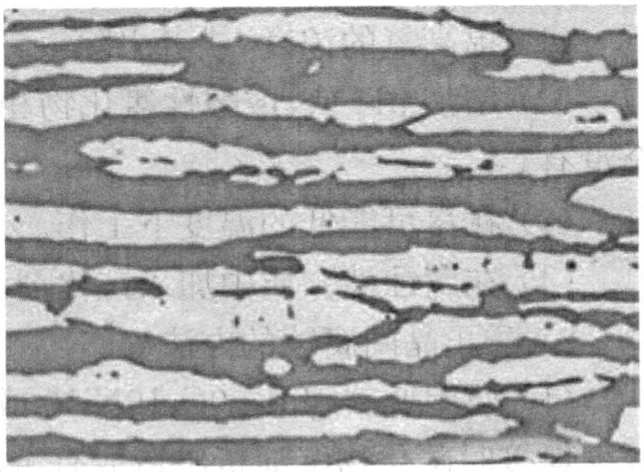

图 6－29　双相不锈钢的显微组织(黑色的是铁素体)

(5) 沉淀硬化不锈钢(PH)。在室温下，钢的基体组织可以是马氏体、奥氏体以及铁素体。经适宜热处理，在基体上沉淀碳化物和金属间化合物等，进一步使不锈钢强化得到的一类不锈钢，称为沉淀硬化不锈钢。代表性牌号有 0Cr17Ni4Cu4Nb 等。

为便于对不锈钢前三种组织结构的了解，

表 6－28 列出了铁和不锈钢组织结构的对比。

表 6－8　铁和不锈钢中铁素体、奥氏体和马氏体的对比

少量相和化合物		存在钢类	有促进作用的合金元素	化学式或成分特点	形成温度(℃)	特性	在钢中的分布
金属间化合物	相	F, A+F	Cr(C, N)	Fe－Cr,富铬	250～550(475)	硬,脆,富铬	晶内
	相	F, A, F+A	Mo, Si, Cr, Ti, NbC, Mn	Fe－Cr,富铬	550～1 050	硬,脆,富铬	晶内,晶界
	相	M, A, A+F, PH	Cr, Mo	$Fe_{36}Cr_{12}Mo_{10}$	600～900	硬,脆,富铬、钼	晶内,晶界
	相	F, A, A+F, PH	Nb, Ti, Mo	Fe_2, Ti, Fe, Nb, Fe_2Mo	550～900	硬	晶内
	相	A, PH	Cu	富铁相	400～500	硬	晶内
	相	A, PH	Ti, Al, Nb	NiAl, Ni_3Ti, Ni_3Nb		硬	晶内
	相	PH	Ti, Al,	NiAl, Ni_2TiAl	400～600	硬	晶内
碳氮化合物	M23C6	F, A, A+F, PH	C, Ni, Mn, N	$M_{23}C_6$,富铬	450～850	富铬	晶内,晶界
	TiC NbC	F, A, A+F, PH	Nb, Ti, C	TiC, NbC	700～1 000		晶内,晶界
	CrN	A, A+F	N	CrN			晶内,晶界
	Cr2N	A, A+F	N	Cr_2N,富铬	650～950	富铬	晶内,晶界

6.5.1.2　不锈钢的腐蚀与防止措施

通常情况下不锈钢是不会发生腐蚀的,但是由于使用环境的不同,也会发生腐蚀现象。腐蚀发生处并不是随机的,它们总是产生于小块硫化锰周围几百纳米的区域。不锈钢的腐蚀主要表现为点蚀、晶间腐蚀和应力腐蚀。

1) 防止点蚀的方法

(1) 提高氧的浓度,或者去除氧。

(2) 增加 pH 值,或酸性氯化物相比,明显呈碱性的氯化物溶液造成的点蚀较少,或者完全没有。

(3) 在尽可能低的温度下工作。

(4) 在腐蚀性介质中加入钝化剂。

2) 防止晶间腐蚀的方法

(1) 使用低碳牌号 00Cr19Ni10 或稳定牌号 0Cr18Ni11Nb 等。使用这些牌号的不锈钢可减少焊接时碳化物沉淀析出造成有害影响的数量。

(2) 如果成品结构件小,能够在炉中进行热处理,则可在 1 040～1 150 ℃进行热处理以溶解碳化铬,并且在 425～815 ℃快速冷却以防止再沉淀。

3）应力腐蚀

产生应力腐蚀的原因主要包括氯离子浓度过高、残余应力、中性环境中溶解氧或其他氧化剂存在以及外界温度过高等。针对上述原因可采取如下防止措施：合理控制环境氯离子浓度、温度，以及氧化剂的影响，避免应力集中和缝隙形成，防止残余应力过大，以及增加 pH 值等。

6.5.2 耐热钢

6.5.2.1 耐热钢的含义

耐热钢是指在高温下工作的钢材。由于各类机器、装置使用的温度和所承受的应力不同，以及所处环境各异，因此所采用的钢材种类也各不相同，现介绍如下几种：

(1) 珠光体型低合金热强钢。如 12Cr1MoV 此种钢组织稳定性较好，当温度高达 580 ℃时仍具有良好的热强性。

(2) 马氏体型热强钢。如 Cr12 型马氏体热强钢，有优良的综合力学性能、较好的热强性、耐蚀性及振动衰减性，广泛用于制造汽轮机叶片、水轮机叶片及宇航导弹部件等。

(3) 阀门钢。是耐热钢的一个重要分支，如 21Cr－9Mn－4Ni－N 钢(21－4N)，与 14Cr－14Ni2W－Mox 相比，性能优越且较经济，在汽油机排气阀门上已迅速得到广泛应用。

(4) 铁素体型耐热钢。在室温和使用温度条件下这类钢的组织为铁素体。这类钢铬含量高于 12%，不含镍，只含有少量的硅、钛、钼、铍等元素。

(5) 奥氏体型耐热钢。一般制作用于 600 ℃以上，承受较高应力的部件，其抗氧化温度可达 850～1 250 ℃。这类钢基本上是与不锈钢同时发展起来的，有些钢同时是优异的奥氏体型不锈钢。

(6) 沉淀硬化型耐热钢。按其组织可分成马氏体沉淀硬化耐热钢、(半奥氏体-马氏体过滤型)沉淀硬化耐热钢和奥氏体沉淀硬化耐热钢等。

6.5.2.2 耐热钢的分类

1）按合金元素的含量分类

低碳钢是在钢中含部分或很少含有其他合金元素，是含碳量一般不超过 0.2%的钢；低合金耐热钢是在钢中含有一种或几种合金元素，但所含合金元素的总量不超过 5%，含碳量不超过 0.2%的钢；高合金耐热钢是在钢中合金元素含量一般在 10%以上，甚至高达 30%以上的钢。

2）按钢的特性分类

抗氧化钢(或称耐热不起皮钢)是指在高温下(一般在 550～1 200 ℃)具有较好的抗氧化性能及抗高温腐蚀性能，并有一定的高温强度的钢。抗氧化性能是主要指标，部件本身不承受很大压力；热强钢是在高温(通常为 450～900 ℃)下既能承受相当的附加应力又具有优异的抗氧化、抗高温气体腐蚀能力的钢。

6.5.2.3 耐热钢的基本性能

(1) 主要合金元素在耐热钢中的作用：耐热钢中常见的合金元素有铬、镍、钼、钨、钒等。磷和硫一般为有害的杂质元素；铬、铝、硅和稀土元素能提高耐热钢的抗氧化性能；铬、钼、钨、钒、钛、铌、钴、硼、稀土元素等能提高或改善耐热钢的热强性；铁为耐热钢的基本元素；镍和锰的作用主要是获得奥氏体组织。

(2) 耐热钢的基本性能包括耐高温腐蚀性能，抗高温氧化、抗高温硫化、抗高温氮化、抗高温碳化及抗热腐蚀等性能。

(3) 耐热钢的常温力学性能包括屈服强度、抗拉强度、断后伸长率、断面收缩率、布氏硬度、洛氏硬度、维氏硬度、冲击吸收功及冲击韧度(亦称冲击值)等性能。

(4) 耐热钢的工艺性能主要包括弯曲性能、顶锻性能、扭转性能、管压扁性能、管扩口性能、管液压性能、冲压性能及焊接性能等。

6.5.3 耐磨合金钢

耐磨合金钢应用于有一定冲击载荷的磨料磨损工况条件，它是指为满足特定的性能要求而有目的地加入了其他元素的钢材。耐磨合金钢大致分为奥氏体锰钢、中铬钢、低合金钢和石墨钢四大类，分别适用于不同工况条件。

耐磨合金钢以化学元素含量的多少分为以下三类：

第一类耐磨合金钢，合金元素总质量分数不超过 5%，即低耐磨合金钢。

第二类耐磨合金钢，合金元素总质量分数为 5%～10%，即中耐磨合金钢。

第三类耐磨合金钢，合金元素总质量分数超过 10%，即高耐磨合金钢。

耐磨合金钢中加入合金元素的目的在于提高材料的淬透性、强度、硬度、韧性和耐磨性等性能指标，合金元素在钢中所起的作用与其在钢中存在的形态有直接关系，它对钢的作用大致来讲可归纳于表 6－29。

表 6－9　合金元素在耐磨合金钢中的作用

Mn	① 在低含量范围内，对钢具有很大的强化作用，提高强度、硬度和耐磨性。② 降低钢的临界冷却速度，提高钢的淬透性
Si	① 强化铁元素，提高钢的强度和硬度。② 降低钢的临界冷却速度，提高钢的淬透性。③ 提高钢在氧化性腐蚀介质中的耐蚀性，提高钢的耐热性
Cr	① 在低合金范围内，对钢具有很大的强化作用，提高强度、硬度和耐磨性。② 降低钢的临界冷却速度，提高钢的淬透性。③ 提高钢的耐热性，是耐热钢的主要合金元素
Mo	① 强化铁素体，提高钢的强度和硬度。② 降低钢的临界冷却速度，提高钢的淬透性。③ 提高钢的耐热性和高温强度，是热强钢中的重要合金元素
V	① 在低含量(质量分数为 0.55%～0.10%)时，细化晶粒，提高韧性。② 在较高含量(质量分数大于 0.20%)时，形成 V_4C_3 碳化物，提高钢的热强性
Ni	① 提高钢的强度，而不降低其塑性。② 降低钢的临界冷却速度，提高钢的淬透性。③ 改善钢的低温韧性
Al	① 在炼钢中起很好的脱氧作用。② 细化钢的晶粒，提高钢的强度。③ 提高钢的抗氧化性能，提高不锈钢对强氧化酸类的抗腐蚀能力
B	提高过冷奥氏体的稳定性，在提高钢的淬透性方面所起的作用比 Cr、Mo、Ni 等合金元素强得多(每 $\omega_B = 0.001\%$ 相当于 $\omega_{Mn} = 0.85\%$，或 $\omega_{Ni} = 2.4\%$，或 $\omega_{Cr} = 0.45\%$，或 $\omega_{Mo} = 0.35\%$)
Cu	① 强化铁素体($\omega_{Cu} < 1.5\%$) ② 产生析出强化作用($\omega_{Cu} > 3.0\%$) ③ 提高钢的耐蚀性(特别是硫酸)
W	① 细化钢的晶粒。② 提高钢的淬透性。③ 生成高热稳定碳化物和氮化物，提高钢的热强性

一定要注意的是，合金元素在钢中的作用与其在钢中存在的形态有很大关系，同种元素、不同含量在不同工艺条件下，会显示出不同的作用和性能。

第 7 章

铸　　铁

◎ **学习成果达成要求**

铸铁是工业上广泛应用的一种铸造合金材料。高强度铸铁和特殊性能铸铁还可以替代部分昂贵的合金钢和有色金属材料。

学生应达成的能力要求包括：

1. 能够根据铸铁的化学成分、组织和性能的特点，分析化学成分包括合金元素对铸铁的组织和性能的影响，能够在工程设计及制造时准确运用其材料特性指标选用铸铁材料。

2. 能够掌握铸铁石墨化后各种主要的组织形态及性能知识，通过工艺等因素对铸铁组织和性能的作用影响，充分发挥铸铁材料的性能潜力，能实现替代部分昂贵的合金钢和有色金属材料。

铸铁是以 Fe 和 C 为主的合金，在工业上一般为含碳量在 2.5%～4.0%的铁碳合金。除 Fe 和 C 外，铸铁中还含有 Si、Mn、S、P 等元素，这些元素在铸铁中所占比例大致为：$\omega_{Si}=0.6\%\sim3.0\%$、$\omega_{Mn}=0.2\%\sim1.2\%$、$\omega_{P}=0.04\%\sim1.2\%$、$\omega_{S}=0.04\%\sim0.2\%$。因此，铸铁实际上为以 Fe、C 为主要成分且在结晶过程中具有共晶转变的多元铁基合金。

铸铁是应用最为广泛的一种铸造合金，铸铁的产量占铸造合金总产量的 75%以上。由于铸铁具有优良的工艺性能和使用性能、简单的生产工艺、低廉的生产成本，并且可以通过添加合金元素和实施各种热处理方式获得具有其他特殊性能的铸铁，所以铸铁在机械制造、矿山、冶金、交通运输、石油化工、建筑领域以及国防等部门得到了广泛的应用。

7.1　铸铁的石墨化

在铁碳合金中，碳的存在形式有三种：一是固溶在铁素体或奥氏体中；二是化合物态的渗碳体(Fe_3C)；三是游离态石墨(C)。渗碳体为亚稳定相，在一定条件下能分解为铁和石墨($Fe_3C \longrightarrow 3Fe + C$)，石墨为稳定相。

石墨是碳的一种结晶形态，具有简单的六方晶格，力学性能较低，在铸铁中存在的石墨含杂质很少，几乎 100%的是由碳构成的，石墨晶体结构如图 7－1 所示。

渗碳体是铸铁中最常见的一种碳化物形式。根据近年来的研究，渗碳体实际上是一种金属间化合物，它的晶格结构如图 7－2 所示。其中碳原子组成斜方晶格，每个碳原子周围有六个铁原子，它们构成一个包围碳原子的八面体，而每个铁原子又由两个八面体所共有。

铸铁中的碳以石墨的形式析出(结晶)的过程称为石墨化。铸铁在冷却过程中，可以从液

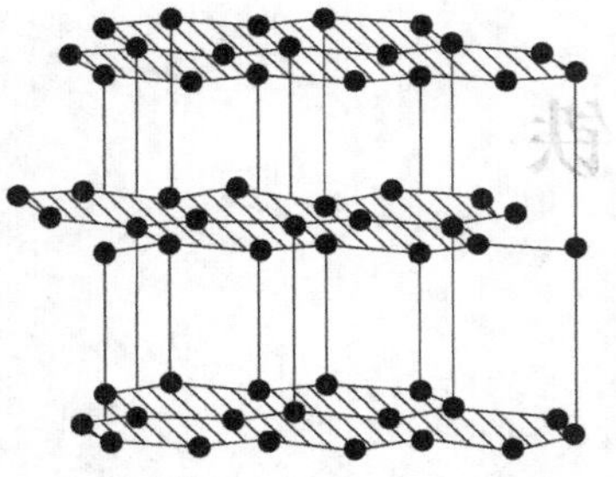

图 7-1　石墨晶体结构

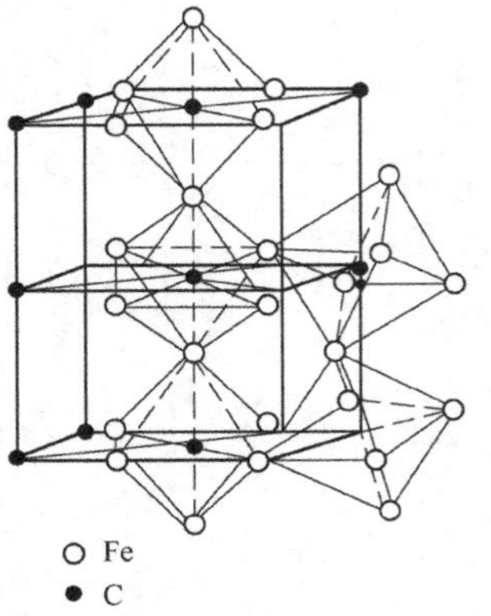

图 7-2　渗碳体的晶格结构

体和奥氏体中析出 Fe、C 或石墨，在一定条件下还可以由 Fe_3C 分解为铁素体和石墨。

7.1.1　石墨化过程

铸铁中石墨的形成过程称为石墨化过程。铸铁在结晶过程中，随着温度的下降，各温度阶段都会析出石墨，石墨化过程是一个原子扩散的过程，温度越低，原子扩散越困难，越不易石墨化。

由于铁液化学成分、冷却速度以及铁液处理方法不同，铸铁中的碳除了极少量固溶于铁素体之外，既可以形成石墨碳，也可以形成渗碳体。当铁液中碳、硅的含量较高，并且冷却速度非常缓慢时，可以从铁液中直接析出石墨。形成渗碳体后的铸铁在长时间的高温下退火，可使渗碳体分解从而析出石墨碳。

铁碳合金的组织形成规律和结晶过程可以由 Fe-C(G)相图和 Fe-Fe_3C 相图综合在一起形成的铁碳双重相图来描述[图 7-3(G 表示石墨)]。图中虚线表示 Fe-C(G)相图，实线

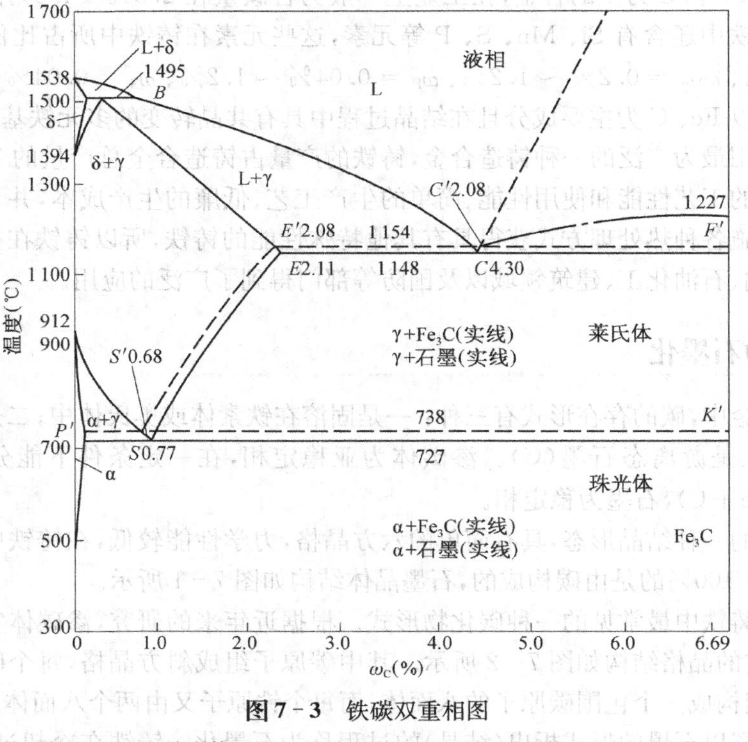

图 7-3　铁碳双重相图

γ/A：奥氏体区；α/F：铁素体区；L：液相区；Fe_3C/Cm：渗碳体区；δ：固溶体区

（注：Cm 是渗碳体的英文缩写，化学式是 Fe_3C；渗碳体在第一阶段和第二阶段都有存在）

表示 $Fe-Fe_3C$ 相图。由图 7－3 可见，虚线在实线的上方，表明 Fe－C(G)系比 $Fe-Fe_3C$ 系更为稳定。Fe－C(G)系的共晶温度和共析温度比 $Fe-Fe_3C$ 系相应的温度要高。在同一温度下，石墨在液相、奥氏体和铁素体中的固溶度分别低于渗碳体在这些相中的溶解度。

根据图 7－3 铁碳双重相图，铸铁的石墨化过程可分为三个阶段。

第一阶段，即液相亚共晶结晶阶段。包括从过共晶成分的液相中直接结晶出一次石墨、从共晶成分的液相中结晶出奥氏体加石墨和一次渗碳体。

中间阶段，即共晶转变与亚共析转变之间的阶段。包括从奥氏体中直接析出二次石墨和二次渗碳体，并在此温度区间分解形成石墨。

第二阶段，即共析转变阶段。包括共析转变时形成的共析石墨。

铸铁石墨化过程进行的程度与铸铁组织的关系概括如下：当过共晶成分的铁液冷却时，遇到液相线，在一定的过冷度下便会析出初生石墨的晶核，并在铁液中逐渐长大。由于结晶时的温度较高，成长的时间较长，又是在铁液中自由长大，因而常常长成分枝较少的粗大片状，当到达共晶结晶温度时，就会在共晶成分的液体部位发生正常的共晶转变过程，形成共晶石墨。最后便在粗大石墨片之间分布有正常的共晶石墨，这便是石墨分类标准中的"C"型石墨。铁碳合金相图中的组成相见表 7－1。

表 7－1 铁碳合金相图中的组成相

组成相	说 明
液溶体	即液相，符号为 L，为碳或其他元素在铁中的无限液溶体，存在于液相线之上，二相区内也有液溶体存在，但成分随温度变化
δ铁素体 α铁素体	即 δ 相、α 相或 F，为碳在 δ 或 α 铁中的间隙固溶体，体心立方晶格，δ 相存在于 1 392～1 536 ℃，1 495 ℃时最大溶碳量为 0.086%，α 相存在于 912 ℃以下，727 ℃时最大溶碳量为 0.034%
奥氏体	即 γ 相，符号 γ 或 A，为碳在 γ 铁中的间隙固溶体，面心立方晶格，存在于 727 ℃～1 495 ℃之间，1 148 ℃时的最大溶碳量为 2.14%
石墨	符号为 G，是铸铁中以游离状态存在的碳，按稳定态转变时的高碳相，在铸铁中取决于化学成分及析出时间的不同，有一次石墨、共晶石墨、二次石墨和共析石墨，其形态主要有片状、蠕虫状、团絮状以及球状
渗碳体	符号为 Fe_3C，铁和碳的间隙化合物，具有复杂的正交晶格，含碳量为 6.69%，按介稳定态转变时的高碳相，取决于化学成分及析出的时间，有一次渗碳体、共晶渗碳体、二次渗碳体及共析渗碳体，渗碳体的形状有大片状、莱氏体型、板条状以及网状
莱氏体	为按介稳定态转变时的共晶组织，由奥氏体与渗碳体组成的两相机械混合物，或由珠光体和渗碳体组成
珠光体	为过冷奥氏体在共析温度时形成的机械混合物，由铁素体和渗碳体按层片状交替排列的层状组织。根据珠光体转变时的过冷度大小，可形成正常片状珠光体、细片状珠光体(索氏体)及极细珠光体(托氏体)，还可通过热处理，使珠光体中的渗碳体粒化而得到粒状珠光体

石墨化就是铸铁中析出碳原子形成石墨的过程。石墨既可以从液体中析出，也可以从奥氏体中析出，还可以从渗碳体分解得到。灰口铸铁、球墨铸铁中的石墨主要是由液体中析出的；可锻铸铁中的石墨则是由白口铸铁经过长时间高温退火，使渗碳体分解得到的。

7.1.2 影响石墨化的因素

铸铁的组织取决于石墨化进行的程度，为了获得所需要的组织，关键在于控制石墨化进行的程度。实践证明，铸铁的化学成分和结晶时的冷却速度是主要因素。

1）化学成分的影响

（1）C 和 Si 的影响。C 和 Si 是铸铁中最基本的成分，它们都是强烈促进石墨化的元素，不仅能促进第一阶段石墨化，也能促进第二阶段石墨化。在生产实际中，调整 C、Si 的含量是控制铸铁组织最基本的措施之一。石墨来源于碳。含碳量的增加，铁水中碳浓度的增加，均有利于石墨的形核，从而促进了石墨化。

除了特殊性能的铸铁，普通铸铁的含硅量一般在 0.8%～3.5%，Si 的加入导致铁-石墨相图发生变化。硅的作用主要有：

① 使共晶点和共析点含碳量随含硅量的增加而减少。

② 使共晶和共析转变在一个温度范围内进行，Si 的加入使相图上出现了共晶和共析转变的三相共存区，液相、奥氏体、石墨共晶区和奥氏体、铁素体、石墨共析区，并且共析温度转变范围随含硅量增加而扩大。

③ 提高了共晶和共析温度，含硅量越高，奥氏体＋石墨的共晶温度会高出奥氏体＋渗碳体的共晶温度越多，并且随着含硅量的增加，共析转变的温度提高更多，大约每增加 1%Si，可使共析转变温度提高 28 ℃。

由于 Fe－C－Si 相图有以上特点，因此 Si 可以促进铸铁的石墨化。

总之，C、Si 可以促进铸铁的石墨化，并且随着 C、Si 含量的增加，能减少白口倾向，易形成石墨。但是铸铁中含过多的 C、Si 也会使形成的石墨比较粗大，使金属基体中铁素体的含量也增加，因此会降低铸铁的强度性能。

（2）P 的影响。P 是一个促进石墨化的元素，但作用不如 C 强烈，三份 P 相当于一份 C 的作用。当 P 含量大于 0.2%后，就会出现 Fe_3P，它常以二元磷共晶或三元磷共晶的形态存在。磷共晶是一种质硬且脆的组织，在铸铁组织中呈孤立、细小、均匀分布时，可以提高铸铁件的耐磨性。反之，若以粗大连续网状分布时，将降低铸件的强度，增加铸件的脆性。所以，除在耐磨铸铁中 P 作为合金化元素含量可达 0.5%～1.0%外，在普通铸铁中都作为杂质而加以限制，通常灰口铸铁中的含磷量应控制在 0.2%以下。

（3）Mn 的影响。Mn 是一个阻碍石墨化的元素。它能溶于铁素体和渗碳体内，增加 Fe 与 C 的结合力，降低共晶共析温度，因此阻碍石墨化。Mn 能与 S 结合成 MnS，削弱硫的有害作用。另外 Mn 可溶于基体及碳化物中，有强化基体、促使珠光体形成并细化珠光体的作用，铸铁中含锰量一般在 0.5%～1.4%，如果要获得铁素体基体，含锰量应取下限。

（4）S 的影响。S 是促进白口的元素，而且会降低铁水的流动性，并使铸铁内产生气泡。因此，S 是一个有害的元素，其含量应尽量低，一般将含硫量限制在 0.15%以下。

综合铸铁中较为常见的合金元素和微合金元素，并按其对石墨化程度影响的不同，可分为促进石墨化元素和阻碍石墨化元素两大类：

促进石墨化元素 ⟷ 阻碍石墨化元素

（Al、C、Si、Ni、Cu、Zr）**Nb**（W、Mn、Mo、S、Cr、V、Fe、Mg、B）

其中 Nb 是中性的，它左侧的元素是促使石墨化的元素，它右侧的元素是阻碍石墨化的元素，距离 Nb 越远，其作用越强烈。

2）冷却速度的影响

化学成分选定后，改变铸铁共晶阶段的冷却速度，可以在很大范围内改变铸铁的铸态组织，可以是灰口铸铁，也可以是白口铸铁。改变共析转变时的冷却速度，其产物也会有很大的变化。一般来说，铸件冷却速度越小，即过冷度较小时，越有利于按照 Fe－C(石墨)状态图进行结晶和转变，即越有利于石墨化过程的充分进行。反之，当铸件冷却速度较大时，即过冷度增大时，原子扩散能力减弱，越有利于按照 $Fe-Fe_3C$ 状态图进行结晶和转变。尤其是在共析阶段的石墨化，由于温度较低，冷却速度增大，原子扩散更加困难。所以在通常情况下，共析阶段的石墨化(即第二阶段的石墨化)难以完全进行。

在实际铸造生产中，铸件冷却速度是一个综合因素，它与浇注温度、铸型条件以及铸件壁厚均有关系。一般来说，当其他条件相同时，铸件越厚，冷却速度越小，越容易得到粗大石墨；反之，越容易得到细小石墨。因此，同一铸件的不同壁厚处具有不同的组织和性能，称为铸件的壁厚敏感效应。铸型类型与冷却速度也有密切的关系。不同的铸型材料具有不同的导热能力，能导致不同的冷却速度，干砂型导热较慢，湿砂型导热较快，金属型导热更快。因此，可以通过利用不同导热能力的材料调整铸件各处的冷却速度而获得所需的组织。

除化学成分、冷却速度对石墨化和铸铁组织产生影响外，铁液的过热和高温静置、孕育、气体、炉料等对组织也都有影响。

7.2 铸铁的分类

7.2.1 灰铸铁

灰铸铁断面通常呈灰色，其中的碳主要以片状石墨形式存在。灰铸铁生产工艺简单，铸造性能优良，价格低廉，应用广泛，在缺口敏感性、减振性和耐磨性方面有独特的优点，其产量约占铸铁总产量的 80%。主要用于制造各种机器的底座、机架、工作台、机身、齿轮箱体、阀体及内燃机的气缸体、气缸盖等。灰铸铁的金相组织由金属基体和片状石墨组成。金属基体主要有铁素体、珠光体及珠光体与铁素体混合组织三种，石墨片以不同数量、大小、形状分布于基体中。

在生产实际中，由于各种铸铁件的用途各不相同，所受的载荷也大小不一，因而对铸铁提出了不同的性能要求，这就是制定铸铁牌号的实际意义。铸铁的强度性能是其最主要的质量指标之一，所以灰铸铁的牌号用其抗拉强度进行划分。我国灰铸铁的牌号为 HT×××，其中“HT”表示“灰铁”的汉语首字拼音，而后面的×××则是指最低抗拉强度，单位为 MPa。按 GB/T 9439—2010《灰铸铁件》的规定，根据直径 30 mm 单铸试棒的抗拉强度，将灰铸铁分为 8 个牌号，其中常用部分见表 7－2，表中 HT100、HT150、HT200 为普通灰铸铁，HT250、HT300、HT350 为孕育铸铁。

表 7－2 灰铸铁牌号

牌号	单铸试棒的最小抗拉强度(MPa)	铸件壁厚(mm)		最小抗拉强度(MPa)	适用范围及举例
		小于	至		
HT100	100	2.5 10 20 30	10 20 30 50	130 100 90 80	低载荷和不重要的零件，如盖、外罩、手轮、支架、重锤等

（续表）

牌号	单铸试棒的最小抗拉强度(MPa)	铸件壁厚(mm) 小于	至	最小抗拉强度(MPa)	适用范围及举例
HT150	150	2.5	10	175	承受中等应力（抗弯压应力约达100 MPa）的零件，如支柱、底座、齿轮箱、工作台、刀架、端盖、阀体、管路附件等一般无工作条件要求的零件
		10	20	145	
		20	30	130	
		30	50	120	
HT200	200	2.5	10	220	承受较大应力（抗弯压应力达300 MPa）和较重要的零件，如气缸、齿轮、机座、飞轮、床身、气缸体、气缸罩、活塞、制动轮、联轴器、齿轮箱、轴承座、油缸等
		10	20	195	
		20	30	170	
		30	50	160	
HT250	250	4.0	10	270	
		10	20	240	
		20	30	220	
		30	50	200	
HT300	300	10	20	290	承受高弯曲应力（至500 MPa）及抗拉应力的重要零件，如齿轮、凸轮、车床卡盘、剪床和压力机的机床、床身、高压液压筒、滑阀壳体等
		20	30	250	
		30	50	230	
HT350	350	10	20	340	
		20	30	290	
		30	50	260	

常用灰铸铁由于片状石墨（图7-4）的存在（石墨的强度、塑性和韧性都极低，并且抗拉强度几乎为零，所以石墨在铸铁中相当于裂缝和孔洞）破坏了基体金属的连续性，减小了基体承受载荷的有效面积，容易造成应力集中，形成断裂源。因此，灰铸铁的抗拉强度和弹性模量均比钢低得多，塑性和韧性基本为零，属于脆性材料。灰铸铁中石墨片的数量越多、尺寸越大、分布越不均匀，对铸铁力学性能的影响就越大。但石墨的存在对灰铸铁的抗压强度影响不大，因为抗压强度主要取决于灰铸铁的基体组织，因此灰铸铁的抗拉强度与钢相近。

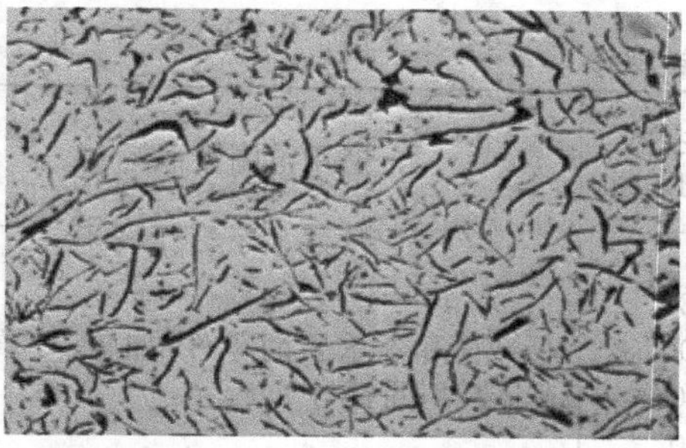

图7-4 片状石墨的显微特征

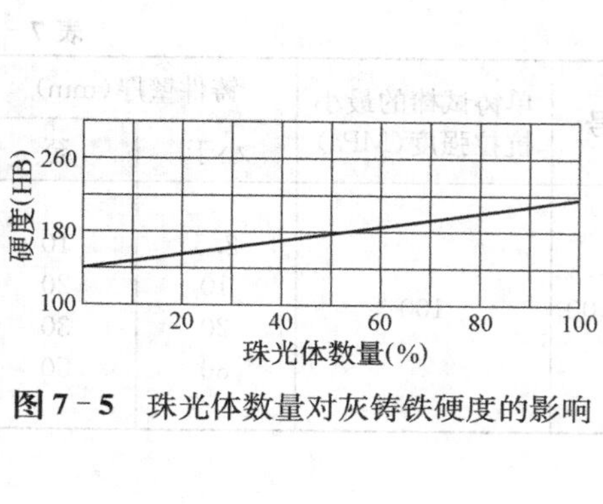

图7-5 珠光体数量对灰铸铁硬度的影响

在钢中，布氏硬度和抗拉强度之比较为恒定，约等于3，在铸铁中，这个比值就很分散。同一硬度时，抗拉强度有一个范围。同样，同一强度时，硬度也有一个范围，这是因为铸铁的强度性能受石墨影响较大，而硬度基本上只反映基体情况。灰铸铁的硬度决定于基体，这是由于硬度的测定方法是用钢球压在试块上，钢球的尺寸相对于石墨裂缝而言是相当大的，所以外力主要承受在基体上。因此，随着基体内珠光体数量的增加，分散度变大，硬度就相应得到提高，如图7-5所示，当金属基体中出现了坚硬的组成相（如自由渗碳体、磷共晶等）时，硬度就相应增加。

金属基体是灰铸铁具有一系列力学性能的基础，例如铁素体较软，强度较低；珠光体有较高的强度和硬度，而塑性和韧性则较铁素体低。并且，基体的强度随珠光体的含量和分散度的增加而提高，化合碳在0.7%～0.9%范围内的珠光体灰铸铁具有最高的基体强度。但是，灰铸铁由于片状石墨的存在，基体的强度得不到充分地发挥，塑性和韧性几乎表现不出来。表7-3列出了基体性能与普通灰铸铁性能的比较数据。可见，普通灰铸铁的力学性能实质上是被石墨削弱了的金属基体的性能，从这个意义上来说，灰铸铁的力学性能主要取决于石墨。

表7-3 金属基体的基本性能与普通灰铸铁的性能

基体组织	基体性能			普通灰铸铁的性能		
	R_m(MPa)	A(%)	硬度(HBW)	R_m(MPa)	A(%)	硬度(HBW)
铁素体	250～300	40～50	80～100	100～150	<1	95～163
片状珠光体	800～850	20～25	160～230	150～250	<1	140～240

石墨虽然降低了灰铸铁的力学性能，但却给灰铸铁带来了一系列其他的优良性能：

(1) 良好的铸造性能。灰铸铁件铸造成形时，不仅其流动性好，而且还因为在凝固过程中析出比容较大的石墨，减小了凝固收缩，因而容易获得优良的铸件，表现出良好的铸造性能。

(2) 良好的减振性。石墨对铸铁件承受振动能起缓冲作用，减弱晶粒间振动能的传递，并将振动能转变为热能，所以灰铸铁具有良好的减振性。

(3) 良好的耐磨性能。石墨本身也是一种良好的润滑剂，脱落在摩擦面上的石墨可起润滑作用。因而灰铸铁具有良好的耐磨性能。

(4) 良好的切削加工性能。在进行切削加工时，石墨起着减摩、断屑的作用。由于石墨脱落形成显微凹穴，起储油作用，可维持油膜的连续性，故灰铸铁切削加工性能良好，刀具磨损小。

(5) 低的缺口敏感性。片状石墨相当于许多微小缺口，从而减小了铸件对缺口的敏感性，因此，表面加工质量不高或组织缺陷对铸铁疲劳强度的不利影响要比对钢的影响小得多。

为了使铸铁获得预定的金相组织和力学性能，必须正确地确定铸铁的化学成分及有关的工艺参数。

灰铸铁的化学成分很复杂，除铁以外，其主要化学成分有碳、硅、锰、磷、硫等，其他还有随炉料进入和在熔炼过程中进入铸铁内的许多微量元素和各种杂质，以及有时为了使铸铁获得某些特殊性能而加入的一些合金元素。

在铸铁的主要化学成分中，碳、硅、锰是调节组织的元素，磷是控制使用的元素，硫是应该限制的元素。灰铸铁的组织是由铁液缓慢冷却时通过石墨化过程形成的，由片状石墨和基体组织组成。灰铸铁的基体组织根据第三阶段石墨化进行程度的不同，可以得到铁素体、铁素体—珠光体和珠光体三种不同基体组织的灰铸铁，如图7-6所示。常用的是珠光体+铁素体或珠光体灰铸铁。

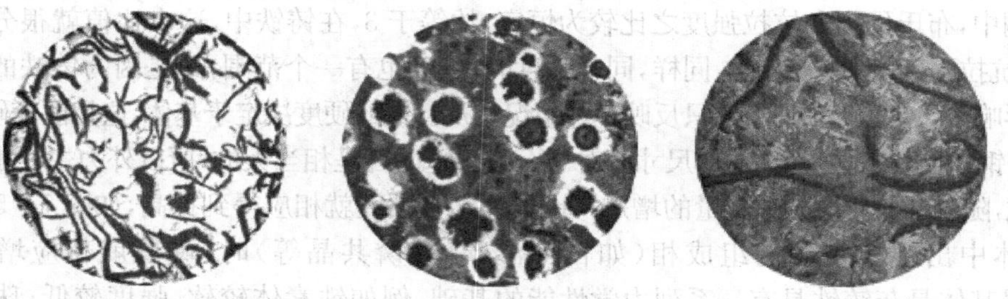

(a) 铁素体灰铸铁 (b) 铁素体+珠光体灰铸铁 (c) 珠光体灰铸铁

图 7-6 灰铸铁的显微组织

将普通灰铸铁进行孕育处理,加入硅铁或硅钙合金作为孕育剂,出铁时冲入铁水后,形成大量人造结晶核心,使石墨片细化,并使组织和性能对铸件壁厚不敏感,得到的显微组织为细密分布、有细小石墨片的珠光体基体,提高了抗拉强度和硬度。所以,强度较高的灰铸铁都要经过孕育处理。

加入少量合金元素能适当改善灰铸铁的性能。常用的元素有 Cr、Ni、Mo、V、Ti 等,加入后除细化石墨片并使其均匀分布外,主要作用是降低铁素体量和细化珠光体。Cr、Mo、V 等为碳化物形成元素,有白口化作用,为此必须加入石墨化元素 Ni 或 Cu 来抵消。

7.2.2 可锻铸铁

可锻铸铁又称延性铸铁,它由亚共晶白口铸铁经高温石墨化退火制成。退火过程中,白口铸坯中的渗碳体全部分解产生团絮状石墨或碳而被氧化脱除,其基体组织取决于热处理规范。可锻铸铁的品种有铁素体可锻铸铁(黑心可锻铸铁)、珠光体可锻铸铁、球墨可锻铸铁和白心可锻铸铁。

可锻铸铁具有良好的强度、塑性,以及低温抗冲击能力,耐磨性和减振性优于铸钢,常用于汽车、拖拉机、农用机、管道附件中的薄壁中小铸件。此外,因为铸钢的铸造性能差,灰口铸铁的塑性、韧性低,球墨铸铁生产薄壁件易生成白口组织等原因,所以在生产上述用途的产品时多采用可锻铸铁。

可锻铸铁在大气、水和盐水中的耐蚀性均优于碳素钢,铁素体可锻铸铁的耐蚀性要比珠光体可锻铸铁好。加入 0.20%~0.75%Cu 可提高可锻铸铁对大气的耐蚀性,改善其在 SO_2 气氛中的耐蚀性。铁素体可锻铸铁和珠光体可锻铸铁的耐热性均好于灰铸铁和铸钢。由于石墨呈团絮状,氧化不易沿着石墨向内部深入,所以可锻铸铁的抗氧化生长能力均优于灰铸铁。铁素体可锻铸铁的耐热性比珠光体可锻铸铁更好一些。黑心可锻铸铁的减振性低于灰铸铁,而优于球墨铸铁和铸钢。在低应力下,黑心可锻铸铁的减振性与球墨铸铁大体相同,但在高应力情况下,可锻铸铁的减振性较好。

可锻铸铁分为铁素体基体的可锻铸铁(又称为黑心可锻铸铁)和珠光体基体的可锻铸铁,它们可通过对白口铸件采取不同的退火工艺而获得,铁素体基体可锻铸铁因其组织中有石墨存在,所以断面呈暗灰色,而在表层因经常有薄的脱碳层而呈亮白色,故称黑心可锻铸铁。而珠光体可锻铸铁则以其基体命名。图 7-7 所示为可锻铸铁的显微组织。

常用两种可锻铸铁的牌号由"KTH+数字-数字"或"KTZ+数字-数字"组成。"KTH""KTZ"分别代表"黑心可锻铸铁""珠光体可锻铸铁",符号后的第一组数字表示最低抗拉强度(MPa),第二组数字表示最小断面伸长率(%)。表 7-4 所示为可锻铸铁牌号。

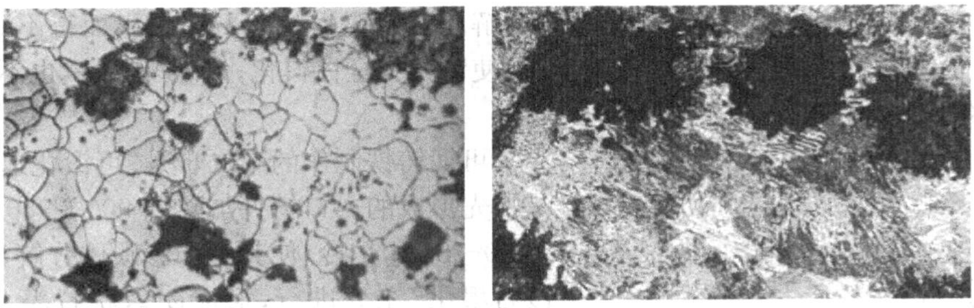

(a) 铁素体基体可锻铸铁　　(b) 珠光体基体可锻铸铁

图 7-7 可锻铸铁的显微组织

表 7-4 可锻铸铁牌号

类别	牌号	力学性能					用途举例
		试样直径(mm)	抗拉强度不低于(MPa)	条件屈服强度不低于(MPa)	A(%)	HBW	
黑心可锻铸铁	KTH300-06	12 或 15	300		6	不大于 150	用于承受低动载荷及静载荷、要求气密性低的零件，如三通管件、中低压阀门等
	KTH330-08		330		8		用于承受中等动载荷的零件，如扳手、犁刀、犁柱、车轮壳等
	KTH350-10		350	200	10		用于承受较高冲击、震动的零件，如汽车、拖拉机前后轮轮壳、减速器壳、转向节壳、制动器、铁道零件等
	KTH370-12		370		12		
珠光体可锻铸铁	KTZ450-06	12 或 15	450	270	6	150～200	用于载荷较大、耐磨损并有一定韧性要求的重要零件，如曲轴、凸轮轴、连杆、齿轮、活塞环、轴套、耙片、万向接头、棘轮、扳手、传动链条等
	KTZ550-04		550	340	4	180～250	
	KTZ650-02		650	430	2	210～260	
	KTZ700-02		700	530	2	240～290	

可锻铸铁的大致成分为：$w_C = 2.2\% \sim 2.8\%$，$\omega_{Si} = 1.2\% \sim 2.0\%$，$\omega_{Mn} = 0.4\% \sim 0.2\%$，$\omega_S < 0.1\%$，$\omega_P < 0.2\%$。

按照热处理条件的不同，可锻铸铁分为两类：一类是铁素体基体+团絮状石墨的可锻铸铁件，非常适合铸造薄壁零件，是最为常用的一种可锻铸铁；另一类是珠光体基体或珠光体与少量铁素体共存的基体+团絮状石墨的可锻铸铁件，它是将白口铸件置于氧化介质中，经长时间高温保温并缓冷，使铸件从外层到心部发生强烈的氧化和脱碳后制成，其断口呈白色，称为白心可锻铸铁。

目前我国生产的可锻铸铁绝大部分为黑心可锻铸铁，珠光体可锻铸铁生产较少，而白心可锻铸铁国内基本不生产，其原因为白心可锻铸铁的组织从表层到心部不均匀，韧性较差，热处理温度高，热处理时间较长。但由于其对原材料要求较低，并且铸件具有可焊性。因此，目前在一些欧洲国家仍用来生产一些水暖原件。

可锻铸铁制作的第一步是铸造成白口铸铁。若铸铁没有完全白口化而出现了片状石墨，则在随后的退火过程中，会因为从渗碳体中分解出的石墨沿片状石墨析出而得不到团絮状石墨。所以可锻铸铁的碳硅含量不能太高，以促使铸铁完全白口化；但碳、硅含量也不能太低，否则会使石墨化退火困难，退火周期增长。

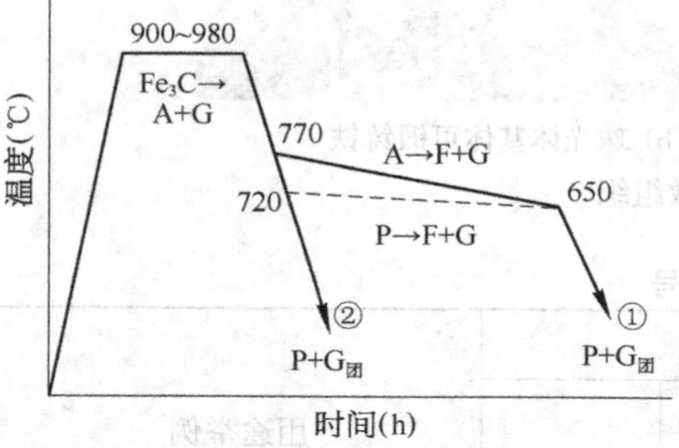

图 7-8 可锻铸铁的石墨化退火工艺

可锻铸铁制作的第二步是“可锻化退火”。通常是将先形成的白口铸件加热到 900～980 ℃，一般保温 60～80 h，炉冷，使其中的渗碳体分解，让“第一阶段石墨化”充分进行，形成团絮状石墨。待炉冷至 650～770 ℃，再长时间保温，让“第二阶段石墨化”充分进行，这样处理后获得“黑心可锻铸铁”，如图 7-8中工艺①所示，这种铸铁件的强度与延性均较灰口铸铁的高，非常适合铸造薄壁零件，是最为常用的一种可锻铸铁。若按工艺②快速冷却，可得到珠光体基体或珠光体与少量铁素体共存的基体＋团絮状石墨的可锻铸铁，其断口呈白色，这种可锻铸铁的强度、硬度和耐磨性较高。

可锻铸铁不能用锻造方法制成零件，是因为石墨的形态改造为团絮状，不如灰口铸铁的石墨片分割基体严重，因而强度与韧性比灰铸铁高。可锻铸铁的力学性能介于灰铸铁与球墨铸铁之间，有较好的耐蚀性，但由于退火时间长，生产效率极低，使用受到限制，故一般用于制造形状复杂，承受冲击、振动及扭转复合的铸件，如汽车、拖拉机的后桥壳、轮壳、转向机构等。可锻铸铁也适用于制造在潮湿空气、炉气和水等介质中工作的零件，如水暖材料的三通、低压阀门等。

7.2.3 球墨铸铁

20 世纪 40 年代，科学工作者发现在铁碳合金和镍碳合金中加入铈、镁等元素可使铸件中的石墨成为球状。自此开始了球墨铸铁的开发和应用过程。与灰铸铁中的片状石墨相比，球状石墨对基体连续性的破坏较轻，所产生的应力集中效应也较轻微，强度和塑韧性远优于灰铸铁。同时还不同程度地保持了灰铸铁耐磨、减振、对缺口不敏感以及铸造性能较好的优点。因此，多年来其应用范围的扩展速度是其他金属材料难以相比的。

球墨铸铁是将铁液经球化处理和孕育处理，使铸铁中的石墨全部或大部分呈球状而获得的一种铸铁。其化学成分与灰铸铁相比，碳和硅的含量较高，锰含量较低，磷、硫含量低，并含有一定量的稀土元素和镁。球状石墨对基体的破坏作用和在基体中引起应力集中的效应都大为降低，因而它属于高强韧性铸铁。由于基体性能的充分发挥，球墨铸铁已接近于钢的性能。目前，球墨铸铁在汽车、冶金、农机、船舶、化工等部门广泛应用。在一些主要工业国家中，其产量已超过铸钢，成为仅次于灰铸铁的铸铁材料。

将球化剂加入铁液的操作过程称为球化处理，我国目前广泛应用的球化剂是稀土镁合金。为防止铁液球化处理后出现白口，必须对球墨铸铁进行孕育处理，孕育剂通常采用硅铁和硅钙合金。经孕育处理的球墨铸铁，石墨数量增加，球径减小，形状圆整，分布均匀，力学性能显著改善。

球墨铸铁的显微组织为球状石墨和基体两部分。根据化学成分和冷却速度的不同，基体组织在铸态下可以是铁素体、铁素体＋珠光体、珠光体，由于二次结晶条件的影响，铁素体通常位于石墨球的周围，形成“牛眼”状组织。如果将铸件进行调质或等温淬火，则基体组织可转变为回火索氏体或下贝氏体组织。球墨铸铁的显微组织如图 7-9 所示。

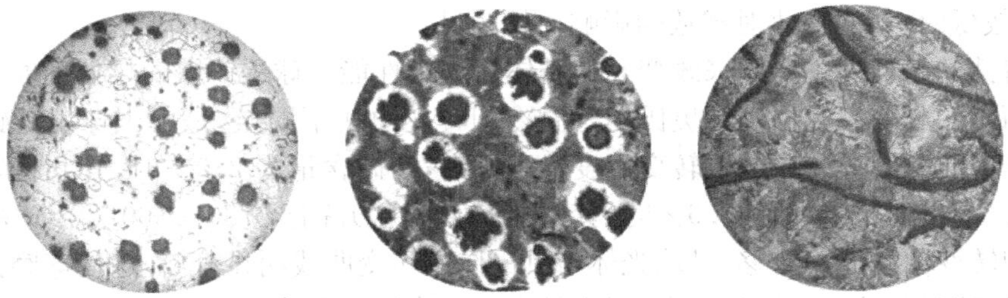

(a) 铁素体球墨铸铁　(b) 铁素体＋珠光体球墨铸铁　(c) 珠光体球墨铸铁

图 7-9　球墨铸铁的显微组织

球墨铸铁的牌号由"QT＋数字-数字"组成。其中，"QT"是"球铁"二字汉语拼音的首字母，其后的第一组数字表示最低抗拉强度(MPa)，第二组数字表示最小断面伸长率(%)。表7-5所示为球墨铸铁牌号。

表 7-5　球墨铸铁牌号

牌号	R_m(MPa)	R_e(MPa)	A(%)	供参考		应用举例
	最小值			硬度 HB	基体组织	
QT400-18	400	250	18	130～180	铁素体	汽车、拖拉机底盘零件；阀门的阀体和阀盖等
QT400-15	400	250	15	130～180	铁素体	
QT450-10	450	310	10	160～210	铁素体	
QT500-7	500	320	7	170～230	铁素体＋珠光体	机油泵齿轮等
QT600-3	600	370	3	190～270	铁素体＋珠光体	柴油机、汽油机的曲轴；磨床、铣床、车床的主轴等
QT700-2	700	420	2	225～305	珠光体	
QT800-2	800	480	2	245～335	珠光体或回火组织	
QT900-2	900	600	2	280～360	贝氏体或回火马氏体	汽车传动齿轮等

在国家规定的标准牌号中，QT400-18、QT400-15、QT450-10属于铁素体球墨铸铁，QT700-2和QT800-2属于珠光体球墨铸铁，QT900-2属于贝氏体球墨铸铁，常用的QT600-3和QT500-7属于铁素体珠光体混合型球墨铸铁。

一般球墨铸铁化学成分的一个显著特点是碳当量高于灰铸铁，一般碳当量为4.2%～4.6%。选择高碳当量主要是因为：球墨铸铁凝固过冷倾向高于灰铸铁，容易产生渗碳体组织，因此需要提高铁水中碳活度，改善石墨化条件。即使石墨数量因碳当量提高而增加，球状石墨对材料力学性能的影响也远小于同样体积片状石墨。另外，原铁水的碳与球化元素化合进入熔渣，使碳有所损失。因此，炉料配碳量更应提高。

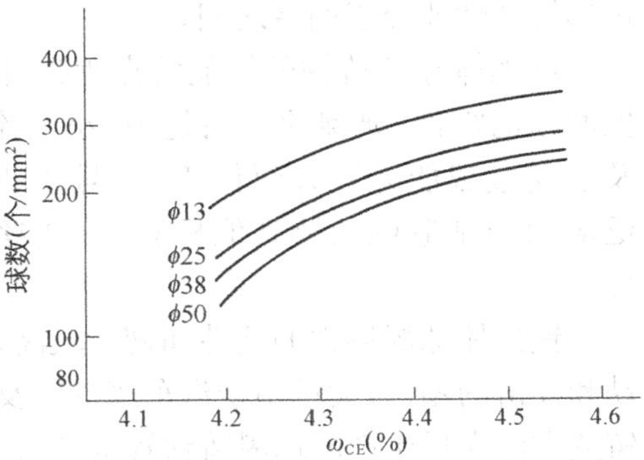

图 7-10　碳当量对石墨总球数的影响

球墨铸铁碳当量对石墨球总数的影响见图7-10。可见当球体平均尺寸基本相同时，碳当量为4.4%，石墨球数几乎是碳当量为4.2%的1.5

倍。CE值较低时，它的变化对球数的影响比较明显。

球墨铸铁的热处理主要用来改变它的基体组织和性能。球墨铸铁的热处理原理与钢大致相同。但两者的相变临界温度和奥氏体等温冷却转变曲线不同，这是由于球墨铸铁中含有较高的硅及其他元素。硅使得共析转变温度显著升高，当硅含量为2.0%时，其共析转变温度为750～820 ℃，而当硅含量增至2.9%时，其共析转变温度升高至770～860 ℃。球墨铸铁奥氏体等温冷却转变曲线显著右移，且珠光体与贝氏体的转变曲线明显分离，这使球磨铸铁的临界冷却速度显著降低，淬透性明显增大，很容易实现油冷淬火和等温淬火。

为了提高球墨铸铁的性能，需要对其进行热处理。球墨铸铁的热处理方式主要有退火、正火、淬火加回火、等温淬火等。

(1) 退火与正火。当铸件薄壁处出现自由渗碳体和珠光体时，为了获得塑性好的铁素体基体，改善切削性能，消除铸造内应力，必须将铸件加热到900～950 ℃(有自由渗碳体)或720～760 ℃退火，使基体中铁素体体积含量在80%以上。若要使基体中珠光体体积含量在80%以上，铸造后加热到850～920 ℃正火，对于风冷或喷雾冷却还须在550～600 ℃回火消除内应力，最终铸件具有较高的抗拉强度和疲劳强度，被广泛应用于汽车和拖拉机曲轴。

(2) 淬火加回火。目的是获得回火马氏体或回火索氏体基体。对于要求综合力学性能好的球墨铸件，还需进行调质处理，具体工艺是：将铸件加热到860～920 ℃，保温后油冷，然后在550～620 ℃高温回火2～6 h。而对于要求高硬度和高耐磨性的铸铁件，如重载荷减速齿轮，则采用淬火加低温回火处理。

(3) 等温淬火。等温淬火的目的是得到下贝氏体基体，以获得最佳的综合力学性能。一般将铸件加热至860～920 ℃(奥氏体区)，适当保温(热透)，迅速放入250～350 ℃的盐浴炉中进行0.5～1.5 h的等温处理，然后取出空冷，使过冷奥氏体转变为下贝氏体。由于盐浴的冷却能力有限，一般仅用于截面不大的零件。

此外，为提高球墨铸铁件的表面硬度和耐磨性，还可采用表面淬火、氮化、渗硼等工艺。总之，碳钢的热处理工艺对于球墨铸铁基本上都适用。

由于球形石墨对金属基体截面的削弱作用较小，使得基体比较连续，基体强度利用率可达70%～90%。与灰口铸铁相比，球墨铸铁具有较高的抗拉强度和弯曲疲劳极限，也具有良好的塑性及韧性。另外，球墨铸铁的刚性也比灰铸铁好，但其消振能力比灰铸铁低很多。在石墨球的数量、形状、大小及分布一定的条件下，珠光体球墨铸铁的抗拉强度比铁素体球墨铸铁高50%以上，而铁素体球墨铸铁的伸长率是珠光体球墨铸铁的3～5倍。铁素体+珠光体基体的球墨铸铁性能介于两者之间。

珠光体球墨铸铁的性能特点为强度和硬度较高，所以特别适合于制造承受重载荷及摩擦磨损的零件，典型的应用是中、小功率内燃机曲轴、齿轮等，该种曲轴在耐磨性、减振性及承受过载能力等方面优于45号正火锻钢制造的曲轴。此外，珠光体球墨铸铁还可广泛应用于制造机床及其他机器上一些经受滑动摩擦的零件，如立式车床的曲轴及镗床拉杆等。

铁素体球墨铸铁的塑性和韧性较高，强度较低。这种铸铁用于制造受力较大而又承受振动和冲击的零件，大量用于汽车底盘以及农机部件，如后桥外壳等。目前，国内外一些用离心铸造方法大量生产的球墨铸铁管也是铁素体，用于输送自来水及天然气，这种铸铁管能经受比灰铸铁管高得多的管道压力，并能承受地基下沉以及轻微地震造成的管道变形，而且具有比钢管高得多的耐腐蚀性能，因而具有高的可靠性及经济性。

铁素体和珠光体混合基体的球墨铸铁具有较好的强度和韧性的配合，多用于汽车、农业机械、冶金设备及采油机中的一些部件，通过铸态控制或热处理手段可调整强度和韧性的配合，以满足各类零部件的需求。

另外，还有奥氏体-贝氏体球墨铸铁，这种铸铁开发于20世纪70年代后期，与普通基体的球墨铸铁相比，它具有强度、塑性和韧性都很高的综合力学性能，显著地优于珠光体球墨铸铁。其抗拉强度可达900～1 400 MPa，并具有一定的伸长率。如适当降低抗拉强度，则伸长率可高达10%以上。奥氏体-贝氏体球墨铸铁还具有比普通球墨铸铁高的冲击韧度及抗点蚀疲劳能力，尤其具有高的弯曲疲劳性能和良好的耐磨性，可用于代替某些锻钢件或普通球墨铸铁不能胜任的部件，如承受高载荷的齿轮、曲轴、连杆及凸轮轴等，为此受到广泛的重视，被视为70年代以来铸铁冶金领域的重大突破。

7.2.4 蠕墨铸铁

蠕墨铸铁是在球墨铸铁应用过程中开发出来的铸铁新品种。其石墨具有片状石墨与球状石墨之间的中间形态，组织和性能也基本上处于灰铸铁和球墨铸铁之间，导热性和减振性优于球墨铸铁。蠕墨铸铁可以用来代替部分高强度灰铸铁件，也特别适用于塑韧性优于灰铸铁、热导率高和抗热疲劳能力强的铸件。

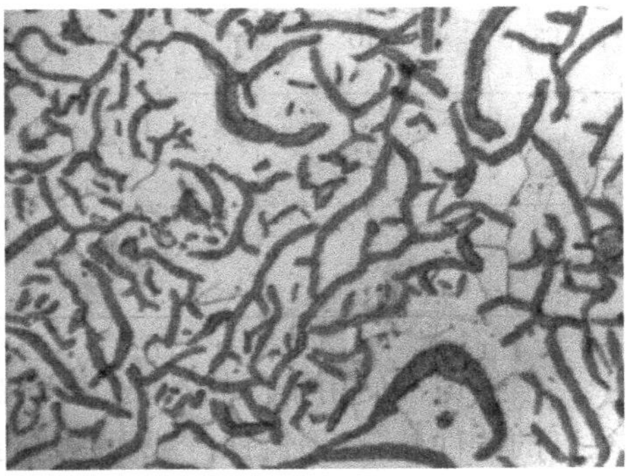

图7-11 蠕墨铸铁显微组织

蠕墨铸铁中的石墨是一种介于片状石墨和球状石墨之间的一种类型的石墨。蠕墨状石墨在光学显微镜下的形状似乎也呈片状，但是石墨片短而厚，头部较钝、较圆，形状似蠕虫，故称之为蠕墨铸铁。图7-11为蠕墨铸铁的显微组织。一般认为蠕虫状石墨是一种过渡形石墨，其紧密程度介于片状石墨和球状石墨之间，它的长度 l 与厚度 d 之比一般为2～10，比片状石墨 $\left(\frac{l}{d} > 50\right)$ 小得多，而比球状石墨 $\left(\frac{l}{d} \approx 1\right)$ 大。根据蠕虫状石墨的尺寸及紧密程度的不同，将其分为三类，表7-6给出了其类型及相应的力学性能。Ⅰ型的长度和厚度尺寸都小，有较高的紧密程度，Ⅱ型厚度可达到0.050 mm，Ⅲ型的厚度一般不超过0.020 mm。蠕虫状石墨的类型不同，其力学性能也有所区别，尤其是延伸率，其中以Ⅱ型的力学性能最高。

表7-6 蠕虫状石墨类型及其相应的力学性能

石墨类型	石墨尺寸			力学性能			制取方法
	l(mm)	d(mm)	$\frac{l}{d}$	R_m(MPa)	A(%)	硬度(HBW)	
Ⅰ	0.02	0.01	2～4	300～450	2～5	150～240	用钙强烈脱硫后快冷
Ⅱ	0.15	0.05	2～5	350～500	3～9	150～240	用铈或铈合金处理
Ⅲ	0.15	0.02	3～10	300～450	1～3.5	150～250	用镁、钛、铝联合处理

蠕墨铸铁的化学成分要求与球墨铸铁相似，即要求高碳、高硅、低硫、低磷，并含有一定量的稀土元素和镁。蠕墨铸铁的成分一般为：$w_C = 3.5\% \sim 3.9\%$，$\omega_{Si} = 2.1\% \sim 2.8\%$，$\omega_{Mn} = 0.6\% \sim 0.8\%$，$\omega_P \leqslant 0.1\%$，$\omega_S \leqslant 0.1\%$。蠕墨铸铁是在上述成分的铁液中加入适量的蠕化剂进行蠕化处理和孕育剂进行孕育处理后获得的。生产上常用的蠕化剂为稀土镁硅和美钛铁合金。由于镁和稀土元素的白口化影响，蠕墨铸铁需要进行孕育处理，以避免析出游离渗碳体，并且能细化石墨和延缓蠕化衰退。

蠕墨铸铁的牌号由"RuT＋数字"组成。其中，"RuT"表示蠕墨铸铁，数字表示最小抗拉强度(MPa)。按 GB/T 26655—2011《蠕墨铁铸件》规定蠕墨铸铁牌号，见表 7-7。

表 7-7　蠕墨铸铁牌号

牌号	力学强度				基体组织	用途举例
	抗拉强度不低于(MPa)	屈服强度不低于(MPa)	A(%)	HBW		
RuT420	420	335	0.75	200～280	P	活塞环、气缸套、制动盘、玻璃模具、刹车毂、钢珠研磨盘、吸泥泵体等
RuT380	380	300	0.75	193～274	P	
RuT340	340	270	1.0	170～249	P+F	重型机床件，大型齿轮箱体、盖、座、飞轮，起重机卷筒等
RuT300	300	240	1.5	140～217	P+F	排气管、变速箱体、气缸盖、液压件、钢锭模等
RuT260	260	195	3	121～197	F	增压器废气进气壳体、汽车底盘零件等

根据铸件使用条件的不同，可对蠕墨铸铁实行退火、正火、淬火、回火。除尺寸稳定性要求很高的铸件外，蠕墨铸铁一般无须进行消除应力退火。

退火的目的是使渗碳体石墨化，降低铸件硬度，改善可切削性。如果铸件组织中没有游离渗碳体，实行低温退火(退火温度 760 ℃±10 ℃)促使珠光体分解，增加铁素体含量。但是大多数蠕墨铸铁件退火的目的是消除铸件中的白口。消除游离渗碳体的加热温度和保温时间可参照球墨铸铁的高温石墨化退火规范进行。

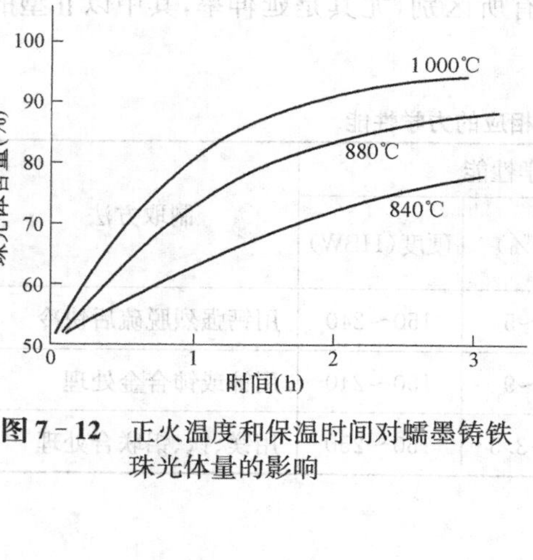

图 7-12　正火温度和保温时间对蠕墨铸铁珠光体量的影响

蠕墨铸铁铸态组织中有大量铁素体，为了提高材料强度和耐磨性能，可以实行正火处理，获得90%以上珠光体基体。图 7-12 显示正火温度和保温时间对蠕墨铸铁珠光体量的影响。一般全奥氏体化正火温度为 900～950 ℃，保温后空冷或风冷。为了获得更好的综合力学性能，也可以进行低碳奥氏体化正火。先在 740～760 ℃保温 1～1.5 h，随即快速加热至 900～940 ℃，在石墨尚未充分溶入奥氏体的情况下出炉空冷或风冷。壁厚不均匀或重要的蠕墨铸铁件正火后需在 550～580 ℃回火消除内应力。

少数硬度要求高的蠕墨铸铁件可以进行淬火、回火。淬火加热温度为850～870 ℃。硅含量较高时，加热温度可提高10～20 ℃。铸件保温时间，可按1.5 min/mm计算（电阻炉）。保温后在油或有机淬火介质中冷却。

淬火后需要及时回火。回火温度不应超过550 ℃，以免出现石墨化现象。

具有铁素体基体的蠕墨铸铁经过高频加热淬火后，石墨周围产生环状硬化带，能提高铸件的抗磨能力。但在表面硬化前，铸件应经过退火处理。

蠕墨铸铁的石墨形态往往是蠕虫状石墨与球状石墨同时存在，球状石墨的数量对铸铁的强度、弹性模量有一定的影响，球状石墨的数量越多，蠕墨铸铁的强度和弹性模量越高。蠕墨铸铁的强度、韧性、疲劳强度、耐磨性及耐热疲劳性比灰铸铁高，断面敏感性也小，但塑性、韧性都比球墨铸铁低。蠕墨铸铁的铸造性、减振性、导热性及切削加工性优于球墨铸铁，抗拉强度接近于球墨铸铁。因此，相对于其他铸铁，蠕墨铸铁具有良好的综合性能。蠕墨铸铁的抗拉强度和塑性随着基体的不同而不同，一般地，随着基体中珠光体量的增加、铁素体量的减少，强度增加而塑性降低。

蠕墨铸铁的铸造性能接近于灰铸铁，铸造工艺方便、简单，成品率高。因此，蠕墨铸铁已被广泛应用于液压件、缸盖、排气管、钢锭模、榨糖机轧辊、大型机床床身、底座、飞轮等部件。

由于强度高，对断面的敏感性小且铸造性能好，蠕墨铸铁被用来制造复杂的大型铸件，如大型柴油机的机体，可以减小原来使用灰铸铁时的铸件壁厚。也可以制造大型机床的零件，如立柱等。另外，由于蠕墨铸铁兼具高的力学性能和高的导热性，故也被用来制造在高温下以及较大温度梯度下工作的零件，如气缸盖，特别是大型柴油机的气缸盖，制动盘、钢锭模以及金属型等。与某些孕育铸铁件相比，使用蠕墨铸铁可以节省废钢，因此可以用蠕墨铸铁件代替孕育铸铁件。

7.2.5 合金铸铁

合金铸铁是在铸铁中加入合金元素，以提高其力学性能、耐磨性能、耐热性能和耐腐蚀性能等的铸铁。为了使铸铁具有耐磨性能、耐热性能和耐腐蚀性能，必须加入一定量的多种合金元素。通常加入的合金元素有硅、锰、磷、铝、铬、钼、钨、铜、锡、锑、硼、钒、钛等。硅、锰、磷是铸铁中的常见元素，但当其含量超出普通铸铁的含量较多时，能有明显的合金化作用，加入这些元素形成的铸铁也属于合金铸铁的范畴。

在摩擦条件下，根据零件工作条件和磨损形式的不同，耐磨铸铁通常分为两大类。一类为减摩铸铁，用其制作的零件在有润滑的条件下工作，不仅要求在工作中磨损少，而且要求有较小的摩擦系数，以减少动力消耗，如机床导轨和拖板，发动机的缸套与活塞环以及各种滑块、轴承等。另一类为抗摩铸铁，用其制作的零件在干摩擦条件下承受着各种磨料的作用，大多数都要求高的强度和硬度，如轧辊、球磨机磨球、抛丸机易损件、杂质泵易损件、磨煤机易损件以及破碎机易损件。

减摩铸铁应具有良好的加工性能、低的摩擦系数、良好的连续油膜保持能力，以便在润滑条件下工作时保持良好的润滑性、高的抗咬合或抗擦伤能力及较高的力学性能。当铸铁组织为柔韧基体上牢固镶嵌着坚硬的质体时，能很好地满足上述要求。在铸铁的各种基体组织中，较合适的基体组织是片状珠光体基体，其中铁素体作为软的基体，渗碳体作为硬的质体。珠光体含量越多，片间距越小，铸铁的减摩性越好，基体组织对铸铁减摩性的影响见表7-8。粒状珠光体中的渗碳体容易脱落成为磨料，加剧铸铁的磨损，所以减摩铸铁一般不采用粒状珠光体基体。

表 7-8　基体组织对铸铁减摩性的影响

基体组织	100%珠光体	90%珠光体+10%铁素体	40%珠光体+60%铁素体	100%铁素体
滑动磨损(kg·m^{-3})	2.29×10^{-4}	2.99×10^{-4}	2.01×10^{-3}	2.73×10^{-3}
相对磨损(%)	1.15	1.5	10.0	—

提高减摩铸铁耐磨性的主要途径是合金化和孕育处理。在铸铁中加入合金元素，可在基体上形成硬化相，这些硬化相在基体中起支撑和骨架作用，不仅具有较高的硬度，而且不易从基体中脱落，对提高耐磨性有明显的作用。常用的合金元素为Cu、Mo、Mn、P和稀土元素等，常用的孕育剂是硅铁。

减摩铸铁中应用最多的是高磷铸铁，在含磷铸铁中，一般要规定磷共晶的数量、形状和分布，并让它们在基体中以一定大小孤立地分布。这就要求必须控制铸铁的成分、铁液的形核能力和冷却速度。一般来说，凡是促进石墨化的因素都有利于二元磷共晶；凡是有利于细化共晶团的因素，都可促使磷共晶的细化及均匀分布。在含磷铸铁中加入合金元素，会出现合金化的多元磷共晶，如加锑铸铁中出现含锑磷共晶，加钼铸铁中会形成含钼的四元磷共晶。这些合金化的多元磷共晶对合金铸铁的减摩性是有利的。常见高磷合金铸铁的化学成分和用途见表7-9。

表 7-9　常用的几种高磷合金铸铁的化学成分和用途

铸铁名称	化学成分的质量分数(ω/%)									用途
	C	Si	Mn	Cr	Mo	Sb	Cu	P	S	
磷铬钼铸铁	3.1～3.4	2.2～2.6	0.5～1.0	0.35～0.55	0.15～0.35		—	0.55～0.80	<0.1	气缸套
磷铬钼铜铸铁	2.9～3.2	1.9～2.3	0.9～1.3	0.9～1.3	0.3～0.6	—	0.8～1.5	0.3～0.6	≤0.12	活塞环
磷锑铸铁	3.2～3.6	1.9～2.4	0.6～0.8	—		0.06～0.08		0.3～0.4	≤0.08	气缸套

球磨机的衬板和磨球，抛丸机的叶片、犁铧，磨煤机及破碎机的磨损部件等，往往在干摩擦并有磨料的条件下工作，不仅受到严重磨损，而且承受较大的载荷。这些零件采用抗磨铸铁。

抗磨铸铁的耐磨性与其组织和硬度有密切关系。生产中常采用白口铸铁作为抗磨铸铁，其组织为珠光体+渗碳体或莱氏体+渗碳体，具有较高的硬度，但脆性大。为了进一步提高白口铸铁的硬度并降低其脆性，常往铸铁中加入合金元素，形成合金白口铸铁。合金白口铸铁的耐磨性能明显高于普通白口铸铁，其性能和组织的变化特点取决于加入合金元素的种类及加入量。根据铸铁中加入的合金量，合金白口铸铁可以分为低合金白口铸铁、中合金白口铸铁和高合金白口铸铁。抗磨铸铁在摩擦条件下工作，这就要求抗磨铸铁硬度高且组织均匀。通常情况下，抗磨铸铁的金相组织为莱氏体、贝氏体和马氏体。表7-10列出了常用抗磨铸铁的化学成分、硬度和用途。

表 7-10 常用抗磨铸铁的化学成分和性能

序号	铸铁名称	化学成分的质量分数(ω/%)						硬度 HRC	用途举例
		C	Si	Mn	P	S	其他		
1	普通白口铁	4.0～4.4	≤0.6	≥0.6	≤0.35	≤0.15		>48	犁铧
2	高韧性白口铁	2.2～2.5	～1.0	0.5～1.0	<0.1	<0.1		55～59	犁铧
3	中锰球墨铸铁	3.3～3.8	3.3～4.0	5.0～7.0	<0.15	<0.02	Re0.025～0.05 Mg0.025～0.06	48～56	球磨机磨球、衬板，煤粉机锤头
4	高铬白口铁	3.25	0.5	0.7	0.06	0.03	Cr15.0 Mo3.0	62～65	球磨机衬板
5	铬钒钛白口铁	2.4～2.6	1.4～1.6	0.4～0.6	<0.1	<0.1	Cr4.4～5.2 V0.25～0.30 Ti0.09～0.10	61.5	抛丸机叶片
6	中镍铬合金激冷铸铁	3.0～3.8	0.3～0.8	0.2～0.8	≤0.55	≤0.12	Ni1.0～1.6 Cr0.4～0.7	表层硬度≥65	轧辊

注：经(900±15)℃保温 60 min，在(300±15)℃等温 90 min 的等温淬火处理，获得下贝氏体组织。

铸铁在高温条件下工作时，通常会产生氧化和生长等现象。氧化是指铸铁在高温下因受氧化性气氛的侵蚀而降低铸件的承受能力。生长是指铸铁在高温下产生的不可逆的体积增大而使力学性能降低。所以铸铁在高温下抵抗破坏的能力通常指铸铁的抗氧化能力和抗生长能力。耐热铸铁是指在高温条件下具有一定的抗氧化性能和抗生长性能，并且能够承受一定载荷的铸铁。

耐热铸铁按加入合金元素的不同基本上可分为三类：含硅耐热铸铁、含铝耐热铸铁和含铬耐热铸铁。耐热铸铁可按其抗氧化和抗生长性能予以分级，见表 7-11。根据表中所定的分级标准，可以评定在某一温度下铸铁的耐热性能。同时也可把铸铁经 150 h 加热后生长率小于 0.2%、平均氧化速度小于 0.5 g/(m^2h)的温度称为这种铸铁的耐热温度。

表 7-11 耐热铸铁稳定性等级

稳定性分级	稳定性特点	氧化速度(加热 150 h 后)($g \cdot m^{-2} \cdot h^{-1}$)	生长率(加热 150 h 后)(%)
1	安全稳定性	≤0.1	≤0.05
2	稳定性	0.1～1.0	0.05～0.15
3	次稳定性	1.0～3.0	0.15～0.50
4	弱稳定性	3.0～10.0	0.5～1.50
5	不稳定性	>10.0	>1.50

提高铸铁耐热性的途径如下。

(1) 合金化。在铸铁中加入 Si、Al、Cr 等合金元素，通过高温下的氧化，在铸铁表面形成一层致密的、牢固的、完整的氧化膜，阻止氧化气氛进一步渗入铸铁内部，防止产生氧化，并抑制铸铁的生长。

(2) 提高铸铁金属基体的连续性。对于普通灰铸铁，由于石墨呈片状，外部氧化气氛容易渗入铸铁内部，产生内氧化。因此，灰口铸铁仅能在 400 ℃左右的温度下工作。通过球化处理或变质处理的铸铁，由于石墨呈球状或蠕虫状，提高了铸铁合金基体的连续性，减少了外部氧化性气氛渗入铸铁内部的现象，有利于防止铸铁产生内氧化。

耐蚀铸铁具有较高的耐蚀性能，其耐蚀措施与不锈钢相似。在铸铁中加入硅、铝、铬等合金元素，能在铸铁表面形成一层连续致密的保护膜，可有效地提高铸铁的耐蚀性。而在铸铁中加入铬、硅、钼、铜、镍、磷等合金元素，可提高铁素体的电极电位，以提高耐蚀性。除此之外，通过合金化，还可获得单相金属基体组织，减少铸铁中的微电池，从而提高其耐蚀性。

为了使合金元素在铸铁中起到耐腐蚀的作用，必须使它们在基体中有一定的浓度。实践证明，当合金元素物质的量分数为 1/8、2/8、3/8、…、11/8 时，可使铸铁的耐腐蚀性能有显著的提高。如以质量分数表示，合金元素的需要量见表 7－12。只有固溶体中的实际含量达到表中的数值时，才能显著地提高铸铁的耐腐蚀性能。例如，虽然铸铁中的含铬量达到了 11.7%，但是必然有一部分铬与碳结合为碳化铬，使固溶体中的含铬量低于 11.7%，此时仍不能保证铸铁有良好的耐腐蚀性能。

表 7－12　不同物质的量分数时合金元素的需要量(%)

合金元素	物质的量分数		
	1/8	2/8	3/8
Si	6.7	14.4	23.0
Cr	11.7	23.4	36.0
Al	6.4	13.8	22.0
Ni	12.8	25.4	38.0

目前应用较多的耐蚀铸铁有高硅铸铁，这种铸铁在含氧酸类和盐类介质中有良好的耐蚀性，但在碱性介质和盐酸、氢氟酸中，保护膜会被破坏，耐蚀性有所下降。耐蚀铸铁广泛用于化工部门，用来制造管道、阀门、泵类、反应锅及盛储器等。此外，还有高硅钼铸铁、铝铸铁、铬铸铁、抗碱球铁等。常用耐蚀铸铁的成分及用途见表 7－13。

表 7－13　常用耐蚀铸铁的成分及用途

名称	化学成分 ω(%)									用途举例
	C	Si	Mn	P	Ni	Cr	Cu	Al	其他	
高硅铸铁	0.5～1.0	14.0～16.0	0.3～0.8	≤0.08	—	—	3.5～8.5	—	Mo3.0～5.0	除还原性酸以外的酸。加铜用于碱，加镍用于氯

（续表）

名称	化学成分 ω(%)									用途举例
	C	Si	Mn	P	Ni	Cr	Cu	Al	其他	
稀土中硅铸铁	1.0～1.2	10.0～12.0	0.3～0.6	≤0.045	—	0.6～0.8	1.8～2.2	—	Re0.04～0.10	硫酸、硝酸、苯磺酸
高镍奥氏体球墨铸铁	2.6～3.0	1.5～3.0	0.70～1.25	≤0.08	18.0～32.0	1.5～6.0	5.5～7.5	—		高温浓烧碱、海水(带泥沙团粒)、还原酸
高铬奥氏体白口铸铁	0.5～2.2	0.5～2.0	0.5～0.8	≤0.1	0～12.0	24.0～36.0	0～6.0	—		盐浆、盐卤及氯化性酸
含铜铸铁	2.5～3.5	1.4～2.0	0.6～1.0	—	—	—	0.4～1.5	—	Sb0.1～0.4 Sn0.4～1.0	污染的大气、海水、硫酸
铝铸铁	2.0～3.0	6.0	0.3～0.8	≤0.1	—	0～1.0		3.15～6.0		氨碱溶液

第 8 章

有色金属及粉末冶金材料

◎ **学习成果达成要求**

通过该章学习，学生应达成的能力要求包括：

1. 能够根据铝合金、铜合金、滑动轴承合金的成分、组织、性能特点，掌握有色金属及其合金材料在机械工程中的应用及适用范围。

2. 能够采用粉末冶金法，掌握其常用的硬质合金、烧结减摩材料的组织性能。能针对有色金属及粉末冶金材料的不同特点，掌握其应用于机械制造业不同领域的作用和功效。

金属一般分为两大类：一类为黑色金属，包括铁、铬、锰；另一类为有色金属，包括铁、铬、锰以外的所有金属。但习惯上，人们常常把铁和钢以外的金属及其合金称为有色金属或非铁合金。

根据有色金属密度的大小，又分为两大类：密度小于 3.5 g · cm^{-3}的有色金属称为轻金属（如铝、镁、铍、锂等），许多教科书将密度为 4.5 g · cm^{-3}的钛也划入轻金属之列。以轻金属为基的合金称为轻合金。密度大于 3.5 g · cm^{-3}的有色金属（不包括钛）称为重有色金属，如铜、镍、锌、铅等，以这类金属为基的合金称为重有色合金。

有色金属具有许多优良的性能，如密度小、比强度大、比模量高、耐热、耐腐蚀，以及良好的导电性和导热性。同时许多有色金属又是制造各种优质合金钢和耐热钢所必需的合金元素，因此，有色金属在金属材料中占有重要的地位，是现代航天、航空、原子能、计算机、电子、汽车、船舶、石油化工等工业必不可少的材料。

现代科学技术的飞速发展，对有色金属及其合金提出了更高的要求，迫切需要满足各种使用条件（高温、高压、高速、低温、强烈腐蚀等）和综合性能（机械性能、物理性能、耐腐蚀性能、工艺性能等）优异的材料，由此推动了有色金属及其合金研究与开发工作的不断进步。除研制新的合金体系外，还需对原有比较成熟的合金加以改性。通过改进或采用新的制备方法、加工及处理工艺等技术途径，提高有色金属及其合金的纯度，改善组织，提高性能。

8.1 铝及铝合金

在近一个世纪的历史进程中，铝的产量急剧上升，它的用途涉及许多领域，大至国防、航天、电力、通信等，小到锅碗瓢盆等生活用品。它的化合物用途非常广泛，不同含铝化合物在医药、有机合成、石油精炼等方面发挥着重要的作用。铝（Al）作为一种金属自 1866 年熔盐电解法问世后，其生产进入了工业化阶段。

铝合金是纯铝加入一些合金元素如锰、铜、镁、锌等制成的。铝合金比纯铝具有更好的物理和机械性能，易于加工，强度、塑性和硬度高，抗腐蚀、耐久性好，还具有优良的工艺性能，易于加工并具有高的比强度。因此，铝合金广泛地应用于航天、军工、汽车、能源等领域，经半凝固态新铸造工艺获得的铝合金的强度接近钢的强度。

8.1.1　纯铝的特性

纯铝有着许多独特的性质和优良的综合性能。

(1) 密度小。铝的密度为 2.699 g/cm^3，约为钢密度的 1/3。铝与镁(1.738 g/cm^3)、铍(1.848 g/cm^3)、钛(4.507 g/cm^3)统称常用的轻金属。

(2) 可强化性。纯铝的抗拉强度虽然不高(高纯铝退火状态的抗拉强度约为 50 MPa)，但可以通过固溶强化、沉淀强化、应变强化等手段，使铝合金的强度提高到适合的预定目标。超高强度铝合金抗拉强度已超过 700 MPa，其比强度可与优质的合金钢媲美。

(3) 易加工性。铝及其合金可用任何一种铸造方法铸造，其塑性好，可轧制成板材和箔材，拉拔成线材和丝材，挤压成管材、棒材及复杂断面的型材，可以以很高的速度进行车、铣、刨等机械加工。

(4) 耐蚀性。虽然在热力学上铝是活泼的金属之一，但铝及其合金的表面极易形成一薄层致密、牢固的 Al_2O_3 保护膜，这层保护膜只有在卤素离子或碱离子的激烈作用下才会遭到破坏，这层保护膜使铝在大气中、氧化性介质中、弱酸性介质中、pH 值为 4.5～8.5 的水溶液中是稳定的，属于耐腐蚀性能良好的金属材料。

(5) 导电、导热性良好。铝是良好的电导体和热导体。99.99%的纯铝在20℃时的电阻率为 2.654 8 $\mu\Omega \cdot$ cm，相当于退火铜标准电导率的 64.94%，在长度和重量相等的情况下，铝导体通过的电流是铜导体通过电流的 2 倍。目前稀土铝合金导线开始替代铜合金导线。在低于 62 K 时，高纯铝的电阻率小于高纯铜的电阻率，而且在很低温度下受磁场的有害影响较小。铝的热导率约为铜的 1/2，铁的 3 倍，不锈钢的 12 倍。完全退火的高纯铝在 273.2 K 时的热导率为 2.36 W/(cm · K)。高于 100 K 时，其热导率对杂质含量不敏感。

(6) 无磁性，冲击不产生火花。这对某些有特殊要求的用途十分可贵，如作为仪表材料、电气设备屏蔽材料、易燃易爆物生产器材及容器等。

(7) 耐核辐射性。对低能范围的中子，其吸收面积小，仅次于铍、镁、锆等金属。而铝耐辐射的最大优点是对照射生成的感应放射能衰减很快。

(8) 耐低温性。铝在 0 ℃以下，随着温度的降低，强度和塑性不仅不会降低，反而提高。

(9) 反射能力强。铝的抛光表面对白光的反射率达 80%以上，纯度越高反射率越高。铝对红外线、紫外线、电磁波、热辐射等都有良好的反射性能。

(10) 美观性，呈银白色光泽。铝经机加工就可以达到很低的粗糙度和很好的光亮度。如果经阳极氧化和着色，不仅可以提高耐蚀性能，而且可以获得光彩夺目的制品。铝可以电镀、覆盖陶瓷、涂漆，而且涂漆后不会产生裂纹和剥皮，即使局部损坏也不会产生蚀斑。

8.1.2　铝中的杂质

纯铝的强度不高，随着铝中杂质含量的增加其强度增加，而其导电性、耐蚀性和可塑性则降低。纯铝中的主要杂质是 Fe 和 Si，其次还有 Cu、Zn、Mn、Ni、Ti 等。实践证明，Fe 和 Si 的含量及相对比例(通常称铁硅比)对纯铝的工艺性能和使用性能影响很大。铁、硅在共晶温度下的极限溶解度分别为 0.052%和 1%，并随温度下降而急剧减小。因此，铝中铁或硅很少

时就会出现 $FeAl_3$ 或 β(Si)相，它们硬而脆，会使纯铝的塑性降低。当 Fe 和 Si 同时存在时，除出现 $FeAl_3$ 或 β(Si)相外，还可能出现 $\alpha(Fe_3SiAl_{12})$ 及 $\beta(Fe_2Si_2Al_9)$ 等三元化合物。当 Fe ＞ Si 时，形成了富 Fe 的化合物 $\alpha(Fe_3SiAl_{12})$；当 Si ＞ Fe 量时，形成了富 Si 的化合物 $\beta(Fe_2Si_2Al_9)$。共晶中的 $\alpha(Fe_3SiAl_{12})$ 呈骨骼状，初生的 $\alpha(Fe_3SiAl_{12})$ 呈枝条状，$\beta(Fe_2Si_2Al_9)$ 呈粗大的针状；这些相又硬又脆，使铝的塑性急剧下降，后者尤为严重。

当铝中铁硅比不当时，会使纯铝铸锭产生裂纹。另外，由于 $FeAl_3$、α 和 β 等相的电位比铝高，它们也破坏了纯铝表面氧化膜的连续性，因而降低了纯铝的耐蚀性，同时也降低了纯铝的导电性。

8.1.3 纯铝的牌号及用途

纯铝牌号以汉语拼音字母 L 为字头，其后数字为顺序号。LG5～LG1 为工业高纯铝，L1～L6 为工业纯铝，具体见表 8－1。由于不同牌号的纯铝性能有所差异，因此其用途也不相同。高纯铝通常只用于科学研究、化学工业以及其他行业一些用途。对电气工业所用的纯铝，除了要求有良好的导电性外，还需具有一定的强度，一般采用 L1 和 L2，日常生活用品用 L3 制造。大部分纯铝用来熔制铝合金，一些纯度不高的铝，有时也用来加工成各种形式的半成品。见表 8－1。

表 8－1　工业纯铝的牌号

名称	代号	主要成分 ω(%)				杂质含量 ω(不大于)(%)										
		Fe	Si	Cu	Al	Cu	Mg	Mn	Fe	Si	Zn	Ni	Ti	Fe+Si	单个	合计
五号工业高纯铝	LG_5	—	—	—	99.99	0.005	—	—	0.003	0.0025	—	—	—	—	0.002	—
四号工业高纯铝	LG_4	—	—	—	99.97	0.005	—	—	0.015	0.015	—	—	—	—	0.005	—
三号工业高纯铝	LG_3	—	—	—	99.93	0.01	—	—	0.04	0.04	—	—	—	—	0.007	—
二号工业高纯铝	LG_2	—	—	—	99.9	0.01	—	—	0.06	0.06	—	—	—	—	0.01	—
一号工业高纯铝	LG_1	—	—	—	99.85	0.01	—	—	0.10	0.08	—	—	—	—	0.01	—
一号工业纯铝	L_1	—	—	—	99.7	0.01	—	—	0.16	0.16	—	—	—	0.26	0.03	—
二号工业纯铝	L_2	—	—	—	99.6	0.01	—	—	0.25	0.20	—	—	—	0.36	0.03	—

（续表）

名称	代号	主要成分 ω(%)				杂质含量 ω(不大于)(%)										
		Fe	Si	Cu	Al	Cu	Mg	Mn	Fe	Si	Zn	Ni	Ti	Fe+Si	单个	合计
三号工业纯铝	L_3	—	—	—	99.5	0.015	—	—	0.30	0.30	—	—	—	0.45	0.03	—
四号工业纯铝	L_4	—	—	—	99.3	0.05	—	—	0.35	0.40	—	—	—	0.60	0.03	—
四减一号工业纯铝	L_4-1	0.15～0.30	0.10～0.20	—	99.3	0.05	0.01	0.01	—	—	0.06	0.01	0.02	—	0.03	—
五号工业纯铝	L_5	—	—	—	99.0	0.05	—	—	0.50	0.50	—	—	—	0.9	0.05	0.1
五减一号工业纯铝	L_5-1	—	—	0.05 0.20	99.0	—	—	0.05	—	—	0.10	—	—	1.0	0.06	0.15
六号工业纯铝	L_6	—	—	—	98.8	0.10	0.10	0.10	0.50	0.55	0.20	—	—	1.0	0.05	0.15

8.1.4　铝的合金化

大多数金属元素可与铝形成合金，使铝获得固溶强化和沉淀强化。但只有几种元素在铝中有较大固溶度，从而成为常用的合金化元素。最大平衡固溶度超过 1%（摩尔分数）的元素有 8 个：银、铜、镓、锗、锂、镁、硅和锌。锰的最大平衡固溶度达 0.9%（摩尔分数），其他元素的平衡固溶度都比较低。由于银、镓、锗属于贵金属，不可能用作一般工业合金的主要添加元素，因此，铜、镁、锌、硅、锰、锂成为铝合金的主要合金化元素。铬、钛、锆、钒等过渡金属元素，在铝中的固溶度都比较小。这些元素主要用于形成金属间化合物以细化晶粒或控制回复和再结晶，使合金组织结构得到改善。铁和镍主要作为提高合金耐热性能的元素加入。

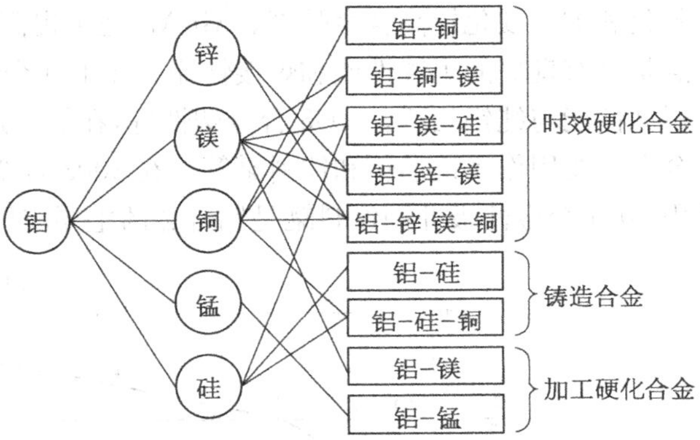

图 8-1　铝的主要合金系

铝合金主要依靠固溶强化、沉淀强化、过剩相强化、细化组织强化、冷变形强化等提高其机械性能。

铝合金分为变形铝合金和铸造铝合金两大类，各分为若干合金系列，如图 8-1所示。每个合金系又有若干合金牌号（表 8-2），每种合金均有不同的加工状态和热处理状态以适应各种用途。

表 8-2 铝合金分类及牌号

变形铝合金		铸造铝合金	
牌号系列	主要合金元素	牌号系列	主要合金元素
1×××	无(铝含量不小于 99.0%)	ZL1××	Si
2×××	Cu	ZL2××	Cu
3×××	Mn	ZL3××	Mg
4×××	Si	ZL4××	Zn
5×××	Mg		
6×××	Mg 和 Si,并以 Mg_2Si 为强化相		
7×××	Zn		
8×××	除上述元素外的其他元素		
9×××	备用组		

纯铝不能采用热处理强化,冷加工是提高纯铝强度的唯一手段。故工业纯铝通常是按冷作硬化和半冷作硬化状态提供使用的。

变形铝合金加工状态代号如下:

O——退火状态;H——加工硬化状态;W——固溶热处理状态;T——热处理状态。

铸造铝合金加工状态代号如下:

B——变质处理;F——铸态;T1——铸态加入工时效;T2——退火;T3——淬火;T4——淬火加自然时效;T5——淬火加不完全人工时效;T6——淬火加完全人工时效;T7——淬火加稳定化回火处理;T8——淬火软化回火处理;T9——冷热循环处理。

1) 变形铝合金

Al-Mn 系变形铝合金(3×××系)为热处理不可强化的铝合金。图 8-2 所示为 Al-Mn 二元系富铝角相图。虽然 Mn 在 Al 中的最大固溶度达 1.82%,但是工业 Al-Mn 合金中 Mn 含量的上限为 1.5%,因为杂质 Fe 会降低 Mn 的溶解度。得到广泛应用的 Al-Mn 合金是 3003 薄板,不可热处理强化。细小的 $MnAl_6$ 有一定的弥散强化作用,但主要靠 Mn 的固溶强化和加工硬化提高合金强度。$MnAl_6$ 还可提高合金的再结晶温度。Al-Mn 合金最大的优点是具有良好的耐蚀性能和焊接性能。在中性介质中耐蚀性能稍次于纯铝,在其他介质中的耐蚀性能与纯铝相近。3003 合金塑性好,在加工过程中可采用大的变形程度加工成薄板。该合金主要用作飞机油箱和饮料罐等。在 3003 合金基础上添加大约 1.2%Mg 即为 3004 合金。用 3004 合金薄板冲制饮料罐是铝合金的主要应用领域之一。

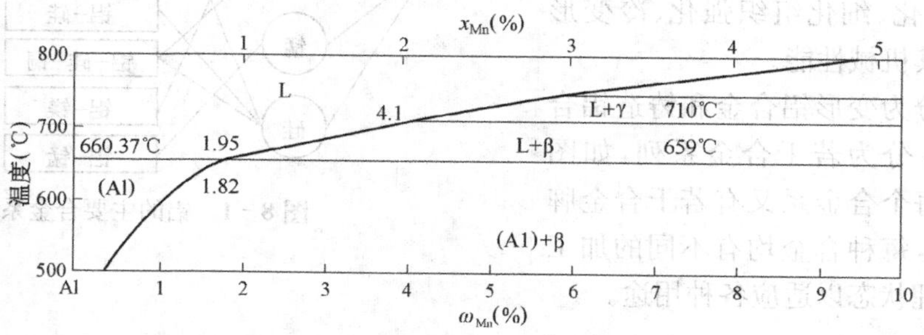

图 8-2 Al-Mn 系富铝角相图

Al－Mg 系变形铝合金(5×××系)和 Al－Mn 合金一样均属不可热处理强化的铝合金，它们的耐蚀性能均优良，所以统称"防锈铝"。Mg 在铝中的最大固溶度可达 17.4%，但镁含量低于 7%时，二元合金没有明显的沉淀强化效果，虽然随着温度的降低，Mg 在铝中的固溶度迅速减小，但由于沉淀时形核困难，核心少，沉淀相尺寸大，强化效果不明显，而且粗大的沉淀 β 相 Mg_5Al_8 往往沿晶界分布，反而损害了合金性能。因此 Al－Mg 合金不能采用热处理强化，而需依靠固溶强化和加工硬化来提高合金的力学性能。Al－Mg 合金中通常还加入少量或微量的 Mn、Cr、Be、Ti 等。除少量固溶外、大部分形成 $MnAl_6$，可使含 Mg 相沉淀均匀，提高强度，进一步提高合金抗应力腐蚀能力。同时 Mn 还可以提高合金再结晶温度，抑制晶粒长大。某些合金添加一定含量的 Cr(如 5052 合金)，不仅有一定的弥散强化作用，同时还可以改善合金的抗应力腐蚀能力和焊接性能。加入 Ti 主要为了细化晶粒。加入微量的 Be(0.01%～0.05%)，主要为了提高 Al－Mg 合金氧化膜的致密性，降低熔炼烧损，改善加工产品的表面质量。退火状态的合金伸长率变化不大，均在 25%左右；而 Al－0.8%Mg(5005)的屈服强度为 40 MPa，Al－5%Mg(5456)的屈服强度为 160 MPa，随着含镁量的提高，合金强度明显提高。另外，Al－Mg 合金的加工硬化速率大，如完全加工硬化的 5456 合金，屈服强度达 300 MPa，抗拉强度达 385 MPa，延伸率仅为 5%。

Al－Si 系变形铝合金(4×××系)，Al－Si 系合金由于具有流动性好、铸造时收缩小、耐腐蚀、焊接性能好、易钎焊等一系列优点，成为广泛应用的工业铝合金。但 Al－Si 合金最多的是用作铸造合金，Al－Si 系亚共晶合金也有良好的加工性能。Al－Si 变形合金主要加工成焊料，用于焊接镁含量不高的所有变形铝合金和铸造铝合金；其次加工成锻件，制造活塞和在高温下工作的零部件。

2）铸造铝合金

工程应用的铝合金铸件可以采用任何一种铸造工艺进行生产。根据使用性能的要求和批量大小，可以分别采用砂型模、永久模、熔模、压铸、真空吸铸、流变铸造等生产方法。这些生产工艺简便，同时铸造铝合金力学性能和工艺性能优良，因此，铝合金铸件广泛用于航空航天、船舶、汽车、电器、仪器仪表、日用品、汽车制造等部门。

铸造铝合金一般可分为四大类，即 Al－Si 系、Al－Cu 系、Al－Mg 系和 Al－Zn 系。

Al－Si 系铸造铝合金，以硅为主要合金化元素的铸造 Al－Si 合金是最重要的工业铸造合金。图 8－3 所示为 Al－Si 二元状态图。亚共晶、共晶、过共晶 Al－Si 合金都有着广泛的工业

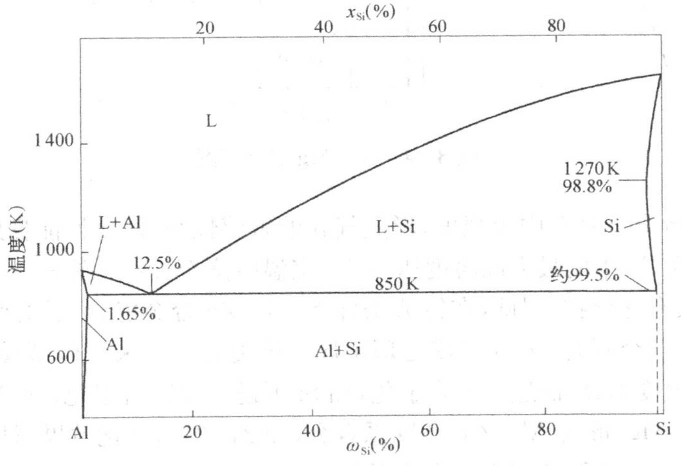

图 8－3　Al－Si 二元合金相图

应用。亚共晶和共晶型合金的组织由韧性的固溶体和硬脆的共晶硅相组成，具有高强度，并保留一定的塑性，流动性好，缩松少，线膨胀系数小，有良好的气密性，并有较好的耐蚀性和焊接性。其物理性能和力学性能可通过调整合金成分在较大范围内调节。过共晶合金有坚硬的初生硅相，有良好的耐磨性、低的线膨胀系数和极好的铸造性能，已成为内燃机活塞的专用合金。

Al－Cu 系合金是应用最早的一种铸造合金。由于主要强化相是 θ 相($CuAl_2$)，具有高的热处理效果和热稳定性，因此适于铸造高温铸件。但这类合金的铸造性能差，易产生铸造热裂纹。而且合金的耐蚀性也差，因此目前只有 ZL201、ZL202、ZL203 还在应用。

Al－Mg 系铸造室温力学性能高，切削性能好，耐蚀性优良，是铸造铝合金中耐蚀性能最好的，其铸件可在海洋环境中服役。但长期使用时有产生应力腐蚀的倾向，且熔铸工艺性能差。

Mg 在 Al 中的最大固溶度在共晶温度时达 14.9%，共晶组织为 $\alpha+\beta(Mg_2Al_3)$。如图 8－4 所示，虽然 Mg 在 Al 中有很大的固溶度，但含镁量低于 7%时，二元合金没有明显的沉淀强化作用。铸造 Al－Mg 合金中，ZL301 和 ZL305 合金中的含镁量均在 7%以上，可进行热处理强化。而 ZL303 合金中含镁量较低，因而热处理强化效果不明显。在 Al－Mg 合金中加入微量的 Be，可大大增加合金熔体表面氧化膜的致密度，提高合金熔体表面的抗氧化性能，从而改善熔铸工艺，并能显著减轻铸件厚壁处的晶间氧化和气孔，及降低力学性能的壁厚效应。加入微量的 Zr、B、Ti 等晶粒细化剂，能明显细化晶粒，有利于补缩，使 β 相更为细小，提高热处理效果。该合金常用作承受高的静、动载荷以及与腐蚀介质相接触的铸件，如制作水上飞机及船舶的零件、氨用泵体等。

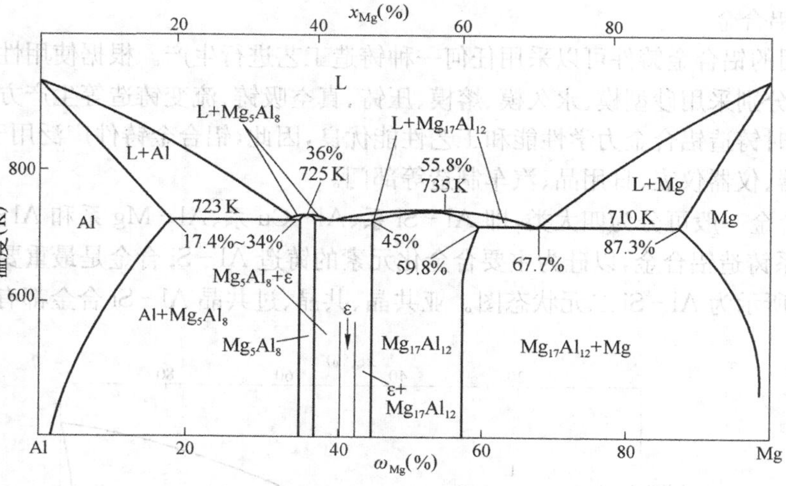

图 8－4 Al－Mg 二元相图

Al－Zn 系铸造合金具有中等强度，形成气孔的敏感性小，焊接性能良好，热裂倾向大，耐蚀性能差等。Zn 在 Al 中的最大固溶度达 70%，室温时降至 2%。图 8－5 所示为 Al－Zn 二元相图。室温下没有化合物，因此，在铸造条件下 Al－Zn 合金能自动固溶处理，随后自然时效或人工时效可使合金强化，节约了热处理工序。该类合金可采用砂型模铸造，特别适宜压铸。Al－Zn 合金强度不高，需进一步合金化，加 Si 可进一步固溶强化，在 Al－Zn－Si 系合金(如 ZL401)中加入 Mg，形成 Al－Zn－Mg 系合金(如 ZL401)，强化效果明显。合金中加入 Cr 和 Mn，可使 Mg－Zn2 相和 T 相均匀弥散析出，能提高强度和抗应力腐蚀能力。在 Al－Zn 铸

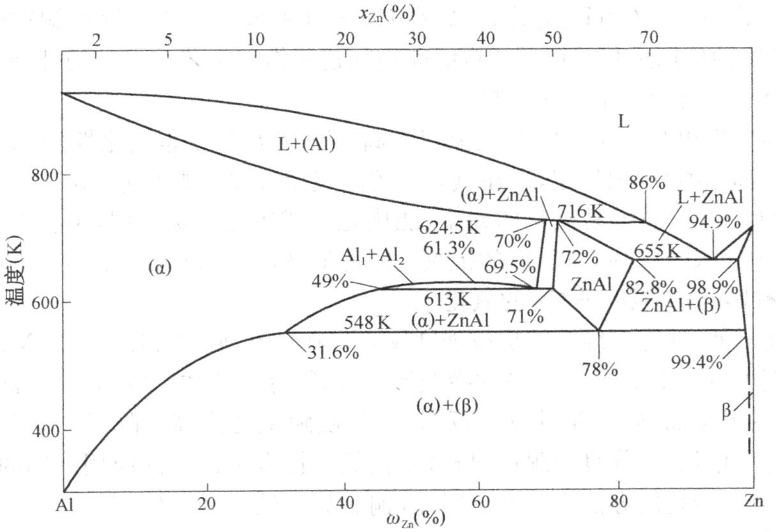

图 8-5　Al-Zn 二元相图

造合金中加 Ti 和 Zr 可以细化晶粒。该类合金适宜于制造需进行钎焊的铸件。

8.2　铜及铜合金

铜及铜合金的主要特点是导电和导热性好，在大气、海水和许多介质中抗腐蚀性能优异，并有较高的强度、耐磨性和良好的塑性，适于用各种塑性加工和铸造方法生产各种产品，是电力、通信、计算机、化工、仪表、造船和机械制造等工业部门不可缺少的贵重金属材料。铜及铜合金的唯一缺点是资源少，价格高。因此，在研究和使用铜合金的同时，应研究节约铜资源、减少铜的消耗、开发替代品和重视废旧物品的回收和利用。铜合金的品种较多，可分黄铜(Cu-Zn 系)、青铜(Cu-Sn、Cu-Al 和 Cu-Be 等)和白铜(Cu-Ni 系)三大类。

8.2.1　纯铜的性质

铜是极其宝贵的有色金属，具有美丽的颜色，优良的导电、导热、耐蚀、耐磨等性能，容易提取、加工、回收，在国民经济和人民生活中广泛使用。Cu 的最高纯度可达 99.999%，工业纯 Cu 为 99.90%～99.96%。纯 Cu 的新鲜表面是玫瑰红色，表面形成氧化亚铜 Cu_2O 氧化皮后呈紫色，故又称紫铜。

纯 Cu 的密度比 Fe 高(7.8×10^3 kg/m^3)，导电率和导热率仅次于 Ag 而居第二位。但随纯度的提高，高纯 Cu 的导电率可达到 17.945×10^{-9} Ω·m，导热率(20 ℃)可达到 394.3 W/(m·K)。

溶解于 Cu 中的微量杂质对 Cu 的电阻率有较大的影响，可用 Mathiessen 公式来计算。各种元素进入铜，都会引起铜的电导率和热导率降低，元素种类、含量多少不同，对其影响程度也不相同。随着温度升高，铜的电阻增加，电导率降低。冷加工会导致铜的晶格畸变，自由电子定向流动受阻，也会导致电导率降低。铜是抗磁体，是优良的磁屏蔽材料，常温下铜的磁化率为 $-0.085\cdot10^{-6}$ cm^3/g，铁能提高其磁化率，对于抗磁用途的铜及铜合金来说，应严格控制铁的含量。

抛光的 Cu 在清洁的干燥空气中不易被腐蚀，空气不受污染时即使含有饱和水蒸气也不受影响。空气中含有 SO_2、H_2S、CO_2 和 Cl_2 时，则生成 $CuSO_4 \cdot 3Cu(OH)_2$、$CuCO_3 \cdot Cu(OH)_2$ 和 $CuCl_2 \cdot 3Cu(OH)_2$ 等化合物，在 Cu 表面形成一薄层青绿色铜锈(铜绿)。另外，湿度为 75%时腐蚀作用最强。铜锈或铜绿能增加建筑物和工艺美术品的外观美，又有减慢腐蚀速度的保护作用，可用人工方法仿制。

Cu 的标准电极电位为 0.34 V，比氢(H)高，Cu 在大多数非氧化性酸(无空气和 O_2，如 HC)和有机酸(如醋酸)中很稳定，但在氧化性的硝酸和硫酸中能迅速溶解。

铜矿中含有比 Cu 还容易氧化的元素，能优先形成氧化物保护层，阻止 O_2 继续向内部扩散。例如，Cu 中加入 Al、Be、Mg 时的抗氧化能力最高；加入 Si 和大量的 Sn 或 Zn 时次之；加入 Ag 几乎没有影响；P 能促进 Cu 的氧化。

Cu 的强度较低，软态下纯铜的抗拉强度仅为 250 MPa，屈服强度为 100 MPa，但具有优良的塑性，软态铜可以承受 90%～95%的冷变形，可以很容易地加工成箔材和细丝；纯铜的强度随着变形程度的增加而增加，塑性则相反；铜的强度随温度升高而降低。铜在低温下没有脆性，强度反而有所增加，是优良的耐低温材料，在低温技术中被广泛应用。铜的力学性能可以通过压力加工和合金化的办法来改变。因此，铜制品以软、半硬、硬态供应。铜的合金化是在金属铜中加入强化元素，这些元素通过固溶强化和弥散强化来提高铜的强度。

Cu 在自然界中的主要矿物有硫化矿和氧化矿，铜很容易被还原，也很容易用硫酸浸出，可用普通的火法和湿法提取，可以用电解方法提纯，其纯度可以达到 99.99%。铜及其合金铸锭可以承受热塑性加工和冷塑性加工，如热轧、热锻、热挤、冷轧、冷锻、冷拉、冷冲等；铜及其合金具有优良的焊接性能，可以钎焊、电子焊、自耗电极焊和非自耗电极焊；铜及其合金还具有良好的机械加工性能，可以加工成各种精密元件；铜及其合金的各种废料、残料可以直接配制合金，具有宝贵的回收价值。

8.2.2 微量元素及其对铜性能的影响

(1) 氢。氢与铜不形成氢化物，氢在液态和固态铜中的溶解度随着温度升高而增大，特别是在液态铜中有很大的溶解度。凝固时，会在铜中形成气孔，从而导致铜制品的脆性；在固态铜中，氢以质子状态存在。氢对铜的性能虽然影响甚微，但氢对于铜合金来说是有害的。

(2) 氧。氧对铜及其合金性能的影响是复杂的，微量氧对铜的电导率和力学性能影响甚微。氧作为清洁剂，可以从铜中清除掉许多有害杂质，以氧化物形式进入炉渣，特别是能够清除砷、锑等元素，含有少量氧的铜其电导率反而可以达到原来的 100%～103%。

(3) 铁、铅、铬、硅、银、铍、镉。这 7 种元素的共同特点是：它们有限固溶于铜，固溶度随着温度变化而激烈地变化，当温度从合金结晶完成之后开始下降时，它们在铜中的固溶度也开始降低，以金属化合物或单质形态从固相中析出。当这些元素固溶于铜中时，能够明显地提高其强度，具有固溶强化效应。当它们从固相中析出时，又产生了弥散强化效果，导电和导热性能得到了恢复，它们是典型的时效热处理型铜合金，通过淬火和时效可以获得高强高导电性能。铍铜是著名的弹性材料，铍对铜的强化最为显著，热处理后的铍铜强度可达纯铜的 4～5 倍；锆、铬铜合金具有很高的电导率，在航天发动机中有重要的应用；硅青铜具有高的强度和耐磨性能；铁、锆、铬青铜是著名的高强高导铜合金，在电极制造中有重要应用。稀有贵金属中金、钯、铂、铑与铜无限互溶，是宝贵的焊料合金，用于电子元器件的封装和各种触点。

(4) 锌、锡、铝、镍。这 4 种元素的共同特点是在铜中的固溶度很大，具有宽阔的单相区，它们能够明显地提高铜的力学性能、耐蚀性能，同时使铜的导电、导热性能降低，但与其他金属材料相比较，仍属于优良的导电和导热材料。它们与铜形成宝贵的合金，可分为黄铜、青铜、白铜合金，这些合金具有优秀的综合性能。

(5) 锑、铋、硫、碲、硒。这些元素在铜中的固溶度极小，基本不溶于铜，以金属化合物形式存在，分布于晶界。能严重恶化铜及合金的塑性加工性能，应该严格控制其含量，各国标准中规定不应超出0.005%；由于含有这些元素的铜具有良好的切削性能，在工程技术界也有特殊应用。

8.2.3　铜的合金化原则

不同合金元素对铜组织和性能的影响是不同的，为研制具有优良性能的铜合金，人们积累了丰富的经验，得出许多重要的合金化原则。

(1) 所有元素都无一例外地降低铜的电导率和热导率。凡元素固溶于铜中，都会造成铜的晶格畸变，使自由电子定向流动产生波散射，使电阻率增加。相反，在铜中没有固溶度或很少固溶的元素，对铜的导电和导热性能影响很小，有些元素在铜中的固溶度随着温度降低而剧烈降低，以单质和金属化合物析出，既可固溶和弥散强化铜，又不会使电导率降低太多，对研究高强高导合金来说，是重要的合金化元素；合金元素对铜性能的影响是叠加的。

(2) 铜基耐蚀合金的组织都应该是单相的。避免在合金中出现第二相，为此加入的合金元素在铜中都应该有很大的固溶度，甚至是无限互溶的元素。在工程上应用的单相黄铜、青铜、白铜都具有优良的耐蚀性能，是重要的热交换器材料。

(3) 铜基耐磨合金组织中均存在软相和硬相。在合金化时必须确保加入的元素，除固溶于铜之外，还应该有硬质沉淀相析出，铜合金中典型的硬相有Ni_3Si、FeAlSi化合物等。

(4) 固态下孪晶转变的铜合金具有阻尼性能，如CuMn系合金；固态下有热弹性马氏体转变过程的合金具有记忆性能，如CuZnAl、CuAlMn系合金。

(5) 铜的颜色可以通过加入合金元素的办法来改变。如加入锌、铝、锡、镍等元素，随着含量的变化，颜色也发生红—青—黄—白的变化，合理地控制含量会获得仿金材料和仿银合金，如Cu7Al2Ni0.5In和Cu15Ni20Zn合金系分别是著名的仿金和仿银合金。

(6) 铜及其合金的合金化所选择的元素应该是常用、廉价、无污染的。所加元素应该多元少量，合金残料应能够综合利用。

8.2.4　变形铜合金

(1) 紫铜。紫铜的品种有纯铜、无氧铜、磷脱氧铜和银铜等，它们具有高的电导率、热导率，良好的耐蚀性能和优秀的塑性变形性能，可以使用压力加工的方法生产出各种形式的半成品，用于导电、导热和耐蚀各领域。国家标准的紫铜化学成分列于表8-3。如图8-6所示，紫铜的性能随冷加工率、退火温度而变化。紫铜中纯铜品种共有4个，主要用于输电导线。无氧铜是紫铜中的重要品种，是电真空行业不可缺少的关键品种。磷脱氧铜使用日益广泛，这种合金具有优良的耐生活用水、土壤、海水腐蚀的性能，是各种水道管、刷气管的理想材料。磷铜合金还具有优良的流动性和浸润性，而磷又是良好的脱氧剂，所以是磷铜合金理想的焊接材料。

(2) 黄铜。铜与锌组成的合金称为简单黄铜，在此基础上再加入其他合金元素称为复杂黄铜；黄铜具有美丽的颜色、较高的力学性能、耐蚀、耐磨、易切削性能，以及低成本、良好工艺性能等优势，是应用最广泛的铜合金。图8-7所示为Cu-Zn二元相图。锌在铜中有很大的

表 8-3 形变铜的化学成分和产品形状

组别	序号	牌号		化学成分													产品形状
		名称	代号	Cu+Ag	P	Ag	Bi	Sb	As	Fe	Ni	Pb	Sn	S	Zn	O	
纯铜	1	一号铜	T1	99.95	0.001	—	0.001	0.002	0.002	0.005	0.002	0.003	0.002	0.005	0.005	0.02	板、带、箔、管
纯铜	2	二号铜	T2	99.90	—	—	0.001	0.002	0.002	0.005	—	0.005	—	0.005	0.005	—	板、带、箔、管、棒、线
纯铜	3	三号铜	T3	99.70	—	—	0.002	—	—	—	—	0.01	—	—	—	—	板、带、箔、管、棒、线
无氧铜	4	零号无氧铜	TU0 (C10100)	Cu 99.99	0.000 3	0.002 5	0.000 1	0.000 4	0.000 5	0.001 0	0.001 0	0.000 5	0.000 2	0.001 5	0.000 1	0.000 6	板、带、箔、管、棒、线
无氧铜	4	零号无氧铜	TU0 (C10100)	Se: 0.000 3 Te: 0.000 2 Mn: 0.000 06 Cd: 0.000 1													
无氧铜	5	一号无氧铜	TU1	99.97	0.002	—	0.001	0.002	0.002	0.004	0.002	0.003	0.002	0.004	0.003	0.002	板、带、箔、管、棒、线
无氧铜	6	二号无氧铜	TU2	99.97	0.002	—	0.001	0.002	0.002	0.004	0.002	0.004	0.002	0.004	0.003	0.003	板、带、管、棒、线
磷脱氧铜	7	一号脱氧铜	TP1 (C12000)	99.90	0.004~0.012	—	—	—	—	—	—	—	—	—	—	—	板、带、管
磷脱氧铜	8	二号脱氧铜	TP2 (C12200)	99.9	0.015~0.040	—	—	—	—	—	—	—	—	—	—	—	板、带、管、棒、线
银铜		0.1 银铜	TAg0.1	Cu99.5	—	0.06~0.12	0.002	0.005	0.01	0.05	0.02	0.01	0.05	0.01	—	0.1	板、管、线

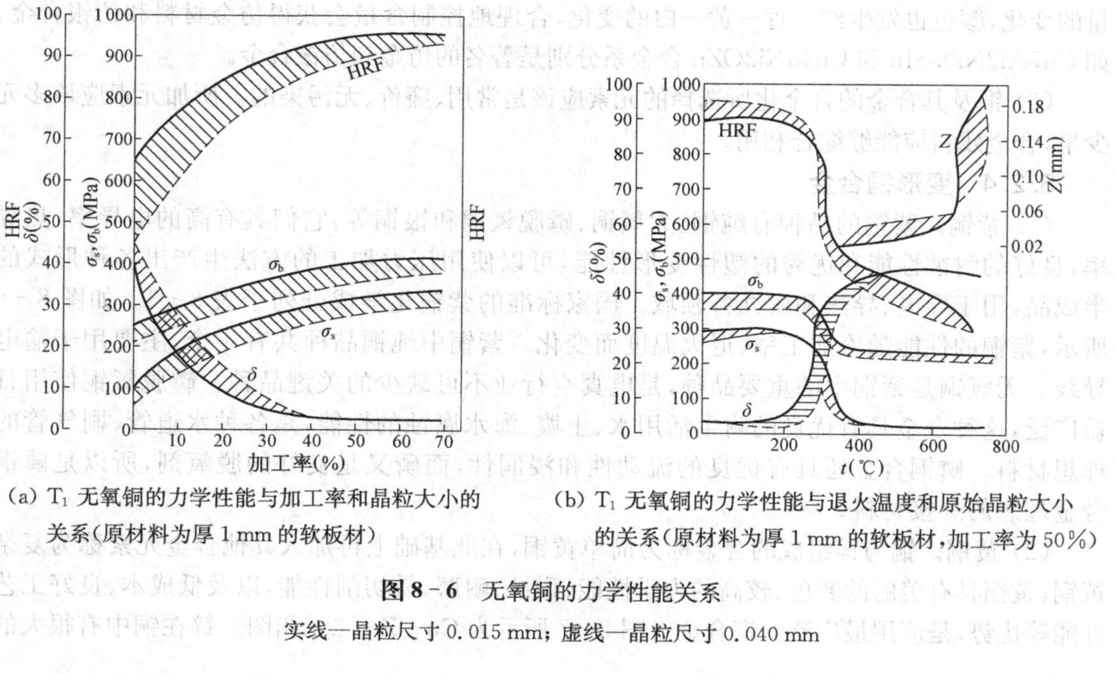

(a) T_1 无氧铜的力学性能与加工率和晶粒大小的关系(原材料为厚 1 mm 的软板材)

(b) T_1 无氧铜的力学性能与退火温度和原始晶粒大小的关系(原材料为厚 1 mm 的软板材,加工率为 50%)

图 8-6 无氧铜的力学性能关系

实线—晶粒尺寸 0.015 mm;虚线—晶粒尺寸 0.040 mm

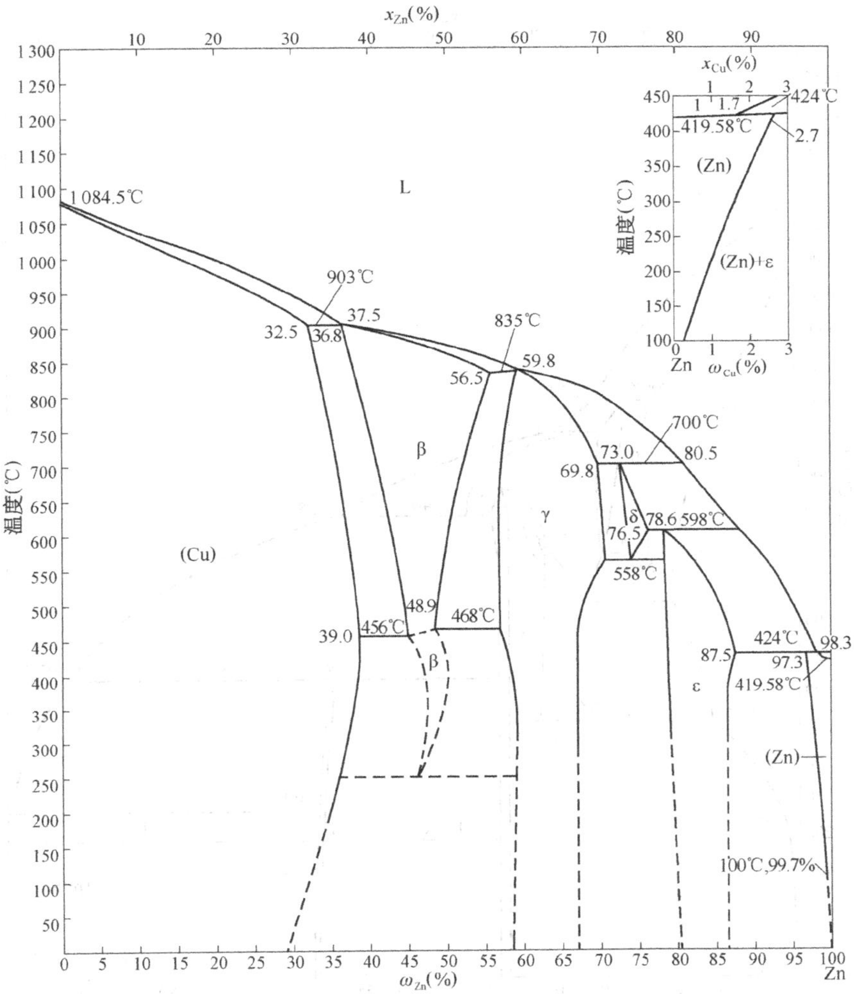

图 8-7 Cu-Zn 二元相图

固溶度，由液相转变为固相均为包晶反应，固态下有 α、β、γ、δ、ε 等相。β 相在 456 ℃、468 ℃时，发生有序化转变。锌在铜中最大的固溶度为 39%，此时对应的温度为 456 ℃。广泛使用的简单黄铜按组织结构可分为 α、α+β、β 三种。黄铜在大气、清洁的淡水、大多数有机介质中是耐蚀的，但是黄铜易发生脱锌腐蚀、应力腐蚀，在工程上应用时应予以重视。脱锌腐蚀是由于锌的电极电位远低于铜，在介质中锌原子优先发生阳极反应而溶解，发生片状脱锌。加入0.03%～0.05%的砷，可以抑制脱锌腐蚀。应力腐蚀由压力加工残余应力引起，一般表现为纵向开裂，对黄铜制品危害很大，可以通过消除应力退火加以防止。

(3) 青铜。除铜与锌、铜与镍之外，铜与其他元素形成的合金统称青铜。包括二元青铜和多元青铜，该合金具有许多优越的性能，一般具有高强度、高耐蚀性能，是工程界和高科技领域不可缺少的关键材料，重要的青铜有锡青铜、铝青铜、铍青铜、硅青铜、锰青铜、铬青铜、锆青铜、镉青铜、钛青铜和铁青铜等，下面简单介绍几种青铜。

如图 8-8 所示铜锡二元系相。锡在铜中有很大的固溶度，520 ℃时达 15.8%，而在 100 ℃时为 1.0%左右；锡青铜可以热加工和冷加工，但热轧困难，通常需要长时间的均匀化加热。磷可以提高锡青铜的流动性，锌、镍元素可以提高其强度和耐蚀性能，铅可以提高切削性

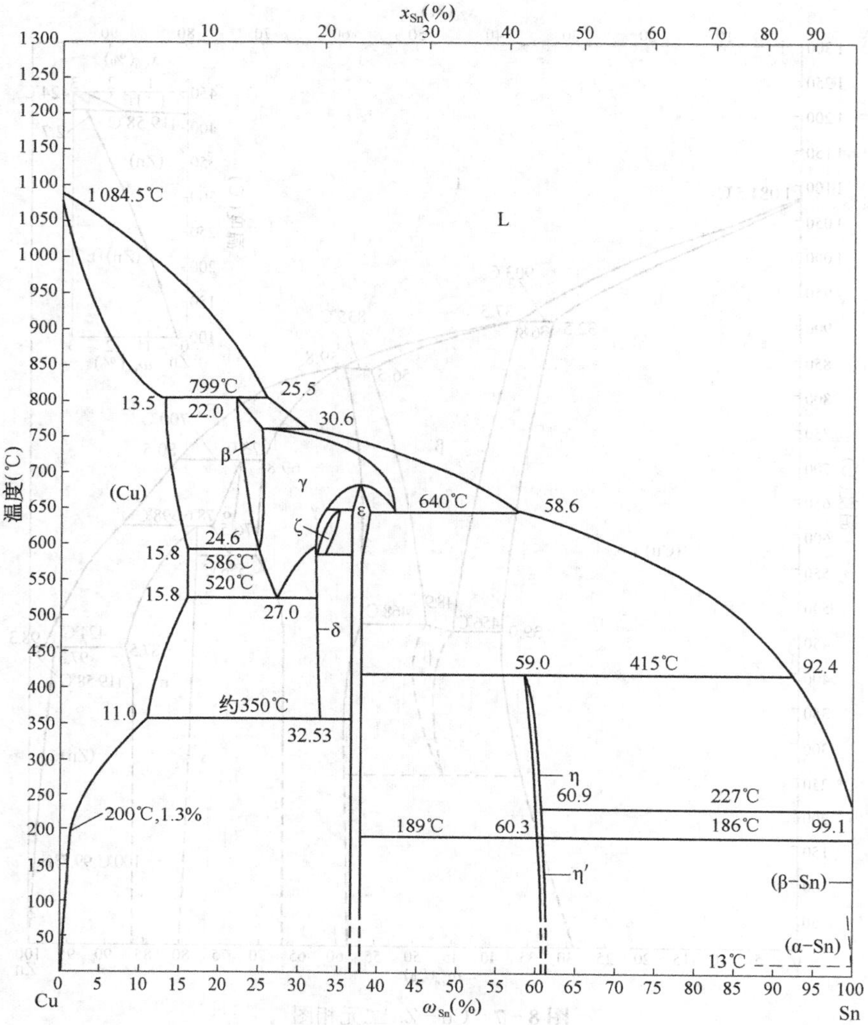

图 8-8 Cu-Sn 二元相图

能,因此,工业用锡青铜通常加入磷、锌、镍等元素。

铜铝二元合金称为简单铝青铜,加入其他合金元素后称为复杂铝青铜。铝青铜具有高强、耐蚀、耐磨、冲击时不产生火花等优点。铝在铜中的固溶度很大,含铝 7.4%的合金在室温下为单相 α 合金,具有良好的塑性;含铝 9.4%~15.6%的合金在高温下为 β 相,565 ℃发生共析转变,生成 α+β_2 相,β_2 相为复杂立方结构,属于硬脆相,对合金的力学性能和耐蚀性都是不利的,可以通过热处理或加入铁元素的办法防止共析转变;在工业生产条件下,室温可以获得单相 α 青铜和 α+β 两相青铜,其中 β 相在冷却过程中将发生无扩散相变,生成针状 β′ 相,β′ 相为热弹性马氏体,使合金具有记忆性能。

特种青铜又称高铜合金。重要的特种青铜包括铍青铜、铁锆青铜、铬青铜、银青铜、镁青铜、硅青铜、铁青铜、钛青铜、铋青铜、碲青铜等,其中有二元合金,也有多元合金,它们的共同特点是各合金元素在铜中的固溶度从高温到室温有明显的变化,可以通过热处理进行强化,属于固溶强化和弥散强化型合金。其中铍青铜是最为优秀的弹性材料之一。

(4) 白铜。白铜是铜和镍的合金,随着镍含量的增加,合金由红色向白色变化,镍与铜能够无限互溶，形成连续固溶体。合金为单相的面心立方晶格组织，具有优良的塑性和耐蚀性，特别是耐海水、海洋大气腐蚀，能够抗海洋生物生长，是重要的海洋工程用材料。为了改善其耐冲击腐蚀性能，通常加入 1.0%左右的铁和锰。重要的军用舰船，如核动力潜艇的热交换器、冷凝管都选用含镍 30%的白铜，海水管路也选用含镍 10%的白铜。为防止海洋生物的生长，使用 B10 合金包覆钢结构件、船壳、舵等的方法也日益普遍。

加入锌的白铜具有美丽的银白色光泽和优良的耐大气腐蚀性能，被广泛用来冲制电子元器件的壳体，也被用来制作精美的工艺品，BZn15 - 20 合金是著名的仿银合金又称“中国银”。

加入锰的白铜（BMn3 - 12、BMn40 - 1.5）是精密电阻合金，电阻温度系数小，电阻值稳定，用于制作各种电器仪表。

8.2.5　铸造铜合金

铸造铜合金是指直接用于铸造零部件或由铸造半成品直接经机械加工生产零部件的一类合金。它包括紫、黄、青、白各类铜合金，其中使用最广泛的铸造铜合金是青铜和黄铜，变形铜合金也常用于铸造各种部件。合金的熔炼通常采用感应熔炼和坩埚熔炼，铸造方法有砂模、树脂砂模、石蜡铸模、铁模、铜模、石墨模、离心铸造、半连铸、压力铸造等，铸件的主要缺陷有裂纹、气孔、疏松、夹杂、夹渣、偏析，为防止铸件缺陷，要注意采用脱氧、除渣、除气、加强搅拌、铸件热处理等措施，常用的脱氧剂为磷铜，除气剂为氧化锌或吹氮；熔剂为硼砂、玻璃、冰晶石等，覆盖剂为燃烧木炭；铸造铜合金具有高强、耐磨、流动性优良等特点，又由于工艺流程短、成本低，可直接生产异型零件，所以在工业上被广泛采用。

(1) 铸造锡青铜。铸造锡青铜有二元和多元合金，它们在蒸汽、海水和碱溶液中具有优良的耐蚀性，同时还具有足够的强度和耐磨性能、良好的充满模腔性能，为改善其枝晶偏析、疏松、反偏析等缺陷，通常加入铅和锌。加入铅可以减少铸造缺陷，降低成本，铅加入量可高达 30.0%，故又有铅青铜之称；加入锌可以提高合金的强度，同时锌又是十分有效的除气剂；加入磷可以提高合金的流动性，而磷又是最有效、最廉价的脱氧剂；加入镍可以提高耐蚀性；加入铁能够细化晶粒，提高耐冲刷腐蚀性能；而铝、硅、镁等元素由于降低了锡青铜的流动性，阻碍金属充满模腔，所以应加以限制。

(2) 铸造铝青铜。铸造铝青铜在液态下流动性好，不易产生疏松，铸件致密，力学性能优良，耐蚀性优于锡青铜，但易形成集中缩孔和铝的氧化膜夹杂，含锡 8.0%～11.0%的合金，在缓冷时发生 $\beta \rightarrow \alpha + \gamma_2$ 共析反应，会出现缓冷脆性，导致复杂、薄壁铸件裂纹，可以通过铸件快冷的方法加以防止。图 8 - 9 所示为 Cu - Al 二元相图，由于铝青铜具有高强、耐磨、耐蚀的突

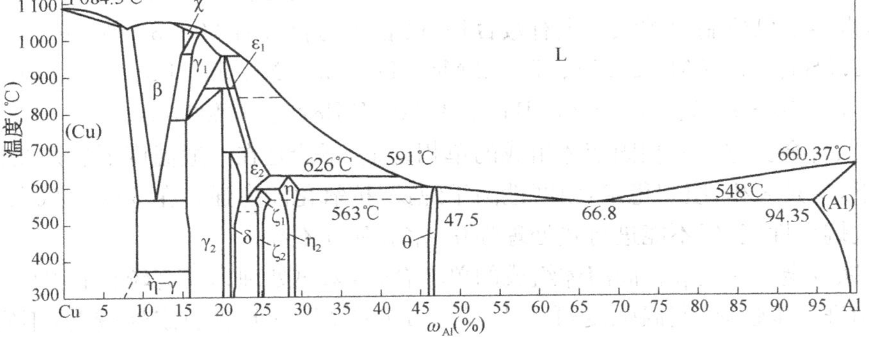

图 8 - 9　Cu - Al 二元相图

出优点，是重型机械的滑板、衬套、蜗轮、蜗杆、阀杆等关键部件的首选材料。多元铝青铜具有耐海水冲刷和气泡腐蚀的特点，可用来铸造舰船的螺旋桨。高锰铝青铜(14.0%Mn、8.0%Al、3.0%Fe、2.0%Ni)被用来制造重要军用舰船的巨型螺旋桨。当铝青铜中含铝量为4.0%～6.0%时，具有美丽的金黄色，可用来制作仿金工艺品。

(3) 铸造黄铜。铸造黄铜一般为多元复杂黄铜，含锌量不超过45.0%，主要有锰黄铜、铝黄铜、硅黄铜等，虽然其强度和耐蚀性不如铸造青铜，但是其铸造性良好，铸件成本低，所以被广泛用来制造机械工程中的耐磨、耐蚀部件，以及各种管件、重型机械的轴套、衬套、船舶的螺旋桨等。黄铜凝固温度范围窄，易形成集中缩孔。为提高其强度和耐蚀性，一般加入下列元素：铁可以细化晶粒，提高强度和硬度，一般加入量为0.5%～3.0%；锰在黄铜中固溶度大，具有固溶强化的作用，加入量为2.0%～4.0%；铝在黄铜中为扩大β相元素，加入之后使β相增多，是黄铜的强化元素，加入量为2.0%～7.0%；硅可以改善合金铸造性能，强化效果显著，加入量为2.0%～4.5%；锡和镍可以提高其耐海水腐蚀性能，有海军黄铜之称，锡的加入量不超过1.0%，镍可达3.0%；铅能改善黄铜的切削性能，加入量为1.0%～3.0%，过多地加入将损失其强度与塑性。

8.3 钛及钛合金

钛及钛合金因具备密度小、比强度高、弹性模量低、导热系数小、抗拉强度与屈伸强度接近、无磁性、无毒、耐热性能好、耐低温性能好、吸气性能和耐腐蚀性能优良等特点，被誉为继铁、铝之后的"第三金属""未来金属"和"全能金属"。钛材的应用量已经成为衡量一个国家综合国力强弱的重要指标。

8.3.1 钛及钛合金的种类

钛是一种新型金属，钛的性能与所含碳、氮、氢、氧等杂质的含量有关，最纯的碘化钛杂质含量不超过0.1%，但其强度低、塑性高。99.5%工业纯钛的性能为：密度$\rho = 4.5\ g/cm^3$，熔点为1 725 ℃，导热系数$\lambda = 15.24\ W/(m \cdot K)$，抗拉强度$\sigma_b = 539\ MPa$，伸长率$\delta = 25\%$，断面收缩率$\psi = 25\%$，弹性模量$E = 1.078 \times 10^5\ MPa$，硬度HB195。钛是同素异构体，熔点为1 668 ℃，在低于882 ℃时呈密排六方晶格结构，称为α钛；在882 ℃以上呈体心立方晶格结构，称为β钛。

钛合金是以钛为基础加入其他元素组成的合金，利用钛上述两种结构的不同特点，添加适当的合金元素，使其相变温度及相分含量逐渐改变得到不同组织的钛合金。室温下，钛合金有三种基体组织，分别为α合金、α+β合金和β合金，我国分别以TA、TC、TB表示。另外钛铝金属间化合物(Ti_xAl，此处$x = 1$)作为一种特殊的钛合金也被广泛地应用。

目前，世界上已研制出的钛合金有数百种，最著名的合金有20～30种，如Ti-6Al-4V、Ti-5Al-2.5Sn、Ti-2Al-2.5Zr、Ti-32Mo、Ti-Mo-Ni、Ti-Pd、SP-700、Ti-6242、Ti-1023、Ti-10-5-3、Ti-1023、BT9、BT20、IMI829、IMI834等。

(1) α钛合金。它是α相固溶体组成的单相合金，不论是在一般温度下还是在较高的实际应用温度下，均是α相，组织稳定，耐磨性高于纯钛，抗氧化能力强。在500～600 ℃下，仍保持其强度和抗蠕变性能，但不能进行热处理强化，室温强度不高。

(2) β钛合金。它是β相固溶体组成的单相合金，未热处理即具有较高的强度，淬火、时效后合金得到进一步强化，室温强度可达1 372～1 666 MPa；但热稳定性较差，不宜在高温下使用。

(3) $\alpha+\beta$ 钛合金。它是双相合金，具有良好的综合性能，组织稳定性好，有良好的韧性、塑性和高温变形性能，能较好地进行热压力加工，能进行淬火、时效，使合金强化。热处理后的强度约比退火状态提高 50%～100%；高温强度高，可在 400～500 ℃下长期工作，其热稳定性次于 α 钛合金。

上述三种钛合金中最常用的是 α 钛合金和 $\alpha+\beta$ 钛合金；α 钛合金的切削加工性最好，$\alpha+\beta$钛合金次之，β 钛合金最差。α 钛合金代号为 TA，β 钛合金代号为 TB，$\alpha+\beta$ 钛合金代号为 TC。

8.3.2 钛及钛合金的特点

钛及钛合金具备密度小、比强度高、热强度高、耐蚀性好、低温性能好、化学活性大、导热系数小、弹性模量小、吸气性能优良等特点。

(1) 强度高。钛合金的密度在 4.51 g/cm^3 左右，仅为钢的 60%，纯钛的强度接近普通钢的强度，一些高强度钛合金的强度超过了许多合金结构钢。图 8-10 所示为用高强度钛合金制作的高尔夫球杆。因此钛合金的比强度远大于其他金属结构材料，可制出单位强度高、刚性好、质轻的零部件。目前飞机的发动机构件、骨架、蒙皮、紧固件及起落架等都使用钛合金。

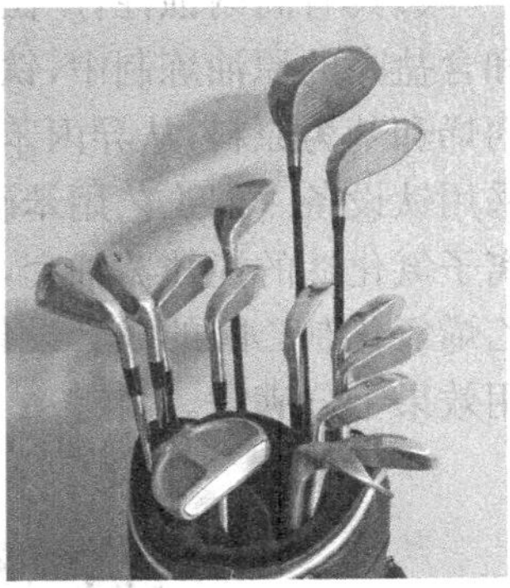

图 8-10 钛合金高强度高尔夫球杆

(2) 热强度高。使用温度比铝合金高出几百摄氏度，在中等温度下仍能保持所要求的强度，可在 450～500 ℃下长期工作。钛合金在150～500 ℃内仍有很高的比强度，而铝合金在 150 ℃时比强度明显下降。钛合金的工作温度可达 500 ℃。

(3) 耐蚀性好。钛合金在潮湿的大气和海水介质中工作，其耐蚀性远优于不锈钢；对点蚀、酸蚀、应力腐蚀的抵抗力特别强；对碱、氯化物、氯的有机物、硝酸、硫酸等有优良的抗腐蚀能力。

(4) 低温性能好。钛合金在低温和超低温下，仍能保持其力学性能。间隙元素极低的钛合金，如 TA7，在 -253 ℃下还能保持一定的塑性。因此，钛合金也是一种重要的低温结构材料。

(5) 导热系数小、弹性模量小。钛的导热系数 $\lambda=15.24\ \mathrm{W/(m\cdot K)}$，约为镍的 1/4，铁的 1/5，铝的 1/14，而各种钛合金的导热系数比钛的导热系数约下降 50%。钛合金的弹性模量约为钢的 1/2，故其刚性差、易变形，不宜制作细长杆和薄壁件，切削时加工表面的回弹量很大，为不锈钢的 2～3 倍。

8.3.3 钛材的主要类型及用途

1) 钛及钛合金在航空航天产业中的应用

钛及钛合金主要应用于喷气发动机、火箭、人造卫星、导弹等的部件。我国将航空航天、大型飞机、登月作为"国家中长期科技专项规划"重大专项项目，钛工业的发展是其重要的组成部分。钛及其合金的比强度在金属结构材料中是很高的，它的强度与钢材相当，但其重量仅为钢材的 57%。另外，钛及其合金的耐热性很强，在 500 ℃的大气中仍能保持良好的强度和稳定性，短时间工作温度甚至还可更高些。当飞机、导弹、火箭高速飞行时，其发动机和表面温度相当高，这时采用钛合金是十分合适的。正是由于钛及其合金具有强度大、重量轻、耐热性强的综合优良性能，在飞机制造中用它来代替其他金属时，不仅可延长飞机使用寿命，而且可以减轻飞机重量，从而大大提高其飞行性能。所以，钛是航空工业中最有前途的结构材料。

随着军用飞机的发展，飞机的飞行速度越来越快，飞机跟空气的摩擦使飞机表面的温度也越来越高，当速度达到 2.2 倍音速的时候，只能采用钛合金制造。在美国 F－22 战斗机上大约有 54 个精铸件，大多是关键性强度高的铸件。

火箭、人造卫星和宇宙飞船在宇宙航行中，飞行速度更高，并且工作环境变化更快，所以对材料的要求也更高、更严格。用火箭把载人宇宙飞船运到月球上去，要经历从高温到超低温的过程。在返回地面的时候，又从超低温进入高温，当飞船进入大气层的时候，飞船表面温度上升到 540～650 ℃。制造宇宙飞船的材料，必须适应这样剧烈的温度变化，而钛合金能满足这些要求。

2）钛及钛合金在化工产业中的应用

钛具有高耐蚀性，广泛用于各种化工行业防腐设备中，如石油精炼设备、换热器等；在含硫和含盐高的原油炼制中，钛制设备是比较理想的。苯酚是石油化工的重要原料，以炼油气中的丙烯和苯为原料，从异丙苯、过氧化异丙苯得到苯酚和丙酮，是一项新工艺，国外在十几年前就采用钛设备。旧工艺用苯磺化碱溶液生产苯酚，我国已采用钛制中和反应釜、钛盘管冷却器和离子氮化钛的搅拌器轴套，效果很好。我国在 20 世纪 80 年代以后，上海和吉林分别引进国外乙烯氧化制乙醛的成套设备，其中许多设备和泵阀等都用钛制造，较之不锈钢有明显优点，使用效果十分满意。

3）钛及钛合金在汽车中的应用

钛材作为汽车部件材料使用时，其特征如下：抗拉强度和屈服强度大、疲劳强度大、密度小、弹性模量约是钢的一半、热膨胀系数低、非磁性、热导率低、容易产生烧结、对环境无污染等。另外在汽车行业用钛后（图 8－11），可极大减小汽车自重，降低其燃料消耗，保护环境和降低噪声。

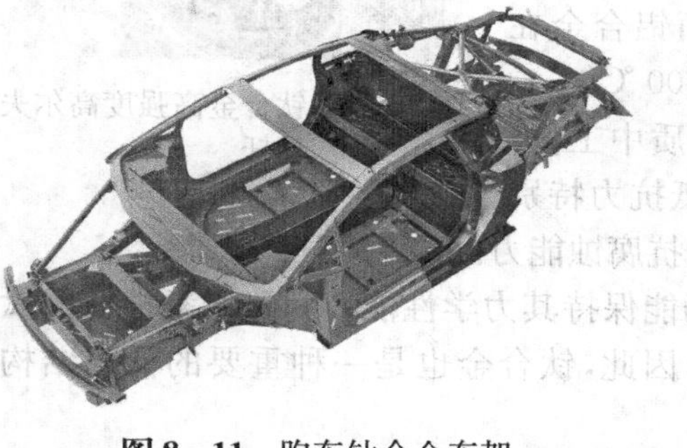

图 8－11　跑车钛合金车架

近年来，各汽车公司纷纷对发动机阀用廉价的 Ti－6Al－4V 基合金钛材进行开发，并有一部分已达到批量化。排气管及消音器属车体的大型构造部件，容易实现车的轻量化，后者对降低燃料费用、发动机的输出功率，以及提高行驶安全性均是重要的。同时，因与排气直接接触，在 400 ℃以上的高温下，比起铝合金，钛的耐热性更优良，且比强度比钢高，也容易实现轻量化。

4）钛及钛合金在医疗保健器材中的应用

钛具有极好的生物相容性，可耐受人体苛刻的生理环境（人体 pH 值为 7.4），因而长期以来一直用于人体臀部及膝部关节的移植。实践证明，人体对钛无排异反应，也不产生凝血现象。面对医学界的需求并根据钛材的特点，近十几年特别是近几年来，许多科研院所的专家教授都致力于钛制人工心脏装置的研制和开发工作，这样既可挽救诸多心脏病患者的生命，也可带来可观的经济效益。图 8－12 所示

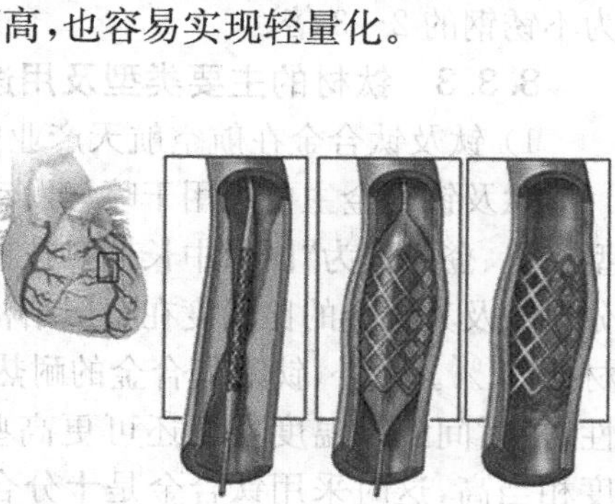

图 8－12　钛合金血管支架

为左心室助推装置(LVAS),由于左心室在心脏功能中起主要作用,晚期心脏病患者也是左心室首先衰竭,由此建立起了 LVAS 概念。LVAS 通过搭桥技术可替代左心室正常工作,使心脏其他部件照常运行。

钛金属应用的产业尚有计算机硬盘、手机、手表、自行车、轮椅、建材、工艺品、海水淡化等,不胜枚举。

8.4　镁及镁合金

镁是地壳中含量最丰富的元素之一,其丰度居第 8 位,约占地壳组成的 2.5%,主要以白云石(碳酸镁钙)、菱镁矿存在。此外,海水中含镁量约为 0.13%,可谓取之不尽。

镁合金具有重量轻、比强度高、减振性好、热疲劳性能好、不易老化,有良好的导热性、电磁屏蔽能力强、有非常好的压铸工艺性能,尤其易于回收等优点,是替代钢铁、铝合金和工程塑料的新一代高性能结构材料。

为适应电子、通信器件高度集成化和轻薄小型化的发展趋势,镁合金是交通、电子信息、通信、计算机、声像器材、手提工具、电机、林业、纺织、核动力装置等产品外壳的理想材料。发达国家非常重视镁合金的开发与应用,尤其是在汽车零部件、笔记本电脑等便携电子产品中的应用,每年以 20%的速度增长,发展速度惊人。

8.4.1　镁及镁合金的特性与热处理

纯镁的比重小,只有 1.74,是工业用金属中最轻的一种。镁合金具有比铝合金更高的比强度,可达 18.8 左右。镁的弹性模量比较小,在室温时 E 为 45 000 MPa。纯镁的熔点为 650 ℃±1 ℃。但镁在熔化温度时极易氧化甚至燃烧。镁具有密排六方点阵结构,其塑性变形能力比铝小。纯镁的强度不高,与纯铝差不多。镁具有很高的化学活泼性。其表面氧化镁薄膜性质很脆,而且不如氧化铝薄膜致密,故镁在潮湿的空气中,特别是在盐水中的耐蚀性很差。

镁没有同素异构转变,因此亦是通过淬火+时效处理进行强化。镁合金的热处理工艺与铝合金相比较,具有以下特点:

(1) 镁合金的淬火加热温度比较低。因为镁合金的组织一般都比较粗大,而且组织达不到平衡状态。处于非平衡状态合金的熔点要比平衡状态低些。

(2) 镁合金淬火加热的保温时间比铝合金长得多。因为合金元素在镁中的扩散速度非常慢,过剩相的溶解速度亦比较缓慢。

(3) 淬火加热速度不宜太高,通常需要采用分段加热,以防止过烧。

(4) 镁合金淬火冷却可采用空冷,或在 70～100 ℃水中冷却,因为强化相从过饱和固溶体中析出速度缓慢。

(5) 镁合金一般都采用人工时效处理。

(6) 镁合金的热处理切忌用硝酸盐浴炉加热,一般都在真空热处理炉、箱式电炉或井式电炉中加热。在高温硝酸盐浴中镁合金会发生剧烈的化学作用而引起爆炸。

8.4.2　纯镁及镁合金的牌号及分类

工业纯镁牌号用汉语拼音字母 M 加顺序号表示。如 M1、M2、M3。号数越低越纯。纯镁的主要用途是制造镁合金和含镁的其他合金,以及用在烟火工业和化学、石油等工业部门。工业纯镁的牌号及纯度见表 8-4。

表 8-4 工业纯镁的牌号

牌号	代号	Mg%	Fe%	Si%	Ni%
一号工业纯镁	M1	99.95	0.02	0.01	—
二号工业纯镁	M2	99.92	0.04	0.01	0.01
三号工业纯镁	M3	99.85	0.05	0.03	0.02

牌号采用汉语拼音字头加顺序号表示，如铸造镁合金 ZM1、ZM3、ZM5 及变形镁合金 MB1、MB1、MB3 等。镁合金具有较高的比强度和比刚度，并有高的抗振能力，能承受比铝及其合金所能承受的大的冲击载荷，且切削加工性能好，易于铸造和锻压，所以在航空航天工业中得到了广泛应用。

8.4.3 镁合金中的合金元素及其作用

镁的合金化主要是通过加入合金元素，产生固溶强化、过剩相强化、沉淀强化和细晶强化，以及提高合金的耐蚀性和耐热性能。常用合金元素主要是铝、锌、稀土金属、锂、银、锆、钍、锰及微量镍等。固溶强化和时效强化是镁合金的主要强化手段，凡是能在 Mg 中大量固溶的元素，一般都是镁合金的有效强化合金元素。

根据合金元素的作用和极限溶解度，大致分成三类：

(1) 包晶反应类：Zr、Mn，起固溶强化、细化晶粒、提高耐蚀性和耐热性的作用。

(2) 共晶反应类：Ag、Al、Zn、Li、Th 等是主要的合金元素，起到固溶强化和沉淀强化作用。

(3) 稀土元素(RE)：Y、Nd、La、Ce、Pr、混合 RE 等，可提高抗蠕变性能。

共晶反应型元素是高强度镁合金的主要合金元素，这类元素在 Mg 中有较大的溶解度变化，有明显的时效硬化效应。Mg 合金中的主要强化相有 Mg_2Zn_3 相、$\gamma-Mg_{17}Al_{12}$ 相、Mg_2RE 相、$Mg_{23}Th_6$ 相、$Mg_{12}Nd_2Ag$ 相、Al_2Nd 和 Al_2Y 相。

铝在镁中具有较大的溶解度，故固溶强化效果显著。图 8-13 所示为 Mg-Al 二元相图。

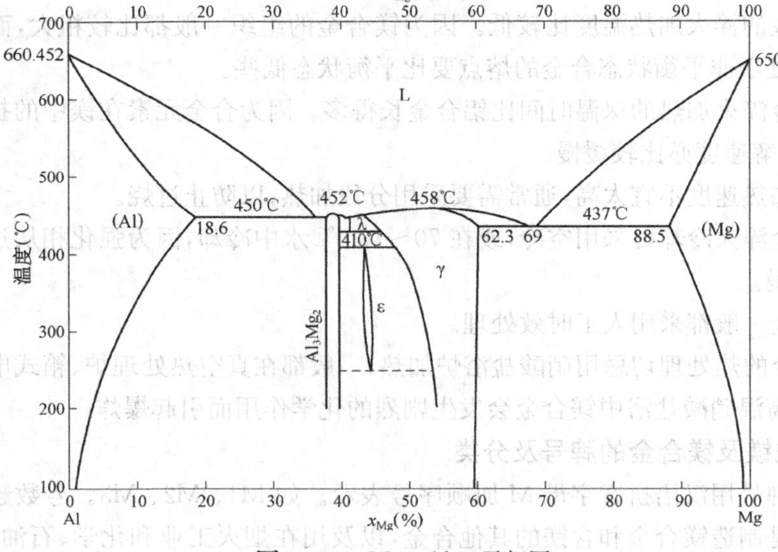

图 8-13 Mg-Al 二元相图

由于其在共晶温度 437 ℃时的极限溶解度 $w_{Al}=12.6\%$，室温时为 2.0%左右，所以可进行时效强化。变形镁合金的铝含量一般在 3%～5%。

锆是高熔点金属，溶于镁基固溶体，起相当的固溶强化作用。锆与镁同为密排六方点阵，镁锆合金在冷凝时，首先从液相中析出 α－Zr，可作为镁结晶时的非自发形核核心，使合金的凝固组织细化。

固溶的稀土元素（如镧、铈、钇、钕等）可以增强镁合金的原子间结合力，降低合金中原子扩散速度，增加合金的热稳定性。镁与稀土金属形成一系列金属间化合物，如 Mg_9RE、$Mg_{12}RE$ 等。已知 Mg_9Nd 的热稳定性高，有明显的沉淀强化效果。

镁合金中的杂质以铁、铜和镍危害性最大，铁含量大于 0.016%时即能显著降低镁的耐蚀性。为消除铁的有害影响，通常在镁中加入一定量的锰（0.15%～0.5%），锰能与铁生成化合物并沉积于熔体底部。

8.4.4 镁合金的分类

镁合金与铝合金相似，分为变形镁合金和铸造镁合金。

1）变形镁合金

（1）镁锌锆系合金（Mg－Zn－Zr）。这类镁合金是热处理强化变形镁合金。其中镁合金 MB15 的 $w_{Zn}=5.0\%\sim6.0\%$，$w_{Zr}=0.3\%\sim0.9\%$，$w_{Mn}=0.1\%$。其沉淀强化相为 Mg_2Zn_3。MB15 的缺点是焊接性差，不能做焊接件。由于其强度高，耐蚀性好，无应力腐蚀倾向，能制造形状复杂的大型构件，如飞机上的机翼长桁、翼肋等，其使用温度不超过 150 ℃。

（2）镁锰（Mg－Mn）系合金。如图 8－14 所示，镁锰合金使用组织是退火组织，在固溶体基体上分布着少量 β－Mn 颗粒。常用的有 MB1 和 MB8 两种。镁锰合金有良好的耐蚀性和焊接性。MB1 合金含有 $w_{Mn}=1.3\%\sim1.5\%$，经过 340 ～ 400 ℃ 退火，其 $\sigma_{0.2}=98$ MPa，$\sigma_b=206$ MPa，$\delta=4\%$。其高温塑性好，可生产板材、型材和锻件。使用温度在 150 ℃ 以下。在MB1 合金基础上加入 $w_{Ce}=0.15\%\sim0.35\%$，可细化晶粒，从而提高合金的室温机械性能和高温强度，成为 MB8 合金。MB8 合金有中等强度和较高的塑性，其 $\sigma_{0.2}=167$ MPa，$\sigma_b=245$ MPa，$\delta=18\%$。可生产管材、板材、锻件，工作温度可达 200 ℃，目前已取代 MB1 镁合金，用于飞机的蒙皮、壁板及润滑系统的附件。

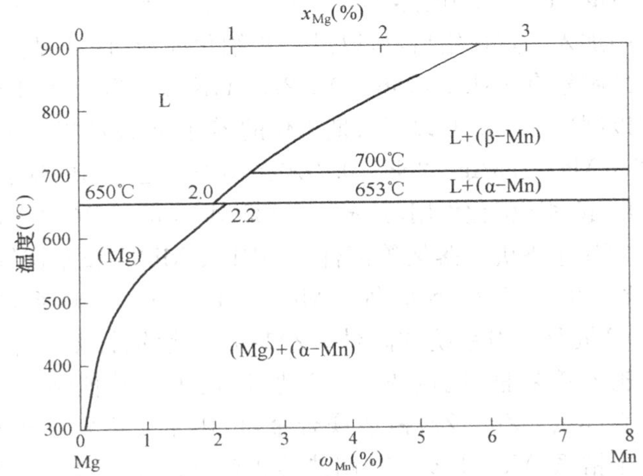

图 8－14　Mg－Mn 合金状态图

(3) 镁锂(Mg-Li)合金。属于超轻型结构合金，其密度为 1.30～1.65 g/cm^3。强度较低，但室温和低温塑性很好。镁锂合金加入强化元素铝、锌、锰、镉、钕和铈等，能提高强度和组织稳定性。例如，美国的 LA141 合金(Mg-14Li-1.2Al-0.15Mn)可以焊接，经固溶后稳定处理，板材的 $\sigma_{0.2}=95$ MPa，$\sigma_b=115$ MPa，$\delta=10\%$，可做装甲板和航天用结构件。

(4) 镁稀土系(Mg-RE)和镁钍系(Mg-Th)耐热镁合金。在镁-钕合金中，Mg_9Nd 起沉淀强化作用。随钕含量增加，室温和高温强度都可大幅提高。钕含量在 $w_{Nd}3\%$左右时，室温强度达到最大值；在 300 ℃下，抗拉强度仍能保持在 147 MPa 以上。也可在镁钕合金基础上加入锰和微量镍，锰可提高合金的蠕变性能，微量镍可进一步降低蠕变速率，如 MA11 合金。镁-钍系合金可产生沉淀强化相 $Mg_{23}Th_6$，在过饱和固溶体脱溶时析出 β 介稳相，产生很强的沉淀强化作用。镁-钍系合金在 300 ℃以下的蠕变极限超过所有镁合金。

2) 铸造镁合金

(1) 镁铝锌系(Mg-Al-Zn)铸造合金。镁-铝-锌系合金是应用最早、使用最广的一类高强度镁合金。常用的为 ZM5，主要含 $W_{Al}=7.5\%\sim9.0\%$，$w_{Zn}=0.2\%\sim0.8\%$，$w_{Mn}=0.15\%\sim0.5\%$，密度为 1.81 g/cm^3。合金的铸造性好，可以焊接，但耐蚀性差。固溶＋时效处理后，$\sigma_{0.2}=118$ MPa，$\sigma_b=250$ MPa，$\delta=3.5\%$。可用于制造飞机机舱连接隔框，舱内隔柜等，以及发动机仪表和其他结构上承受载荷的零件。

(2) 镁锌锆系(Mg-Zn-Zr)铸造合金。属高强度镁合金，与镁-铝-锌系合金相比，显微疏松倾向小，铸造性能好，屈服极限比高。常用的有 ZM1、ZM2。合金中，锌的主要作用是固溶强化和沉淀强化，如沉淀强化相 Mg_2Zn_3。当锌含量增加时，合金的强度升高，但 w_{Zn} 超过 6%时，强度提高不明显，而塑性下降较多。加入少量锆(0.5%～0.8%)后可细化合金的晶粒，改善力学性能。加入镉和银后增大了固溶强化作用。ZM1 的主要特点是强度高，其次是壁厚效应小，主要用在航空工业，用于制造高强度、受冲击载荷大的零件，如飞机轮壳、轮缘、支架等。在 ZM1 成分基础上加入 0.7%～1.7%Ce，就发展为 ZM2 合金。加铈的目的是增加合金中的共晶组织，减少显微疏松与热裂倾向，改善铸造性能。同时铈还有细化组织、提高合金耐热性能的作用。ZM2 合金主要用于航空工业中，制造工作温度较高(200 ℃以下)的零件，如发动机机座，电机壳体等。

(3) 镁稀土锆系(Mg-RE-Zr)耐热铸造合金。稀土金属可使铸造镁合金质量得到改进，工作温度升高。合金中加入一定量锆后，可以进一步细化晶粒，保证显微组织和性能的稳定，并改善耐蚀性。常用的牌号有 ZM3、ZM6、QE22A、HK31A 等。可用于 200～300 ℃，具有良好的高温强度。可以制造在 250 ℃以下长期工作的零件，如发动机增压机匣、压缩机机匣及扩散器壳体等。QE22A(Mg-2.5Ag-2Nd-0.7Zr)是国外广泛应用的耐热高强度铸造镁合金。银在镁中的固溶度较大，起固溶强化作用，其 $\sigma_{0.2}=185$ MPa，$\sigma_b=240$ MPa，$\delta=2\%$，在 250 ℃以下有高的屈服强度，可用于飞机起落架等部件。MB15、MB25 属于镁锌锆系(Mg-Zn-Zr)变形镁合金，可制造飞机机翼长绗、翼肋等。MB1、MB8 属于镁锰系(Mg-Mn)变形镁合金，用于飞机的蒙皮、壁板及润滑系统的附件。ZM5 属于镁铝锌系(Mg-Al-Zn)铸造镁合金，用于制造飞机机舱连接隔框，舱内隔柜、发动机、仪表和其他结构上承受载荷的零件。ZM1、ZM2 属镁锌锆系(Mg-Zn-Zr)铸造镁合金，可用于飞机发动机和导弹的各种铸件。ZM3、ZM6 属于镁稀土锆系(Mg-RE-Zr)耐热铸造合金。可以制造在 250 ℃以下长期工作的零件。

8.5 锌及锌合金

8.5.1 锌的性质

金属锌，化学符号 Zn，属化学元素周期表第Ⅱ副族元素，是六种基本金属之一。锌是一种白色略带蓝灰色的金属，具有金属光泽，在自然界中多以硫化物形式存在。锌的密度为 7.2 g/cm^3，熔点为 419.5 ℃，沸点 906 ℃，莫氏硬度为 2.5，其六面体晶体结构稳定性极强，无法改变，但可以加强。锌较软，仅比铅和锡硬，展性比铅、铜和锡小，比铁大。细粒结晶的锌比粗粒结晶的锌容易锟轧及抽丝。

锌在常温下不会被干燥空气、不含二氧化碳的空气或干燥的氧所氧化，但在与湿空气接触时，其表面会逐渐被氧化，生成一层灰白色致密的碱性碳酸锌包裹其表面，保护内部不再被侵蚀。纯锌不溶于浓硫酸或盐酸，但若锌中有少量杂质存在，则会被酸溶解。因此，一般的商品锌极易被酸溶解，亦可溶于碱中。

8.5.2 锌的主要用途

锌是重要的有色金属原材料，目前，锌在有色金属的消费中仅次于铜和铝，是第三大有色金属。锌金属具有良好的压延性、耐磨性和耐蚀性，能与多种金属制成物理与化学性能更加优良的合金。原生锌企业生产的主要产品有金属锌、锌基合金、氧化锌，这些产品主要有以下几个方面的用途：

(1) 镀锌。用作防腐蚀的镀层(如镀锌板)，广泛用于汽车、建筑、船舶、轻工等行业，约占锌用量的 46%。如图 8-15 所示，锌具有优良的抗大气腐蚀性能，所以锌主要用于钢材和钢结构件的表面镀层。电镀用热镀锌合金表面氧化后会形成一层均匀细密的碱式碳酸锌 $ZnCO_3O_3Zn(OH)_2$ 氧化膜保护层，该氧化膜保护层还有防止霉菌生长的作用。由于锌合金板具有良好的抗大气腐蚀性，近年来西方国家也开始尝试直接用它做屋顶覆盖材料。用它做的屋顶板材使用年限可达 120～140 年，而且可回收再用。

图 8-15 镀锌弯头

(2) 制造铜合金(如黄铜)。用于汽车制造和机械行业，约占锌用量的 15%。锌具有适用的机械性能。锌本身的强度和硬度不高，加入铝、铜等合金元素后，其强度和硬度均大为提高，尤其是锌铜钛合金的出现，其综合机械性能已接近或达到铝合金、黄铜、灰铸铁的水平，其抗蠕变性能也大幅度被提高。因此，锌铜钛合金目前已经被广泛应用于小五金生产中。

(3) 用于铸造锌合金。主要为压铸件，用于汽车、轻工等行业，约占锌用量的 15%。许多锌合金的加工性能都比较优良，道次加工率可达 60%～80%。中压性能优越，可进行深拉延，并具有自润滑性，延长了模具寿命，可用钎焊或电阻焊或电弧焊(需在氦气中)进行焊接，表面可进行电镀、涂漆处理，切削加工性能良好，在一定条件下具有优越的超塑性能。此外，锌具有良好的抗电磁场性能。锌的导电率是标准电工铜的 29%，在射频干扰的场合，锌板是一种非常有效的屏蔽材料。同时，由于锌是非磁性的，适合做仪器仪表零件的材料、仪表壳体及钱币。此外，锌自身及与其他金属碰撞不会发生火花，适合做井下防爆器材。

(4) 用于制造干电池，以锌饼、锌板形式出现，约占锌用量的 13%。锌具有适宜的化学性能。锌可与 NH_4Cl 发生作用，放出 H^+ 离子。锌-二氧化锰电池正是利用锌的这个特点，用锌合金当电池的外壳，既是电池电解质的容器，又参加电池反应构成电池的阳极。

(5) 用于制造氧化锌。广泛用于橡胶、涂料、搪瓷、医药、印刷、纤维等工业，约占锌用量的 11%。

8.5.3 锌合金成分与性能

锌合金是以锌为基础加入其他元素组成的合金。常加的合金元素有铝、铜、镁、镉、铅、钛等低温锌合金。锌合金熔点低，流动性好，易熔焊、钎焊和塑性加工，在大气中耐腐蚀，残废料便于回收和重熔；但蠕变强度低，易发生自然时效引起尺寸变化。熔融法制备，压铸或压力加工成材。

锌合金的特点：①相对比重大。②铸造性能好，可以压铸形状复杂、薄壁的精密件，铸件表面光滑。③可进行表面处理：电镀、喷涂、喷漆、抛光、研磨等。④熔化与压铸时不吸铁，不腐蚀压型，不粘模。⑤有很好的常温机械性能和耐磨性。⑥熔点低，在 385 ℃熔化，容易压铸成型。

传统的压铸锌合金有 Zamak2、Zamak3、Zamak5 号合金，见表 8-5。目前应用最广泛的是 Zamak3 号锌合金。20 世纪 70 年代发展了高铝锌基合金 ZA-8、ZA-12、ZA-27。

表 8-5 常用锌合金的成分组成

标准合金成分	铝	铜	镁	铁	铝	镉	锡	锌
Zamak2	3.8～4.3	2.7～3.3	0.035～0.06	<0.020	<0.003	<0.003	<0.001	余量
Zamak3	3.8～4.3	<0.030	0.035～0.06	<0.020	<0.003	<0.003	<0.001	余量
Zamak5	3.8～4.3	0.7～1.1	0.035～0.06	<0.020	<0.003	<0.003	<0.001	余量
ZA-8	8.2～8.8	0.9～1.3	0.02～0.035	<0.035	<0.005	<0.005	<0.001	余量
Superloy	6.6～7.2	3.2～3.8	<0.005	<0.020	<0.003	<0.003	<0.001	余量
AcuZinc5	2.8～3.3	5.0～6.0	0.025～0.05	<0.075	<0.003	<0.004	<0.003	余量

表 8-5 中几种合金的性能和用途如下：①Zamak3：具有良好的流动性和机械性能。应用于对机械强度要求不高的铸件，如玩具、灯具、装饰品、部分电器件。②Zamak5：具有良好的流动性和好的机械性能。应用于对机械强度有一定要求的铸件，如汽车配件、机电配件、机械零件、电器元件。③Zamak2：用于对机械性能有特殊要求、对硬度要求高、要求耐磨性好、对尺寸精度要求一般的机械零件。④ZA-8：具有良好的冲击强度和尺寸稳定性，但流动性较差。应用于压铸尺寸小、对精度和机械强度要求很高的工件，如电器件。⑤Superloy：流动性最佳，应用于压铸薄壁、大尺寸、精度要求高、形状复杂的工件，如电器元件及其盒体。

8.5.4 锌合金分类

1) 按制造工艺分类

分为铸造锌合金和变形锌合金两类。其中，铸造合金的产量远大于变形合金。

(1) 铸造锌合金。铸造锌合金依铸造方法不同又分为压力铸造锌合金(在外加压力作用下凝固)和重力铸造锌合金(仅在重力作用下凝固)。压力铸造锌合金从 1940 年在汽车工业中应用以后，产量剧增，在锌的消耗总量中约有 25%用来生产这种合金。最常用的合金系为 Zn-Al-Cu-Mg 系。某些杂质明显影响压铸锌合金的性能。因此，对铁、铅、镉、锡等杂质的含量限制极严，其上限分别为0.005%、0.004%、0.003%、0.02%，所以压铸锌合金应选用纯度大于99.99%的高纯锌作为原料。重力铸造锌合金可在砂型、石膏模或硬模中铸造。这种锌合金不仅具有一般压铸锌合金的特性，而且强度高，铸造性能好，冷却速度对力学性能无明显影响，残、废料可循环使用，浇口简单，对过热和重熔不敏感，收缩率小，气孔少，能电镀，可用常规方法精整。

(2) 变形锌合金。工业上应用的变形锌合金除了传统品种外，出现了 Zn－Cu－0.1Ti 和 Zn－22Al 合金。前一种合金经轧制后，由于有 $TiZn_{15}$ 金属间化合物弥散质点沿轧向排列成行，可阻碍晶界移动。

2) 按主体元素分类

锌合金也称锌基合金，一般分为二元合金、三元合金和多元合金。

二元锌基合金一般指锌铝合金；三元锌基合金一般指锌铝铜合金；多元合金一般指锌铝铜及其他微量金属的合金。低铝锌基合金一般为二元合金，主要用于防腐，基本上用喷镀锌铝合金替代了镀锌工艺。中铝锌基合金一般为三元合金，主要应用其紧固功能，常常用于制造铆钉等紧固件。高铝锌基合金一般为三元或多元合金，该合金采用不同的熔炼参数和铸造工艺，制造出的材料在性能上存在很大的差异。有的延伸率好适合于制造紧固件，有的强度高适合于制造高强度壳体，只有一少部分减摩系数小适合于制造滑动轴承。因此，高铝锌基合金在国外被称作“魔术合金”。多元合金的工艺比三元合金要复杂许多，三元合金可以通过一次熔炼产生，也可采用二次熔炼工艺。由于二次熔炼的成本比一次熔炼的高，许多企业愿意采用一次熔炼工艺生产三元合金。多元合金是在三元合金的基础上多加了一种或几种合金成分，熔炼技术自然要复杂许多，微纳米技术应用在轴承合金领域，诞生了先进的“联合熔铸工艺”技术，因此，实现了在多元的轴承合金基础上制造与世界同步的锌基微晶合金。微晶合金是一种合金晶粒细化至微米级的锌基合金材料，具有这种超微晶粒的锌基合金可以在某一特殊方面表现出极其优异的综合机械性能、超强的尺寸稳定性和耐磨性。

8.5.5 锌合金的使用缺陷

(1) 耐蚀性差。如图8－16所示，当合金成分中的杂质元素铅、镉、锡超过标准时，会导致铸件老化、变形，表观体积胀大，机械性能特别是塑性显著下降，时间长了甚至会破裂。铅、锡、镉在锌合金中的溶解度很小，因而集中于晶粒边界成为阴极，富铝的固溶体成为阳极，在水蒸气(电解质)存在的条件下，促成晶间电化学腐蚀。现有冷镀锌新技术解决此问题。

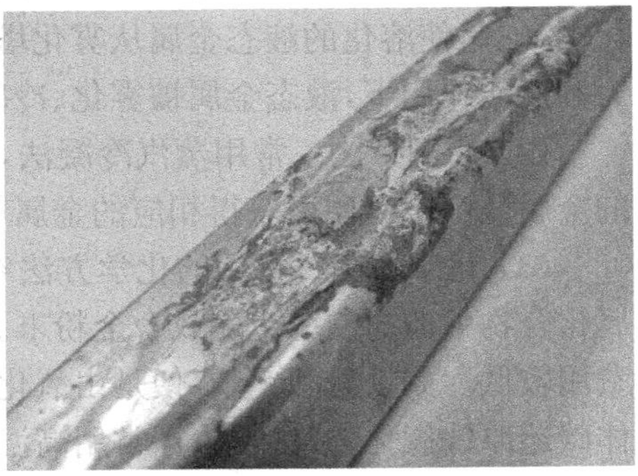

图8－16 Zn腐蚀后的金属件

(2) 时效作用。锌合金的组织主要由含 Al、Cu 的富锌固溶体和含 Zn 的富 Al 固溶体组成，它们的溶解度随温度的下降而降低。但由于压铸件的凝固速度极快，因此到室温时，固溶体的溶解度已大大地饱和。经过一定时间之后，这种过饱和现象会逐渐解除，从而使铸件的形状和尺寸略起变化。

(3) 锌合金压铸件不宜在高温和低温(0 ℃以下)的工作环境下使用。锌合金在常温下有较好的机械性能。但在高温下抗拉强度和低温下冲击性能都显著下降。

(4) 锌合金压铸件由于锁模力不足、合模不良、模具强度不足、熔场温度太高等问题会在表面出现毛刺现象，这种现象称为产品披锋，往往是企业必须要面对的后处理加工工序。主要根据产品性质运用手工打磨去解决。

8.6 粉末冶金材料

粉末冶金是先制取金属粉末，再采用成形和烧结等工序将金属粉末或金属粉末与非金属粉末的混合物制成制品的工艺技术，它属于冶金学的一个分支。

粉末冶金法既是制取具有特殊性能金属材料的方法，也是一种精密的无切屑或少切屑的加工方法。它可使压制品达到或极接近于零件要求的形状、尺寸精度与表面粗糙度，使生产率和材料利用率大为提高，并可减少切削加工用的机床和生产占地面积。

用粉末冶金工艺制得的多孔、半致密或全致密材料具有传统熔铸工艺无法获得的独特的化学组成和物理、力学性能，如材料的孔隙度可控，材料组织均匀、无宏观偏析（合金凝固后其截面上不同部位没有因液态合金宏观流动造成的化学成分不均匀现象），可一次成型等。

8.6.1 粉末冶金材料的筛分混合与制造

金属粉末可以是纯金属粉末，也可以是合金、化合物或复合金属粉末，其制造方法很多，值得指出的是：金属粉末的各种性能均与制粉方法有密切关系。

筛分的目的是使粉料中的各组元均匀化。在筛分时，粉末越细，同样重量粉末的表面积就越大，表面能也越大，烧结后制品的密度和力学性能也越高，但成本也越高。

粉末应按要求的粒度组成与配合进行混合。在各组成成分的密度相差较大且均匀程度要求较高的情况下，常采用湿混。例如，在粉末中加入大量酒精，以防止粉末氧化。为改善粉末的成形性与可塑性，还常在粉料中加入增塑剂，铁基制品常用的增塑剂是硬脂酸锌。为便于压制成形和脱模，也常在粉料中加入润滑剂。

常用的制造方法有以下几种：

(1) 机械方法。对于脆性材料通常采用球磨机破碎制粉。另外一种应用较广的方法是雾化法，它是使溶化的液态金属从雾化塔上部的小孔中流出，同时喷入高压气体，在气流的机械力和急冷作用下，液态金属被雾化、冷凝成细小粒状的金属粉末，落入雾化塔下的盛粉桶中。

(2) 物理方法。常用蒸汽冷凝法，即将金属蒸汽冷凝而制取金属粉末。例如，将锌、铅等的金属蒸汽冷凝便可获得相应的金属粉末。

(3) 化学方法。常用的化学方法有还原法、电触法等。还原法是从固态金属氧化物或金属化合物中还原制取金属或合金粉末。它是最常用的金属粉末生产方法之一，方法简单，生产费用较低。如铁粉和钨粉，便是由氧化铁粉和氧化钨粉通过还原法生产的。铁粉生产常用固体碳还原铁氧化物，钨粉生产常用高温氢气还原钨氧化物。电解法是从金属盐溶液中电解沉积金属粉末。它的成本要比还原法和雾化法高得多。因此，仅在有特殊性能（高纯度、高密度、高压缩性）要求时才使用。

8.6.2 常用的粉末冶金材料

粉末冶金材料牌号采用字母（F）和阿拉伯数字组成的六位符号体系来表示。“F”表示粉末冶金材料，后面的数字与字母分别表示材料的类别和材料的状态或特性。

1) 烧结减摩材料

在烧结减摩材料中最常用的是多孔轴承，它是将粉末压制成轴承后，再浸在润滑油中，由于粉末冶金材料的多孔性，在毛细现象作用下，可吸附大量润滑油（含油率为 12%～30%），故又称含油轴承。工作时由于轴承发热，使金属粉末膨胀，孔隙容积缩小。再加上轴旋转时带动轴承间隙中的空气层，降低摩擦表面的静压强，在粉末孔隙内外形成压力差，迫使润滑油被抽到工作表面。停止工作后，润滑油又渗入孔隙中。故含油轴承有自动润滑的作用。它一般用作中速、轻载荷的轴承，特别适宜不能经常加油的轴承，如纺织机械、食品机械、家用电器(电扇、电唱机)等轴承，在汽车、拖拉机、机床中也广泛应用。常用的多孔轴承有两类：

(1) 铁基多孔轴承。常用的有铁-石墨($w_{石墨}$为 0.5%～3%)烧结合金和铁-硫(w_S 为 0.5%～1%)-石墨($w_{石墨}$为 1%～2%)烧结合金。前者硬度为 HBS30～110，组织是珠光本($>40\%$)＋铁素体＋渗碳体($<5\%$)＋石墨＋孔隙。后者硬度为 HBS35～70，除有与前者相同的几种组织外，还有硫化物。组织中石墨或硫化物起固体润滑剂作用，能改善减摩性能，石墨还能吸附很多润滑油，形成胶体状高效能的润滑剂，进一步改善摩擦条件。

(2) 铜基多孔轴承。常用的是由 ZCuSn5Pb5Zn5 青铜粉末与石墨粉末制成的。硬度为 HBS20～40，它的成分与 ZCuSn5Pb5Zn5 锡青铜相近，但其中有 0.3%～2%的石墨(质量分数)，组织是 α 固溶体＋石墨＋铅＋孔隙。它有较好的导热性、耐蚀性、抗咬合性，但承压能力较铁基多孔轴承小，常用于纺织机械、精密机械、仪表中。

近年来，出现了铝基多孔轴承。铝的摩擦系数比青铜小，故工作时温升也低，且铝粉价格比青铜粉低。因此在某些场合，铝基多孔轴承会逐渐代替铜基多孔轴承而得到广泛使用。

2) 烧结铁基结构材料(烧结钢)

该材料是以碳钢粉末或合金钢粉末为主要原料，并采用粉末冶金方法制造成的金属材料或直接制成的烧结结构零件。这类材料制造结构零件的优点是：制品的精度较高、表面光洁(径向精度 2～4 级、表面粗糙度 $Ra = 1.6 \sim 0.20$)，不需或只需少量切削加工。制品还可以通过热处理强化提高耐磨性，主要用淬火＋低温回火以及渗碳淬火＋低温回火。制品多孔，可浸渍润滑油，改善摩擦条件，减少磨损，并有减振、消音的作用。

用碳钢粉末制造的合金，含碳量低的，可制造受力小的零件或渗碳件、焊接件。含碳量较高的，淬火后可制造要求有一定强度或耐磨性的零件。用合金钢粉末制的合金，其中常有 Cu、Mo、B、Mn、Ni、Cr、Si、P 等合金元素。它们可强化基体，提高淬透性，加入铜还可提高耐蚀性。合金钢粉末合金淬火后 σ_b 可达 500～800 MPa，硬度 HRC40～50，可制造受力较大的烧结结构件，如液压泵齿轮、电钻齿轮等。

3) 烧结摩擦材料

机器上的制动器与离合器大量使用摩擦材料。它们都是利用材料相互间的摩擦力传递能量的，尤其是在制动时，制动器要吸收大量的动能，使摩擦表面温度急剧上升，故摩擦材料极易磨损。因此，对摩擦材料性能的要求是：①较大的摩擦系数。②较好的耐磨性。③良好的磨合性、抗咬合性。④足够的强度，以承受较高的工作压力及速度。

摩擦材料通常是以强度高、导热性好、熔点高的金属作为基体，加入能提高摩擦系数的摩擦组分，以及能抗咬合、提高减摩性的润滑组分的粉末冶金材料。因此，它能较好地满足使用性能的要求。其中铜基烧结摩擦材料常用于汽车、拖拉机、锻压机床的离合器与制动器。而铁基的多用于各种高速重载机器的制动器。与烧结摩擦材料相互摩擦的对偶件，一般用淬火钢或铸铁。

4) 硬质合金

硬质合金是以碳化钨(WC)或碳化钨与碳化钛(TiC)等高熔点、高硬度的碳化物为基体，并加入钴(或镍)作为黏结剂的一种粉末冶金材料。

(1) 硬质合金的性能特点。

① 硬度高、红硬性高、耐磨性好。由于硬质合金以高硬度、高耐磨、极为稳定的碳化物为基体，在常温下，硬度可达 HRA86～93(相当于 HRC69～81)，红硬性可达 900～1 000 ℃。故硬质合金刀具在使用时，其切削速度、耐磨性与寿命都比高速钢有显著提高。

② 抗压强度高。抗压强度可达 6 000 MPa，高于高速钢，但抗弯强度较低，只有高速钢的 1/3～1/2。硬质合金弹性模量很高，为高速钢的 2～3 倍。但它的韧性很差，$A_K = 2 \sim 4.8$ J，为淬火钢的 30% ～ 50%。

另外，硬质合金还具有良好的耐蚀性(抗大气、酸、碱等)与抗氧化性。

硬质合金主要用来制造高速切削刃具和切削硬而韧的材料的刃具。此外，它也用来制造某些冷作模具、量具及不受冲击、振动的高耐磨零件(如磨床顶尖等)，如图 8－17 所示。

图 8－17　硬质合金刀具

(2) 硬质合金的分类。常用的硬质合金按成分与性能特点可分为以下三类：

① 钨钴类硬质合金。它的主要化学成分为碳化钨及钴。其代号用“硬”“钴”两字汉语拼音的字首“YG”加数字表示，数字表示钴的含量(质量分数×100)。例如 YG6，表示钨钴类硬质合金，$w_{Co} = 6\%$，余量为碳化钨。

② 钨钴钛类硬质合金。它的主要化学成分为碳化钨、碳化钛及钴。其代号用“硬”“钛”两字汉语拼音的字首“YT”加数字表示。数字表示碳化钛含量(质量分数×100)。例如 YT15，表示钨钴钛类硬质合金，$w_{TiC} = 15\%$，余量为碳化钨及钴。

③ 通用硬质合金。它以碳化钽(TaC)或碳化铌(NbC)取代 YT 类合金中的一部分 TiC。在硬度不变的条件下，取代的数量越多，合金的抗弯强度越高。它适用于切削各种钢材，特别是对于不锈钢、耐热钢、高锰钢等难于加工的钢材，切削效果更好。它也可代替 YG 类合金加工铸铁等脆性材料。但韧性较差，效果并不比 YG 类合金好。通用硬质合金又称“万能硬质合金”，其代号用“硬”“万”两字汉语拼音的字首“YW”加顺序号表示。

近年来，用粉末冶金法还生产了另一种新型工模具材料——钢结硬质合金。其主要化学成分是碳化钛、碳化钨以及合金钢粉末。它与钢一样可进行锻造、热处理、焊接与切削加工。它在淬火低温回火后，硬度达 HRC70，具有高耐磨性、抗氧化及耐腐蚀等优点。用作刃具时，钢结硬质合金的寿命与 YG 类合金差不多，大大超过合金工具钢，如用作高载荷冷冲模时，由于具有一定韧性，寿命比 YG 类提高很多倍。由于它可切削加工，故适宜制造各种形状复杂的刃具、模具及要求刚度大、耐磨性好的机械零件，如镗杆、导轨等。

第 9 章

非金属工程材料

◎ **学习成果达成要求**

非金属工程材料是指工程材料中除金属材料以外的其他一切材料，其已成为机械工程材料中不可缺少的重要组成部分。

学生应达成的能力要求包括：

1. 能够对主要非金属工程材料(高分子材料、陶瓷材料和复合材料)根据其组成、性能特点等进行分类。

2. 能够根据非金属工程材料性能指标针对具体工程领域进行合理选材。

随着现代工业的高速发展，非金属材料的重要作用也越来越显著，它们主要包括高分子材料、陶瓷材料和复合材料等。非金属材料目前已不是金属材料的替代品，而是一类独立使用的材料，有时甚至是一种不可取代的材料，在现代高科技工业领域中占有重要位置。

9.1 高分子材料

人类很早就在利用天然高分子材料，但有目的地人工合成高分子材料，至今只有一个多世纪的历史。自 1872 年最早发现酚醛树脂，并且将其成功用于电气和仪器仪表等工业中以来，高分子材料由于其独特的性能特点得到了迅猛发展。到目前为止，已发展出由塑料、橡胶、合成纤维三大合成结构材料及油漆、胶黏剂等组成的庞大的非金属材料群体，这些材料被广泛应用于工业、农业和尖端科学技术等各个领域。

9.1.1 高分子材料的组成

高分子材料是以高分子化合物为主要组成部分的材料。高分子化合物是指相对分子质量很大的有机化合物，常称为聚合物或高聚物。其相对分子质量一般在 1 000 以上，有的可达几万到几十万，如聚苯乙烯的相对分子质量是 10 000～3 000 000，聚乙烯的相对分子质量为 20 000～160 000。其实，高分子与低分子之间并没有严格的界限。表 9 - 1 为几类物质的相对分子质量。

表 9-1 几类物质的相对分子质量

分类	低分子物质					高分子物质				
名称	水	石英	铁	乙烯	单糖	天然高分子		人工合成高分子		
	H_2O	SiO_2	Fe	$CH_2=CH_2$	$C_6H_{12}O_6$	橡胶	淀粉	聚乙烯	聚氯乙烯	聚丙烯腈
相对分子质量	18	60	56(相对原子质量)	28	180	4万～40万	>20万	从数万至百万	2万～16万	6万～50万

9.1.2 高分子化合物的组成和分类

1) 高分子化合物的组成

高分子化合物(聚合物或高聚物)是由一种或几种简单的低分子化合物通过共价键重复连接(形成大分子链)而成。如由乙烯合成的聚乙烯,就是由数量足够多的小分子乙烯,打开双键连接成大分子链,然后由众多大分子链聚集在一起组成的:

$$CH_2=CH_2+CH_2=CH_2+\cdots\longrightarrow -CH_2-CH_2-CH_2-CH_2-\cdots$$

可简写成 $n(CH_2=CH_2)\longrightarrow[CH_2=CH_2]_n$

凡是可以聚合生成大分子链的低分子化合物都叫作单体。如聚乙烯的单体是乙烯($CH_2=CH_2$)。

2) 高分子化合物的分类

(1) 按用途,可分为塑料、橡胶、纤维、胶黏剂、涂料等。

(2) 按聚合物反应类型,可分为加聚物和缩聚物。

(3) 按聚合物的热行为,可分为热塑性聚合物和热固性聚合物。

(4) 按主链上的化学组成,可分为碳链聚合物、杂链聚合物和元素有机聚合物。

9.1.3 高分子材料的性能特点

高分子材料具有较高的强度、良好的塑性、较强的耐腐蚀性能,很好的绝缘性,以及重量轻等优良性能。高分子材料的结构决定其性能,对结构的控制和改性,可获得不同特性的高分子材料。高分子材料独特的结构和易改性、易加工等特点,使其具有其他材料不可比拟、不可取代的优异性能,从而广泛用于科学技术、国防建设和国民经济等各个领域,并已成为现代社会生活中衣、食、住、行、用各个方面不可缺少的材料。

9.1.4 常用高分子材料

实际上高分子化合物应该包括作为生命和食物基础的生物大分子(如蛋白质、DNA、生物纤维素、生物胶等)和工程聚合物两大类,而工程聚合物又包括人工合成的材料(如塑料、合成纤维和合成橡胶等)和天然的材料(如橡胶及纤维素等)。本书介绍的高分子材料主要包括应用于机械工业中的人工合成塑料、橡胶及有机纤维等。

9.1.4.1 塑料

塑料是以天然或合成高分子化合物为主要成分的材料,具有良好的可塑性,在室温下保持形状不变。绝大多数塑料都是以合成高分子化合物作为基本原料,在一定温度和压力下塑性成形的,所以称之为塑料。

1) 塑料的组成

塑料的主要成分是合成树脂,占塑料总体重量的 40%～100%。所以塑料的基本性能取决于树脂的性能,但有时添加剂也能有效地改进塑料制品的性能。因此,塑料的组成可分为简单组分和复杂组分两类。

(1) 简单组分的塑料。基本上由合成树脂组成。其中，有些塑料仅添加少量辅助材料，这一类塑料主要有聚苯乙烯、聚乙烯、聚甲基丙烯酸甲酯等；也有的塑料除树脂外不添加任何添加剂，如聚四氟乙烯。

(2) 复杂组分的塑料。由多种组分组成，除树脂外，还添加填料、增塑剂、色料、稳定剂、润滑剂、促进剂等，这一类塑料主要有聚氯乙烯、酚醛塑料等。

2) 塑料的分类

(1) 塑料的品种和分类方法很多，最常用的分类方法是根据合成树脂在受热后所表现的性能不同来划分，一般分为热塑性塑料和热固性塑料两大类。

① 热塑性塑料。热塑性塑料是一类应用最广泛的塑料，是以热塑性树脂为主要成分，并添加各种助剂制成的塑料。在一定的温度条件下，塑料能软化或熔融成任意形状，冷却后形状不变；这种状态可多次反复而始终具有可塑性，且这种反复只是一种物理变化，称这种塑料为热塑性塑料。通常来说，可以回炉的塑料就称为热塑性塑料。常见的热塑性塑料有聚氯乙烯、聚乙烯、聚丙烯、聚苯乙烯、ABS、有机玻璃、聚甲醛、聚碳酸酯、尼龙等。

这类塑料在产品品种、质量和产量上的发展都非常迅速。它的优点是成型工艺简单，具有相当高的物理机械性能，并能反复回炉，其缺点是耐热性和刚性较差。

② 热固性塑料。热固性塑料是以热固性树脂为主要成分，配合以各种必要的添加剂，通过交联固化过程成形成制品的塑料。第一次加热时可以软化流动，加热到一定温度，产生化学反应，交联固化变硬，且这种变化是不可逆的。此后，再次加热时，已不能变软流动了。正是借助这种特性进行成型加工，利用第一次加热时的塑化流动，在压力下充满型腔，进而固化成确定尺寸和形状的制品，这种塑料称为热固性塑料。通常来说，不能回炉的塑料叫热固性塑料。常见的热固性塑料有酚醛树脂、氨基树脂和环氧树脂等。

这类塑料的成型工艺较麻烦，不利于连续生产和提高生产率，而且不能重复利用。但一般具有较高的耐热性和受压不易变形的特点。

塑料之所以有热塑性和热固性之分，是由树脂本身分子结构引起的。树脂的分子结构一般有线性、支链型、网状三类。线性和支链型的分子结构属于热塑性塑料，而网状结构就属热固性塑料。

(2) 若按塑料的使用性能分，又可分为以下几类：

① 通用塑料。通用塑料是指主要用于日常生活用品的塑料。其产量大、成本低、用途广，占塑料总产量的90%以上，故又称为大宗塑料品种。通用塑料主要包括六大品种：聚乙烯(PE)、聚氯乙烯(PVC)、聚苯乙烯(PS)、聚丙烯(PP)、酚醛塑料和氨基塑料。

② 工程塑料。工程塑料是可用于工程结构或机械零件的一类塑料，它们一般有较好的、稳定的力学性能，并耐热、耐腐蚀，是当前大力发展和应用范围日益扩大的塑料品种。工程塑料主要有聚酰胺、聚甲醛、有机玻璃、聚碳酸酯、ABS塑料、聚苯醚、氟塑料等。

③ 耐高温塑料。这类塑料的特点是耐高温，通常用于宇宙飞船、火箭、导弹、原子能等国防工业，这类塑料有氟塑料、硅塑料等。

④ 特殊用途塑料。这类塑料主要是具有特殊用途，如环氧树脂和离子交换树脂。

每种塑料经不同的成型工艺，可生产各种制品。根据制品的形状、要求、用途和生产厂家，选择合理的配方、工艺和成型方法是十分重要的。目前常用的成型方法有挤塑、注塑、压延、吹塑、压制、二次成型、滚塑成型等。现在，随着科技水平的不断提高，各种新材料的出现，以及加工方法的不断完善，以上传统观念已逐渐模糊。例如过去一些酚醛、氨基塑料只能用压制的方法生产，现在对原料改性后，也能用注塑的方法进行生产。氟塑料过去只能采用压制烧结的生产方式，现在改性后也能注塑成型了。

聚苯硫醚(PPS)也是一个典型的例子，只要对原料进行各种不同的预处理，就可用各种不同的加工工艺、方法进行生产，如注塑，压制，挤出，吹塑，压延，喷涂等。它还可与尼龙、聚碳酸酯、聚酰亚胺、聚苯醚、聚酯、聚苯乙烯、聚四氟乙烯等共混；且废料可以回收利用。另外，还有一些耐热材料是用热塑性塑料与热固性塑料共混的。

3) 常见工程塑料的性能特点和用途

(1) 聚烯烃类塑料。聚烯烃类塑料的原料来源于石油天然气，原料丰富，一直是塑料工业中产量最高的品种，用途也十分广泛。

① 聚乙烯(PE)。聚乙烯在塑料产品中产量最高，属结晶性塑料，外观为乳白色。合成方法有低压法、中压法和高压法三种，三种方法的聚合条件及其产物性能的比较见表 9-2。用三种方法合成的聚乙烯的差别在于分子链的支化程度不同，支化程度越高，结晶程度越低，从而材料的刚度越小而韧度越高。聚乙烯最大的优点是耐低温、耐蚀、电绝缘性好；其缺点是强度、刚度、硬度低，蠕变大，耐热性差，且容易老化。但若通过辐射处理，使分子链间适当交联，其性能可得到一定的改善。

表 9-2 聚乙烯三种生产方法的聚合条件及其产物性能比较

合成方法	聚合条件				聚合物性质				使用范围
	压力(Pa)	温度(℃)	催化剂	溶剂	结晶度(%)	密度(g/cm^3)	抗拉强度	软化温度(℃)	
高压法	>100	180～200	微量 O_2 或有机化合物	苯或不用	64	0.910～0.925	7～15	14	薄膜、包装材料、电绝缘材料
中压法	3～4	125～150	CrO_3、MoO_3 等	烷烃或芳烃	93	0.955～0.970	29	135	水桶、管、电线绝缘层或包皮
低压法	0.1～0.5	>60	$Al(C_2H_5)_2+TiCl_4$	烷烃	87	0.941～0.960	21～37	120～130	水桶、管、塑料部件、电线绝缘层或包皮

高压聚乙烯质软，主要用于制造薄膜；低压聚乙烯质硬，可用于制造一些零件，如受载荷较小的齿轮和轴承、化工设备防腐涂层、耐蚀管道和高频绝缘材料等。

② 聚氯乙烯(PVC)。聚氯乙烯是最早实现工业化生产的塑料产品之一，应用十分广泛。它是将乙烯气体和氯化氢合成氯乙烯，再由氯乙烯聚合而成的。常用的聚氯乙烯为无规立构，因而是非结晶的。聚氯乙烯在较高温度下加工和使用时会有少量的分解，产物为氯化氢及氯乙烯(有毒)，而氯化氢又是树脂分解的催化剂。在聚氯乙烯产品中常加入增塑剂和碱性稳定剂，以抑制其分解。根据增塑剂使用量的不同，可加工成硬质制品(板、管)和软质制品(薄膜、日用品)两种。聚氯乙烯的使用温度一般为－15～55 ℃。其突出的优点是耐化学腐蚀，不燃烧，且成本低，易于加工。但其耐热性差，抗冲击强度低，还有一定的毒性。

③ 聚苯乙烯(PS)。常用的聚苯乙烯是无规立构聚苯乙烯，属非晶塑料。该类塑料的产量

仅次于聚乙烯和聚氯乙烯。聚苯乙烯具有良好的加工性能，其薄膜有优良的电绝缘性，常用于电器零件；其发泡材料相对密度低达0.33，是良好的隔音、隔热和防震材料，广泛用于仪器包装和隔热；还可加入各种颜色的填料制成色彩鲜艳的制品，用于制造玩具及日常用品。

聚苯乙烯的最大缺点是脆性大、耐热性差，常将聚苯乙烯与丁二烯、丙烯腈、异丁烯、氯乙烯等共聚使用，使材料的抗冲击性能、耐热耐蚀性大大提高。如丙烯腈-苯乙烯共聚物(AS树脂)比聚苯乙烯冲击强度高，耐热性、耐蚀性好，可用于耐油的机械零件、仪表盘、仪表罩、接线盒和开关按钮等。

④ 聚丙烯(PP)。聚丙烯是等规立构的，属结晶性塑料。它的主要特点是轻——它是非泡沫塑料中密度最小(0.9～0.91 g/cm^3)的品种。其力学性能如强度、刚度、硬度、弹性模量等都优于低压聚乙烯。它还具有优良的耐热性，在无外力作用时，加热至150 ℃不变形，是常用塑料中唯一能经受高温消毒的产品。其主要缺点是黏合性、染色性和印刷性差，低温易脆化、易燃，且在光热作用下易变质。

聚丙烯具有良好的综合力学性能，故常用来制造各种机械零件，如法兰、齿轮、接头、各种化工管道、容器，以及收音机、录音机外壳，电扇、电动机罩等。此外，其无毒并具有可消毒性，可用于家庭厨房用具、煮沸杀菌用的医疗器械及药品的包装。

聚氯乙烯、聚苯乙烯及聚丙烯三大类烯烃塑料的性能比较见表9-3。

表9-3　聚氯乙烯、聚苯乙烯及聚丙烯的性能比较

塑料名称	密度(g/cm^3)	抗拉强度(MPa)	伸长率(%)	抗压强度(MPa)	耐热温度(℃)	吸水率(24 h)(%)
聚氯乙烯(PVC)	1.30～1.45	35～36	20～40	55～91	60～80	0.07～0.4
聚苯乙烯(PS)	1.02～1.11	42～56	1.0～3.7	98	80	0.03～0.1
聚丙烯(PP)	0.90～0.91	30～39	100～200	39～56	149～160	0.03～0.04

(2) ABS。ABS树脂是最早被人类认识和使用的“高分子合金”。它是由丙烯腈(23%～41%)、丁二烯(10%～30%)和苯乙烯(29%～60%)三种组元共聚而成的，这三种组元单体可以任意比例混合，由此制成的各种品级的树脂性能见表9-4。

表9-4　ABS塑料的性能

树脂品级	密度(g/cm^3)	抗拉强度(MPa)	抗拉弹性模量(MPa)	抗压强度(MPa)	抗弯强度(MPa)	吸水率(24 h)(%)
超高冲击型	1.05	35	1 800	—	62	0.3
高强度冲击型	1.07	63	2 900	—	97	0.3
低温冲击型	1.07	21～28	700～1 800	18～39	25～46	0.2
耐热型	1.06～1.08	53～56	2 500	70	84	0.2

ABS是三元共聚物，兼具三种组元的性能。丙烯腈可提高材料的耐蚀性和硬度，丁二烯可提高材料的柔顺性，苯乙烯则能使材料具有良好的热塑性。因此，ABS具有抗冲击性、耐热性、耐低温性、耐化学药品性，且电气性能优良，此外，还具有易加工、制品尺寸稳定、表面光泽性好等特点，容易涂装、着色，还可以进行表面喷镀金属、电镀、焊接、热压和粘接等二次加工，

因此，广泛应用于机械、汽车、仪器仪表等工业领域，如制作齿轮、泵叶轮、轴承、方向盘、电视机、电话、计算机的壳体等，如图 9-1 所示。是一种用途极广的热塑性工程塑料。

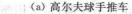

(a) 高尔夫球手推车　(b) 电话机壳体　(c) 汽车仪表盘

图 9-1 ABS 塑料的应用

(3) 聚酰胺(PA)。聚酰胺俗称尼龙，是在聚合物大分子链中含有酰胺基团重复结构单元聚合物的总称。聚酰胺是目前机械工业中应用比较广泛的一种热塑性工程塑料。聚酰胺的品种繁多，按主链结构可分为脂肪族聚酰胺、半芳香族聚酰胺、全芳香族聚酰胺、含杂环芳香族聚酰胺和脂环族聚酰胺。用作塑料的主要为脂肪族聚酰胺，由于使用的二元酸和二元胺不同，可聚合得到不同结构的聚酰胺，但工业化品种主要有 PA6、PA66、PA11、PA12、PA610、PA612、PA1010 和小品种 PA46、PA6T、PA9T、特殊品种 MXD6 等十多个品种。主要生产厂家多为世界著名公司，如欧洲的 BASF、Bayer、Rhodia、DSM、Honeywell、EMS-Chemie；美国的 Du Pont、GE 塑料；日本的宇部兴产(UBE)、旭化成、东丽等公司，除上述生产 PA 树脂的生产厂家外，还有更多掺混改性的生产厂家，可提供的牌号远远超过这些大型公司。

常用聚酰胺的性能见表 9-5，其中尼龙 1010 由我国独创，使用的原料是蓖麻油。

表 9-5　常用尼龙的性能

尼龙名称	密度 (g/cm^3)	抗拉强度 (MPa)	弹性模量 (MPa)	抗压强度 (MPa)	抗弯强度 (MPa)	伸长率 (MPa)	熔点(℃)	吸水率 (24 h)(%)
尼龙 6	1.13～1.15	54～78	830～2 600	60～90	70～100	150～250	215～223	1.9～2.0
尼龙 66	1.14～1.15	57～83	1 400～3 300	90～120	100～110	60～200	265	1.5
尼龙 610	1.08～1.09	47～60	1 200～2 300	70～90	70～100	100～240	210～223	0.5
尼龙 1 010	1.04～1.06	52～55	1 600	55	82～89	100～250	200～210	0.39

聚酰胺机械强度高、耐磨、自润滑性好，而且耐油耐蚀，可消声减振，已大量取代非铁金属及其合金来制造小型零件。浇铸成型的尼龙 6(铸造尼龙，又称 MC 尼龙)，其相对分子质量比普通尼龙 6 高一倍。该材料可直接浇铸成型结构部件产品，也可浇铸成型毛坯，再经机械加工成型产品，目前已广泛地用来代替金属制造蜗轮、蜗杆、轴承、齿轮、轴瓦、滑块、辊筒等，还可作为密封件材料使用，如图 9-2 所示。芳香尼龙具有良好的耐磨、耐热、耐辐射性和电绝缘性，在相对湿度为 95%的条件下不受影响，而且可在 200 ℃下长期使用，可用于制造高温下工作的耐磨零件。然而，大多数尼龙易吸水，吸水后强度和刚度都会明显下降，在使用时应予以注意。

(a) 尼龙轴承

(b) 尼龙齿轮

(c) 尼龙输油管

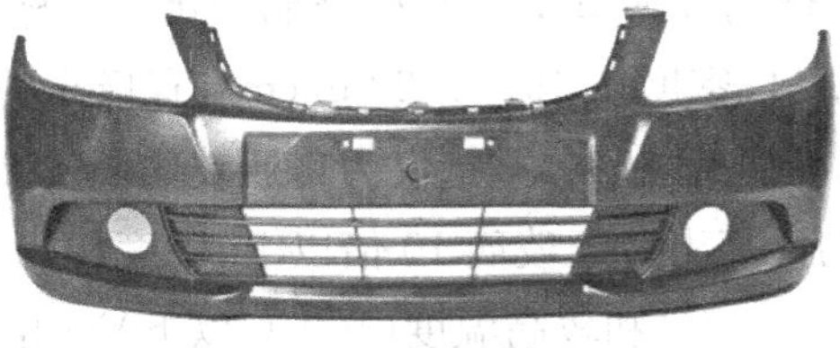
(d) 汽车保险杠

图 9-2　聚酰胺(尼龙)的工程应用

(4) 聚甲醛(POM)。聚甲醛是一种没有侧基、高密度、高结晶的线型聚合物，外观为半透明或不透明粉料。与象牙相似，具有优异的综合性能。它是继尼龙之后发展的优良树脂品种，分子结构规整和结晶性使其物理机械性能十分优异，有金属塑料之称，被誉为"超钢"或"赛钢"。聚甲醛按分子链结构特点又分为均聚甲醛和共聚甲醛，其性能见表 9-6。

表 9-6　聚甲醛的性能

聚甲醛名称	密度(g/cm^3)	抗拉强度(MPa)	弹性模量(MPa)	抗压强度(MPa)	抗弯强度(MPa)	伸长率(%)	熔点(℃)	结晶度(%)	吸水率(24 h)(%)
均聚甲醛	1.43	70	2 900	125	980	15	175～195	75～85	0.25
共聚甲醛	1.41	62	2 800	110	910	12	172～184	70～75	0.22

聚甲醛具有优良的综合性能，强度和刚度高，是所有热塑性塑料中耐疲劳强度最高的。但它的热稳定性和耐候性差，在大气中易老化，遇火燃烧。为了改善均聚甲醛的热稳定性，发展了共聚甲醛，目前工业上以生产共聚甲醛为主。

聚甲醛以低于其他许多工程塑料的成本，正在替代一些传统上被金属占领的市场，如替代锌、黄铜、铝和钢制作许多部件。在作为轴承使用时，发现与尼龙配合使用比单独使用更好。聚甲醛还可以制作齿轮，因为刚性好，抗疲劳性好，耐磨性好，其产品比同类尼龙制品更好。但是，在潮湿环境下，尼龙齿轮却具有较大的抗冲击疲劳性和耐磨性。

(5) 聚碳酸酯(PC)。聚碳酸酯是分子链中含有碳酸酯基的高分子聚合物，是一种新型热塑性塑料，品种较多。根据酯基的结构可分为脂肪族、芳香族、脂肪族-芳香族等多种类型。其中，由于脂肪族和脂肪族-芳香族聚碳酸酯的机械性能较低，从而限制了其在工程塑料方面的应用。工程上用的是芳香族聚碳酸酯，产量仅次于尼龙。聚碳酸酯性能指标见表 9-7。

表 9-7　聚碳酸酯的性能

抗拉强度(MPa)	弹性模量(MPa)	抗压强度(MPa)	抗弯强度(MPa)	伸长率(%)	熔点(℃)	使用温度(℃)
66～70	2 200～2 500	83～88	106	100	220～230	−100～140

聚碳酸酯的最大特点是冲击强度和韧性高，是热塑性塑料中低温韧性最好的品种，且具有良好的耐热性和耐寒性，可在−100～130 ℃下长期使用。其化学稳定性也很好，能抵抗日光、雨水和气温变化的影响，透明度高，成型收缩率小，制件尺寸精度高。因此，聚碳酸酯广泛用于机械、仪表、电信、交通、航空、光学照明和医疗机械等工业。如波音 747 上就有约 2 500 个零件用聚碳酸酯制造，其总重量达两吨。

(6) 有机玻璃(PMMA)。有机玻璃的化学名称为聚甲基丙烯酸甲酯，是一种开发较早的重要热塑性塑料，密度 1.19～1.20 g/cm^3，有极高的透明度，透射率高达 92%～93%，可透过可见光 99%，紫外光 72%，重量仅为普通玻璃的 1/2，抗碎裂性能为普通硅玻璃的 12～18 倍，机械强度和韧性高出普通玻璃 10 倍以上，硬度相当于金属铝，具有突出的耐候性和耐老化性，在低温(−50～60 ℃)和较高温度(100 ℃以下)冲击强度不变，有良好的电绝缘性能，而且化学性质稳定，能耐一般的化学腐蚀，不溶于水。同时易于加工成型，能用吹塑、注射、挤压等方法加热成型，还可进行切削加工、黏结等。但是有机玻璃的耐热性并不高，它的玻璃化温度虽然达到 104 ℃，但最高连续使用温度却随工作条件不同在 65～95 ℃之间改变，热变形温度约为 96 ℃(1.18 MPa)，维卡软化点约 113 ℃。

有机玻璃具有十分美丽的外观，抛光后具有水晶般的晶莹光泽，主要用于制造光学镜头，灯罩，绘图尺，飞机的座舱、舷窗，电视和雷达标图装置的屏幕，汽车风挡，仪器和设备的防护翼和防弹玻璃等。

(7) 聚四氟乙烯(PTFE)。聚四氟乙烯是四氟乙烯的均聚物，为含氟塑料的一种，具有极好的耐高、低温性和耐蚀性等。它几乎能在任何种类的化学介质中长期使用，即使在高温下及强酸、强碱和强氯化环境中也极稳定，故有“塑料王”之称。其熔点为 327 ℃，能在−200～250 ℃内保持性能的长期稳定，是目前热塑性塑料中使用温度范围最宽的一种塑料，其摩擦系数小，仅为 0.04，具有极好的自润滑性，优异的电绝缘性，且不受温度与频率的影响。此外，聚四氟乙烯还具有不沾着、不吸水、不燃烧等特点。

聚四氟乙烯的性能见表 9－8。聚四氟乙烯的缺点是强度低，冷流性大，加工成形性较差，只能用冷压烧结方法成形。PTFE 工程上主要应用于泵内零件以及轴承、垫圈等，如图 9－3 所示。另外，聚四氟乙烯在高于 390 ℃时会分解出剧毒气体，应予以注意。

表 9－8　一些工程塑料的性能

塑料名称	密度 (g/cm^3)	抗拉强度 (MPa)	弹性模量 (MPa)	抗压强度 (MPa)	抗弯强度 (MPa)	伸长率(%)	吸水率 (24 h)(%)
聚四氟乙烯	2.1～2.2	14～15	400	42	11～14	250～315	<0.005
聚酰亚胺	1.4～1.6	94	12 866	170	83	6～8	0.2～0.3
聚苯醚	1.06	66	2 600～2 800	116	98～132	30～80	0.07
聚砜	1.24	85	2 500～2 800	87～95	105～125	20～100	0.12～0.22
氯化聚醚	1.4	44～65	2 460～2 610	85～90	58～85	60～100	0.01

(a) 工程塑料磁力泵

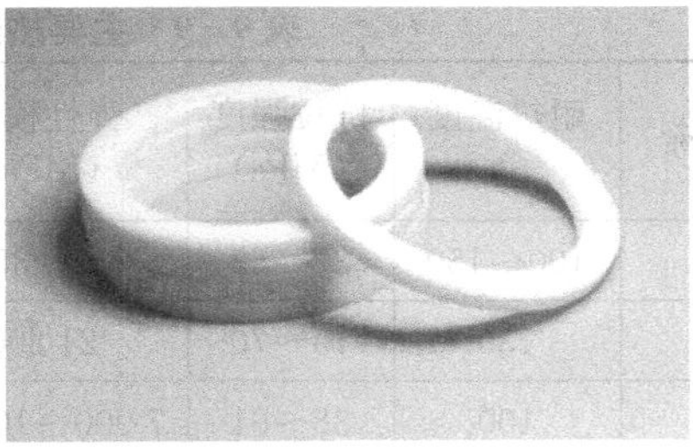
(b) PTFE垫圈

图 9-3 PTFE的工程应用

(8) 其他热塑性塑料。常用的热塑性塑料有聚酰亚胺(PI)、聚苯醚(PPO)、聚砜(PSF或PSU)和氯化聚醚等,其性能见表9-8。

聚酰亚胺是含氮的环形结构的耐热性树脂,是综合性能最佳的有机高分子材料之一,其强度、硬度较高,使用温度可达260℃,但加工性能较差、脆性大、成本高,主要用于特殊条件下工作的精密零件,如喷气发动机供燃料系统的零件,耐高温、高真空的自润滑轴承及电气设备零件,是航空航天工业中常用的高分子材料。例如美国的超音速客机计划设计的速度为2.4 M,飞行时表面温度为177℃,要求使用寿命为60 000 h,据报道,已确定50%的结构材料为以热塑性聚酰亚胺为基体树脂的碳纤维增强复合材料,每架飞机的用量约为30 t。

聚苯醚是线性非晶态工程塑料,综合性能好,使用温度为-190~190℃,耐磨性、电绝缘性和耐水蒸气性能好,主要用于制作在较高温度下工作的齿轮、轴承、凸轮、泵叶轮、鼓风机叶片、化工管道、阀门和外科医疗器械等。

聚砜是含硫的透明树脂,其耐热性、抗蠕变性突出,长期使用温度为150~174℃,脆化温度为-100℃。广泛用于电器、机械、交通和医疗领域。

氯化聚醚的主要特点是耐化学腐蚀性极好,仅次于聚四氟乙烯。同时,其加工性能好,成本低,尺寸稳定性好。氯化聚醚主要用于制作在120℃以下腐蚀介质中工作的零件、管道以及精密机器零件等。

(9) 热固性塑料。热固性塑料是树脂经固化处理后获得的。所谓固化处理就是在树脂中加入固化剂并压制成型,使其由线型聚合物变为体型聚合物的过程。热固性塑料品种也很多,用得最多的是酚醛塑料和环氧塑料。酚醛塑料中的酚醛树脂是酚类和醛类化合物的缩聚产物。

酚醛塑料有优异的耐热、绝缘、化学稳定和尺寸稳定性,较高的强度、硬度和耐磨性,其抗蠕变性能优于许多热塑性工程塑料,广泛用于机械、电子、航空、船舶工业和仪表工业中,如高频绝缘件,耐酸、耐碱、耐霉菌件及水润滑轴承;其缺点为质脆、耐光性差、色彩单调(只能制成棕黑色)。

环氧塑料中的环氧树脂种类很多,最常用的是双酚A型环氧树脂。环氧树脂的主要特点是强度高,且耐热性、耐蚀性及加工成型性优良,对很多材料有较好的胶接性能,主要用于塑料模的制作,电气、电子元件和线圈的密封及固定等领域,还可用于修复机件,但价格高昂。常用的还有氨基塑料如脲醛塑料和三聚氰胺塑料等,以及有机硅塑料、聚氨酯塑料等。主要热固性塑料的性能特点和应用见表9-9。

表 9-9 主要热固性塑料的性能特点和应用

塑料名称	耐热温度/℃	抗拉强度(MPa)	弹性模量(MPa)	抗压强度(MPa)	抗弯强度(MPa)	成形收缩率/(%)	吸水率(24 h)/(%)
酚醛	100～150	32～63	5 600～35 000	80～210	50～100	0.3～1.0	0.01～1.2
环氧	130	15～70	21 200	54～210	42～100	0.05～1.0	0.03～0.20
脲醛	100	38～91	7 000～10 000	175～310	70～100	0.4～0.6	0.4～0.8
三聚氰胺	140～145	38～49	13 600	210	45～60	0.2～0.8	0.08～0.14
有机硅	200～300	32	11 000	137	25～70	0.5～1.0	2.5 mg/cm³
聚氨酯	—	12～72	700～7 000	140	5～31	0～2.0	0.02～1.5

9.1.4.2 橡胶

橡胶是以高分子化合物为基础的具有显著高弹性的材料，分子量通常在10万以上，它与塑料的区别是在很宽的温度范围内(−50～150 ℃)均处于高弹态，保持明显的高弹性。

1) 橡胶的组成

工业用橡胶是由生胶(或纯橡胶)和橡胶配合剂组成的。生胶是橡胶制品的主要成分，也是橡胶特性形成的主要原因，生胶按原料来源可分为天然橡胶和合成橡胶。一般将未经硫化的天然橡胶和合成橡胶称为生胶。生胶性能随温度和环境变化很大，如高温发黏、低温变脆且极易被溶剂溶解。因此，必须加入各种不同的橡胶配合剂，以提高橡胶制品的使用性能和加工工艺性能。

橡胶中常加入的配合剂有硫化剂、硫化促进剂、防老剂、填充剂、发泡剂和补强剂等。

2) 橡胶的性能特点

(1) 具有高弹性。橡胶的弹性模量小，一般在1～9.8 MPa。伸长变形大，伸长率高达100%时，仍表现有可恢复的特性，并能在很宽的温度(−50～150 ℃)内保持弹性。

(2) 具有黏弹性。橡胶是黏弹性体，由于分子间作用力的存在，橡胶受到外力作用，产生形变时受时间、温度等条件的影响，表现出明显的应力松弛和蠕变现象，在振动或交变应力等周期作用下，产生滞后损失。

(3) 具有缓冲减振作用。橡胶对声音及振动的传播有缓和作用，可利用这一特点防除噪声和振动。

(4) 具有电绝缘性。橡胶和塑胶一样是电绝缘材料。例如天然橡胶和丁基橡胶的体积电阻可达到 10^{15} Ω · cm。

(5) 具有温度依赖性。高分子材料一般都受温度影响，橡胶在低温时处于玻璃态而变硬变脆，在高温时则发生软化、熔融、热氧化、热分解以至燃烧等。

(6) 具有老化现象。同金属腐蚀、木材腐朽、岩石风化一样，橡胶也会因环境条件变化而发生老化，造成性能变差，使用寿命缩短。

(7) 必须进行硫化。橡胶必须加入硫磺或其他能使橡胶硫化(或交联)的物质，使橡胶大分子交联成空间网状结构，才能得到具有使用价值的橡胶制品。但是热塑橡胶可不必硫化。

除此之外，橡胶密度低，属于轻质材料；硬度低，柔软性好；透气性较差，可做气密性材料；还具有较好的防水性等，使得橡胶材料和橡胶制品的应用范围特别广泛。

3）常用橡胶材料

（1）天然橡胶。天然橡胶是从橡胶树上流出的胶乳制取的。它是一种以异戊二烯为主要成分的天然高分子化合物，实际是多种不同相对分子质量的聚异戊二烯的混合体。

天然橡胶具有很好的弹性，其弹性伸长率最高可达 1 000%，为钢铁材料的 300 倍。在0～100 ℃内，其回弹率可达 85%以上。天然橡胶经硫化处理或经炭黑补强并经硫化处理后抗拉强度可提高。天然橡胶的耐磨性、耐蚀性、介电性、耐低温性以及加工工艺性能等也都很好，因此是综合性能较好的橡胶。

天然橡胶的缺点是耐油和耐溶剂性差，耐臭氧老化性也较差，不耐高温，使用温度在 −70～100 ℃内。它主要用于制造轮胎、胶带、胶管及胶鞋等。

（2）合成橡胶。

① 丁苯橡胶(SBR)。丁苯橡胶由丁二烯和苯乙烯共聚而成，是合成橡胶中产量最大、应用最广的通用橡胶，约占合成橡胶的 80%。它的耐磨性、耐热性、耐油性和抗老化性都较好，特别是耐磨性超过了天然橡胶。

丁苯橡胶强度低，成型性较差，限制了它的独立使用。而其价格低廉，并能以任意比例与天然橡胶混合，因而主要与其他橡胶混合使用。

② 顺丁橡胶(BR)。顺丁橡胶由丁二烯聚合而成，来源丰富，成本低。它的弹性是合成橡胶中唯一高于天然橡胶的，而且是目前各种橡胶中弹性最好的品种。其耐磨性比一般天然橡胶高 30%左右，耐寒性也好。它的缺点是加工性不好，抗撕裂性较差。但是顺丁橡胶硫化速度快，因此，通常与其他橡胶混合使用。80%～90%的顺丁橡胶用来制造轮胎，其寿命可高出天然橡胶轮胎寿命的两倍。其余用来制造耐热胶管、三角皮带、减振器刹车皮碗、胶辊和鞋底等。

③ 氯丁橡胶(CR)。氯丁橡胶由氯丁二烯聚合而成。它的机械性能与天然橡胶相似，但耐油性、耐磨性、耐热性、耐燃烧性（一旦燃烧能放出 HCl 气体阻止燃烧）、耐溶剂性、耐老化性等均优于天然橡胶，故有“万能橡胶”之称。但耐寒性差（脆折温度为 −35～−40 ℃）、密度大、成本高。适于制造高速运转的三角皮带、地下矿井的运输带，在 400 ℃以下使用的耐热运输带、风管、电缆等。还可用于制作石油化工中输送腐蚀介质的管道、输油胶管以及各种垫圈。由于氯丁橡胶与金属、非金属材料的黏着力好，可用作金属、皮革、木材、纺织品的胶黏剂。

④ 丁腈橡胶(NBR)。丁腈橡胶由丁二烯和丙烯腈聚合而成，是极性不饱和碳链橡胶，具有不饱和橡胶的共性。其突出特点是耐油性好，有弹性，可抵抗汽油、润滑油、动植物油类侵蚀，故常作为耐油橡胶使用。此外还有较高的耐磨性、耐热性、耐水性、气密性和抗老化性。但电绝缘性和耐寒性差，耐酸性也差。这些性能随丙烯腈的含量变化，一般是其含量增加，耐油、耐蚀、耐热、耐磨性，导电性以及强度、硬度增加，但耐寒性和弹性变差。所以，丁腈橡胶中丙烯腈含量一般在 15%～50%之间，过高则失去弹性，过低则失去耐油的特性。

丁腈橡胶主要用于制作各种耐油制品，如耐油胶管、储油槽、油封、输油管、燃料油管、耐油输送带、印染辊及化工设备衬里等。也用于制作胶板和耐磨零件。

⑤ 氟橡胶。氟橡胶是以碳原子为主链，带有氟原子的聚合物。具有优异的耐高温性能，是橡胶行业中最好的耐高温橡胶，普通氟橡胶能耐 250 ℃左右高温，特殊的氟橡胶耐受的温度可高达 327 ℃。由于含有键能很高的碳氟键，氟橡胶具有很高的化学稳定性，能耐各种液压油，强酸强碱的腐蚀，在 140 ℃下，67%的硫酸，70 ℃下的浓盐酸，90 ℃以下 30%的硝酸中可

长期使用。特殊氟橡胶(KALREZ)能耐 1 500 多种化学介质，可以应用于王水的密封，是橡胶行业的万能胶。另外，氟橡胶具有优异的气密性，是唯一能在真空度达到 $1.33\times10^{-7}\sim1.33\times10^{-8}$ Pa 的环境中使用的橡胶。也具有较好的耐磨性能，适用于各种油缸的动态密封环境。其缺点是耐寒性、加工性差，价格较高，限制了其使用。

氟橡胶制成的密封制品，用于汽车、飞机发动机的密封时，可在 250 ℃下长期使用，非常适合发动机输出主轴的密封，也可用于发动机阀杆的密封，气缸密封等；氟橡胶可应用于国防和高科技中的高级密封件、高真空密封件和化工设备的衬里，如神州号系列飞船均需要使用氟橡胶密封。另外，氟橡胶可应用于强酸强碱环境中，特殊氟橡胶可以用于王水的密封。

⑥ 硅橡胶。硅橡胶由二甲基硅氧烷与其他有机硅单体共聚而成。属于特种橡胶，其特点是具有极佳的耐低温性能，是橡胶材料中耐低温性能最好的，最低使用温度可以达到 −100 ℃。同时硅橡胶还具有极佳的耐高温性能，其耐受的温度在特殊状况下可以达到 300 ℃，是仅次于氟橡胶的橡胶材料。具有极好的稳定性，高的透气性和对气体透过的选择性，良好的电绝缘性能(体积电阻率大于 10^{16} Ω · cm，击穿电压在 30 kV/mm 以上)，耐电晕性和耐电弧性。同时硅橡胶具有吸湿性能，可以起隔离作用。耐水，但是耐水蒸气性能不佳，压力超过 50 psi(1 psi = 6 895 Pa) 以上时不建议使用。与大多数油、化学物质和溶剂兼容。一般硅橡胶耐酸碱性能佳，耐极性溶剂尚可，不耐烷烃和芳香族油品。同时不建议使用大部分浓缩的溶剂、油品、浓酸以及稀释后的火碱溶液。特种硅橡胶还具有耐辐射、耐燃和耐油等性能。硅橡胶的缺点是强度、耐磨性和耐酸碱性低，而且价格较高，限制了其使用。主要用于制造各种耐高低温的橡胶制品，如耐热密封垫圈、衬垫、耐高温电线、电缆的绝缘层等。另外，硅橡胶无毒无味，稳定性好的特点，使其广泛应用于人体器官和食品工业。

⑦ 三元乙丙橡胶(EPDM)。三元乙丙橡胶是乙烯、丙烯以及非共轭二烯烃的三元共聚物。具有优异的耐候、耐臭氧、耐热、耐酸碱、耐水蒸气性，颜色稳定性、电绝缘性能、充油性及常温流动性。三元乙丙橡胶制品在 120 ℃下可长期使用，在 150～200 ℃下可短暂或间歇使用。加入适宜防老剂可提高其使用温度，可在苛刻的条件下使用；但三元乙丙橡胶的缺点是硫化速度慢，与其他不饱和橡胶并用难，自黏和互黏性都很差，故加工性能不好。主要应用于要求耐老化、耐水、耐腐蚀、电气绝缘几个领域。如用于轮胎的浅色胎侧、耐热运输带、电缆电线包皮、蒸汽胶管、防腐衬里、密封垫圈、门窗密封条、家用电器配件等。

9.2 陶瓷材料

陶瓷是人类最早使用的材料之一，是金属和高聚物以外的无机非金属材料的通称，主要是金属氧化物和金属非氧化物。传统陶瓷所使用的原料主要是地壳表面的岩石风化后形成的黏土和砂子等天然硅酸盐类矿物，故又称硅酸盐材料。目前，金属材料、高分子材料和陶瓷材料已成为固体材料的三大支柱。

9.2.1 陶瓷材料的组成与性能特点

1) 陶瓷材料的组成

陶瓷由金属元素和非金属元素的化合物组成，其主要成分是 SiO_2、Al_2O_3、Fe_2O_3、TiO_2、CaO、MgO、Na_2O、PbO 等氧化物，形成的材料主要有陶瓷、玻璃、水泥及耐火材料等，现在一般将它们统称传统陶瓷或普通陶瓷。一般以天然硅酸盐(如黏土、长石和石英等)或人工合成化合物(如氧化物、氮化物、碳化物、硅化物、硼化物等)为原料,经粉碎—配置—制坯—成型—烧结制成。它是多相的固体材料,通常由晶体相、玻璃相和气相(气孔)组成。陶瓷的晶体结构比金属复杂得多,它们可以是以离子键为主的离子晶体,也可以是以共价键为主的共价晶体。完全由一种键组成的陶瓷并不多,大多数由二者的混合键组成。如以离子键结合的 MgO,离子键结合比例占 84%,另有 16%是共价键结构;而以共价键为主的 SiC,仍有 18%的离子键结构。详见本书第 3 章 3.4.2 节"陶瓷材料的结构"。

2) 陶瓷材料的性能

(1) 硬而脆。由于陶瓷主要由离子键和共价键结合,因而具有高硬度的特点,其硬度比金属的硬度高很多(表 9 - 10)。陶瓷一般用莫氏硬度表示其硬度,它只表示固体材料硬度的相对大小。从表中可以看出,金刚石硬度最高,陶瓷材料由原料粉碎混合烧结成型,孔隙等缺陷较多,容易产生裂纹,因此具有较低的强度。由于陶瓷材料的滑移系非常少,同时共价键又具有明显的方向性和饱和性,而离子键的同性离子接近时排斥力很大,所以陶瓷不产生滑移,在室温下几乎没有塑性变形,它在弹性变形后直接脆断。这是陶瓷材料的致命弱点,而且一般在断裂前没有任何征兆。由于陶瓷为脆性材料,其冲击韧性、断裂韧性都很低,其断裂韧性为金属的 1/100～1/60。

表 9 - 10　几种陶瓷和金属的硬度对比

陶　瓷	莫氏硬度	金属	莫氏硬度
长石瓷	70	金	25
滑石瓷	80	铝	29
氧化铝(刚玉)	90	铜	30
氧化锆	80	铁	45
氧化硅(石英)	70	铂	43
碳化硅	92	钯	48
碳化硼	93	铱	65
金刚石	100	锇	70

(2) 耐高温。陶瓷的熔点高,大多数在 2 000 ℃以上,远高于金属。多数金属在 1 000 ℃以上就会丧失强度,而陶瓷材料在高温下不仅具有高强度,而且基本保持在室温下的强度,即陶瓷具有优于金属的高温强度,同时也具有较高的蠕变抗力。

(3) 耐腐蚀。从陶瓷的结构来看,金属正离子被周围氧负离子包围,不易于介质中的氧发生氧化反应,不但在室温下不易被氧化,在 1 000 ℃的高温下也具有抗氧化能力,不易被腐蚀。陶瓷对酸、盐具有良好的抗腐蚀能力,但抗碱腐蚀的能力不足。有些陶瓷还能抵抗熔融金属的侵蚀,例如,用 Al_2O_3 陶瓷制作的坩埚在 1 700 ℃下不玷污金属,保持了化学稳定性。

(4) 绝缘性好。在大多数陶瓷中,由于没有自由电子,表现为具有很高的电阻率,所以陶瓷有良好的绝缘性,是传统的绝缘材料。

在很多场合陶瓷材料已逐渐取代昂贵的超高合金钢或被应用到金属材料不可胜任的场合,如发动机气缸套、轴瓦、密封圈、陶瓷切削刀具等,如图 9 - 4 所示。此外,陶瓷也具有热膨胀系数小、热容量小,导热性差,抗热震性不好等不足。

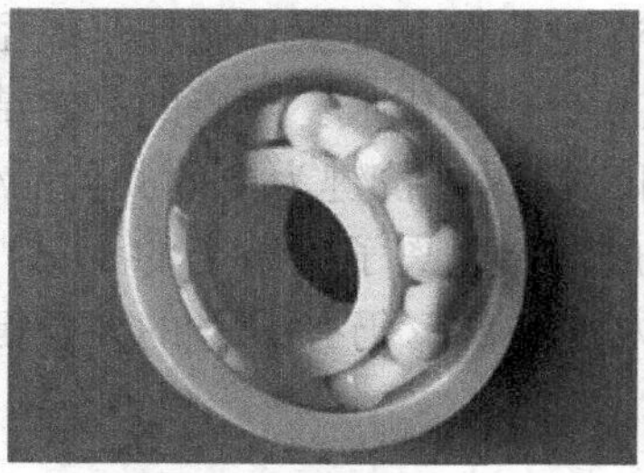

(a) 陶瓷轴承

(b) 陶瓷刀具

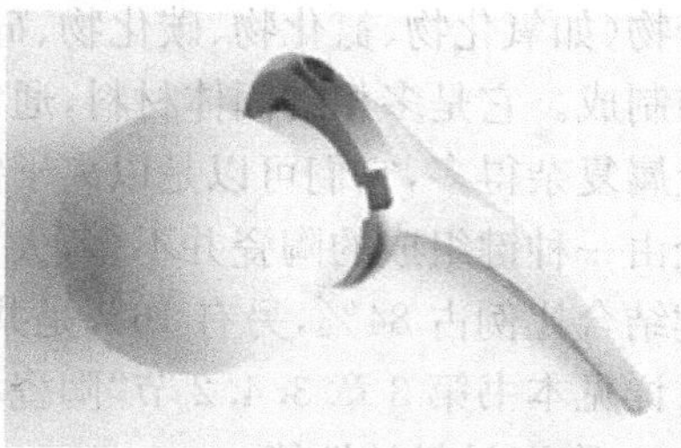

(c) 人工关节

图 9-4 陶瓷材料的应用

9.2.2 陶瓷材料的分类

陶瓷材料及产品种类繁多,通常按成分及性能和用途对陶瓷材料加以分类。

1) 按化学成分分类

(1) 氧化物陶瓷。氧化物陶瓷是最早使用的陶瓷材料,其种类最多,应用也最广泛。常用的氧化物陶瓷有 Al_2O_3、SiO_2、MgO、ZrO_2、BeO、CaO 及莫来石($3Al_2O_3 \cdot 2SiO_2$)和尖晶石($MgAl_2O_3$)等,常用的玻璃和日用陶瓷均属于这一类。

氧化铝陶瓷(Al_2O_3)中 Al_2O_3 为主要成分,另外含有少量的 SiO_2。根据 Al_2O_3 含量的不同又分为 75 瓷(Al_2O_3 质量分数为 75%)、95 瓷(Al_2O_3 的质量分数为 95%)和 99 瓷(Al_2O_3 的质量分数为 99%),后两者又称刚玉瓷,其性能见表 9-11。Al_2O_3 陶瓷中 Al_2O_3 含量越高、玻璃相含量越少,陶瓷的气孔就越少,其性能也越好,但此时工艺变得复杂,成本会升高。

表 9-11 Al_2O_3 陶瓷的性能

牌号	w_{Al}/(%)	相对密度	硬度(HV)	抗压强度(MPa)	抗拉强度(MPa)
85	85	3.45	9	1 800	150
96	96	3.72	9	1 800	180
99	99	3.90	9	2 500	250

氧化铝陶瓷(Al_2O_3)由于其机械强度较高,硬度较大,可用作磨料磨具、刀具等。

氧化镁陶瓷(MgO)具有良好的电绝缘性,属于弱碱性物质,几乎不被碱性物质侵蚀,对碱性金属熔渣有较强的抗侵蚀能力。不少金属,如铁、镍、铀、钍、钼、镁、铜、铂等都不与氧化镁作用。因此,氧化镁陶瓷可用作熔炼金属的坩埚,浇铸金属的模子,高温热电偶的保护管,以及高温炉的炉衬材料等。

氧化铍陶瓷(BeO)具有与金属相似的良好导热系数,可用来做散热器件;氧化铍陶瓷还具有良好的核性能,对中子减速能力强,可用作原子反应堆的减速剂和防辐射材料;另外,利用它的高温比体积电阻较大的性质,可用来做高温绝缘材料;利用它的耐碱性,可以用作冶炼稀有金属和高纯金属铍、铂、钒的坩埚。

(2) 碳化物陶瓷。碳化硅陶瓷共价键性极强,在高温下仍保持高的键和强度,强度降低不明显,且膨胀系数小,耐蚀性优良,可用作高温结构零部件。碳化硅陶瓷由于熔点高、硬度大,主要用作超硬材料、工具材料、耐磨材料,以及高温结构材料;利用它导热系数高、膨胀系数低的特点,可用作导热材料、发热材料等。常用的碳化物陶瓷有 SiC、WC、B_4C、TiC 等。

(3) 氮化物陶瓷。氮化物陶瓷种类很多,包括氮化硅陶瓷(Si_3N_4)、氮化钛陶瓷(TiN)、氮化硼陶瓷(BN)、氮化铝陶瓷(AlN)等。

氮化硅陶瓷(Si_3N_4)耐高温、具有耐磨性,在陶瓷发动机中用于燃气轮机的转子、定子和涡形管;由于抗震性能好、耐腐蚀、摩擦系数小、热膨胀系数小等特点,广泛应用于冶金和热加工工业中。氮化硼陶瓷(BN)具有耐磨、减摩性能。氮化铝陶瓷(AlN)可作为熔融金属用坩埚、保护管、真空蒸镀用容器,还可用作真空中蒸镀 Au 的容器、耐热砖、耐热夹具等。氮化铝陶瓷电绝缘电阻高、有优良的介电系数和低的介电损耗,机械性能好,耐腐蚀,透光性强,因而可用作高温构件、热交换材料、浇铸模具材料以及非氧化电炉的炉衬材料等。氮化钛陶瓷(TiN)硬度高、熔点高、化学稳定性好且具金黄色金属光泽,是一种较好的耐熔耐磨材料,代金装饰材料。在机械加工工业中,在刀具上涂 TiN 涂层。可提高其耐磨性。类似的化合物还包括目前正在研究的 C_3N_4,它可能会具有更为优越的物理化学性能。

(4) 其他化合物陶瓷。除上述陶瓷以外,还有常作为陶瓷添加剂的硼化物陶瓷,以及具有光学、电学等特性的硫族化合物陶瓷等。

2) 按性能和用途分类

(1) 结构陶瓷。结构陶瓷是作为结构材料,用于制作结构零部件的陶瓷,又称工程陶瓷。这类陶瓷要求有较好的力学性能,如强度、韧度、硬度、模量、耐磨性及高温性能等。结构陶瓷可分为三大类:氧化物陶瓷、非氧化物陶瓷、陶瓷基复合材料。以上所述四类陶瓷均可设计成为结构陶瓷,常用的结构陶瓷有 Al_2O_3、Si_3N_4、ZrO_2 等。

① 纳米陶瓷。纳米陶瓷又称纳米结构材料,纳米复合材料,是 21 世纪的新材料。它的研究从微米复合向纳米复合方向发展,纳米陶瓷材料不仅能在低温条件下像金属材料那样任意弯曲而不产生裂纹,而且能够像金属材料那样进行机械切削加工,甚至可以做成陶瓷弹簧。

② 陶瓷基复合材料。复合材料是两种或两种以上不同化学性质或不同组织相的物质,以微观或宏观形式组合而成的材料。基于提高韧性的陶瓷基复合材料可分为两类:氧化锆相变增韧和陶瓷纤维强化复合材料。

(2) 功能陶瓷。功能陶瓷是作为功能材料,用于制作功能器件的陶瓷。这类陶瓷主要利用了其中的无机非金属材料优异的物理和化学性能,如电磁性、热性能、光性能及生物性能等,例如:用于制作电磁元件的铁氧体、铁电陶瓷;用于制作电容器的介电陶瓷;用于制作力学传感器的压电陶瓷。此外,还有固体电解质陶瓷、生物陶瓷、光导纤维材料等。

9.3 复合材料

复合材料是指利用两种或两种以上物理、化学性质不同的物质,经一定方法得到的一种新的多相固体材料。复合材料是多相材料,主要包括基体相和增强相。基体相是连续相,它将增强相材料与其固结成为一体;增强相起承受应力(结构复合材料)或显示功能(功能复合材料)的作用。

9.3.1 复合材料的分类

复合材料种类繁多,分类方法也不尽统一。从原则上讲,复合材料可以由金属材料、高分子材料和陶瓷材料中的任两种或几种制备而成。其通常可以根据以下方法进行分类,如图 9-5 所示。目前大量研究和应用的是结构复合材料,它一般由高强度、高模量、脆性大的增强材料和低强度、低模量、韧性好的基体材料组成。在结构复合材料中以纤维增强复合材料发展最快,应用最广。

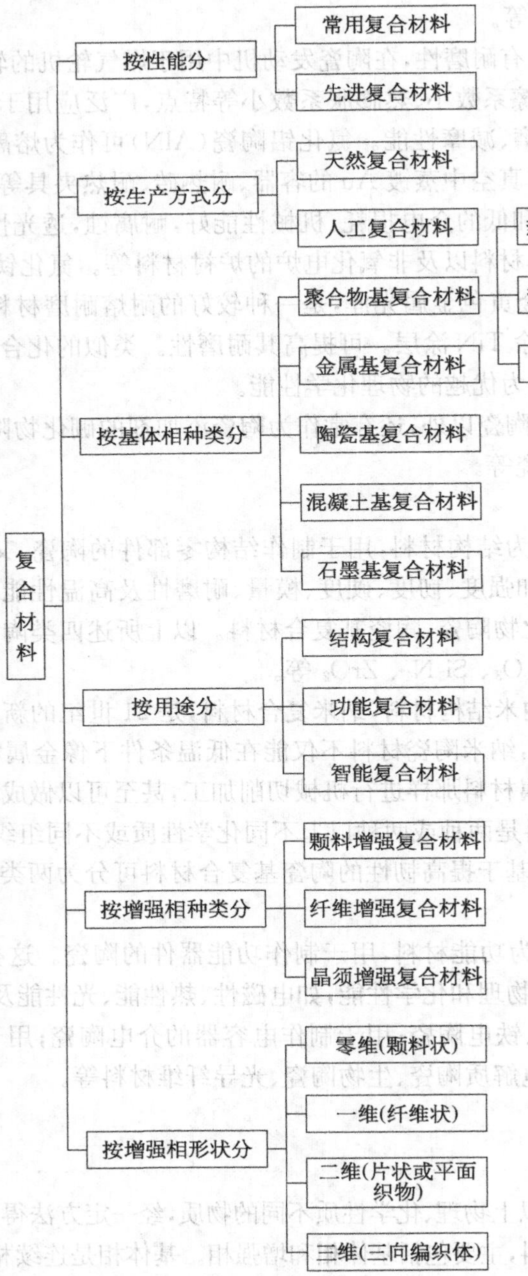

图 9-5　复合材料的分类

9.3.2　复合材料的性能特点

复合材料的最大特点是其性能比组成材料的性能优越得多，大大改善或克服了单一材料的弱点，从而可以按零件的结构和受力情况，并按预定的、合理的配套性能进行最佳设计，甚至可创造单一材料不具备的双重或多重功能，或者在不同时间或条件下发挥不同的功能。复合材料的性能特点如下：

(1) 比强度和比模量高。比强度、比模量是指材料的强度或弹性模量与其密度之比。材料的比强度或比模量越高，构件的自重越小，或者体积越小。通常，复合材料的复合结果是密度大大减小，因而高的比强度和比模量是复合材料的突出性能特点。表 9－12 为常用工程材料的比强度和比模量。可以看出碳纤维-环氧树脂复合材料的比强度比钢高 7 倍，比模量比钢高 3 倍。

表 9－12　常用材料和复合材料的性能比较

材料名称	相对密度	抗拉强度 (10^3 MPa)	弹性模量 (10^2 MPa)	比强度 (10^3 MPa)	比模量 (10^5 MPa)
钢	7.8	1.03	2.1	0.13	0.27
铝	2.8	0.47	0.75	0.17	0.26
钛	4.5	0.96	1.14	0.21	0.25
玻璃钢	2.0	1.06	0.4	0.53	0.21
碳纤维Ⅱ/环氧	1.45	1.5	1.4	1.03	0.965
碳纤维Ⅰ/环氧	1.6	1.07	2.4	0.67	1.5
有机纤维 PRD/环氧	1.4	1.4	0.8	1.0	0.57
硼纤维/环氧	2.1	1.38	2.1	0.66	1.0
硼纤维/铝	2.65	1.0	2.0	0.38	0.75

(2) 抗疲劳性能和抗断裂性能好。通常复合材料中的纤维缺陷少，因而本身抗疲劳能力高，基体的塑性好、韧度高，能够消除或减少应力集中，不易产生微裂纹；塑性变形的存在又使微裂纹产生钝化而减缓了其扩展，这样就使得复合材料具有很好的抗疲劳性能。例如：碳纤维增强复合材料的疲劳极限可达抗拉强度的 70%～80%，而一般金属材料的疲劳强度极限为其抗拉强度的 40%～50%。

(3) 高温性能优越。铝合金在 400 ℃时，其强度仅为室温时的 10%以下，而复合材料可以在较高温度下具有与室温时几乎相同的性能。如：聚合物基复合材料的使用温度为 100～350 ℃；金属基复合材料的使用温度为 350～1 100 ℃，SiC 纤维、Al_2O_3 纤维陶瓷复合材料在 1 200～1 400 ℃内可保持很高的强度；碳纤维复合材料在非氮化环境下可在 2 400～2 800 ℃内长期使用。

(4) 减摩、耐磨、减振性能良好。碳纤维增强高分子材料的摩擦因数比高分子材料本身低得多，在热塑性塑料中添加少量短切纤维可以大大提高其减摩和耐磨性能。由于复合材料比模量高，自振频率也高，纤维与基体的界面有吸收振动能量的作用，使复合材料构件不易发生共振，即便产生振动也会很快衰减下来，从而起到很好的减振效果。

(5) 其他特殊性能。金属基复合材料具有高韧度和高抗热冲击性能；玻璃纤维增强塑料具有优良的电绝缘性，不受电磁作用，不反射无线电波，耐辐射性、蠕变性能高，并具有特殊的光、电、磁等性能。复合材料的不足之处是目前成本较高、性能具有方向性等，限制了复合材料的广泛使用和推广，这些问题的解决将会推动复合材料的发展和应用。

9.3.3　常用复合材料及应用

复合材料种类很多，分类方法也很多，目前国内对其命名尚未统一。而且复合材料的品种也在不断增加，应用也越来越广泛。常用复合材料有以下几种：

1）玻璃钢

玻璃纤维增强聚合物复合材料俗称玻璃钢，其中热固性玻璃钢主要用于制作机器护罩、车辆车身、绝缘抗磁仪表、耐蚀耐压容器和管道及各种形状复杂的机器构件和车辆配件。热塑性玻璃钢不如热固性玻璃钢强度高，但成型性好、生产率高。尼龙 66 玻璃钢可用于制作轴承、轴承架、齿轮等精密件、电工件、汽车仪表、前后灯等。

ABS 玻璃钢可用于制作化工装置、管道、容器等；聚苯乙烯玻璃钢可用于制作汽车内装饰、收音机机壳、空调叶片等；聚碳酸酯玻璃钢可用于制作耐磨件、绝缘仪表等。

2）碳纤维树脂复合材料

碳纤维密度较小，为 1.33 ～ 2.0 g/cm^3，约为钢的 1/4；弹性模量高，可达 2.8×10^4 ～ 4×10^4 MPa，为玻璃纤维的 4～6 倍；它的比强度比钢大 16 倍，比刚度大约比钢大 2 倍多。耐疲劳，抗蠕变，机械性能优于玻璃纤维。高温、低温性能好，热膨胀系数几乎为零，适于制造要求在温度变化的环境中保持高精度的精密构件。耐蚀性极强，且耐油、抗放射性照射。导电性、自润滑性好，摩擦系数小，但韧性稍差，易氧化等。

碳纤维-树脂复合材料也称碳纤维增强塑料。它最常用的合成树脂基体主要有热固性的酚醛树脂、环氧树脂、聚酯树脂和热塑性的聚四氟乙烯等。从基体看与玻璃钢相似，但其性能优于玻璃钢，其关键是碳纤维所起的作用。碳纤维增强塑料具有低密度、高强度、高弹性模量。它有优良的抗疲劳能力，耐冲击性好，有自润滑性、减摩耐磨性、耐蚀性和耐热性，在高温下导热率低，是良好的高温绝热材料。缺点是韧性差，使用温度低于 200～300 ℃时，碳纤维和基体结合力低，同时具有严重的各向异性。

碳纤维-树脂复合材料，如碳纤维环氧树脂，碳纤维酚醛树脂和碳纤维聚四氟乙烯等得到了广泛应用。如汽车工业中制造汽车外壳、发动机壳体等，航空航天工业中制造飞机机身、螺旋桨、尾翼、发动机风扇叶片、卫星壳体、宇宙飞行器表面防热层，电机工业中大功率发电机护环、化学工业中制作管道、容器等，机械工业中制作轴承、齿轮、活塞、密封圈和连杆等。

3）硼纤维树脂复合材料

硼纤维比强度与玻璃纤维相近，耐热性比玻璃纤维高，比弹性模量较玻璃纤维约高 5 倍。硼纤维-树脂复合材料抗压强度和抗剪强度都很高(优于铝合金、钛合金)，且蠕变小、硬度和弹性模量高，疲劳强度很高，耐辐射及导热性能极好。硼纤维环氧树脂、硼纤维聚酰亚胺树脂等复合材料多用于制作航空航天器的机身、翼面、仪表盘、转子、压气机叶片、螺旋桨的传动轴，轨道飞行器的隔离装置接合器等。

4）陶瓷基复合材料

陶瓷基复合材料具有高强度、高模量、低密度、耐高温、耐磨、耐蚀等特点，并具有较高的韧度。目前已研发出颗粒增韧复合材料，如 Al_2O_3 - TiC 颗粒，晶须增韧复合材料如 SiC - Al_2O_3 晶须，纤维增韧复合材料如 SiC -硼硅玻璃纤维。陶瓷基复合材料常用于制作高速切削工具和内燃机部件。由于这类材料发展较晚，其潜能尚待进一步发挥。

目前的研究重点是将其作为高温材料和耐磨耐蚀材料应用，如大功率内燃机的增压涡轮、航空航天器的热部件，以及代替金属制造车辆发动机、石油化工容器、废弃物垃圾焚烧处理设备等。

5）金属陶瓷

金属陶瓷是由陶瓷(通常为氧化物、碳化物、硼化物和氮化物等)和黏结金属(通常为 Ti、

Ni、Co、Cr 等及其合金)组成的非均质复合材料，是颗粒增强型的复合材料，常用粉末冶金方法成型。金属和陶瓷按不同配比可组成工具材料(以陶瓷为主)、高温结构材料(以金属为主)和特殊性能材料，如图 9-6 所示。

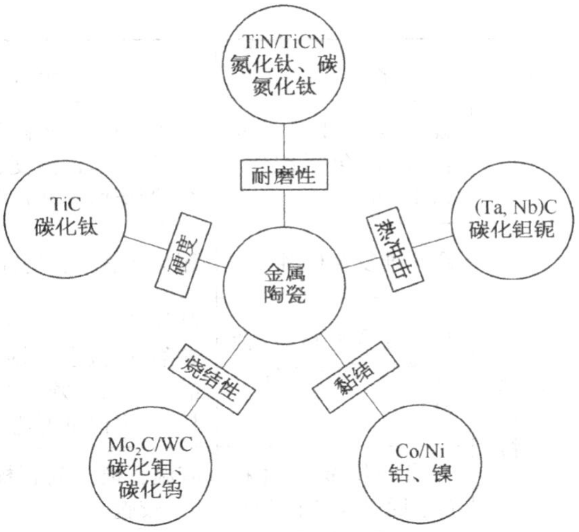

图 9-6　金属陶瓷复合材料性能

金属陶瓷既保持了陶瓷的高强度、高硬度、耐磨损、耐高温、抗氧化和化学稳定性等特性，又具有较好的金属韧性和可塑性。

氧化物金属陶瓷多以 Co 或 Ni 作为黏结金属，热稳定性和抗氧化能力较好，韧度高，可用作高速切削工具材料，还可做高温下工作的耐磨件，如喷嘴、热拉丝模，以及机械密封环等。碳化物金属陶瓷是应用最广泛的金属陶瓷，通常以 Co 和 Ni 做金属黏结剂，根据金属含量不同可用作耐热结构材料或工具材料。碳化物金属陶瓷用作工具材料时，通常被称为硬质合金。

6）碳基复合材料

碳基复合材料是以碳纤维(织物)或碳化硅等陶瓷纤维(织物)为增强体，以碳为基体的复合材料，简称碳碳(C/C)复合材料。其研制开始于 20 世纪 50 年代，60 年代后期成为新型工程材料。20 世纪 80 年代，C/C 复合材料的研究进入了提高性能和扩大应用的阶段，最引人注目的是抗氧化 C/C 复合材料导弹鼻锥帽和机翼前缘，C/C 复合材料用量最大的产品是超高音速飞机的刹车片。

C/C 复合材料耐高温、耐腐蚀、具有较低的热膨胀系数和较好的抗热冲击性。它与石墨一样具有化学稳定性，与一般的酸、碱、盐溶液以及有机溶剂不起反应，只是与浓度高的氧化性酸溶液起反应。碳碳材料的力学性能受很多因素的影响，一般与增强纤维的方向和含量、界面结合状况、碳基体、温度等因素有关。

C/C 复合材料除了在航空航天上的应用外，还可用于制作发热元件和机械紧固件，可工作在 2 500 ℃的高温下；C/C 复合材料代替钢和石墨来制造超塑成型的吹塑模和粉末冶金中的热压模，具有质量小、成型周期短、产品质量好、寿命长的特点；C/C 复合材料还可用于制造氦冷却的核反应堆热交换管道、化工管道、容器衬里、高温密封件和轴承等。

目前常用的复合材料及其用途见表 9-13。

表 9-13　常用的复合材料

类别	名　称	主要性能及特点	用途举例
纤维复合材料	玻璃纤维复合材料(包括织物，如布、带)	热固性树脂与纤维复合，抗拉强度、抗压强度、抗冲击强度提高，脆性降低，收缩减少。热塑性树脂与纤维复合，抗拉强度、抗弯强度、抗压强度、弹性模量、抗蠕变性能均提高，热变形温度显著上升，冲击韧性下降，缺口敏感性改善	主要用于制作有耐磨、减摩要求的零件、管道、泵阀、汽车及船舶壳体

（续表）

类别	名　　称	主要性能及特点	用途举例
纤维复合材料	碳纤维、石墨纤维复合材料（包括织物，如布、带）	碳树脂复合、碳碳复合、碳金属复合、碳陶瓷复合等，比强度、比刚度高，线膨胀系数小，摩擦磨损和自润滑性好	在航空航天、原子能等工业中用于制作压气机叶片、发动机壳体、轴瓦、齿轮等
	硼纤维复合材料	硼与环氧树脂复合，比强度高	用于制作飞机、火箭构件，其质量可减小 25%～40%
	晶须复合材料（包括自增强纤维复合材料）	晶须是单晶，无一般材料的空穴、位错等缺陷，机械强度特别高，有 Al_2O_3、SiC 等晶须。用晶须毡与环氧树脂复合的层压板，抗弯模量可达 70 000 MPa	可用于制作涡轮叶片
	石棉纤维复合材料（包括织物，如布、带）	有温石棉及闪石棉，前者不耐酸，后者耐酸，较脆	与树脂复合，用于制作密封件、制动件、绝热材料等
	植物纤维复合材料（包括木材、纸、棉、布、带等）	木纤维或棉纤维与树脂复合而成的纸板、层压布板，综合性能好，绝缘	用于制作电绝缘材料、轴承
	合成纤维复合材料	少量尼龙或聚丙烯腈纤维加入水泥，可大幅度提高其冲击韧度	用于制作承受强烈冲击的零件
颗粒复合材料	金属粒与塑料复合材料	金属粒加入塑料，可改善导热性及导电性，降低线膨胀系数	高含量铅粉塑料做 γ 射线的罩屏及隔声材料，铅粉加入氟塑料做轴承材料
	陶瓷粒与金属复合材料	提高高温耐磨、耐腐蚀、润滑等性能	氧化物金属陶瓷做高速切削材料及高温材料；CrC 用于制作耐腐蚀、耐磨喷嘴，重载轴承，高温无油润滑件；钴基碳化钨用于切割、拉丝模、阀门；镍基碳化钨用于制作火焰管喷嘴等高温零件
	弥散强化复合材料	将硬质粒子氧化钇等均匀分布到合金（如 NiCr 合金）中，能耐 1 100 ℃以上高温	用于制作耐热件
层叠复合材料	多层复合材料	钢多孔性青铜塑料三层复合	用于制作轴承、热片、球头座耐磨件
	玻璃复合材料	两层玻璃板间夹一层聚乙烯醇缩丁醛	用于制作安全玻璃
	塑料复合材料	普通钢板上覆一层塑料，以提高耐蚀性	用于化工及食品工业
骨架复合材料	多孔浸渍材料	多孔材料浸渗低摩擦系数的油脂和氟塑料	可用于制作油枕及轴承，浸树脂的石墨用作抗磨材料
	夹层结构材料	质轻，抗弯强度大	用于制作飞机机翼、舱门、大电动机罩等

从应用上看，复合材料在美国和欧洲主要用于航空航天、汽车等行业。例如，美国 F－22“猛禽”飞机于 21 世纪初服役。其作战性能远远超过现时美国空军使用的飞机，它的进攻和防

御能力更强，对敌机具有“先发现、先射击和先杀伤”的先发制人的能力。这些优异的作战性能与飞机结构使用了先进材料是分不开的。F-22大量使用了钛合金和复合材料，钛合金占结构重量的42%，复合材料占24%，传统飞机材料铝和钢只有20%。

虽然复合材料有着诸多好处，但是波音787仍然保留了20%的铝，15%的钛，10%的钢，这是复合材料不耐高温、不耐冲击的特点决定的。碳纤维本身虽然耐高温，但是将其黏结成型的树脂基体却很难耐高温；尤其是波音787上普遍使用的环氧树脂类产品，一般最大工作温度不高于150℃。

2000年美国汽车零件的复合材料用量达14.8万吨，欧洲汽车复合材料用量到2003年达10.5万吨。而在日本，复合材料主要用于住宅建设，如卫浴设备等，此类产品在2000年的用量达7.5万吨，汽车等领域的用量仅为2.4万吨。不过从全球范围看，汽车工业是复合材料最大的用户，今后发展潜力仍十分巨大，目前还有许多新技术正在开发中。例如，为降低发动机噪声，增加轿车的舒适性，正着力开发两层冷轧板间黏附热塑性树脂的减振钢板；为满足发动机向高速、增压、高负荷方向发展的要求，发动机活塞、连杆、轴瓦已开始应用金属基复合材料。为满足汽车轻量化要求，越来越多的新型复合材料必将被应用到汽车制造业中，例如，宝马i3纯电动汽车是第一款车体主要由碳纤维材料制成的量产汽车。新型CFRP技术的应用使i3的整备质量仅为1 250 kg，比传统电动车减轻了250～350 kg，同时实现了最高级别的碰撞安全保护。

与此同时，随着近年来人们对环保问题的日益重视，高分子复合材料在取代木材方面的应用也得到了进一步推广。例如，用植物纤维与废塑料加工而成的复合材料，在北美已被大量用作托盘和包装箱，用以替代木制产品；而可降解复合材料也成为国内外开发研究的重点。

另外，纳米技术逐渐引起人们的关注，纳米复合材料的研究开发也成为新的热点。如纳米改性塑料，可使塑料的聚集态及结晶形态发生改变，从而使之具有新的性能，在克服传统材料刚性与韧性难以相容的矛盾的同时，大大提高了材料的综合性能。

第10章

材料表面的改性

◎ **学习成果达成要求**

通过该章学习，学生应达成的能力要求包括：

1. 能够通过应用材料表面改性的方法，去实现材料的某些特殊功能。
2. 能够采用物理气相沉积涂层技术、化学气相沉积涂层技术、热喷涂技术、离子氮化技术、TD处理技术在工程应用中解决某些问题。

在工程应用领域，很多情况下对构件表面和内部的性能要求是不一样的，有时候甚至是矛盾的，比如汽车齿轮，需要表面硬度高，能够抵抗齿轮啮合过程中产生的剧烈摩擦磨损，但同时要求齿轮芯轴部位具有一定的韧性，可以防止齿轮受到突然冲击时不至于断裂。这种表里不一的性能需求，光是靠单一材料很难两全其美，于是出现了材料表面改性技术。

通过材料表面改性，既能发挥基体材料的力学性能，又能使材料表面获得各种特殊性能，以经济、高效、高质量地防护、强化、修复、改善零件表面的物理化学性能。

10.1 材料表面改性的意义、分类及应用

表面改性技术是采用化学的、物理的方法改变材料或工件表面的化学成分或组织结构以提高机器零件或材料性能的一类热处理技术。

10.1.1 材料表面改性的意义

随着经济和科学技术的迅速发展，人们对各种产品抵御环境的能力和长期运行的可靠性、稳定性等提出了越来越高的要求。要求产品能在高温、高压、高速、高度自动化和恶劣的工况条件下长期稳定运转。例如：飞船或洲际导弹的头部椎体和翼部前端边缘，在几十倍音速下与大气层摩擦产生巨大热量，使头部的表面温度升高到4 000～5 000 ℃，如果表面没有氧化铝、氧化锆、陶瓷纤维等隔热、防烧灼涂层来保护基体金属，其后果是不可想象的。金属材料及其制品的腐蚀、磨损以及疲劳断裂等重要损伤，一般都是从材料表面、亚表面开始的，或因表面因素引起，采用表面改性技术，加强材料表面防护，提高材料表面性能，控制或防止表面损坏，可延长设备、工件的使用寿命，获得巨大的经济效益。

利用表面改性技术，使材料表面获得它本身没有而又希望具有的特殊性能，是实现材料可持续发展的一项重要措施，而且表层很薄，用材十分少，性能价格比高，不仅节约材料和节省能

源，也利于减少环境污染。

10.1.2　材料表面改性的分类

表面改性技术目前大致可以包括以下几类：喷丸强化、表面热处理、化学热处理、高能束表面改性、离子注入表面改性等。

其主要特点如下：

(1) 喷丸强化。是在受喷材料再结晶温度下进行的一种冷加工方法，加工过程由弹丸以很高的速度撞击受喷工件表面完成。其中喷丸强化不同于一般的喷丸工艺，它要求喷丸过程中严格控制工艺参数，使工件在受喷后具有预期的表面形貌、表层组织结构和残余应力。

(2) 表面热处理。是指仅对工件表层进行热处理，以改变其组织和性能的工艺。主要方法有感应加热淬火、火焰加热表面淬火、接触电阻加热淬火、电解液淬火、脉冲加热淬火、激光热处理和电子束加热处理等。

(3) 化学热处理。是将金属或合金工件置于一定温度的活性介质中保温，使一种或几种元素渗入它的表层，以改变其化学成分、组织和性能的热处理工艺。按渗入的元素可以分为渗碳、渗氮、碳氮共渗、渗硼、渗金属等。

(4) 高能束表面改性。主要利用激光、电子束和太阳光束作为能源，对材料表面进行各种处理，显著改善其组织结构和性能。

(5) 离子注入表面改性。是将所需的气体或固体蒸气在真空系统中电离，引出离子束后在数千电子伏至数十万电子伏加速下直接注入材料，达到一定深度，从而改变材料表面的成分和结构，达到改善性能的目的。其优点是注入元素不受材料固溶度限制，适用于各种材料，工艺和质量易控制，注入层与基体之间没有不连续界面。它的缺点是注入层不深，对复杂形状的工件注入有困难。

10.1.3　材料表面改性的应用

材料表面改性主要是在刀具、模具以及机械零件表面起到防护、耐磨、强化以及装饰等作用。

(1) 防护。一方面可以在构件金属中加入合金元素，尽可能减少或消除材料上的电化学不均匀因素，控制工件环境，采用阴极保护法等。另一方面，表面改性技术通过改变材料表面的成分或结构以及施加覆盖，都能显著提高材料或制件的防护能力。

(2) 耐磨。耐磨是指材料在一定摩擦条件下抵抗磨损的能力。常见磨损有磨料磨损、沾着磨损、疲劳磨损、腐蚀磨损、冲蚀磨损、微动磨损等类型。正确判断磨损类型是选择材料和采取保护措施的重要依据，而表面改性是提高材料表面耐磨性的有效途径之一。例如采用磁控溅射在直径为 8 mm 的高速钢两刃铣刀表面沉积 Ta－C 薄膜，膜层呈黑色，膜厚 1～1.5 μm，表面硬度＞HV5 000，Ta－C 涂层铣刀较未涂层铣刀寿命可以提高 8 倍以上。

(3) 强化。这里所说的“强化”，主要指通过表面改性技术提高材料表面抵御腐蚀和磨损之外的环境的能力。有的金属制件要求表面有较高的强度、硬度、耐磨性，而心部保持良好的韧性。以最常用的渗碳处理为例：通常对于耐磨的机械零件，多选用低碳钢渗碳，使表面耐磨性显著提高，而心部保持良好的韧性。

(4) 装饰。表面装饰是指物体表面覆盖一层附属的材料，使之美观。通过表面改性技术可以对各种金属材料表面进行装饰，不仅方便、高效，而且美观、经济。例如汽车和摩托车的轮毂，全世界生产量很大，其中铝合金轮毂美观、质轻、耐久、防腐、散热快、尺寸精度高，经表面处理后又可以显著提高防护性能和装饰效果。

10.2 物理气相沉积涂层技术

物理气相沉积(PVD)涂层技术出现于20世纪70年代末期，其技术在高速钢刀具领域的成功应用，引起了世界各国的高度重视，人们在竞相开发高性能、高可靠性涂层设备的同时，也对其应用领域的扩大进行了更加深入的研究，尤其是在硬质合金、模具和机械零部件领域的应用。

物理气相沉积涂层技术是指在真空条件下，用物理的方法将涂层材料汽化为原子、分子，或电离成离子，再通过气相过程在工件表面沉积成涂层。此方法的过程可以分为三步：①将涂层材料汽化，使涂层材料蒸发、升华和分解等，成为涂层源。②涂层材料的原子、分子或离子迁移到工件表面。③涂层的原子、分子或离子在工件表面的吸附、堆积、形核和长大，最终形成涂层。

10.2.1 物理气相沉积涂层技术的优缺点

1）物理气相沉积涂层的优点

(1) 与化学气相沉积相比，物理气相沉积涂层的温度低，一般在600 ℃以下，对刀具材料的抗弯强度几乎没有影响。

(2) 涂层内部为压应力状态，更适合精密复杂类工件（精密刀具、模具和机械零部件）的涂层。

(3) 对环境不产生污染，符合目前绿色工业的发展方向。

(4) 纳米级涂层的出现，使物理气相沉积涂层刀具质量有了新的突破，这种涂层不仅结合强度高、硬度高、抗氧化性能好，还可以有效地控制精密刀具刃口的形状及精度。

2）物理气相沉积涂层的缺陷

(1) 涂层设备复杂、昂贵、工艺要求高、涂层时间长、刀具成本增加等。

(2) 用此法生产的刀具抗冲击性能、硬度和均匀性比高温化学气相沉积涂层生产的刀具差，使用寿命比高温化学气相沉积涂层生产的刀具短。

(3) 涂层后的刀具几何形状单一，限制其优越性的发挥。

(4) 涂层与基体在冷却时由于收缩率不同而产生内应力和微裂纹。

(5) 存在非常小的内孔和狭窄缝隙时无法进行涂层。

10.2.2 物理气相沉积涂层技术基本原理

物理气相沉积采用的技术主要有蒸镀技术、磁控溅射技术和阴极电弧技术。

物理气相沉积技术是在辉光放电、弧光放电等低温等离子体条件下进行的，其物理基础是真空物理技术和低温等离子体物理技术。“真空”一词来自拉丁文，即“虚无”的意思。真正的真空是不存在的，那种认为“真空”是什么物质也不存在的看法，客观上是完全错误的。科学家称“低于一个标准大气压的气体状态为真空”。定义真空的质和量，即气体稀薄程度的为“真空度”。一般习惯用压强衡量真空度的高低（压强越高真空度越低，压强越低真空度越高）。一般情况下根据应用领域的不同，所应用真空度的范围也有所不同，粗真空、低真空和高真空是依气体分子平均自由程与容器特征尺寸 d 相比的值来划分的。主要考虑的是气体分子之间的相互碰撞还是气体分子与器壁的相互碰撞对所出现的物理现象起决定性作用。针对物理气相沉积应用所需真空度划分见表 10-1。

表 10-1　物理气相沉积真空度划分

真空区间	物理特点			主要采用的真空泵	主要采用的真空计
	平均自由程	平均吸附时间	气体密度		
粗真空 $10^5 \sim 10^3$ Pa	$\lambda < d$： ①气体分子之间的碰撞为主； ②黏滞流	$\tau < \tau_f$：①气体分子以真空间飞行为主；②以气体动理论为决定物理本质的基本规律	n 很大，服从统计规律	① 往复泵 ② 水环泵 ③ 直排大气罗茨泵 ④ 喷射泵	① 弹性元件真空计 ② U 型管真空计 ③ 放射性电离计 ④ 振膜式真空计
低真空 $10^3 \sim 10^{-1}$ Pa	$\lambda = d$：过渡流			① 旋片泵 ② 滑阀泵 ③ 余摆线泵 ④ 油增压泵 ⑤ 罗茨泵	① 热传导真空计 ② 压缩式真空计 ③ 放射性电离计 ④ 振膜式真空计 ⑤ 放电管指示器
高真空 $10^{-1} \sim 10^{-6}$ Pa	$\lambda > d$：①气体分子与气壁碰撞为主；②分子流；③余弦定律为决定物理本质的基本规律			① 扩散泵 ② 涡轮分子泵	① 热阴极电离真空计 ② 冷阴极电离真空计 ③ B-A 计
超高真空 $10^{-6} \sim 10^{-12}$ Pa		$\tau > \tau_f$：①气体分子在固体表面吸附停留为主(清洁表面形成单分子层时间大于 1 分钟)；②表面物理化学性质为决定物理本质的基本规律		① 加阱泵 ② 涡轮分子泵 ③ 钛离子泵	① B-A 计 ② 各种改进型电离计 ③ 磁控式电离真空计
极高真空 $< 10^{-12}$ Pa			n 较小，统计涨落大于 5×10^{-2}	① 冷凝泵 ② 冷凝升华钛泵	冷阴极或热阴极磁控电离真空计

注：λ—气体分子平均自由程；d—容器特征尺寸；τ—吸附时间；τ_f—气体分子平均吸附时间；n—气体分子密度。

10.2.2.1　蒸镀技术

真空蒸镀是制作薄膜的一种方法。通常是把装有基片的真空室抽成真空，使气体压强达到 10^{-2} Pa 以下，然后加镀料，使其原子或分子从表面气化逸出，形成蒸气流，入射到基片表面，凝结形成固态薄膜。

真空蒸镀的三个条件：①热的蒸发源；②冷的基片；③周围的真空环境。

真空蒸镀主要是利用热蒸镀技术实现材料沉积的过程，所谓的热蒸镀就是蒸发材料在真空中被加热时，其原子或分子就会从表面逸出，然后沉积到被镀产品表面。真空蒸镀具有其自身的优点：①设备简单，操作容易；②薄膜纯度高，质量好，厚度可控；③速度快，效率高，可用掩膜获得清晰图形；④薄膜生长机理比较单纯。

当然真空蒸镀也有一定的局限性，主要是：①不易获得结晶结构的薄膜；②薄膜与基片附着力小；③工艺重复性不够好。

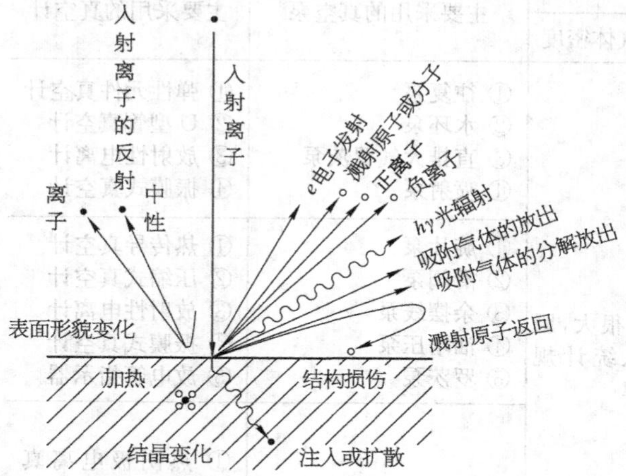

图 10-1　粒子轰击固体表面时发生的物理过程

10.2.2.2　磁控溅射技术

溅射是一个复杂的散射过程，同时还伴随着多种能量传递机制。图 10-1 表示离子和固体表面相互作用的关系及各种溅射产物。伴随着离子轰击，由固体表面溅射出中性原子或分子，这就是溅射沉积的基本条件。放射出的二次电子是溅射中维持辉光放电的基本粒子，并使基板升温，其能量与靶的电位相等。正二次离子对溅射过程是不重要的，它只在表面分析的二次离子质谱术中应用。如果表面是纯金镀，工作气体是惰性气体，则不会产生负离子。另外，溅射过程中还伴随气体吸附、加热、扩散、结晶变化和离子注入等现象。溅射过程中的能量分配是不均匀的，大约 95% 的能量以热能的方式被损耗掉，只有 5% 的能量传递给二次发射的粒子。例如，在 1 kV 的离子能量下，溅射的中性粒子、二次电子和二次离子之比大约为 100∶10∶1。

溅射镀膜基于荷能离子轰击靶材时的溅射效应，而整个溅射过程都是建立在辉光放电的基础之上的，即溅射离子都来源于气体放电。不同溅射技术采用的辉光放电方式不同，直流二极溅射利用的是直流辉光放电，磁控溅射利用的是环状磁场控制下的辉光放电。

辉光放电是在真空度为 0.1～10 Pa 的稀薄气体中，两个电极之间加上电压时产生的一种气体放电现象。气体放电时，两电极间的电压和电流的关系不能简单地用欧姆定律描述，因为二者之间不是简单的线性关系。图 10-2 给出了直流辉光放电的形成过程，亦即两电极之间的电压随电流的变化曲线。开始加电压时电流很小，AB 区域为暗光放电；随电压增加，有足够的能量作用于荷能粒子，它们与电极碰撞产生更多的带电粒子，大量电荷使电流稳定增加，而电源的输出阻抗限制着电压，BC 区域称为汤森放电；在 C 点以后，电流突然自动增大，而两极电压迅速下降，CD 区域为过渡区；在 D 点之后，电流与电压无关，两极间产生辉光，此时增加电源电压或改变电阻增加电流时，两极间的电

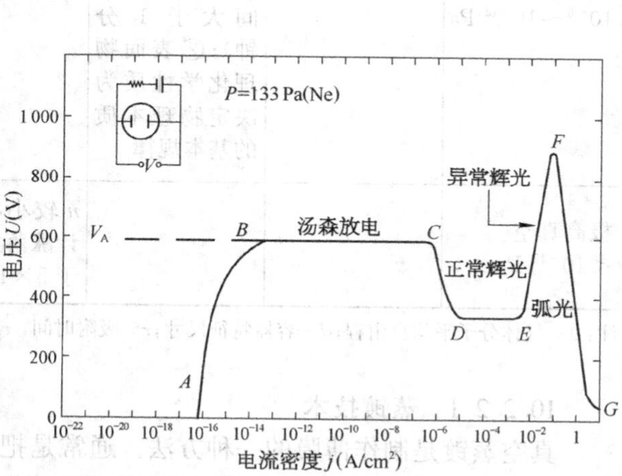

图 10-2　直流辉光放电伏安特性曲线

压几乎维持不变，D 至 E 点之间区域为辉光放电；在 E 点之后再增加电压，两极间的电流随电压增大而增大，EF 区域称为非正常放电；在 F 点后，两极间电压已降至很小的数值，电流的大小几乎是由外电阻的大小决定的，而且电流越大，极间电压越小，FG 区域称为弧光放电。

10.2.2.3 阴极电弧技术

阴极电弧等离子体沉积是一种基于等离子体技术的薄膜制备技术。在真空条件下，利用该技术不但可以制备金属、化合物、陶瓷薄膜，而且可以制备半导体和超导体等薄膜。真空阴极电弧技术是发生于真空中的两电极之间的高电流、低电压放电过程。高电流密度弧斑在阴极表面产生，蒸发阴极材料，产生电子、离子、中性气相原子和微颗粒。在外加磁场和电场的作用下，离子定向运动，最终沉积产生薄膜。

阴极电弧等离子体沉积技术存在的主要问题是其在沉积时伴随产生微米级的微粒。膜中包含着微粒也是一种复合结构，它也可能提供塑性应力释放，阻止裂纹扩展。微粒的尺寸分布从微米级以下至微米，大小和数量受阴极材料、系统操作参数和蒸发源设计的影响，特别是后者，可以减低甚至消除液滴。高熔点的材料产生更多的离子和较少的液滴。一旦阴极材料选定，则阴极-基体的几何结构、弧电流、磁场、反应气氛和气压决定着液滴的数量和尺寸。

导致液滴形成和加速的几个主要过程是：①伴随着爆熔的焦耳加热；②热弹性应力导致的材料断裂；③局部的高电场使结合较弱的材料脱落；④离子和等离子体的压力使材料分裂。

解决的办法有两种，分别是：①降低甚至完全消除从阴极发射的液滴；②从阴极等离子流中分离产生的液滴。

具体方法列于表 10－2 中。目前水平的进展是：大规模的生产设备已可做到在成品检验时一般测量不到微粒的存在。专用设备，包括光学镀膜设备，可以完全消除微粒。

表 10－2 消除液滴的方法分类

第一类方法（从设备和结构设计方面）	用普通电弧作为离子源，离子束溅射
	热发射阴极
	阳极蒸发
	降低弧电流
	加强阴极冷却，降低阴极温度
	加快阴极斑点速度
第二类方法（从光学和电子学原理方面）	等离子光学
	等离子束反射

10.2.3 物理气相沉积涂层技术的应用案例

近 20 年来，物理气相沉积技术突飞猛进地发展，极大地丰富和发展了各行各业的新产品、新技术、新设备，同时也丰富和发展了物理气相沉积技术。物理气相沉积技术从早期电阻加热蒸镀，发展为电子束、激光束、离子束的加热蒸发。1963 年出现离子镀（日本人称为干法电镀）后，迅速发展了空心阴极、多弧、离子束辅助、反应束和离子团束沉积、溅射沉积等离子镀技术，并有了磁控、射频以及离子束溅射镀等，现在又出现了第五代涂层技术——阴极电弧超长矩形靶涂层技术。

先进PVD涂层技术作为表面工程领域的一个分支组，具有非常广泛而又极其重要的应用价值，涉及切削刀具、各类成型模具（剪切模具、折弯模具、冷镦模具、拉伸模具、压铸模具、注塑模具等）、机械零部件以及医疗器械等行业。表10－3列出了PVD涂层的功能与作用。可以毫不夸张地说，只要有现代制造业，就有PVD涂层的应用领域。

表10－3 物理气相沉积(PVD)涂层的作用与功能

功 能	作 用
提高耐腐蚀能力	①抗均匀腐蚀；②防晶间腐蚀与剥蚀；③防电偶腐蚀；④抗点蚀、耐腐蚀；⑤抗高温氧化与热腐蚀；⑥抗腐蚀疲劳；⑦抗应力腐蚀和氧脆
提高耐磨减摩能力	①抗摩擦磨损；②减摩、润滑；③抗冲蚀；④防黏结、防咬合
赋予表面特种功能	①声、光、磁、电的转换；②导电、绝缘、超导；③存储记忆；④发光、光反射、光选择吸收；⑤红外波、雷达波吸收、反射；⑥红外探测、成像
赋予表面其他物理特性	①传感；亲油、亲水；②可焊、黏着；③疏某种介质；④耐热、导热、隔热、吸热、热反射
赋予表面其他化学特性	①耐水、耐酸、耐碱、耐盐；②耐特种介质；③催化
提高表面完整性	①光洁度；②清洁度；③致密度；④损失程度
赋予制件表面装饰特性	①美丽的图案；②鲜艳的色彩；③金属的陶瓷化；④非金属制件表面的金属化；⑤金属材料的抗老化

10.2.3.1 物理气相沉积涂层技术在刀具上的应用

刀具系统是整个加工体系中重要的一环，现代化的金属切削加工，对刀具的要求是高切削速度、高进给速度、高可靠性、长寿命、高精度和良好的切削控制性。涂层的出现，使刀具切削性能有了重大突破，它将刀具基体与硬质薄膜表层相复合，由于基体保持着良好的韧性和较高的强度，硬质薄膜表层又具有高耐磨性和低摩擦系数，从而使刀具的性能大大提高。图10－3所示为物理气相沉积涂层刀具，其切削性能比无涂层刀具好，使用寿命是无涂层刀具的数倍。

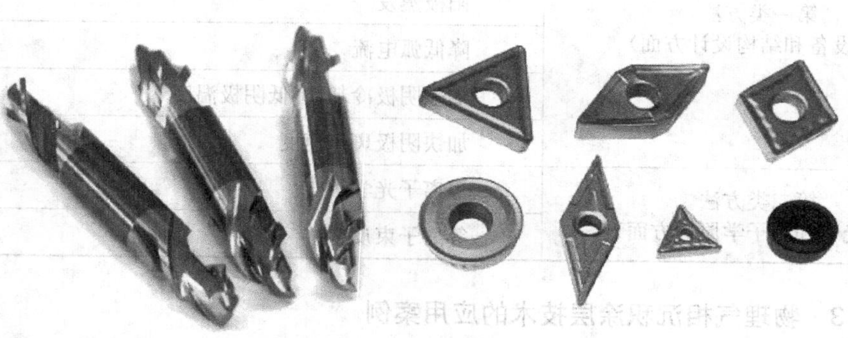

图10－3 物理气相沉积涂层刀具

物理气相沉积涂层刀具在20世纪80年代得到推广，到80年代末，工业发达国家高速钢复杂刀具的PVD涂层比例超过60%，至21世纪初，工业发达国家高速钢复杂刀具的PVD比例高达90%。PVD技术在高速钢刀具领域的成功应用引起了各国制造业的高度重视，在竞相开发高性能、高可靠性涂层设备的同时，对其应用领域的扩展也进行了深入的研究。PVD 涂层工艺的发展时段及应用领域见表 10 - 4。

表 10 - 4　PVD 涂层工艺的发展时段及应用领域

时　间	涂层成分	主要应用领域
1979	TiN	高速钢刀片涂层
1984	TiC	硬质合金、高速钢铣刀、钻头刀具涂层
1989	TiAlN	硬质合金铣刀涂层
1991	TiAlN+CrN	车削、铣削钛合金
1993	CrN	钛合金、铜合金加工
1994	MoS_2	高速钢复杂刀具涂层
1995	TiN - AlN	硬质合金铣刀片涂层
1996	CNx	高速钢刀具涂层
2000	TiAlCN	硬质合金刀片涂层
2000 以后	C 纳米涂层	有色金属加工

10.2.3.2　物理气相沉积涂层技术在模具上的应用

随着企业对提高零件大批量生产效率需求的日益迫切，各种模具已经被广泛应用，但是模具在使用过程中出现的磨损、腐蚀、融合、黏着等问题，直接影响生产效率和成本，而 PVD 涂层表面处理技术能有效地解决上述难题。

案例一：

上海某汽车零部件有限公司是丰田、本田等整车公司的战略合作配套公司，专业制造汽车零部件，年产值超过 10 个亿，员工超过 3 000 人，公司位于上海市闵行区。目前生产的汽车零部件 70%都是靠模具成型的。模具表面曾采用氮化、渗碳等技术，但是现在这些技术已经不能满足现代生产加工的需求。该公司以前用了很多 SKD11 和 Cr12MoV 类低温回火模具钢。经过调研之后，转而采用 DC53、高速钢等高温回火的模具钢，成本几乎相同，但是通过涂层处理，模具寿命提高了 3～5 倍，效率也大大提高。采用改进的方案之后，虽然每年需要涂层费用 100 万元左右，但是节省的费用超过 1 000 万元，大大降低了生产成本。

案例二：

昆山某精密压铸铝合金企业是专业给大众汽车配套生产铝合金轮毂的压铸企业。铝合金压铸模具材料是热作模具钢，铝合金压铸时温度在 700 ℃左右。由于压铸时温度比较高，铝原子会慢慢渗透进模具钢的表面，在模具钢的表面形成富铝合金层，脆性非常大。由于压铸过程中模具钢经受比较大的温差应力，所以模具钢表面会出现龟裂。同时压铸完成之后，铝合金轮毂经常附着在模具上很难取出，造成大量的次品。没有涂层之前该类模具的寿命非常低，一般只有几千模次，后来在模具表面进行 AlCrN 涂层表面处理，由于 AlCrN 涂层非常致密，能够阻挡铝原子渗透进模具钢表层，因而该模具不会再出现龟裂现象。另外，AlCrN 涂层与铝合金不亲和,所以出模非常容易,优良品率很高。AlCrN 涂层能够耐 1 100 ℃以上的高温,所以能对模具表面起到隔温层的作用,该类模具涂层之后寿命提高了 5 倍以上。

10.2.3.3 物理气相沉积涂层技术在机械零部件上的应用

随着经济的发展,汽车的普及,如何提高汽车的性能成为研究的重点。以应用于汽车零部件的 DLC(类金刚石)涂层为例(图 10-4)。随着环保意识的不断增强,如何提高燃油效率,减少空气污染是当前的主要研究方向。提高燃油发动机的传动效率,减少传动系统中的摩擦磨损,可以起到良好的节能减排作用。活塞环是内燃机的核心部件之一,它与气缸、活塞、气缸壁一起完成燃油气体的密封作用,并且在内燃机中活塞-活塞环摩擦副对内燃机工作性能和使用寿命有着重要的影响。随着内燃机输出功率的增加,活塞和活塞环的摩擦磨损提高,在发动机的摩擦磨损中占 40%～50%。因此减少活塞、活塞环的摩擦磨损,提高燃油效率,减少尾气排放和污染,具有很重要的意义。采用物理气相沉积技术制备的表面具有 DLC 涂层的活塞环,硬度是普通镀铬或氮化处理活塞环的 2～3 倍,且摩擦系数低。因此,采用 DLC 涂层很大程度上可以满足活塞环抗表面疲劳的要求。

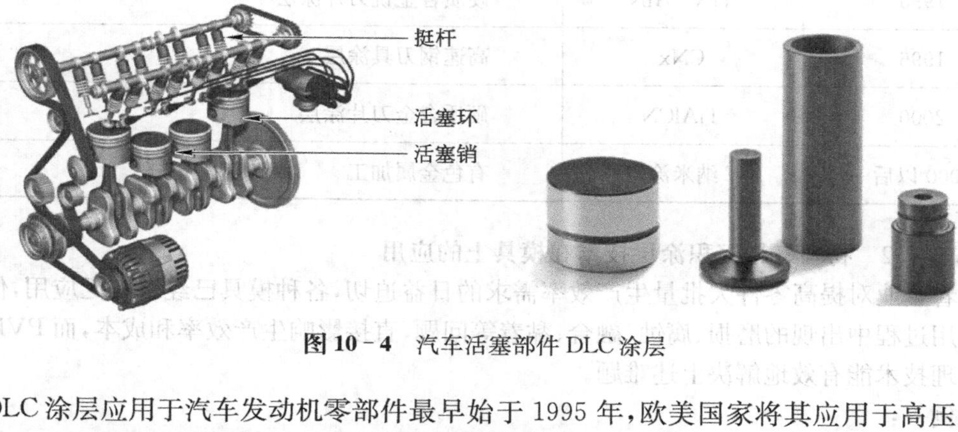

图 10-4 汽车活塞部件 DLC 涂层

DLC 涂层应用于汽车发动机零部件最早始于 1995 年,欧美国家将其应用于高压柴油喷射系统。目前,我国自主开发的 DLC 涂层已成功应用到发动机的供油系统中。张而耕曾采用射频/直流脉冲(RF/DC pulsed)技术,以乙炔为原料,在高速钢基体(HRC 65)和汽车活塞销上制备了类金刚石涂层,发现 DLC 涂层具有自修复功能,活塞销在使用过程中,脱落颗粒在某些情况下可以起到固体润滑剂的效果,而且对相应的零件也起到抛光的作用。现场测试证明汽车活塞销涂镀类金刚石膜后寿命提高 4.5 倍左右,可以作为汽车零部件表面的保护涂层。

除以上所述之外,DLC 涂层还广泛应用于汽车的气门挺杆、凸轮轴、柱塞、齿轮、轴承、扣锁和纺织机械部件的表面减摩、防护涂层,DLC 涂层的刀具和模具也被广泛应用于汽车轮毂的加工以及汽车零部件的成型制造方面。

10.2.3.4 物理气相沉积涂层技术在医疗器械上的应用

随着医疗器械行业的快速发展,新型材料技术使医疗器械的使用寿命进一步延长。当前常见的人工关节材料有不锈钢、钴合金、钛及其合金、高分子材料和陶瓷材料等,但一些新型植入或介入式人工关节材料与人体的亲和力差,人体对其具有排异性,而且在应用过程中还会受到人体内液体的侵蚀以及关节间的相互磨损,从而产生对人体有害的金属离子,如 Al^{3+}、Cr^{3+}、Ni^{2+} 等,使其寿命降低,不能满足要求。而 DLC 涂层具有良好的生物相容性,对蛋白质的吸附率高,对血小板的吸附率低,且耐磨损、抗腐蚀,因此被广泛应用在植入材料的表面。可以使人工植入材料与人体的生物组织和平相处。高分子及陶瓷材料，如聚乙烯、硅橡胶、羟基磷灰石陶瓷、氧化铝陶瓷等，因力学性能不足，限制了其在医疗器械领域的广泛应用。然而，通过表面改性可以提高材料的部分性能，缓和人工关节材料的生物相容性、生物力学性能、生物摩擦学性能和耐腐蚀性之间的矛盾，提高了人工关节材料的性能并扩展了其应用领域。

聚醚醚酮(PEEK)是一种无毒、质轻、耐腐蚀的高分子材料，具有高的疲劳强度、硬度、耐磨性、化学稳定性，与人体的骨骼最为接近，因此可以代替金属及其合金制造人体骨骼。但PEEK的弹性模量(5 GPa)与生物相容性不足，应用受到限制。DLC涂层($E=21$ GPa)与人体骨骼($E=17$ GPa)有较为接近的弹性模量，且与人体有较好的生物相容性，因此，可以通过对PEEK进行表面改性处理，使其成为理想的生物材料。此外，DLC涂层的不锈钢基体比无涂层的基体有较好的耐腐蚀性。在用于骨科中起机械固定作用的Ti-Ni形状记忆合金表面，镀一层薄薄的类金刚石薄膜，不仅可以改善与生物组织的相容性，还可提高其抗氧化性及生物摩擦学性能，图10-5所示即为涂覆了DLC薄膜的人体关节。在铁合金或不锈钢材料制成的人工心脏瓣膜上沉积DLC膜能同时满足生物相容性、力学性能和耐腐蚀性能的要求，从而延长其使用寿命。

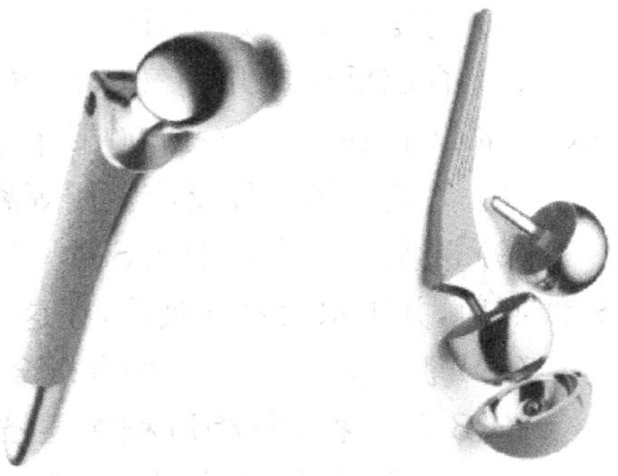

图10-5 涂覆DLC涂层的人体关节

10.3 化学气相沉积涂层技术

化学气相沉积(CVD)是一种制备材料的气相生长方法，它是把一种或几种含有构成薄膜元素的化合物、单质气体通入放置有基材的反应室，借助空间气相化学反应在基材表面沉积固态薄膜的工艺技术。它是一种非常灵活，应用极为广泛的工艺，可以用来制备几乎所有的金属和非金属及其化合物的涂层。与物理气相沉积(PVD)比较，CVD方法的主要特点是：①覆盖性更好，可在深孔、阶梯、洼面或其他复杂的三维形体上沉积；②可在很宽广的范围控制所制备薄膜的化学计量比，可制备各种各样高纯的、具有所希望性能的晶态和非晶态金属、半导体、化合物薄膜及涂层；③成本低，既适合于批量生产，也适合于连续生产，与其他加工过程有很好的相容性。CVD技术除广泛用于微电子和光电子技术中薄膜和器件的制作外，还用来沉积各种各样的冶金涂层和防护涂层，广泛应用于各种工具、模具、装饰以及耐腐蚀、抗高温氧化、热腐蚀和冲蚀等场合。其主要缺点是需要在较高温度下反应，基材温度高，沉积速率较低(一般每小时只有几微米到几百微米)，基材难于局部沉积，参加沉积反应的气源和反应后的余气都有一定的毒性等。因此，CVD工艺不如物理气相沉积(PVD)中的溅射和离子镀技术那样应用广泛。

10.3.1 化学气相沉积涂层技术基本原理

CVD过程包括：反应气体到达基材表面；反应气体分子被基材表面吸附；在基材表面发生化学反应，形核；生成物从基材表面脱离；生成物从基材表面扩散。

CVD的化学反应类型主要有：

(1) 热分解反应。热分解反应通常涉及气态氢化物、羰基化合物以及金属有机化合物等在炽热基材上的热分解沉积。如 $SiH_4(g) \longrightarrow Si(s)+2H_2(g)$(650 ℃)。

(2) 还原反应。还原反应通常是用氢气作为还原剂还原气态的卤化物、羰基卤化物、含氧卤化物或其他含氧化合物。如 $SiCl_4(g) + 2H_2(g) \longrightarrow Si(s) + 4HCl(g)$(1 200 ℃)。

(3) 化学输送。在高温区被置换的物质构成卤化物或者与卤素反应生成低价卤化物，它们被输送到低温区，由非平衡反应在基材上形成薄膜。如在高温区 $Si(s) + I_2(g) \longrightarrow SiI_2(g)$，在低温区 $2SiI_2(g) \longrightarrow Si(s) + SiI_4(g)$。

(4) 氧化。主要用于在基材上制备氧化物薄膜。如 $SiH_4(g) + O_2(g) \longrightarrow SiO_2(s) + 2H_2(g)$(450 ℃)。

(5) 加水分解。某些金属卤化物在常温下能与水完全发生反应，故将其和水蒸气的混合气体输至基材上制膜。如 $2AlCl_3 + 3H_2O \longrightarrow Al_2O_3 + 6HCl$。

(6) 与氨反应。如 $3SiH_2Cl_2 + 4NH_3 \longrightarrow Si_3N_4 + 6HCl + 6H_2$。

(7) 合成反应。几种气体物质在沉积区内于工件表面反应，形成所需物质的薄膜。如 $SiCl_4$ 和 CCl_4 在 1 200～1 500 ℃下生成 SiC 膜。

(8) 等离子体激发反应。用等离子体放电使反应气体活化，可在较低温度下成膜。

(9) 光激发反应。如在 $SiH_4 - O_2$ 反应体系中使用水银蒸气为感光性物质，用 253.7 nm 紫外线照射，并被水银蒸气吸收，在这一激发反应中可在 100 ℃ 左右制备硅氧化物。

(10) 激光激发反应。如有机金属化合物在激光激发下 $W(CO)_6 \rightarrow W + 6CO$。

10.3.2 化学气相沉积涂层技术的应用案例

化学气相沉积层的优点是：膜层致密；与基体结合牢固；沉积性好；膜厚比较均匀；膜层质量比较稳定；易于实现大批量生产等。近几年来，CVD 技术已广泛应用于刀具和模具的表面强化，以改善其使用性能及寿命。

10.3.2.1 化学气相沉积涂层技术在刀具上的应用

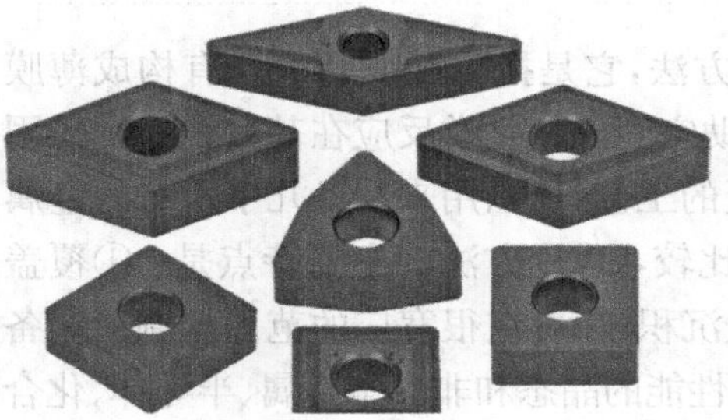

图 10-6 CVD Al_2O_3 涂层刀片

Al_2O_3 涂层特别是 $\alpha - Al_2O_3$，由于具有优异的力学性能、热稳定性和抗氧化能力，在加工过程中表现出良好的抗高温磨损性，被认为是金属高速切削加工刀具涂层的理想材料，能够将刀具寿命提高数倍。目前制备 Al_2O_3 涂层的最好方法是 CVD(图 10-6)，CVD 也是当前唯一能经济地生产高质量 Al_2O_3 涂层的技术，在 Sandvik、Seco、Kennametal 等国际知名刀具企业得到了广泛的应用和研究。当前 Al_2O_3 相的 CVD 制备技术很先进，能够使不同 Al_2O_3 相(α、κ、γ)涂层以受控方式制备，具有不同生长取向的涂层也能以受控的方式制备(图10-7)。

图 10-7 CVD Al_2O_3 涂层扫描电镜形貌

金刚石薄膜被誉为 21 世纪的新型功能材料。20 世纪 80 年代中期以来，在席卷全球的金刚石薄膜研究与开发热潮中，金刚石所具有的性能组合显示了极其诱人的广泛应用前景，吸引了众多跨学科科技工作者的积极投入。从 1970 年苏联学者杰里亚金(Deryagin)，斯皮岑(Spitsyn)等人冲破“高温高压才能制备金刚石”的禁锢，首先在“低温低压”条件下用化学气相沉积方法，实现了由石墨到金刚石的转变，到 80 年代初日本学者濑嵩(Setake)等，在化学气相沉积金刚石薄膜的研究中，初步展现出实际应用的可能，再到 90 年代初，CVD 金刚石制备技术开始取得实质性进展，20 多年来，经全球科技工作者的研究与开发，在理论和相关的测试方法，沉积制备工艺技术与装备，应用研究与产品开发等方面都取得了令人瞩目的成绩。图 10-8 所示是近 20 年 CVD 法制备金刚石的主要方法总结，图 10-9 所示是 CVD 法制备的金刚石涂层刀具及金刚石涂层的微观形貌。

低压法
- 1. 简单的热分解化学气相沉积法
- 2. 激活化学气相沉积法
  - 1. 热丝化学气相沉积法
  - 2. 燃烧火焰法
  - 3. 等离子体化学气相沉积法
    - 1. 直流等离子喷射法
    - 2. 射频放电法
      - 1. 低压
      - 2. 常压
    - 3. 微波等离子体法
      - 1. 微波等离子体法
      - 2. 电子回旋共振微波法
    - 4. 等离子体矩法
  - 4. 化学输送法
  - 5. 反应法
    - 1. 热输送法
    - 2. 等离子体输送法
  - 6. 激光化学气相沉积法
- 3. 其他方法

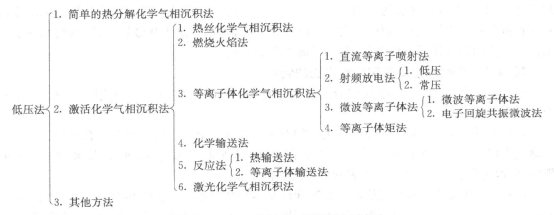

图 10-8 CVD 法制备金刚石的主要方法

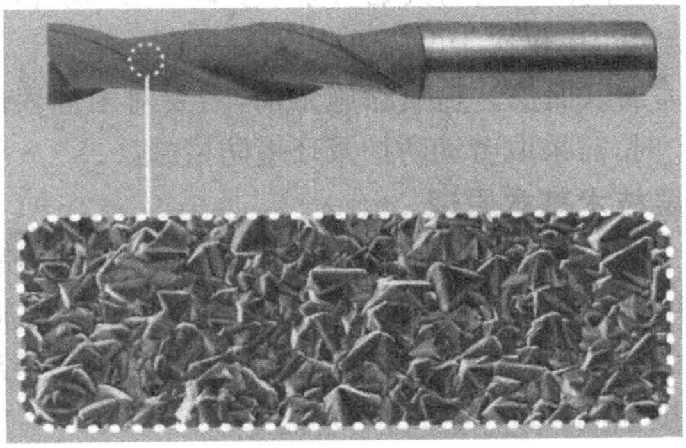

图 10-9 金刚石涂层刀具及金刚石涂层的微观形貌

10.3.2.2 **化学气相沉积涂层技术在模具上的应用**

金属材料在成型时，会产生高的机械应力和物理应力，采用 CVD 法得到的硬质涂层作为表面保护层，能显著地降低工件表面的磨损，因为它具有以下性能：

(1) 与基体材料的结合力好，因此在成型时能转移所产生的高摩擦。

(2) 有足够的弹性，模具发生小的弹性变形时，不会出现裂纹和剥落现象。

(3) 减少了成型材料的黏着，因此降低了“咬合”的危险。

(4) 具有好的润滑性能，能降低模具的磨损并能改善成型工件的表面质量。

(5) 具有高硬度，能降低磨粒磨损。

目前，CVD 已应用于凹模、凸模、拉伸模、扩孔芯模、卷边模以及深孔模等模具中，与无沉积涂层的模具相比，沉积涂层模具寿命可提高几倍甚至几十倍。例如，沉积有 CVD 涂层的 Cr12 钢模圈寿命提高 6～8 倍，Cr12MoV 钢模经沉积 CVD 涂层后寿命可提高 20 多倍。此外，在塑料注射模具上使用 CVD 沉积涂层生产含有 40%矿物填料的尼龙零件时，有效避免了模具被侵蚀和磨损，使模具寿命从 60 万次增加到 200 万次。

10.4 热喷涂技术

热喷涂是利用一种热源将喷涂材料加热至熔融状态，并通过气流吹动使其雾化，高速喷射到零件表面，以形成喷涂层的表面加工技术。热喷涂技术由早期制备一般防护性的涂层发展到制备各种功能涂层领域，被广泛应用于各种机械设备、仪器仪表和金属构件的耐蚀、耐磨和耐高温等方面以及使用条件苛刻、要求严格的宇航工业。

10.4.1 热喷涂技术在实用性方面的特点

(1) 热喷涂种类多。热喷涂细分可有几十种，根据工件的要求，在应用时有较大的选择余地。

(2) 涂层功能多。适用于热喷涂的材料有金属及其合金、陶瓷、塑料及复合材料。应用热喷涂技术可以在工件表面制备具有耐磨损、耐腐蚀、耐高温、抗氧化、隔热、导电、绝缘、密封、润滑等多种功能的单一材料涂层或多种材料的复合涂层。

(3) 适用热喷涂的零件范围广。热喷涂的基本特征决定了在实施热喷涂时，零件受热小，基材不发生组织变化。因此，喷涂基材可选用金属、陶瓷、玻璃等无机材料，也可以是塑料、木材、纸等有机材料。

(4) 设备简单、生产效率高。常用的火焰喷涂、电弧喷涂以及等离子喷涂设备都可以运到现场施工。热喷涂的涂层沉积率仅次于电弧堆焊。

(5) 操作环境较差，需加以保护。热喷涂施工前，需要对工件表面实施喷砂处理工序，喷涂规程中伴有噪声和粉尘时，需采取劳动防护及环境防措施。

10.4.2 热喷涂涂层技术基本原理

(1) 火焰线材喷涂。火焰线材喷涂是最早出现的喷涂方法，其喷涂原理是以合适的速度将线材送入燃烧的火焰中，受热的线材端部熔化，并由压缩空气对熔流喷射雾化、加速，然后喷射到基材表面形成涂层。该喷涂方法由于熔融微粒所携带的热量不足，致使涂层与基材表面以机械结合为主，结合强度偏低。

(2) 火焰粉末喷涂。火焰粉末喷涂，尤其是氧乙炔火焰粉末喷涂是目前应用面较广、数量较多的一种喷涂方法，通过采用粉末火焰喷枪来实现。粉末随送粉气流从喷嘴中心喷出进入火焰，被加热熔化或软化，焰流推动熔流以一定速度喷射到基材表面形成涂层。

(3) 电弧喷涂。电弧喷涂是以两根被喷涂的金属丝作为自耗性电极，输送直流或交流电，利用丝材端部产生的电弧作热源来熔化金属，用压缩气流雾化熔滴并喷射到基材表面形成涂层。电弧喷涂只能喷涂导电材料，在线材的熔断处产生积垢，使喷涂颗粒大小悬殊，涂层质地不均。

(4) 等离子弧喷涂。等离子弧喷涂以电弧放电产生的等离子体为高温热源，以喷涂粉末材料为主，将喷涂粉末加热至熔化或熔融状态，在等离子射流加速下获得很高的速度，喷射到基材表面形成涂层。等离子弧温度高，可熔化目前已知的任何固体材料；喷射出的微粒温度高、速度快，形成的喷射涂层结合强度高、质量好。

(5) 气体燃爆式喷涂。气体燃爆式喷涂也被称为爆炸喷涂，是以突然爆发的热能加热熔化喷涂材料并使熔粒加速的喷涂方法。气体燃爆式喷涂又可分为燃气重复爆炸喷涂和线爆炸喷涂。

(6) 高频喷涂。高频喷涂时，喷涂的金属丝由送进机构送入磁场集中的电极头部位，受高频磁场的感应作用，在金属丝端部产生涡流使其熔化，压缩气体将熔融金属雾化并形成束流，喷射到基材表面形成涂层。高频喷涂是较早使用的一种喷涂方法，由于采用间接加热方式，喷涂效率较低，喷涂设备庞大，而且只能喷涂导磁的金属材料，所以现在很少使用。

(7) 激光喷涂和喷焊。采用激光作为热源进行喷涂、喷焊，以及对涂层重熔，是近年来颇受人们关注的一项新技术。激光喷涂是将从激光器发出的激光束聚焦到喷枪的喷嘴附近，喷涂粉末由压缩气体从喷嘴喷出，由激光束加热熔化，然后压缩气体将熔粒雾化、加速，喷射到基材表面形成涂层。激光喷焊则是将激光束聚焦在基材表面，通过喷枪将粉末射在激光焦点部位，激光束将粉末和基材表面同时熔融，形成喷焊层。

10.4.3 热喷涂技术的应用案例

案例一：水闸门火焰线材喷涂工艺。

闸门是水电站、水库、水闸、船闸、抽水站等水利工程控制水位的主要钢铁构件，它有一部分长期浸在水中。在开闭、涨潮或退潮时，表面经受干湿交替，特别在水线部分，受水、气体、日光和微生物的侵蚀较为严重，钢材很容易锈蚀，严重威胁水利工程的安全。原来采用油漆涂料保护，闸门使用周期一般为3～5年，后采用线材喷锌涂层和氯化橡胶铝粉漆作为封闭剂，大大提高了钢制闸门的耐腐蚀性能，其使用寿命可达20～30年，比原用油漆涂层寿命延长6～10倍。

案例二：发动机叶片等离子弧喷涂工艺。

在军用和民用喷气发动机的高压压气机内，空气流是直接围绕和通过静止的静子叶片面流动的，这些整流叶片单独安装在静子机箱内径圆周上的燕尾槽内。整流叶片的数量和尺寸，取决于发动机的推力，在正常情况下，叶片的数量超过1 000片，其长度大于25 mm。

静子叶片的用途，是帮助空气流定向。当被压缩的空气强制进入涡轮的时候，在叶片上产生间歇的负载。这种负载传到静子燕尾槽内的叶片根部，静子叶片根部也有燕尾槽外形。静子叶片在燕尾槽内振动时，就使后者表面层和槽的外径都形成微动磨蚀。为了减少金属的损失，应在其配合表面熔敷一层润滑耐磨涂层。常用的润滑剂如胶状石墨或二硫化钼，当它们在发动机工作负载的应力作用下时，润滑剂就迅速向外挤出，从而起不到抗微动磨蚀的作用。

采用等离子弧喷涂一层厚度为0.05～0.1 mm的铜镍铟合金(Cu - Ni - In)涂层，就足以提供所需的耐磨防护，并且提供了一个润滑剂的储存库。铟本身有润滑能力，同时在涂层的孔隙和凹槽中，又保留了润滑剂。

喷涂前，所有的静子叶片都在溶剂中进行漂洗以除去在机械加工和成型时残留在其表面的油脂和油污。清洗之后将叶片装于夹具内，在吹砂和喷涂时保护叶片，装夹方式如图10-10所示。

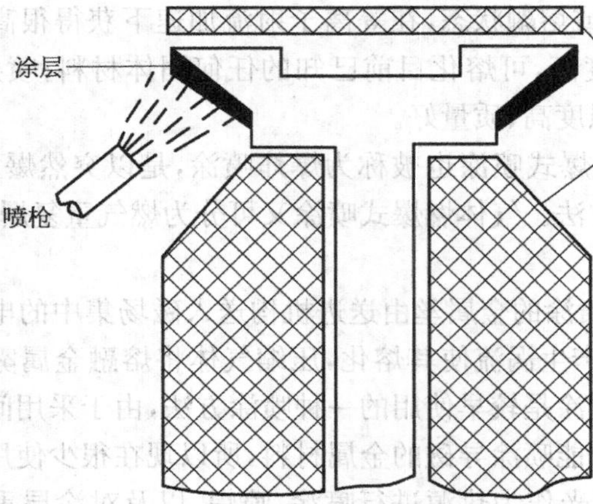

图 10-10 叶片装在夹具内喷涂

10.5 表面熔覆合金化技术

表面熔覆作为一种表面改性技术，综合了表面涂层技术和复合材料技术的优势，可以根据零部件的不同需求，以较低的成本在材料表层制备满足高耐磨性要求的、以陶瓷颗粒为增强相的复合材料，既能充分发挥基体材料的强韧性优势，又能在表面获得极高的耐磨性，并且耐磨层和基体为冶金结合，从而使整体性能获得大幅度提升。在矿山开采、重型冶金、油气钻探等重工业领域，表面熔覆技术成为修复部件、提高零件使用寿命的重要途径。表面熔覆合金化技术具体实施工艺中选择的热源包括激光和电子束等，目的是利用热能将基体表面与合金元素熔化，目前用得最多的是表面激光熔覆合金化技术。

10.5.1 表面激光熔覆合金化技术基本原理

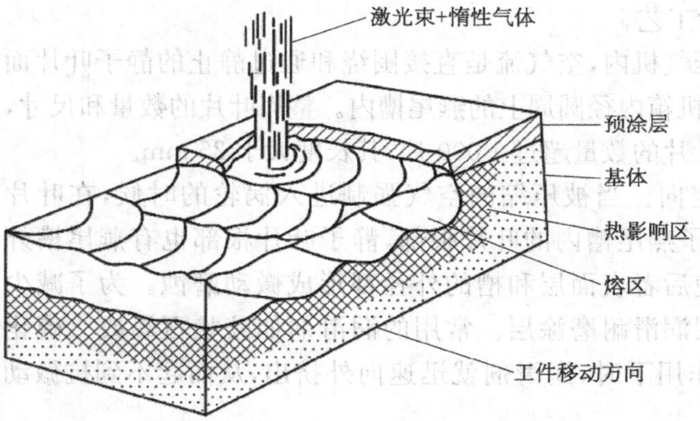

图 10-11 激光表面合金化示意图

表面激光熔覆技术是采用激光束在选定工件表面熔覆一层特殊性能的材料，以改善工件表面性能的工艺。

图 10-11 描述了激光表面合金化过程。激光使合金元素和基体薄层熔化。要使气体与合金元素混合形成适当的合金，需要在熔池内维持恰当的热平衡和熔体流动，而这些受熔池的表面张力、温度梯度、扩散时间、流动力和热性能等控制。

现以铁基表面铬合金化为例分析工艺参数对表面激光熔覆层成分、组织、结构、宽度、深度等的影响：

(1) 激光束的功率。在铁基上表面铬合金化的熔深和熔宽与激光束功率的关系表明熔深随功率的增加而线性地增加，熔宽几乎与功率无关。激光功率对熔深的影响比熔宽显著的原因是激光束焦点的功率密度比较高。渗透熔化是由于光束供给的能量比热传导所转移的能量要快。孔的形成使激光能量深深地透入工件。光束移动后，流动的熔融材料再将孔填补。渗透熔化具有深宽比(熔深/熔宽)很高的漏斗形特征，在渗透熔化的条件下，激光功率被完全吸收。其原因是在熔孔中发生多次反射，增加了光的吸收。当一束具有足够功率密度的激光束在材料表面聚焦时，将产生深入熔池的气柱，并与包围它的液体熔池保持平衡。在钢表面进行铬的激光表面合金化时，渗透化形成蒸气的现象已由定量滤纸对蒸气的收集和分析得到实验证实。

(2) 激光焦点位置和光束尺寸。激光合金化熔区的形状决定于几个特性，其中一个可控特性是相对于样品表面的焦点位置(图 10 - 12)。以铁基材料表面铬合金化为例，其焦点位置对熔深影响的实验结果由图 10 - 13 给出，可以看出当焦点位于表面偏下 0.635 mm 时，熔深最大。该图也表明，对于一定的光束尺寸，焦点位于样品表面以下时可比位于表面以上时获得更大的熔深。曲线呈抛物线形，其形状实质上决定于透镜焦距、激光功率、扫描速率和材料体系。当样品表面从焦点移开时，熔区的深宽比减小，外形从沙漏形变成三角形，再变成半圆形。沙漏形熔区相应于渗透熔化，是发生在聚焦条件下，功率密度较高，物质发生气化时。三角形和半圆形熔区相应于没有发生物质气化，传导型熔化模式如图 10 - 14 所示。

(3) 涂层成分。熔区的最终合金成分主要决定于初始涂层的成分。因为熔深也影响最终的合金成分，所以有必要研究预涂层成分对熔深的影响。图 10 - 15 所示是预涂层材料对熔深的影响，由图可知熔深是激光参数的函数。很明显，Cr - Ni 熔覆涂层的激光合金化显示出比单纯 Cr 或 Ni 的涂覆层有更大的熔深，这一提高在所有激光束条件下都能得到。同时也表明，Fe - Cr - Ni 系统的熔深比 Fe - Cr 和 Fe - Ni 系统更大的现象与熔化方式无关，即不管是渗透熔化还是传导熔化。但是熔深的增加量要受激光参数的影响。在给定的激光参数下，Fe - Cr 和 Fe - Ni 系统的熔深没有明显的差别。图 10 - 15 表明的另一个有趣现象是，Fe - Cr - Ni 系

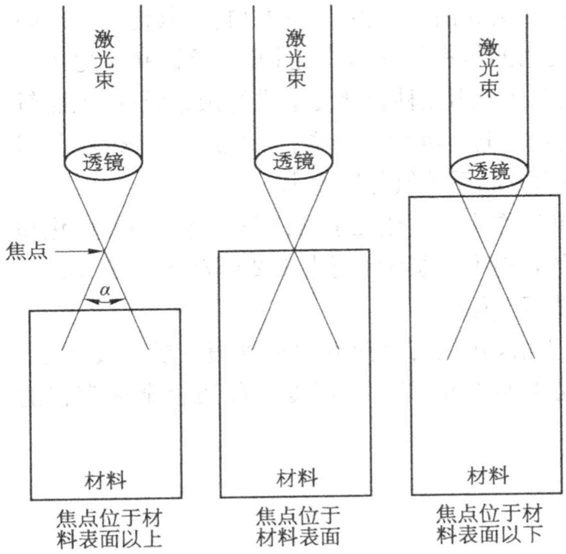

图 10 - 12　焦点位置与工件表面关系

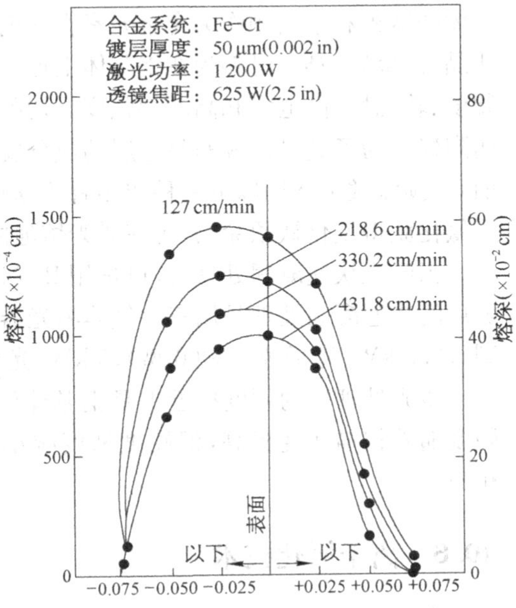

图 10 - 13　焦点相对于表面的位置

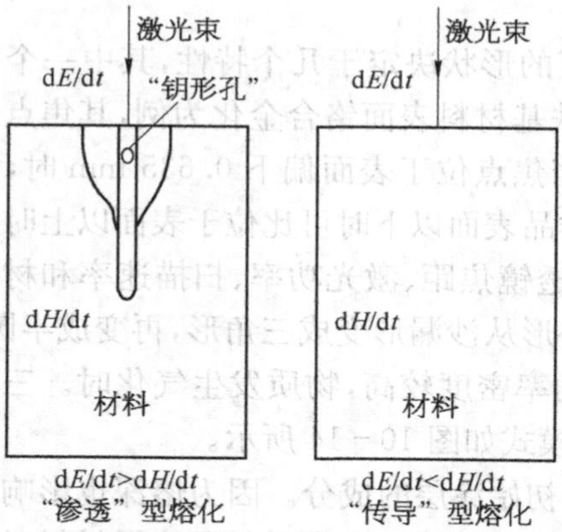

图 10-14 熔化的渗透和传导模式

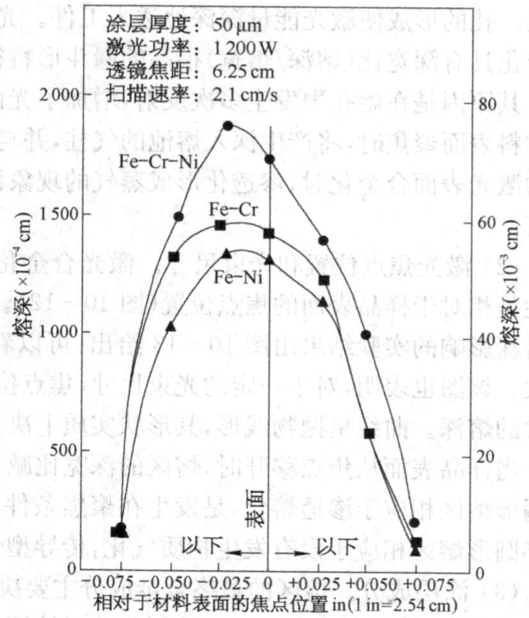

图 10-15 涂层的初始成分对激光合金化深度的影响

比 Fe-Cr 和 Fe-Ni 系对焦点与材料表面的相对位置更加敏感，从而显示出激光对各种材料体系反应的差别。这些观察结果表明，控制熔深的可能机理是表面初始状态（它影响初始吸收）和凝固时形成合金的热学性能（它影响热流）的综合作用。

10.5.2 表面激光熔覆合金化技术的应用案例

制造切削工具的部门一直想通过表面处理来延长工具的使用寿命。人们对利用高能 CO_2 气体的激光和采用硼作为合金元素在切削工具表面产生非晶态层的可能性进行了研究。铁的非晶态（金属玻璃）材料为在钢基体上形成耐磨抗蚀层提供了希望。这种材料的其他优点是高硬度、软磁性、高电阻和高断裂强度。切削工具使用的材料是 M_2（高速钢）以及钴基碳化物金属陶瓷。为了满足形成非晶态层的成分要求，在工具上用几种合金元素进行预涂敷（激光照射前）。预涂敷可选用以下一种或多种方法的组合：①电镀沉积镍和磷；②表面固体渗硼；③离子氮化获得氮化铁预涂层；④在激光熔池内喷注六方晶系的氮化硼粉末。

当激光快速凝固处理时，可选用 B、Ni、P 和 N 作为合金化元素帮助非晶化。表面熔化和随后的快速凝固处理是用三个气体激光器完成的，它们的功率分别为 1.2 kW（光子源 V1003 型）；2.5 kW（光子源 T3000 型）；5 kW（光谱物理 975 型）。

激光处理层的硬度接近工具钢基体硬度的 4 倍，并且沿熔深方向出现很大的硬度梯度。硬度随着扫描速度提高，但硬度梯度减小。经激光处理的高速钢硬度与硬质合金和陶瓷的相当。

10.6 离子氮化技术

离子氮化法与以往的靠分解氨气或使用氰化物进行氮化的方法截然不同，作为一种全新的氮化方法，现已被广泛应用于汽车、机械、精密仪器、挤压成型机、模具等许多领域，而且其应用范围仍在日益扩大。

10.6.1　离子氮化法的优点

(1) 由于离子氮化法不是依靠化学反应作用，而是利用离子化了的含氮气体进行氮化处理，所以工作环境十分清洁，因而无须防止危害健康的特别设备。

(2) 由于离子氮化法利用了离子化气体的溅射作用，因而与以往的氮化处理相比可显著地缩短处理时间，离子氮化的时间仅为普通气体渗氮时间的 1/5～1/3。

(3) 由于离子氮化法利用辉光放电直接进行加热，无须特别的加热和保温设备，且可以获得均匀的温度分布，与间接加热方式相比加热效率可提高 2 倍以上，达到了节能的效果，能源消耗仅为气体渗氮的 40%～70%。

(4) 由于离子氮化在真空中进行，因而可获得无氧化的加工表面，也不损害被处理工件的表面光洁度，而且由于在低温下进行处理，被处理工件的变形量极小，处理后无须再进行加工，极适合于成品的处理。

(5) 通过调节 N、H 等气体的比例，可自由地调节化合物层的组成，从而获得预期的机械性能。

(6) 离子氮化从 380 ℃起即可进行氮化处理，对钛等合金特殊材料也可在 850 ℃的高温下进行特殊的离子氮化处理，因而适用的温度范围十分广泛。

(7) 由于离子氮化是在低气压下以离子注入的方式进行的，因而耗气量极少(仅为气体渗氮的百分之几)，可以大大降低处理成本。

10.6.2　离子氮化技术基本原理

离子氮化是利用辉光放电这一物理现象对金属材料表面进行强化的氮化法。在低压的氮气或氨气等气氛中，炉体和被处理工件之间加以直流电压，产生辉光放电，在被处理表面数毫米处出现急剧的电压降，气体中的离子，朝着图 10-16 箭头所示方向向阴极移动。当接近工件表面时，由于电压急剧降低而被强烈加速，轰击工件表面，离子具有的动能转变为热能，加热了被处理工件，同时一部分离子直接注入工件表面，一部分离子引起阴极溅射，从工件表面“溅出”电子和原子，“溅出”的铁原子与由于电子作用形成的原子态氮相结合，形成 FeN。FeN 沉积吸附在阴极表面，因受到高温和离子轰击很快地分解为低价氮化物而放出氮。一部分失去氮的铁又被溅射到辉光等离子气体中与新的氮原子相结合，促进氮化过程进行。

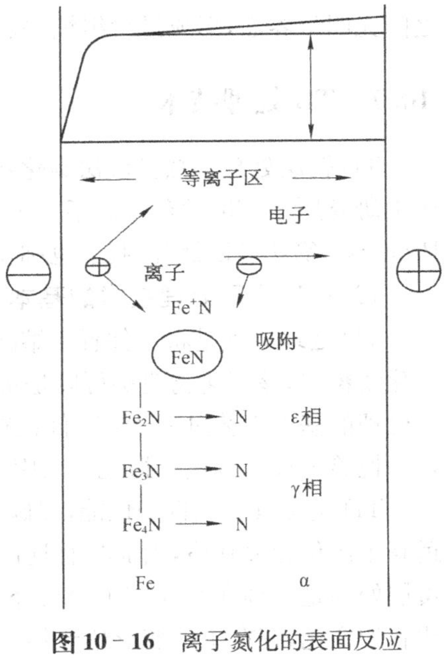

图 10-16　离子氮化的表面反应

10.6.3　离子氮化技术的应用案例

目前，在国内一般都采用高强度铸铁 HT300 或合金铸铁制造汽车覆盖件成型模具，国外也有采用球墨铸铁的(国内的铸造水平目前还无法达到)。而对于厚板料、深拉延、高效率、高寿命要求的模具，仅凭模具基体材料的性能还是无法满足要求，模具的质量和寿命受到极大的限制。厚板料、深拉延或轿车外板件模具，往往拉延数百件后，模具型面就出现起毛、拉延瘤、制件擦伤等现象而需要修整。有些模具磨损过快，甚至需要报废。为此，对这样一些模具进行了辉光离子氮化处理。处理后模具型面渗氮层达到 0.3 mm 左右，表面硬度达 HV350～550(依基体质量不同而变化)，使模具的耐磨性、抗疲劳强度和抗咬合性大大提高，板材成型过程中的流动性明显改善，显著减少了模具表面磨损和修模次数，提高了制件质量，降低了生产成本。

统计数字表明，MoCr 铸铁模具经离子氮化后连续冲压了十五万次未进行修模，至今仍在使用(中国第一汽车集团公司)，这在国内模具行业实属罕见。经氮化处理的模具还可以重复进行氮化处理，且容易操作，具有表面电镀不可比拟的优越性。

10.6.4 离子氮化与物理气相沉积涂层技术的结合

离子氮化可以强化基体的性能，物理气相沉积可以提高基体的表面性能，所以离子氮化与物理气相沉积相结合在强化工件表面性能方面更具有前景。例如：TiN 具有硬度高，韧性及化学稳定性好等优点，物理气相沉积 TiN 已广泛应用于各个领域。特别是在工具行业中，将 TiN 超硬膜用于工模具表面，能极大地提高耐磨性，延长工模具的寿命。为进一步提高镀层与基体的结合力，满足特定的使用条件，人们研究了不同底层 TiN 涂层的性能。化学涂 Ni－P、电镀 Ni、渗硼和离子氮化为底层的 TiN 复合涂层具有一定的应用前景，其中等离子氮化＋PVD TiN 复合镀尤为引人注目。

离子氮化与物理气相沉积相结合制备的 TiN 膜具有优良性能，原因是：①等离子氮化过程中的离子溅射效应，使基体表面产生微观的凹凸不平，增加了 TiN 膜与基体的机械钳合作用，有利于提高膜基结合力。②由于镀 TiN 膜时采用预镀 Ti 中间层，Ti 离子在负偏压作用下轰击氮化的基体，在界面通过原子混杂、扩散和反应形成 TiN 或 Ti_2N，在 TiN 膜层与渗氮层之间无明显界面，形成过渡组织，减小了热膨胀的突变，有利于提高结合力。

10.7 TD 处理技术

TD 覆层处理是热扩散法碳化物处理的简称，英文简称“TD coating”。该技术由日本丰田中央研究所于 20 世纪 70 年代首先研制成功并申请专利，又被称为“Toyota Diffusion Process”，简称 TD 处理，我国也称作“熔盐渗金属”。

10.7.1 TD 处理技术的基本原理

TD 处理原理是将工件置于熔融硼砂混合物中，通过高温扩散作用于工件表面形成金属碳化物覆层，该碳化物覆层可以是钒、铌、铬等元素的碳化物，也可以是其复合碳化物。TD 覆层处理的基本工艺过程为：工件检查—抛光—装吊—TD 覆层处理—淬火＋回火 1～3 次—清理—检验—尺寸调整—抛光—入库。

TD 覆层具有优良的性能，以碳化钒 TD 覆层为例，覆层硬度高，可达 HV 2 800～3 200，远高于氮化和镀硬铬，因而具有远高于这些表面处理的耐磨、抗拉伤、耐蚀等性能。但是 TD 覆层处理是一种在 850～1 050 ℃下的高温处理技术，处理中必然会产生热应力、相变应力和比容的变化，存在工件变形超差甚至开裂的风险。因此，要用好该技术就必须有专业的技术指导，全面考虑材料、焊补、设计、热处理和表面处理、覆层厚度等各个因素，防止 TD 处理后变形、开裂、抛光不良等现象的产生。目前 TD 处理技术大多用于公差要求不高，模具刚性比较大，TD 处理后可以通过大的抛光去除量消除处理过程中产生变形的成型类模具。

10.7.2 TD 处理技术的应用案例

案例一：汽车冲压成型类模具 TD 处理。

图 10－17 所示为经过 TD 处理的汽车配件模具镶块，其加工的是 3.2 mm 厚，强度为 400 MPa左右的高强度钢板。该模具在没有进行 TD 处理时加工的工件表面出现严重的拉

伤，拉伤问题的出现降低了生产效率，并恶化工件的表面质量，降低了模具寿命。通过对模具进行 TD 处理以后，可以从根本上解决工件表面的拉伤问题，并能提高模具寿命至 20 万～30 万冲次。

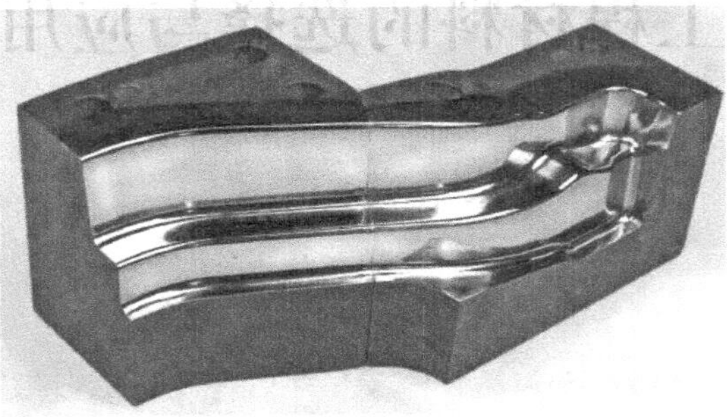

图 10－17　TD 处理的汽车冲压成型模具

案例二：框架引伸凹模 TD 处理。

模具材料为 Cr12MoV，被加工材料为 0.8 mm 厚低碳钢板，该模具不处理时，使用不到十次工件表面就会出现拉伤，无法进行正常生产。该模具经过 TD 处理后，生产的模具一般可以达到 200 万～300 万模件（图 10－18）。

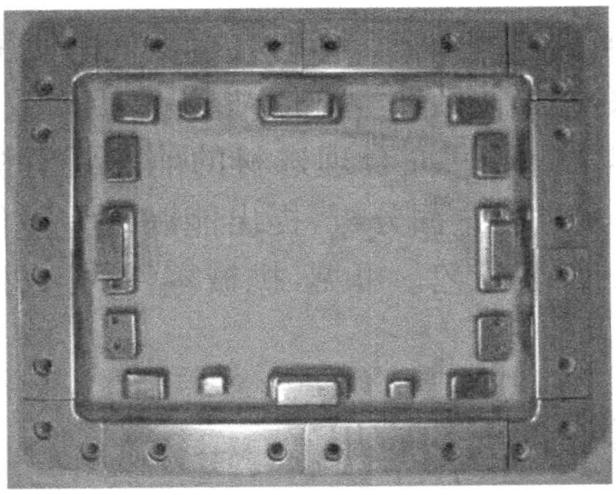

图 10－18　TD 处理的框架引伸凹模

第 11 章

工程材料的选择与应用

◎ **学习成果达成要求**

通过该章学习，学生应达成的能力要求包括：

1. 能够掌握材料选择的主要原则和性能指标，并运用于典型机械零件设计中。
2. 能够通过合理选材，实现工程材料在刀具、汽车及航空航天领域中的应用。
3. 能够了解新材料的发展趋势，促进工程材料的发展和应用。

在机械设计制造中要保证机械零件在工作时具有良好的使用性能，耐久性和高的质量，同时在生产中要求材料具有良好的工艺性和经济性，以提高生产效率，降低成本等。要实现上述目标，工程材料的合理选择非常重要。而合理选材的前提是对机械零件的工作条件、工作环境、受力状况和失效等各种因素进行全面分析，提出能满足零件使用性能的要求，从而选择合适的工程材料并提出其相应的加工工艺。可见，机械零件的选材对零件是否能良好地进行工作是至关重要的一个步骤。

11.1 工程材料在机械零部件上的应用

11.1.1 零件的失效形式

所谓失效，是指机械零件失去正常条件下所应具有的工作能力的现象。而失效分析通常是指对失效产品为寻找失效原因和预防措施所进行的一切技术活动，即判断失效的模式，查找失效原因和机理，提出预防再失效的对策的技术活动和管理活动称为失效分析。

随着现代材料分析手段的进步，失效分析已变得系统化、综合化和理论化，由此形成了材料科学与工程中一个新的分支学科。失效分析的实质是实验研究和逻辑推理的综合应用。对零件的失效进行分析是十分必要的。首先，进行失效分析可以找出系统的不安全因素，发现事故隐患，预测由失效引起的危险，提供优化的安全措施。第二，失效分析是产品维修的理论指导。第三，失效分析的结果能为零件的设计、选材、加工以及使用提供实践依据。第四，失效分析可以产生巨大的经济效益和社会效益。例如，1987 年 10 月，我国进口的一架“黑鹰”直升机发生机毁人亡事故，经中美双方专家联合失效分析，确认是由飞机尾部减速齿轮轴疲劳失效所致，属于厂方产品质量问题，结果美方赔偿 300 万美元。由此可见，机械零部件失效会造成重大的经济损失甚至灾难，失效分析对材料设计、产品结构设计以及使用和管理等诸方面均具有十分重要的意义。

零件最常见的失效形式有断裂失效，过量变形失效和表面损伤失效三种基本类型，其具体分类如图 11－1 所示。

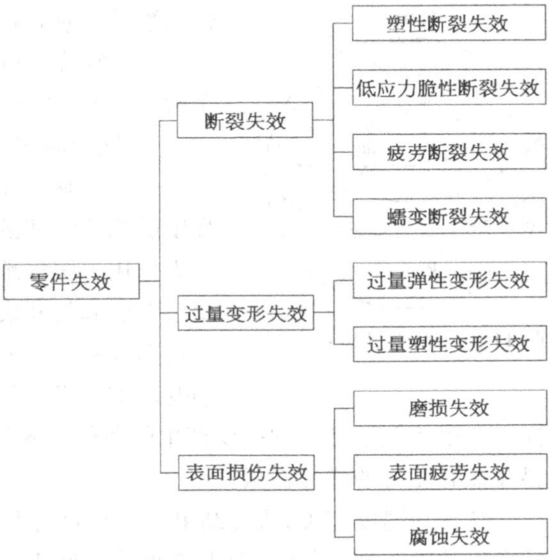

图 11－1　零件失效形式

11.1.1.1　断裂失效

断裂失效是指机械零件在工作过程中由于应力的作用发生完全断裂的现象。根据断裂方式可将其分为塑性断裂、低应力脆性断裂、疲劳断裂和蠕变断裂等。

1）塑性断裂

塑性断裂是零件承载截面上所受到的应力已超过零件的屈服强度，产生塑性变形，直至发生断裂的现象。工程上零件的塑性断裂经常是以韧性断裂的形式出现，其危险性较小，因为韧性断裂在断裂前已发生明显的塑性变形，起到预先提示作用。因此，一般不会造成严重事故。

2）低应力脆性断裂

低应力脆性断裂是指零件在所受应力远低于材料屈服强度时发生的断裂现象。常出现在有尖角、缺口或有裂纹的零件中，特别是当低温或受冲击载荷时，由于材料的冲击韧性大大降低而变为脆性断裂。脆性断裂的断口没有明显的塑性变形，断口一般较平齐，有金属光泽，呈结晶状或瓷状。

脆性断裂没有可见的预兆，往往会带来灾难性的后果，是最危险的零件失效形式。因此，在考虑材料断裂难易程度的指标时，要依据冲击韧度、断裂韧度和韧脆转变温度等影响参数。

(a) 驱动轴脆性断裂　　(b) 断口形貌

图 11－2　脆性断裂实例

3）疲劳断裂

疲劳断裂是指零件在交变循环应力多次作用时，在比静载屈服应力低得多的应力下发生突然断裂，断裂前往往没有明显征兆。如轴、齿轮、弹簧等许多零件是在交变载荷下工作的。机械零件断裂失效中 80%以上都属于疲劳断裂。疲劳断裂的主要特点是：

(1) 低应力。引起疲劳断裂的应力较低，一般大大低于材料的屈服强度。

(2) 突然性。断裂前没有明显的宏观塑性变形，在没有预兆的情况下突然发生断裂，为脆性断裂，即使在静载荷和冲击载荷下有大量塑性变形的塑性材料，发生疲劳断裂时也显示出脆

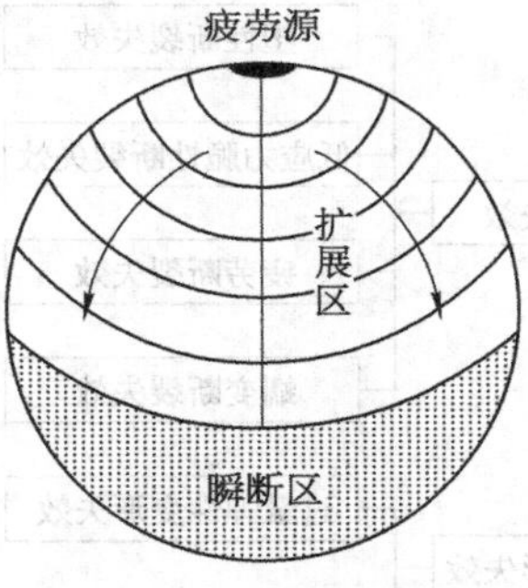

图 11-3　疲劳断口示意图

性断裂的宏观特征，因而具有很大的危险性。

(3) 疲劳断口能清楚显示出裂纹的萌生、扩展和最后断裂三个阶段，如图 11-3 所示。

4) 蠕变断裂

蠕变是材料在高温下强度随温度升高而降低或高温下材料的强度随加载时间的延长而降低的现象。材料在长时间的恒温、恒应力作用下缓慢地产生塑性变形的现象称为蠕变，零件由于这种变形而引起的断裂称为蠕变断裂。一般情况下，金属材料在温度超过 0.3～0.4Tm(Tm 是材料熔点，以 K 为单位)时才出现明显的蠕变。蠕变极限是高温长期载荷作用下材料对塑性变形的抗力指标。在耐热钢中已提到蠕变产生的条件是零件工作温度高于其再结晶温度或工作应力超过材料在该温度时的弹性极限。

蠕变与温度有关，研究结果表明材料熔点越高，蠕变的抗力越大，即蠕变发生的温度越高。蠕变失效比较容易判断，因为蠕变时有明显的塑性变形。

11.1.1.2　过量变形失效

过量变形失效是指零件在工作中受到外力作用，发生过量的弹性变形或塑性变形而失效的现象。

1) 过量弹性变形失效

大多数机器零件在工作时都处于弹性变形状态。一般零件在一定载荷下只允许一定的弹性变形，若发生过量的弹性变形就会造成零件失效，影响加工精度、加速磨损、降低承载能力、增加噪声等。例如：镗床镗杆若发生较大的弹性变形，其镗出的孔径就会偏小或有锥度；齿轮轴如果刚度不足，产生过量弹性变形，则会影响齿轮的正常啮合，加速齿轮磨损，增加噪声。

弹性变形的大小取决于零件的几何尺寸和材料的弹性模量。如果零件的几何尺寸已确定，若要减小弹性变形量，唯一的办法是选用弹性模量大的材料。

2) 过量塑性变形失效

绝大多数机器零件在使用过程中都处于弹性变形状态，不允许产生塑性变形，但有时由于偶然的原因产生过载或材料抗塑性变形能力的降低，也会使零件产生塑性变形。当塑性变形超过允许量时零件就会失去其应有的效能。

在一些零件如炮筒的使用过程中，必须是在比例极限范围内，严格保持变形和应力之间的比例关系，否则炮弹弹道的准确性降低。再如弹簧，必须有较高的弹性极限，否则弹力不够。另外如丝杠，不允许有塑性变形，要求屈服强度高，否则使机床精度下降。虽然比例极限、弹性极限和屈服强度都有明确的物理意义，但实际使用的工程材料大多数都是弹塑性材料，弹性极限和塑性变形并无明显的分界点，很难测出它们的准确数值。因此，工程上一般用人为规定的办法，把产生规定的微量塑性变形伸长率所对应的应力作为“条件比例极限”“条件弹性极限”和“条件屈服极限”，它们之间并无本质区别。这里所说的比例极限、弹性极限、屈服极限是对材料成分、组织敏感的力学性能指标，可以通过合金化、热处理、冷变形等方法改变。

11.1.1.3　表面损伤失效

零件在工作过程中，由于机械的和化学的作用，使工作表面受到严重损伤，不能继续正常工作，这种失效称为表面损伤失效。表面损伤失效大致分为磨损失效、表面疲劳失效和腐蚀失效三类。

1）磨损失效

磨损失效是指在机械力的作用下，相对运动的零件表面之间发生摩擦，材料以细屑的形式逐渐磨耗，使零件的表面材料不断损失从而导致零件最终失效的一种形式。磨损最常见的有磨粒磨损和黏着磨损两种。

（1）磨粒磨损。它是在相对运动的物体做相对摩擦时，由于有硬颗粒嵌入金属表面的切削作用而造成了沟槽，致使磨面材料逐渐耗损的一种磨损。是机械中普遍存在的一种磨损形式，磨损速度较大。例如田间泥沙对农业机械的磨损；汽车、拖拉机气缸套，因空气滤清器不良带入的尘埃或润滑油不清洁带入污物而发生的磨粒磨损等。

（2）黏着磨损。它是由相对运动物体表面的微凸体，在摩擦热的作用下发生焊合或黏着，当相对运动物体继续运动时，两黏着表面发生分离，从而将部分表面物体撕去，造成表面严重损伤。黏着磨损又称咬合磨损。在金属材料中是指滑动摩擦时摩擦副接触面局部发生金属黏着，在随后的相对滑动中黏着处的金属屑粒被从零件表面拉拽下来，或零件表面被擦伤的一种磨损形式，如图 11－4 所示。由于摩擦副表面凹凸不平，当相互接触时只有局部接触面积很小，接触压力很大，超过材料的屈服强度而发生塑性变形，使润滑油膜和氧化油膜被挤破，摩擦副金属表面直接接触，发生黏着，屑粒被剪切磨损或工作表面被擦伤。黏着磨损在滑动摩擦条件下，磨损速度大，具有严重的破坏性。

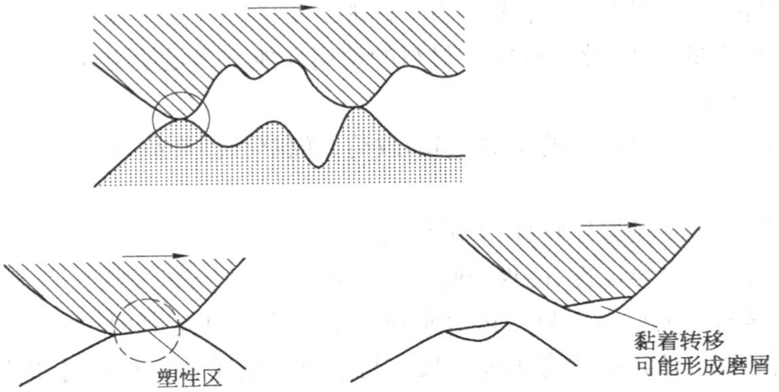

图 11－4　黏着磨损过程示意图

为了解决磨损失效，降低磨粒磨损，要求材料的硬度提高。为减少黏着磨损，必须使摩擦系数减小，最好有自润滑能力或有利于保存润滑剂或改善润滑条件。可对表面进行强化处理（渗碳、氮化）提高材料的耐磨性。对表面进行硫化处理和磷化处理，既可防腐又可起减摩作用。

2）表面疲劳失效

表面疲劳失效是指相对滚动接触的零件，在工作过程中由于交变接触应力的长期作用，使表层材料发生疲劳破坏而剥落的现象，又称疲劳点蚀。

为了提高零件的抗表面接触疲劳能力，常采用提高零件表面硬度和强度的方法，如表面淬火，化学热处理，使表面硬化层有一定的深度。同时也可采用提高材料纯洁度，限制夹杂物数量和提高润滑剂的黏度等方法。

3）腐蚀失效

腐蚀失效是指零件表面由于与周围介质发生化学或电化学反应引起表面损伤的现象。它与材料本身的成分、结构和组织有关，也与介质的性质密切相关。同样的材料在不同介质中，往往性能表现差异极大，如黄铜在海水和大气中具有良好的耐腐蚀性，但在含氨的环境中却极易腐蚀。

在以上各种失效中，弹性变形、塑性变形、蠕变和磨损等，在失效前一般都有尺寸的变化，有较明显的征兆，所以失效可以预防，断裂可以避免。而低应力脆断、疲劳断裂和应力腐蚀断裂往往事前无明显征兆，断裂是突然发生的，因此特别危险，会带来灾难性的后果，它们是当今工程断裂事故发生的三大主要缘由。

同一种零件可有几种不同的失效形式。对应于不同的失效形式，零件具有不同的抗力。例如，轴的失效可以是疲劳断裂，也可以是过量弹性变形，究竟以什么形式失效，取决于具体条件下零件的最低抗力。因此，一个零件的失效，总是由一种形式起主导作用，很少有同时以两种形式失效的情况。但各种单一的失效形式可以组合为更复杂的失效形式，例如腐蚀疲劳、蠕变疲劳、腐蚀磨损等。

11.1.2 材料选择的基本原则和方法

11.1.2.1 使用性能原则

1）选材应满足使用性能

使用性能主要是指零件在使用状态下材料应该具有的力学性能、物理性能和化学性能。对于大量机器零件和工程构件，则主要是力学性能。对于一些在特殊条件下工作的零件，则必须根据要求考虑材料的物理、化学性能。材料的使用性能应满足使用要求。

2）考虑工况条件

(1) 受力状况。主要是载荷的类型（如动载荷、静载荷、循环载荷等）和大小、载荷的形式、载荷特点等。

(2) 环境状况。主要是湿度特性、介质情况等。

(3) 特殊要求。如对导电性、磁性、热膨胀性、密度、外观等的要求。

需要注意的是材料的性能不只与化学成分有关，还与加工处理时试样的尺寸有关，也与加工、处理后的状态有关，所以必须考虑零件尺寸与手册中试样尺寸的差别，进行适当的修正，还要考虑到材料的化学成分、加工处理工艺参数本身就有一定的波动范围。

11.1.2.2 工艺性能原则

材料选择必须考虑零件加工的难易程度。一种材料能满足使用性能，但加工极为困难，则这种材料仍然是不可取的。材料工艺性能主要包括热成型（如铸造、锻造、焊接等）性能、热处理性能（如淬透性、变形大小、氧化、脱碳倾向等）和切削加工性能。当工艺性能与力学性能相矛盾时，有时基于对工艺性能的考虑而不得不放弃某些力学性能合格的材料。工艺性能原则对大批量生产的零件尤为重要。大批量生产时，工艺周期的长短和加工费用的高低，常常是生产的关键。

(1) 金属材料的工艺性能。金属材料加工的工艺路线远较高分子材料和陶瓷材料复杂，而且变化多，不仅影响零件的成型，还大大影响其最终性能。如钢材的抗拉强度若接近1 500 MPa，进行机械加工就很困难了，用SiN陶瓷刀具进行车、刨都还勉强，钻孔、攻内螺纹就几乎不可能了。所以对于高强度的钢材，都是在加工时令其处于低强度状态，达到要求的形状以后再通过热处理使其达到高强度，一般金属材料的加工工艺路线如图 11－5 所示。根据零件性能要求的不同，可以适当考虑简化工艺或增加相应工序。

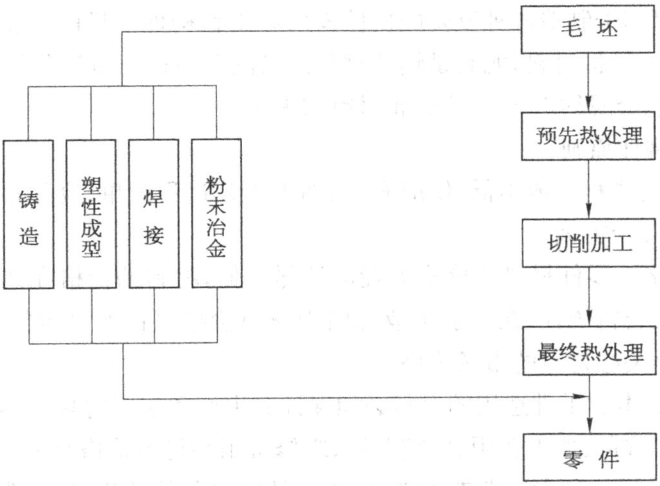

图 11－5　金属材料的加工工艺路线

(2) 高分子材料的工艺性能。高分子材料的工艺路线比较简单(图 11－6)，其中成型工艺主要有热压、注塑、挤压、喷射、真空成型等，它们在应用中有各自不同的特点(表 11－1)。高分子材料同金属一样可以进行切削加工。但由于高分子材料导热性差，切削过程中不易散热，加工时应注意不要使工件过热。

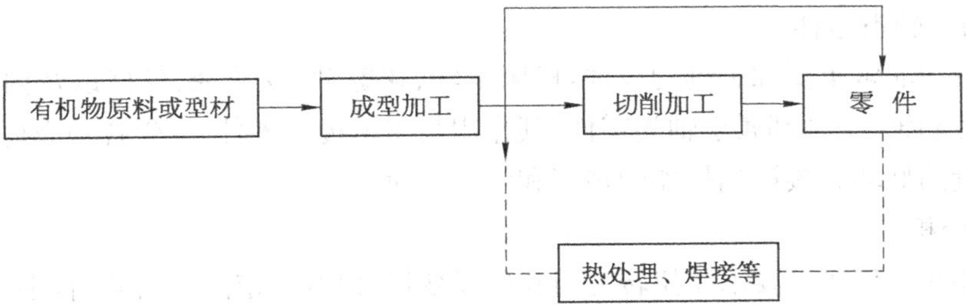

图 11－6　高分子材料的加工工艺路线

表 11－1　高分子材料的成型工艺特点

工艺	适用材料	形状	表面粗糙度	尺寸精度	模具费用	生产率
热压成型	范围较广	复杂形状	很好	好	高	中等
喷射成型	热塑性材料	复杂形状	很好	非常好	很高	高
热挤成型	热塑性材料	棒类	好	一般	低	高
真空成型	热塑性材料	棒类	一般	一般	低	低

(3) 陶瓷材料的工艺性能。陶瓷材料的主要工艺就是成型加工。成型后，受陶瓷加工性能的局限，除了可以用 SiC 或金刚石砂轮磨削加工外，几乎不能进行其他任何加工。因此，陶瓷材料的应用在很大程度上也受其加工性能的限制。

总体来讲，金属材料具有优良的综合力学性能，其强度、塑性和韧性均较好，也具有一定的物理和化学性能，可用于制造各种重要的机械零件和工程构件。目前金属材料仍然是机械工程中应用得最广泛的结构材料，尤其是钢铁材料。以汽车用材的质量分数为例，钢约占 65%，铸铁约占 20%，有色金属约占 3%，非金属材料约占 12%。

11.1.2.3 经济性原则

零件的经济性是指材料成本低、供应充分、加工工艺过程简单、废品率低等。零件的经济性主要表现在以下几个方面。

(1) 材料的价格。零件材料的价格无疑应该尽量低，材料的价格在产品的总成本中占有较大的比重，据有关资料统计，在许多工业部门中材料价格可占产品价格的 30%～70%。因此，设计人员要十分关心材料的市场价格。

(2) 零件的总成本。零件选用的材料必须保证其生产和使用的总成本尽量低。零件的总成本与其使用寿命、重量、加工费用、研究费用、维修费用和材料价格有关。

(3) 资源消耗状况。随着工业的发展，资源包括能源问题日渐突出，选用材料时必须对此有所考虑。特别是对于大批量生产的零件，所用材料不仅应该来源丰富，也需顾及我国资源状况。同时，还需注意生产所用材料的资源消耗，尽量选用耗能低的材料。

对于那些只要求表面性能高的零件，可选用价廉的钢种，然后进行表面强化处理来达到性能要求。另外，在考虑材料经济性时，切忌单纯以单价比较材料的优劣，而应当以综合效益(包括材料单价、加工费用、使用寿命、美观程度等)评价材料经济性的好与差。

11.1.3 典型零件的材料选择

11.1.3.1 轴类零件

轴是机械中非常重要和关键的零件，机床主轴、花键轴、变速轴、丝杠以及内燃机的曲轴、连杆和汽车传动轴、半轴都属于轴类零件，其作用是支承传动零件、承受各种载荷、传递运动和动力。轴质量的好坏直接影响机器的精度和使用寿命。

1) 选材分析

轴类零件在工作时主要承受扭转力矩和反复变形，以及一定的冲击载荷，根据轴的工作条件和失效方式，对轴用材料应提出一定要求。

(1) 选材要求。

① 良好的综合力学性能。为减少应力集中效应和缺口敏感性，防止轴在工作中的突然断裂，需要轴的强度和塑性、韧度有良好配合。

② 高的疲劳强度。防止疲劳断裂。

③ 良好的耐磨性。防止轴颈磨损。

因此，为了兼顾强度和韧性，同时考虑疲劳抗力，轴一般用中碳合金调质钢(主要有 45 钢及 40Cr、40MnB、30CrMnSi、35CrMo 和 40CrNiMo 等钢)制造。

(2) 选材的一般原则。

① 受力较小，不重要的轴一般选用普通碳素钢。

② 受弯扭交变载荷的一般轴广泛使用中碳钢，经调质或正火处理。要求轴颈等处耐磨时，可局部表面淬火。

③ 同时承受轴向和弯扭交变载荷，又承受一定冲击的较重要的轴，可选用合金调质钢，如 40Cr、40MnB、40CrNiMo 等钢，经调质和表面淬火。

④ 承受较重交变载荷、冲击载荷和强烈摩擦的轴，可选用低合金渗碳钢，如 20Cr、20CrMnTi、20MnVB 等钢，并经渗碳、淬火、回火。

⑤ 承受较重交变载荷和强烈摩擦、转速高、精度要求高的重要轴，可选用渗氮钢（如 38CrMoAl 钢）调质后再进行渗氮处理。

⑥ 对主要经受交变扭转载荷、冲击较小、要求耐磨而又结构复杂的轴，可选用球墨铸铁；对大型低速轴可采用铸钢。

2）选材与加工路线实例

(1) 机床主轴。机床主轴承受弯曲和扭转的复合交变载荷，对耐磨性和精度稳定性要求高，其主要失效形式是因磨损失去精度，其次是疲劳断裂。同时，也必须保证强度、刚度和尺寸稳定性，避免变形失效。因此对机床主轴的选材应考虑摩擦条件、载荷轻重、转速高低、冲击大小和精度要求等因素。这些性能可用提高材料的强度、塑性、韧性以及喷丸处理、氮化处理等方法解决。同时还要考虑承受摩擦和磨损的性能，特别是轴颈部分，其磨损程度和轴承有密切关系。

在滚动轴承上摩擦转移给滚珠和套圈，轴颈部分没有耐磨要求，但适当的硬度要求可以改进装配工艺性和保证装配精度，轴的硬度在 HRC40～50 即可满足。在组合机床中，常因轴数量多而结构拥挤，多选用滚针轴承，以轴颈作内圈，此时对轴的要求为高硬度、耐磨和高的疲劳强度，一般用 20Cr 钢渗碳淬火，硬度为 HRC59 即可。

在滑动轴承中，轴颈和轴瓦发生摩擦，耐磨性要求高，轴转数越高，耐磨性要求也越高。不同滑动轴承材料对轴颈硬度要求也不同。巴氏轴承合金硬度不高，对主轴硬度要求不高；锡青铜轴承合金硬度较高，对主轴硬度要求也较高，一般不低于 HRC50；若主轴是由钢制轴承支承，则主轴必须有高的硬度，例如镗床主轴由于与钢质套筒配合，主轴要做氮化处理。

若主轴工作时与配件配合，且拆装频繁，例如，铣床主轴常换刀具、磨床砂轮主轴常换砂轮等，都易使主轴锥孔或外圆锥面拉毛，影响配件与主轴的接触配合，所以要求主轴的这些部位具有一定的耐磨性。硬度在 HRC 45 以上时，工作中的拉毛现象可大大改善。

因此，机床主轴零件应根据其载荷大小和工作条件选用不同材料，并配合相应热处理工艺来保证其性能。机床主轴一般选用 45 钢或 40Cr 等调质钢，耐冲击主轴可选用 20CrMnTi 等渗碳钢，高精度机床可选用渗氮钢 38CrMoAl。

对于调质钢主轴，一般工艺路线为：下料→锻造→正火或退火→粗加工→调质→精加工→轴颈高频淬火及低温回火→磨削。

对于渗碳钢主轴，一般工艺路线为：下料→锻造→正火→粗、精加工→渗碳→淬火及低温回火→磨削。

不同载荷工况机床主轴的选材及热处理见表 11－2。

表 11-2 不同载荷工况机床主轴的选材及热处理

序号	工作条件	材料	热处理	硬度	原因	使用实例
1	① 与滚动轴承配合； ② 轻、中载荷，转速低； ③ 精度要求不高； ④ 稍有冲击，疲劳忽略不计	45	正火或调质	HBW220～250	热处理后具有一定的机械强度；精度要求不高	一般简式机床
2	① 与滚动轴承配合； ② 轻、中载荷，转速略高； ③ 精度要求不高； ④ 冲击，疲劳载荷忽略不计	45	整体淬火或局部淬火	HRC40～45	有足够发强度；轴颈及配件装拆处有一定的硬度；不能承受冲击载荷	龙门铣床、摇臂钻床、组合机床等
3	① 与滑动轴承配合； ② 有冲击载荷	45	轴颈表面淬火	HRC52～58	毛坯经正火处理具有一定的机械强度；轴颈具有高强度	C620 型车床主轴
4	① 与滚动轴承配合； ② 受中等载荷，转速较高； ③ 精度要求较高； ④ 冲击和疲劳载荷较小	40Cr	整体淬火或局部淬火	HRC42 或 HRC52	有足够的强度；轴颈和装拆处有一定的硬度；冲击小，硬度取值高	摇臂钻床、组合机床等
5	① 与滚动轴承配合； ② 受中等载荷，转速较高； ③ 精度要求较高； ④ 冲击和疲劳载荷较高	40Cr	轴颈及配件装拆处表面淬火	≥HRC52 或 HRC52	毛坯须经预备热处理，有一定机械强度；轴颈具有高耐磨性；配件装拆处有一定硬度	车床主轴、磨床砂轮主轴
6	① 与滑动轴承配合； ② 中等载荷，转速很高； ③ 精度要求很高	38CrMoAl	调质、渗氮	HBW250～280	有很高的心部强度；表面具有高硬度；有很高的疲劳强度；氮化处理变形小	高精度磨床及精密镗床主轴
7	① 与滑动轴承配合； ② 中等载荷，心部强度不高，转速高； ③ 精度要求不高； ④ 有一定冲击和疲劳载荷	20Cr	渗碳、淬火	HRC56～62	心部强度不高，但有较高的韧度；表面硬度高	齿轮铣床主轴
8	① 与滑动轴承配合； ② 重载荷，转速高； ③ 受较大冲击和疲劳载荷	20CrMnTi	渗碳、淬火	HRC56～62	有较高的心部强度和冲击韧度，表面硬度高	载荷较重的组合机床

（2）内燃机曲轴。曲轴是内燃机中一个重要而形状复杂的零件，如图 11－7 所示，其作用是输出动力，并帮助其他部件运动。曲轴在工作中受弯曲、扭转、剪切、拉压、冲击等交变应力；曲轴的形状极不规则，应力分布很不均匀；曲轴颈与轴承还会发生滑动摩擦。

图 11－7　曲轴零件

实践证明，曲轴的主要失效形式是疲劳断裂和轴颈严重磨损，前者尤为重要；曲轴的冲击韧度不需要很高。鉴于此，许多著名的厂家多用球墨铸铁制造曲轴，收到很好的技术经济效果。球墨铸铁曲轴比锻钢曲轴工艺简单、生产周期短、材料利用率高（切削量少）、成本只有锻钢曲轴的 20%～40%。

目前普遍倾向于只有强化的内燃机曲轴，或结构紧凑的内燃机限制曲轴尺寸时才用锻钢。此外，由于大截面球墨铸铁球化困难，易产生畸变石墨使其性能降低，所以大功率内燃机的大截面曲轴多用合金钢制造。下面简述锻钢和球墨铸铁两类曲轴的工艺过程及性能特点。

① 合金钢曲轴。东方红型内燃机曲轴采用全纤维锻造工艺，使曲轴的纤维组织完全按照应力线分布。12V180 型曲轴选用 42CrMoA 钢，全长 2 048 mm，净重 415 kg。

曲轴的性能要求为：a. 抗拉强度 $R_m \geqslant 950$ MPa，屈服强度 $R_e \geqslant 750$ MPa；b. 断后伸长率 $A \geqslant 12\%$，断面收缩率 $Z \geqslant 45\%$；c. 冲击韧度 $K \geqslant 70$ J/cm^2；d. 整体硬度为 HRC30～35，轴颈表面硬度为 HRC58～63，硬化层深 3～8 mm。

42CrMoA 钢曲轴生产工艺过程为：下料→锻造→退火（消除白点及锻造内应力）→粗车→调质→细车→低温退火（消除内应力）→精车→探伤→表面淬火→低温回火→校直→低温去应力→探伤→镗孔→粗磨→精磨→探伤。

② 球墨铸铁曲轴。130 型汽车球墨铸铁曲轴选用 QT 600—2 球墨铸铁，技术要求为：a. 抗拉强度 $R_m > 600$ MPa；b. 断后伸长率 $A \geqslant 2\%$；c. 冲击韧度 $K \geqslant 15$ J/cm^2；d. 硬度为 HBW250～300；e. 金属基体金相组织中珠光体占 80%～90%。

其加工路线为：熔铸（含球化处理）→正火→切削加工→表面处理（表面淬火、氮化或四角滚压强化）→成品。

（3）汽车半轴。汽车半轴在工作时主要承受扭转力矩、反复弯曲以及一定的冲击载荷，典型零件如图 11－8 所示。半轴的寿命通常取决于花键齿的抗压陷和耐磨损性能，但断裂现象也易发生。半轴材料要求具有高的抗弯强度、疲劳强度和较好的韧度，通常选用调质钢制造。中、小型汽车的半轴一般用 45 钢、40Cr 钢，而重型汽车用 40MnB、40CrNi 或 40CrMnMo 等淬透性较高的合金钢制造。通常采用调质

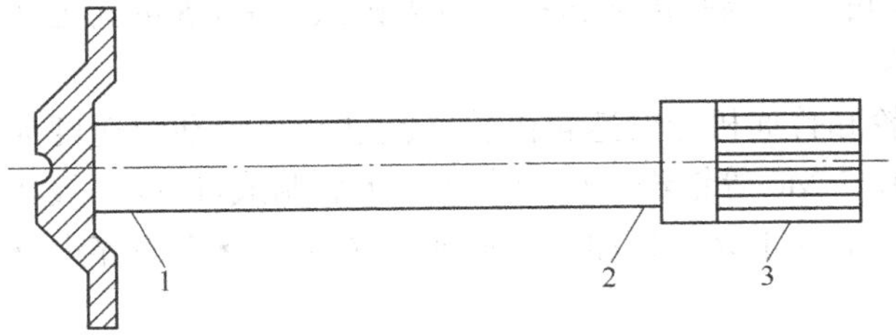

图 11－8　半轴易损坏部件示意

1—凸缘与杆部相连部位；2—花键与杆部相连部位；3—花键端

处理和局部感应热处理相结合的方式保证零件各部分的性能要求。此外，半轴加工中常采用喷丸处理及滚压凸缘根部圆角等强化方法。

工艺路线为：下料→锻造→正火→机械加工→调质→盘部钻孔→磨削花键。

(4) 航空发动机涡轮轴。这类轴在高温、高速和重载下工作，常用 40CrNiMoA、18CrNiW 钢等。

工艺路线为：备料→模锻→正火＋高温回火→机械粗加工→调质→机械精加工→磁力探伤→检验→发蓝。

11.1.3.2 齿轮类零件

齿轮是应用最广的机械零件，主要用来传递扭矩和动力，改变运动方向和运动速度，所有这些都是通过轮齿齿面的接触完成的。一对齿轮副在工作中，两齿面相互啮合。在齿面接触处，既有滚动，又有滑动。同时又受到交变接触压应力和摩擦力的作用，而齿轮根部还受到交变弯曲应力的作用。当换挡、启动和齿面啮合不良时还要受到冲击力的作用。有时因瞬时过载、润滑油腐蚀和外部硬质颗粒的侵入等，使齿轮的工作条件更加恶化，因此，要求齿轮有高的弯曲疲劳强度、高的接触疲劳强度和耐磨性，以及较高的强度和冲击韧度。此外，还要求有较好的热处理工艺性能，如热处理变形小等。

1) 选材分析

齿轮选材的一般原则为：对受磨损较大而不受交变应力的齿轮，可选用高碳钢经淬火及低温回火或低碳钢经渗碳、淬火与低温回火后使用；对于受磨损和交变应力作用的零件，如机床、汽车和拖拉机等动力机器的齿轮，大多选用低碳钢经渗碳处理或中碳钢进行高频淬火、渗氮处理后使用。

齿轮类零件根据不同使用要求，主要可以分为四类。

(1) 低速齿轮。

① 低速大型从动齿轮。如矿山机械中的低速大型从动齿轮，由于大尺寸带来的尺寸效应，淬火不可能淬透。这类齿轮通常不用淬火处理，可选用 ZG45 钢等，在铸态或正火状态下使用。

② 低速轻载齿轮。如低转速传动齿轮(转动线速度为 1～6 m/s)，一般情况下选用 40、50 钢，载荷稍大的可选用 40Cr 与 38CrSi 等合金钢，经调质后使用。齿面硬度通常为 HBW200～300。其加工工艺路线为：下料→锻造→正火→粗加工→调质→齿形加工。

对于要求很低的该类齿轮，可用普通碳素结构钢制造，并以正火替代调质。对于某些受力不大、无冲击、润滑不良的低速运转齿轮，还可选用高强度灰铸铁或球墨铸铁制造，既可满足使用性能和工艺性能要求，又能降低制造成本。

(2) 中速齿轮。如内燃机车变速箱齿轮和普通机床变速箱齿轮，转速中等(转动线速度为 6～10 m/s)、载荷中等，可选用 45、40Cr、42CrMo 等钢经调质和表面淬火后制成，硬度一般在 HRC50 以上，其加工工艺路线为：下料→锻造→正火→粗加工→调质→精加工→表面淬火→低温回火→磨削。

(3) 高速齿轮。

① 高速中载受冲击齿轮。如汽车变速箱齿轮、柴油机燃油泵齿轮，速度较高，载荷也较大，承受较大冲击，一般可用 20 钢或 20Cr 钢经渗碳热处理制成，渗碳层厚 0.8～1.2 mm，表面硬度为 HRC58～63，其加工工艺路线为：下料→锻造→正火→机械加工→渗碳→淬火→低温回火→磨削。

② 高速重载大冲击动力传动齿轮。如内燃机车的动力牵引齿轮、汽车驱动桥主动或从动齿轮等，由于速度很大(转动线速度大于 10 m/s)，传递很大的扭矩并受较大的载荷和冲击，因此对强度、韧性、耐磨性、抗疲劳性能等的要求都很高。宜采用高淬透性的合金渗碳钢。一般材料可选用 20CrMnMo、12CrNi3A 及 12Cr2Ni4A 等钢。其加工工艺路线为：下料→锻造→正火→机械加工→渗碳→淬火→低温回火→磨削。

(4) 特殊用途齿轮。

① 精密齿轮。如高速精密齿轮或工作温度较高的齿轮，要求热处理变形较小，耐磨性极好，一般选用 38CrMoAl 与 42CrMo 等钢，经渗氮处理后制成。加工工艺路线为：下料→锻造→正火→粗加工→调质→精加工→去应力退火→粗磨→渗氮→精磨。

② 仪表齿轮或轻载齿轮。仪表中的齿轮或接触腐蚀介质的轻载齿轮，常用一些耐蚀、耐磨的非铁金属型材制造，常见的有黄铜(如 H62、HPb60－22 等)、铝青铜(如 QAl9－2、QAl10－3－1.5 等)、硅青铜(如 QSi3－1 等)、锡青铜(如 QSn6.5～0.4 等)，硬铝和超硬铝(如 2Al2、1A97 等)可用于制作重量轻的齿轮。

③ 轻载无润滑齿轮。在轻载、无润滑条件下工作的小型齿轮，可以选用工程塑料制造，常用的有尼龙、聚碳酸酯、夹布层压热固性树脂等，工程塑料具有重量轻、摩擦系数小、减振、工作噪声小等特点，故适于制造仪表和小型机械的无润滑、轻载齿轮。其缺点是强度低，工作温度不能太高，所以不能用于制作承受较大载荷的齿轮。

2) 选材及加工路线实例

(1) 机床齿轮。机床齿轮承担着传递动力、改变运动速度和运动方向的任务，但机床齿轮相对汽车、拖拉机齿轮而言，其工作载荷不太大，运转较平稳，因此一般机床常选用 45 钢或 40Cr 钢等调质钢制造；冲击较大时采用 20Cr 等渗碳钢制造；高速精密机床齿轮则可选用 20CrMnTi、20CrMnMo 等渗碳钢制造。

对于调质钢齿轮，一般工艺路线为：下料→锻造→正火或退火→粗加工→调质→精加工→高频率淬火及低温回火→精磨。

对于渗碳钢齿轮，一般工艺路线为：下料→锻造→正火→粗、精加工→渗碳→淬火及低温回火→精磨。

(2) 汽车齿轮。汽车齿轮受力较大，高速运转(10 m/s 以上)且受频繁冲击，其耐磨性、疲劳强度、心部强度以及冲击韧度等的要求均比机床齿轮高，一般用调质钢高频淬火不能满足要求，所以要用低碳钢进行渗碳处理来制作大模数重要齿轮。我国应用最多的是合金渗碳钢 20Cr、20CrMnTi、20MnVB 等，并经渗碳、淬火和低温回火处理。因为合金元素能提高淬透性，淬火、回火后可使齿轮心部获得较高的强度和足够的冲击韧性。为了进一步提高齿轮的耐磨性，渗碳、淬火、回火后，还可采用喷丸处理增大齿部表层压应力。渗碳齿轮的一般工艺路线为：下料→锻造→正火→粗、精加工→渗碳→淬火及低温回火→喷丸→磨削。

经渗碳、淬火后，齿轮表面的组织为回火马氏体＋残余奥氏体＋颗粒碳化物，心部淬透后为低碳回火马氏体＋铁素体，未淬透时为铁素体＋索氏体。齿面硬度可达 HRC58～62，心部硬度为 HRC35～45。齿轮的耐冲击能力、弯曲疲劳强度和接触疲劳强度均相应提高。

不同条件下工作的机床齿轮选材、热处理及应用见表 11－3。

表 11-3 不同条件下工作的机床齿轮选材、热处理及应用

类别	圆周速度(m/s)	压力(MPa)	冲击	钢　　号	热处理技术要求	应用举例
1	高速 10～15	＜700	大中微	20CrMnTi、 20CrMnMoVB 20CrMnTi、 20CrMnMoVB 20CrMnTi、20Mn2B	20CrMnMoVB S-C-59 20CrMnTi S-C-59 20Cr2B S-C-59	① 精密机床主轴传动齿轮 ② 精密分度机械传动齿轮 ③ 精密机床最后一对齿轮 ④ 变速箱的高速齿轮 ⑤ 精密机床走刀齿轮 ⑥ 齿轮泵齿轮
		＜400	大中微	20CrMnTi 20CrMnTi、20Cr 38CrMoAl、 40Cr、42SiMn	20CrMnTi S-C-59 20Cr S-C-59 40Cr G54	
2	中速 6～10	＜1 000	大中微	20CrMnTi、20Cr 20Cr、40Cr、42SiMn 40Cr	20CrMnTi S-C-59 20Cr S-C-59 40Cr G50	① 普通机床变速箱齿轮 ② 普通机床走刀箱齿轮 ③ 切齿机床、铣床、螺纹机床分度机的变速齿轮，车床、铣床、磨床、钻床中的材料； ④ 调整机构的变速齿轮
		＜700	大中微	20Cr 40Cr、45 45	20Cr S-C-59 40Cr G50 45 G50	
		＜400	大中微	40Cr、42SiMn 45 45	40Cr G48 45 G48 45 G45	
3	低速 1～6	＜1 000	大中微	40Cr、20Cr 45 45	40Cr G45 45 G42 45Cr G42	一切低速不重要齿轮，包括分度运动的所有齿轮，如大型、重型、中型机床(车床、牛头刨床、磨床)的大部分齿轮，一般大模数、大尺寸的齿轮
		＜700	大中微	20Cr、45 45、40Cr 45	40 G45 40Cr T230-260 45 G42	
		＜400	大中微	40Cr、45 45、50Mn2 45	40Cr T220-250 45 T220-250 45 Z	

注：S-C-59 表示渗碳淬火，硬度为 HRC55～62；G42 中 G 表示高频淬火，42 表示洛氏硬度值；T230～260 中 T 表示调质，后面数字表示布氏硬度值；Z 表示正火。

(3) 内燃机车齿轮。

① 变速箱齿轮和从动牵引齿轮。该类齿轮多选用 42CrMo 制造，其典型加工工艺路线为：下料→锻造→880 ℃正火→粗车→860～870 ℃淬火(油淬)→620 ℃高温回火＋油冷→精加工→高频淬火→180～200 ℃低温回火→磨齿→检验，最终组织表面为回火马氏体，心部为回火索氏体，最终齿面硬度达到 HRC54～58。

② 主动牵引齿轮。该类齿轮多选用 20CrMnTi 或 20CrMnMo 制造，其典型加工工艺路线为：下料→锻造→880 ℃退火→粗、精加工→930 ℃气体渗碳 11 h，空冷至 800 ℃在硝酸盐中保温 30 min 并在油中分级淬火→180 ℃低温回火/5 h，空冷→磨齿→检验。最终组织表面

为碳化物＋高碳回火马氏体＋残余奥氏体，心部为低碳回火马氏体，齿面硬度达到 HRC50～64。

(4) 塑料齿轮。塑料齿轮主要用于传动，齿轮材料为塑料，在机械传动中用途越来越广泛。如在微型电机、电子产品、汽车配件、家用电器、办公用品、玩具、工艺品等各种行业。如在汽车后视镜、大灯调节器、定时器、微型电机、减速器、打印机、传真机、照相机、DVD 机芯、碎纸机、复印机、按摩器、玩具机芯、仪器仪表、医疗器械、吸尘器、自动咖啡机等产品中都用到不同的齿轮组合。表 11－4 给出一些常用塑料齿轮的选材。

表 11－4　常用塑料齿轮的选材

塑料品种	性能特点	适用范围
尼龙 6 尼龙 66	有较高的疲劳强度与耐振性，但吸湿性大	在中等或较低载荷、中等温度(80 ℃)和少/无润滑条件下工作
尼龙 610 尼龙 1010 尼龙 9	强度与耐热性略差但吸湿性较小，尺寸稳定性较好	同尼龙 6 的条件，可在湿度波动较大的情况下工作
MC 尼龙	强度、刚性均较前两种高，耐磨性也较好	适用于铸造大型齿轮及涡轮等
玻璃纤维增强尼龙	强度、刚度、耐热性均优于未增强者，尺寸稳定性也较未增强者高	在高载荷、高温下使用，传动效果好，速度较高时应用润滑油
聚甲醛	耐疲劳，刚性高于尼龙，吸湿性很小，耐磨性好，但成型收缩率大	在中等轻载荷，中等温度(100 ℃以下)无润滑条件下工作
聚碳酸酯	成型收缩率特小，精度高，但耐疲劳强度较差、并有应力开裂倾向	可大量生产，一次加工；速度高时应用润滑油
玻璃纤维增强聚碳酸酯	强度、刚性、耐热性可与增强尼龙媲美，尺寸稳定性超过增强尼龙，但耐磨性较差	在较高载荷、较高温度下使用的精密齿轮，速度较高时用润滑油
聚苯撑氧(PPO)	较上述不增强者均优，成型精度高，耐蒸汽，但有应力开裂倾向	适用于高温水或蒸汽中工作的精密齿轮
聚酰亚胺	强度、耐热性高、成本也高	在 260 ℃以下长期工作的齿轮

11.1.3.3　箱体支承类零件

箱体支承件是机器中的基础零件，轴和齿轮等零件安装在箱体中，以保持相互的位置并协调运动，机器上各个部件的重量都由箱体和支承件承担，主要受压应力，部分受拉应力。此外，箱体还要承受各零件工作时的动载作用力及稳定在机架或基础上的紧固力。

(1) 选材分析。从这类零件的受力条件可知，它的失效形式是变形过量和振动过大。为了保证精密机床和机械仪器设备壳体的精度，过量的弹性变形是不允许的。为保证该类零件有很好的强度、刚度，良好的减振性及尺寸稳定性，除合理设计零件结构外，还应选择弹性模量较大的工程材料。箱体类零件一般形状较复杂，体积较大，具有中空、壁薄的特点，毛坯多为铸造或焊接成型，故也要求材料有良好的加工性能，以利于加工成型。

(2) 选材实例。铸铁的弹性模量高，价格便宜，铸造工艺性能又很好，还有较好的吸振、耐磨、自润滑等优点，故被广泛应用于制造箱体类零件，机器中的箱体零件 80%以上都是铸铁材料的。箱体类零件如锻压机床床身等承受冲击时，则须采用铸钢制造。若工作中冲击不大，但要求构件重量轻、美观大方，则可采用铝合金制品，如果还要求重量轻、耐腐蚀、绝缘绝热，塑料则是比较适合的选材对象。

箱体支承零件尺寸大、结构复杂，铸造（或焊接）后容易形成较大的内应力，使其在使用期间发生缓慢变形。因此，箱体支撑零件毛坯，在加工前必须长期放置（自然时效处理）或进行去应力退火（人工时效处理）。对精度要求很高或形状特别复杂的箱体（如精密机床床身），在粗加工以后、精加工之前要增加一次人工时效处理，以消除粗加工所造成内应力的影响。

去应力退火一般是在 550 ℃加热，保温数小时后随炉缓冷至 200 ℃以下出炉。部分箱体支承零件的用材情况见表 11－5。

表 11－5　常用箱体零件的选材

代表性零件	材料种类及牌号	使用性能要求	处理及其他
机床床身、轴承座、齿轮箱、缸体、缸盖、变速器壳体、离合器壳体	灰铸铁 HT200	刚度、强度、尺寸稳定性	时效处理
机床座、工作台	灰铸铁 HT150	刚度、强度、尺寸稳定性	时效处理
齿轮箱、联轴器、阀壳体	灰铸铁 HT250	刚度、强度、尺寸稳定性	去应力退火
差速器壳体、减速器壳、后桥壳体	球墨铸铁 QT400－15	刚度、强度、韧度、耐蚀性	退火
承力支架、箱体底座	铸钢 ZG270－500	刚度、强度、耐冲击性	正火
支架、挡板、盖、罩、壳	Q235/08/20/16Mn 钢板	刚度、强度	不热处理
车辆驾驶室、车厢	08 钢板	刚度	冲压成型

图 11－9　汽轮机叶片

11.1.3.4　汽轮机叶片

汽轮机是一种以蒸汽为动力，并将蒸汽的热能转化为机械功的旋转机械，是现代火力发电厂、原子能发电厂和大型船舶中应用广泛的原动机。汽轮机具有单机功率大、效率高、寿命长等优点。叶片是汽轮机的“心脏”，是汽轮机中极为主要的零件。叶片一般都处在高温，高压和腐蚀介质下工作，动叶片还以很高的速度转动。在大型汽轮机中，叶片顶端的线速度已超过 600 m/s，因此叶片还要承受很大的离心应力。叶片不仅数量多，而且形状复杂，加工要求严格，如图 11－9 所示。

1）性能要求

（1）足够的室温和高温力学性能。

（2）良好的减振性。

（3）高的组织稳定性。

（4）良好的耐蚀性及抗冲蚀稳定性。

（5）良好的冷、热加工工艺性。

2）汽轮机叶片材料的选择

（1）铬不锈钢（1Cr13 和 2Cr13）。

热处理工艺：在调质状态下使用。

1Cr13：1 000～1 050 ℃油淬，700～750 ℃回火；2Cr13：950～1 000 ℃油淬，640～720 ℃回火。

优点：在室温和工作温度下具有足够的强度，还具有很好的耐腐蚀性能和减振性。

缺点：当温度超过500 ℃时，热强性明显下降，故工作温度在450～500 ℃以下。1Cr13钢若锻造或淬火温度过高，奥氏体晶粒粗大，有大量块状铁素体生成，振动衰减率和冲击韧性降低。铬不锈钢抗水冲蚀的能力较差。

(2) 强化型铬不锈钢。在1Cr13和2Cr13基础上加入Mo、W、V、Nb、B等元素。Cr12NiMo1W1V钢作为GB/T 8732—2014《汽轮机叶片用钢》的一个专用钢种，与GB/T 1221—2007《耐热钢棒》中的2Cr12NiMo1W1V钢种相比，其Cr、Mo、W、V和P、S含量的控制范围要求更严格，从而综合力学性能也更好。

(3) 低合金珠光体耐热钢。如20CrMo、24CrMoV，该类钢的特点是合金元素含量较低，经济，工艺性能良好，经过调质处理后强度、塑韧性都比较满意，主要用于制造在450 ℃以下工作的中压汽轮机的动叶片和隔板静叶片。

(4) 铝合金和钛合金。这类合金的特点是铝合金和钛合金比重小，耐蚀性好，具有一定的强度，在国外已成功用于制造大功率汽轮机的长叶片。钛合金是以钛为基础，加入少量铝、锆、锡、钒和钼等，比重仅为4.5，比钢轻45%左右。室温机械性能很高，具有良好的抗蚀性能。但是钛合金工艺性能很差，对应力集中比较敏感，减振性比马氏体钢低，成本比较高。

11.1.3.5 轴承

合理选择轴承材料，能使轴承在满足使用要求的前提下，降低制造成本，获得良好的性价比。轴承的套圈和滚动体工作时承受较大的应力，其损坏是导致轴承失效的主要原因，因而对材料及相应的强化工艺有较高的要求，轴承零件用材料可分为套圈和滚动体用材料及保持器和其他零件用材料两类。

1) 套圈和滚动体选材

(1) 高碳铬轴承钢。一般轴承零件选用高碳铬轴承钢制造，适用于工作温度低于200 ℃的轴承，该系列钢种有GCr15、GCr15SiMn、GCr15SiMo、GCr18Mo等。若轴承应用于高尺寸稳定性、高速精密轴承，建议采用马氏体淬火；若应用于轧机等承受较大冲击载荷的轴承，建议采用贝氏体等温淬火。其选用和热处理方式可参考JB/T 1255—2014《高碳铬轴承钢滚动轴承零件热处理技术条件》。

(2) 渗碳轴承钢。承受较大冲击载荷和要求较大断裂韧性，轴承工作温度低于100 ℃的轴承零件应选用渗碳轴承钢制造，并渗碳或碳氮共渗淬火强化。主要钢种有：15Mn、15Cr、20Cr、20CrMo、20CrNiMo、20Cr2NiMo、10CrNi3Mo、20Cr2Ni4、15CrNi4Mo等。其选用和热处理方式可参考GB/T 3203—2016《渗碳轴承钢》和JB/T 8881—2011《滚动轴承零件渗碳热处理技术条件》。

(3) 高温轴承钢。工作温度在150 ℃以上的轴承称为高温轴承，用于制造高温轴承的材料，除具有一般轴承钢的性能外，还应具有一定的高温硬度、高温耐磨性、高温接触疲劳强度、高温抗冲击性能，抗氧化性和高温尺寸稳定性。为此，钢中加入大量的W、Mo、Cr、V等合金元素。

常用的高温轴承钢有Cr4Mo4V、Cr14Mo4、Cr15Mo4、9Cr18、9Cr18Mo、W6Mo5Cr4V2、

H10Cr4Mo4Ni4V 等。

(4) 耐腐蚀轴承钢。耐腐蚀轴承钢又称不锈轴承钢，常用的有 9Cr18、9Cr18Mo、1Cr18Ni9Ti、1Cr13、2Cr13、3Cr13、4Cr13、0Cr17Ni7Al、0Cr17Ni4Cu4Nb 等。

(5) 防磁材料。有一些场合要求轴承材料的磁导率<0.1，以保证轴承或其他零件正常工作，这就要求轴承零件选用防磁材料，常用的有 00Cr15Ni60Mo16W4、7Mn15Cr2Al3V2WMo、Monelk-500、1Cr18Ni9Ti、40CrNiAl、QBe2.0 等。使用时，主要根据零件的服役条件和使用性能选材。

2) 保持架和其他轴承零件选材

保持架的结构一般比较复杂，主要受摩擦和拉伸作用，并受一定的冲击载荷。因此，要求所用的材料具有良好的工艺性能和尽可能低的制造成本。用于高温、腐蚀、防磁环境中的轴承，其保持架也应具有相应的性能。

其他轴承零件如铆钉、垫圈、隔圈、密封圈等，其服役条件各有不同，选材时，应根据其服役条件选择材料和相应的强化工艺，并尽量降低制造成本。

11.2 工程材料在刀具上的应用

现代切削加工对刀具提出了更高和更新的要求。近几十年来，世界各工业发达国家都在大力发展先进刀具，开发出了许多高性能的刀具材料，如图 11-10 所示。

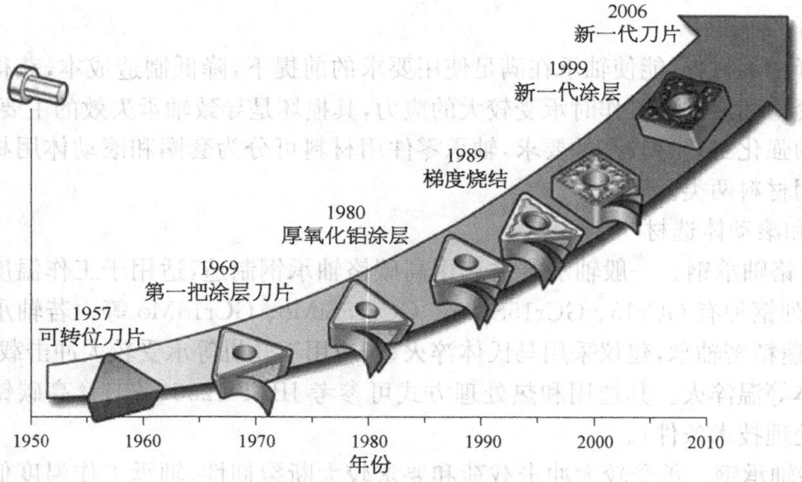

图 11-10 切削刀具材料的发展历程

刀具材料通常是指刀具切削部分的材料。其性能的好坏将直接影响加工精度、切削效率、刀具寿命和加工成本。因此，正确选择刀具材料是设计和选用刀具的重要内容之一。

11.2.1 刀具材料应满足的性能要求

金属切削过程中，刀具切削部分在高温下承受着很大的切削力与剧烈的摩擦。在断续切削工作时，还伴随着冲击与振动引起的切削温度的波动。因此，为使刀具能正常工作，刀具材料应满足以下性能要求：

(1) 高的硬度和耐磨性。刀具材料的硬度必须高于被加工材料的硬度，常温下刀具硬度一般应在 HRC60 以上。耐磨性是指材料抵抗磨损的能力，它与材料的硬度、强度和金相组织等有关。一般而言，材料的硬度越高，耐磨性越好；材料金相组织中碳化物越多、越细、分布越均匀，其耐磨性越高。

(2) 足够的强度和韧性。切削刀具要承受较大的切削力、冲击和振动，为避免崩刃和折断，刀具材料应具有足够的强度和韧性。一般用材料的抗弯强度和冲击韧度表示。

(3) 高的耐热性。耐热性是指在高温下保持足够的硬度、耐磨性、强度和韧性的性能。常将材料在高温下仍能保持高硬度的能力称为热硬性、红硬性。刀具材料的高温硬度越高，耐热性越好，允许的切削速度越高。

(4) 良好的化学稳定性。化学稳定性好是指刀具材料在常温和高温下不易与周围介质及被加工材料发生化学反应。

(5) 良好的工艺性和经济性，便于加工制造。如良好的锻造性、热处理性、可焊性、刃磨性等，还应尽可能满足资源丰富、价格低廉的要求。

现代切削加工工具有更高速、更高效和自动化程度高等特点，为适应其需要，对现代切削加工刀具的材料提出了比传统加工用刀具材料更高的要求。不仅要求刀具耐磨损、寿命长，可靠性好、精度高、刚性好，而且要求刀具尺寸稳定、安装调整方便等。

11.2.2　常用刀具材料的类型、特点及选用

随着机械制造技术的发展与进步，刀具材料也取得了较大的发展。刀具材料从碳素工具钢发展到了现在广泛使用的硬质合金、陶瓷和超硬材料(立方氮化硼、金刚石等)。

现代切削加工基本淘汰了碳素工具钢，所使用的刀具材料主要为高速工具钢、硬质合金、陶瓷、立方氮化硼、金刚石几类，其硬度与韧性如图 11 - 11 所示。主要力学性能见表11 - 6。

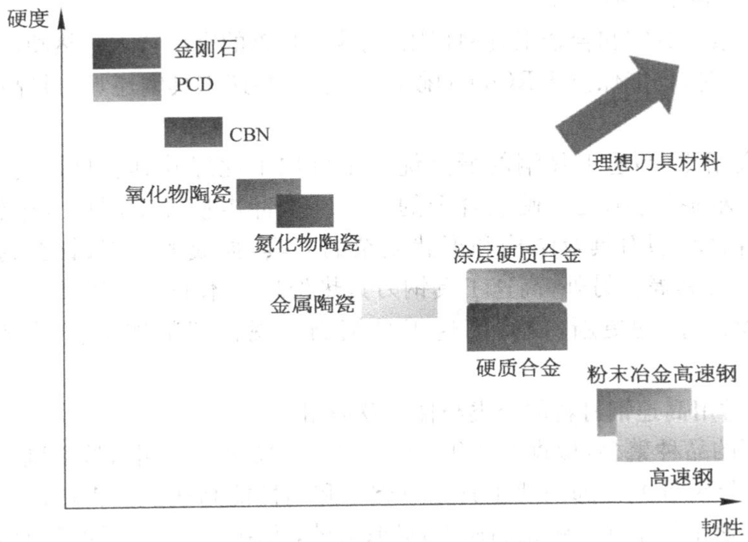

图 11 - 11　刀具材料的硬度与韧性

表 11-6 常用刀具材料力学性能

材料种类		密度 $(g\cdot cm^{-3})$	硬度 [HRC(HRA)]	抗弯强度 (GPa)	冲击韧度值 $(MJ\cdot m^{-2})$	热导率 $[W(m\cdot K)^{-1}]$	耐热性 (℃)
高速工具钢		8.0～8.8	63～70 (83～86.6)	2～4.5	0.098～0.588	16.75～25.1	600～700
硬质合金	钨钴类	14.3～15.3	(89～91.5)	1.08～2.35	0.019～0.059	75.4～87.9	800
	钨钛钴类	9.35～13.2	(89～92.5)	0.9～1.4	0.002 9～0.006 8	20.9～62.8	900
	碳化钽、铌类	—	(−92)	−1.5	—		1 000～1 100
	碳化钛基类	5.56～6.3	(92～93.3)	0.78～1.08	—	—	1 100
陶瓷	氧化铝陶瓷	3.6～4.7	(91～95)	0.44～0.686	0.004 9～0.011 7	4.19～20.93	1 200
	氧化物、碳化物混合陶瓷	3.6～4.7	(91～95)	0.71～0.88	0.004 9～0.011 7	4.19～20.93	1 100
超硬材料	立方氮化硼	3.44～3.49	HV8 000～9 000	−0.294	—	75.55	1 400～1 500
	人造金刚石	3.47～3.56	HV10 000	0.21～0.48	—	146.54	700～800

11.2.3 高速工具钢

高速工具钢是在工具钢中加入较多钨(W)、钼(Mo)、铬(Cr)、钒(V)等合金的高合金工具钢，俗称白钢或锋钢。

11.2.3.1 高速工具钢的特点

与普通的碳素工具钢和合金工具钢相比，高速工具钢的突出特点是热硬性很高，在切削温度达 500～650 ℃时，仍能保持 HRC60 的硬度。同时，高速工具钢还具有较高的耐磨性，以及高的强度和韧性。

与硬质合金相比，高速工具钢的最大优点是可加工性好并具有良好的综合力学性能。同时，高速工具钢的抗弯强度是硬质合金的 3～5 倍，冲击韧性是硬质合金钢的 6～10 倍。特别适合制造各种小型刀具及结构和形状复杂的刀具，如成型车刀、钻头、拉刀、齿轮加工刀具和螺纹加工刀具等。另外，高速工具钢刀具热处理技术的进步以及成型金属切削工艺(全磨制钻头、丝锥等)的更新，使得高速工具钢仍是现代切削加工应用较多的刀具材料之一。

11.2.3.2 常用高速钢材料的分类与性能及应用

高速工具钢的品种繁多，根据 GB/T 9943—2008《高速工具钢》，按切削性能可分为低合金高速工具钢(HSS-L)、普通高速工具钢(HSS)和高性能高速工具钢(HSS-E)；按化学成分可分为钨系高速工具钢和钨钼系高速工具钢；另外，按制造工艺不同可分为熔炼高速工具钢和粉末冶金高速工具钢。生产中常用的是普通高速工具钢和高性能高速工具钢，常用高速工具钢的力学性能如表 11-7 所示。

表 11－7　常用高速工具钢种类、牌号、主要性能和用途

种类	代号	牌　号	常温硬度 (HRC)	高温硬度 (HSS) (600 ℃)	抗弯强度 (GPa)	冲击韧性 (MJ · m^{-2})	其他特性	主要用途
普通高速钢	HSS	W18Cr4V (T51841)	63～66	48.5	3～3.4	0.18～0.32	可磨性好	复杂刀具，精加工刀具
		W6Mo5Cr4V2 (T66541)	63～66	47～48	3.5～4	0.3～0.4	高温塑性好、热处理较难、可磨性较差	代替钨系用，热轧刀具
高性能高速钢	HSS－E	W2Mo9Cr4VCo8 (T72948)	67～69	55	2.7～3.8	0.23～0.3	综合性能好，刃磨性好，但价格高	切削难加工材料的刀具
		W6Mo5Cr4V2Al (T66546)	67～69	54～55	2.84～3.82	0.223～0.291	性能与 T72948 相当，但价格低很多，可磨性差	切削难加工材料的刀具

注：1. 表中除 W18Cr4V 为钨系高速工具钢外，其他均为钨钼系高速工具钢；
2. 牌号下方括号内为 GB/T 9943—2008 规定的该牌号统一数字代号。

1）普通高速工具钢

普通高速工具钢的特点是工艺性能好，具有较高的硬度、强度、耐磨性和韧性。它可用于制造各种刃形复杂的刀具。普通高速工具钢又分为钨系高速工具钢和钨钼系高速工具钢。

（1）钨系高速工具钢。该类高速工具钢的典型牌号为 W18Cr4V，是我国早期最常用的一种高速工具钢。该类高速工具钢综合性能比较好，可制造各种复杂刃形的刀具。

（2）钨钼系高速工具钢。以 Mo 代替部分 W 发展起来的一种高速工具钢。与 W18Cr4V 相比，这种高速工具钢的碳化物含量减少，而且颗粒细小分布均匀。因此，其抗弯强度、塑性、韧性和耐磨性都略有提高，适用于制造尺寸较大、承受冲击力较大的刀具（如滚刀、插刀等）。又因钼的存在，使其热塑性非常好，故特别适用于轧制或扭制钻头等热成型刀具。其主要缺点是可磨削性低于 W18Cr4V。

2）高性能高速工具钢

高性能高速工具钢是在普通高速工具钢成分中再添加一些碳（C）、钒（V）、钴（Co）、铝（Al）等合金元素，进一步提高材料的耐热性能和耐磨性。该类高速工具钢的寿命为普通高速工具钢的 1.5～3 倍，适用于加工不锈钢、耐热钢、钛合金及高强度钢等难加工材料。

这种高速工具钢属于钨钼系高速工具钢，但其细分种类很多，主要有钴高速工具钢和铝高速工具钢两种。

（1）钴高速工具钢。常用牌号为 W2Mo9Cr4VCo8（T72948）。这是一种含钴超硬高速工具钢，常温硬度较高，具有良好的综合性能。钴高速工具钢在国外应用较多，我国因钴储量少故使用不多。

（2）铝高速工具钢。常用牌号为 W6Mo5Cr4V2Al（T66546）。这是我国研制的无钴高速工具钢，是在 W6Mo5Cr4V2 的基础上增加铝、碳的含量以提高钢的耐热性和耐磨性，并不降

低其强度和韧性。国产的 W6Mo5Cr4V2Al 的综合性能已接近国外的 W2Mo9Cr4VCo8,因不含钴,生产成本较低,但刃磨性能较差,已在我国推广使用。

(3) 粉末冶金高速工具钢。粉末冶金高速工具钢是将熔炼的高速工具钢液用高压惰性气体或高压水雾化成细小的粉末,将粉末在高温高压下成型,再经烧结而成的高速工具钢。

与熔炼高速工具钢相比,粉末冶金高速工具钢由于碳化物细小,分布均匀,从而提高了材料的硬度与强度,热处理变形小。粉末冶金高速工具钢不仅耐磨性好,而且可磨削性也得到显著改善,但成本较高,其价格相当于硬质合金。因此,主要使用范围是制造成型复杂的刀具,如精密螺纹车刀、拉刀、切齿刀具等,以及加工高强度钢、镍基合金、钛合金等难加工材料用的刨刀、钻头、铣刀等刀具。

11.2.4 硬质合金刀具材料

1) 硬质合金的组成与性能

硬质合金是由高硬度、高熔点的金属碳化物(WC, TiC, TaC 和 NbC 等)微粉,以 Co 或 Mo, Ni 等金属成分作为黏结剂经高温烧结而成的粉末冶金制品,硬质合金刀具的生产过程如图 11-12 所示。由于其高温碳化物含量远远超过高速工具钢,因此它的硬度、耐磨性和高热硬性均高于高速工具钢,在切削温度达到 800～1 000 ℃时仍能进行切削加工。但其抗弯强度较低,脆性较大,加工工艺性能较差。

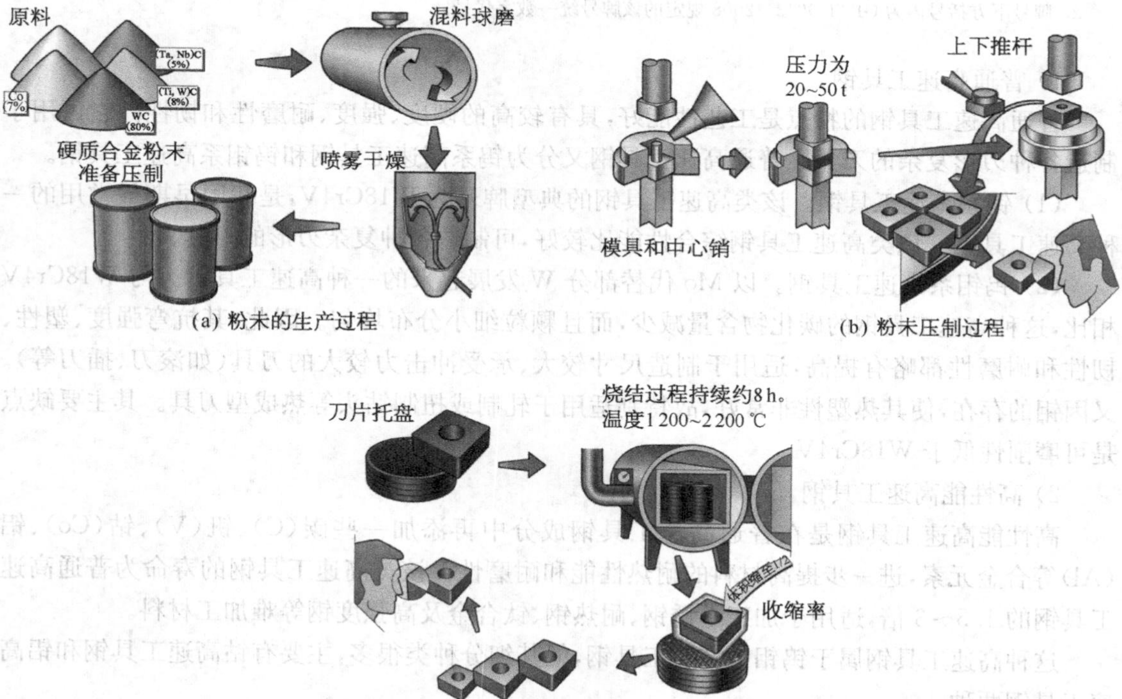

图 11-12 硬质合金刀具生产过程

硬质合金的性能取决于其化学成分、碳化物粉末的粗细程度及其烧结工艺,如图 11-13 所示。碳化物含量增加时,则硬度增高,抗弯强度降低,适于粗加工;黏结剂含量增加时,则抗弯强度增高,硬度降低,适于精加工。

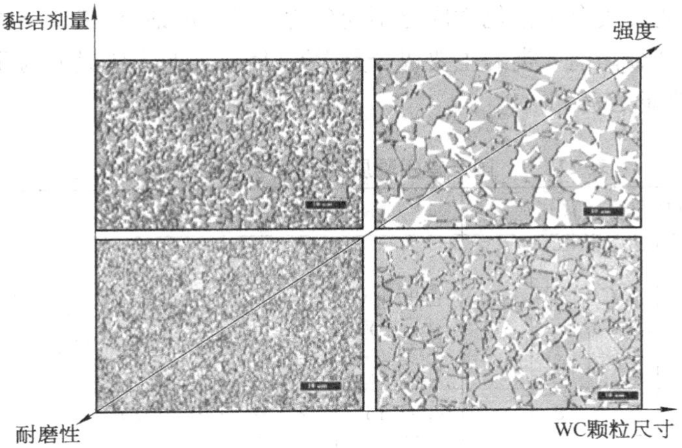

图 11 - 13　硬质合金的基本属性

2）普通硬质合金的分类、牌号与使用性能

GB/T 18376.1—2008《硬质合金牌号　第一部分：切削工具用硬质合金牌号》将硬质合金分为 P，M，K，N，S 和 H 共 6 类。各个类别为满足不同的使用要求，以及根据切削工具用硬质合金材料的耐磨性和韧性的不同分成若干个组，用 01，10，20 等两位数字表示组号。如牌号“P201”，其中“P”表示类，“20”表示组，“1”表示细分号(需要时使用)。各类硬质合金的基本成分与适用领域见表 11 - 8。

表 11 - 8　常用硬质合金牌号、成分和力学性能(GB/T 18376.1—2008)

类别	分组号	基本成分	力学性能		使用领域
			常温硬度(HRA)	抗弯硬度(MPa)	
P	01，10，20，30，40	以 TiC，WC 为基，以 Co(Ni+Mo+Co)作黏结剂的合金/涂层合金	≥89.5～92.3	≥700～1 750	长切削材料的加工，如钢、铸钢、长切削可锻铸铁等
M	01，10，20，30，40	以 WC 为基，以 Co 作黏结剂，添加少量 TiC(TaC，NbC)的合金/涂层合金	≥88.9～92.3	≥1 200～1 800	通用合金，用于不锈钢、铸钢、锰钢、可锻铸铁、合金钢、合金铸铁等
K	01，10，20，30，40	以 WC 为基，以 Co 作黏结剂，或添加少量 TaC，NbC 的合金/涂层合金	≥88.5～92.3	≥1 350～1 800	短切削材料的加工，如铸铁、冷硬铸铁、短切削可锻铸铁、灰口铸铁等
N	01，10，20，30	以 WC 为基，以 Co 作黏结剂，或添加少量 TaC，NbC 或 CrC 的合金/涂层合金	≥90.0～92.3	≥1 450～1 700	有色金属、非金属材料的加工，如铝、镁、塑料、木材等的加工
S	01，10，20，30	以 WC 为基，以 Co 作黏结剂，或添加少量 TaC，NbC 或 TiC 的合金/涂层合金	≥90.5～92.3	≥1 500～1 750	耐热和优质合金材料的加工，如耐热钢，含镍、钴、钛的各类合金材料
H	01，10，20，30	以 WC 为基，以 Co 作黏结剂，或添加少量 TaC，NbC 或 TiC 的合金/涂层合金	≥90.5～92.3	≥1 000～1 500	硬切削材料的加工，如淬硬钢、冷硬铸铁等材料

传统的国产普通硬质合金按化学成分不同分为4类：钨钴类、钨钛钴类、钨钛钽(铌)钴类和碳化钛基类硬质合金。前3类的主要成分是WC，后一类的主要成分为TK。常用硬质合金牌号、成分和力学性能见表11-9。

表11-9　国产常用硬质合金牌号、成分和力学性能

类型	牌号	成分(质量分数)(%)					物理力学性能				使用性能	
		WC	TiC	TaC(NbC)	Co	其他	密度(g·cm^{-3})	导热系数[W(m·C)$^{-1}$]	硬度(HRA/HRC)	抗弯强度(GPa)	加工材料类别	① 耐磨性 ② 韧性 ③ 切削速度 ④ 进给量
钨钴类	YG3	97	—	—	3	—	14.9～15.3	87.92	91.5(78)	1.08	短切削的黑色金属；有色金属；非金属材料	1 2 3 4 ↑ ↓ ↑ ↓
	YG6X	93.5	—	0.5	6	—	14.6～15.0	75.55	91(78)	1.37		
	YG6	94	—	—	6	—	14.6～15.0	75.55	89.5(75)	1.42		
	YG8	92	—	—	8	—	14.5～14.9	75.36	89(74)	1.47		
	YG8C	92	—	—	8	—	14.5～14.9	75.36	88(72)	1.72		
钨钛钴类	YT30	66	30	—	4	—	9.3～9.7	20.93	92.5(80.5)	0.88	长切削的黑色金属	1 2 3 4 ↑ ↓ ↑ ↓
	YT15	79	15	—	6	—	11～11.7	33.49	91(78)	1.13		
	YT14	78	14	—	8	—	11.2～12.0	33.49	90.5(77)	1.77		
	YT5	85	5	—	10	—	12.5～13.2	62.80	89(74)	1.37		
添加钽(铌)类	YG6A(YA6)	91	—	5	6	—	14.6～15.0	—	91.5(79)	1.37	长切削或短切削的黑色金属和有色金属	—
	YG8A	91	—	1	8	—	14.5～14.9	—	89.5(75)	1.47		
	YW1	84	6	4	6	—	12.8～13.3	—	91.75(79)	1.18		
	YW2	82	6	4	8	—	12.6～13.0	—	90.5(77)	1.32		
碳化钛基类	YN05	—	79	—	—	Ni7 Mo14	5.56	—	93.3(82)	0.78～0.93	长切削的黑色金属	—
	YN10	15	62	1	—	Ni12 Mo10	6.3	—	92(80)	1.08		

注：表中符号：Y—硬质合金；G—钴；T—钛；X—细颗粒合金；C—粗颗粒合金；A—含TaC(NbC)的YG硬质合金；W—通用合金；N—不含钴，用镍作黏结剂的合金。

(1) 钨钴类硬质合金(YG)。由WC和Co组成，代号为YG。此类硬质合金抗弯强度好，硬度和耐磨性较差，主要用于加工铸铁、有色金属和非金属材料。Co含量越高，韧性越好，适用于粗加工；Co含量少者则适用于精加工。YG类细晶粒硬质合金适用于加工精度高、表面粗糙度要求小和需要刀刃锋利的场合。

(2) 钨钛钴类硬质合金(YT)。该类硬质合金含有5%～30%的TiC。其硬度、耐磨性、耐热性都明显提高，但韧性、抗冲击和抗振动性差，主要用于加工切屑呈带状的钢料等塑性材料。合金中含TiC量多、含Co量少时，耐磨性好，适于精加工；含TiC量少、含Co量多时，承受冲击性能好，适于粗加工。

(3) 钨钛钽钴类硬质合金。在 YG 类硬质合金中添加少量的 TaC 或 NbC,可细化晶粒、提高硬度和耐磨性,而韧性不变,还可提高合金的高温硬度、高温强度和抗氧化能力,适于加工冷硬铸铁、有色金属及其合金的半精加工。

在 YT 类硬质合金中添加少量的 TaC 或 NbC,可提高抗弯强度、冲击韧性、耐热性、耐磨性、高温硬度及抗氧化能力等,既可用于加工钢料,又可用于加工铸铁和有色金属,故被称为"通用合金"(代号为 YW)。

(4) 碳化钛基类硬质合金(YN)。碳化钛基类硬质合金又称为金属陶瓷,它既不是金属也不是陶瓷,是以 TiC 或 Ti(C, N)为硬质相,加入少量的 WC,以 Ni 和 Mo 为黏结剂,经压制烧结而成的。

该类硬质合金刀具有比 WC 基硬质合金更高的耐磨性、耐热性和抗氧化能力,主要缺点是热导率低和韧性较差,适于高速加工软钢类材料或不锈钢。近年来通过大量的研究,改进和采用了新的制作工艺,其抗弯强度和韧性均有了很大提高,如日本三菱金属公司开发的新型金属陶瓷 NX2525 以及瑞典山特维克(Sandvik)公司开发的金属陶瓷刀片新品 CT 系列和涂层金属陶瓷刀片系列,其晶粒组织的直径细小至 1 μm 以下,抗弯强度和耐磨性均远高于普通的金属陶瓷,大大拓宽了其应用范围。

硬质合金种类繁多,且不同硬质合金的性能也有所不同,只有根据具体条件合理选用,才能发挥硬质合金的效能。

11.2.5　超硬刀具材料

随着现代科学技术的发展,各种高硬度的工程材料越来越多地被采用,而传统的车削技术难以胜任或根本无法实现对某些高硬度材料的加工。涂层硬质合金、陶瓷、PCBN 等超硬刀具材料因其具有很高的高温硬度、耐磨性和热化学稳定性,为高硬度材料的切削加工提供了最基本的前提条件,并在生产中取得了明显效益。

1) 涂层硬质合金

在韧性较好的硬质合金刀具上涂覆一层或多层耐磨性好的 TiN、TiCN、TiAlN 和 Al_3O_2 等,涂层的厚度为 2～18 μm,如图 11-14 所示。一方面涂层通常具有比刀具基体和工件材料低得多的热传导系数,减弱了刀具基体的热作用;另一方面能有效地改善切削过程的摩擦和黏附作用,降低切削热的生成。涂层硬质合金刀具与硬质合金刀具相比,无论在强度、硬度还是耐磨性方面均有了很大提高。具体涂层类型、工艺和方法参考本书第 10 章。

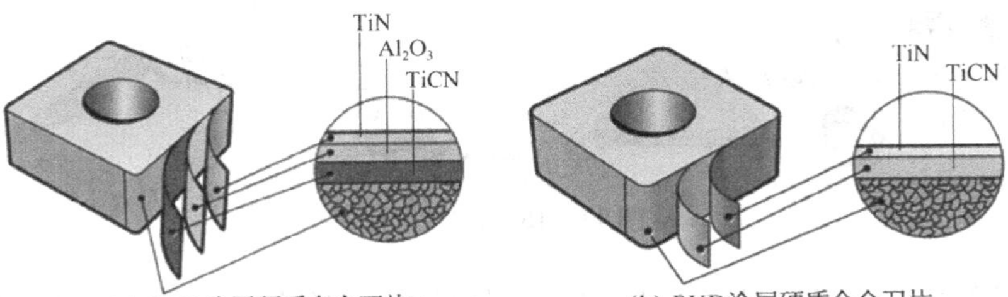

(a) CVD涂层硬质合金刀片　(b) PVD涂层硬质合金刀片

图 11-14　涂层硬质合金刀具

2) 陶瓷

目前,国内外应用最为广泛的陶瓷刀具材料大多数为复相陶瓷,其种类一般可分为氧化铝基陶瓷、氮化硅基陶瓷和复合氮化硅-氧化铝基陶瓷三大类。其中,前两种应用最为广泛。

陶瓷刀具材料随着其组成结构和压制工艺的不断改进，特别是纳米技术的进展，使得陶瓷刀具的增韧成为可能，在不久的将来，陶瓷可能继高速钢、硬质合金以后引起切削加工的第三次革命。陶瓷刀具具有高硬度(HRA91～95)、高强度(抗弯强度为 750～1 000 MPa)，耐磨性好，化学稳定性好，抗黏结性能良好，摩擦系数低且价格低廉。不仅如此，陶瓷刀具还具有很高的高温硬度，1 200 ℃时硬度达到 HRA80。

(1) 陶瓷材料因硬度高、耐磨性好，故可加工传统刀具难以加工或根本不能加工的高硬材料，如硬度达 HRC65 的各类淬硬钢、铸铁等，因而可免除退火热处理工序，提高工件的硬度，延长机器设备的使用寿命。

(2) 陶瓷刀片切削时与金属工件的摩擦力小，切屑不易黏结在刀片上，不易产生积屑瘤。加之可进行高速切削，故在条件相同时，被加工工件表面粗糙度比较低。

(3) 普通陶瓷材料的抗弯强度及冲击韧性很差，仅为硬质合金的 1/3～1/2，对冲击十分敏感；但新型陶瓷材料的断裂韧性已接近某些牌号的硬质合金刀片，具有良好的抗冲击能力。尤其在进行铣、刨、镗削及其他断续切削时，更能显示其优越性。

(4) 氧化铝基陶瓷刀具比硬质合金有更高的红硬性，高速切削状态下切削刃一般不会产生塑性变形，但它的强度和韧性很低。为改善其韧性，提高耐冲击性能，通常可加入 ZrO 或 TiC 和 TiN 的混合物，另一种方法是加入纯金属或碳化硅晶须。氮化硅基陶瓷除红硬性高以外，还具有良好的韧性，与氧化铝基陶瓷相比，它的缺点是在加工钢时易产生高温扩散，加剧刀具磨损，氮化硅基陶瓷主要应用于断续车削灰铸铁及铣削灰铸铁。

3) 立方氮化硼(CBN)

立方氮化硼(CBN)具有较高的硬度、化学惰性及高温下的热稳定性。因此，作为磨料 CBN 砂轮广泛用于磨削加工中。由于 CBN 具有优于其他刀具材料的特性，因此人们一开始就试图将其应用于切削加工，但单晶 CBN 的颗粒较小，很难制成刀具，且 CBN 烧结性很差，难于制成较大的 CBN 烧结体，直到 20 世纪 70 年代，苏联、中国、美国、英国等国家才相继研制成功作为切削刀具的 CBN 烧结体——聚晶立方氮化硼(PCBN)，其制备过程与 PCD 刀具一样，是在高温高压下人工合成的，如图 11 - 15 所示。从此，PCBN 以它优越的切削性能应用于切削加工的各个领域，尤其在高硬度材料、难加工材料的切削加工中更是独树一帜。经过 30 多年的开发应用，现在已出现了用以加工不同材料的 PCBN 刀具材质。

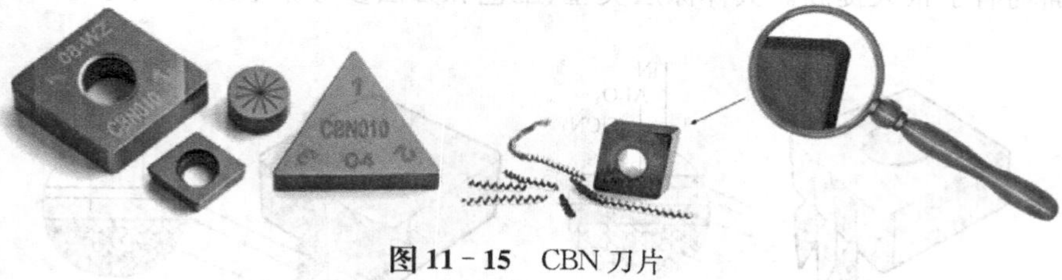

图 11 - 15 CBN 刀片

CBN 单晶的显微硬度为 HV8 000～9 000，是目前已知的第二高硬度物质。PCBN 复合片的硬度一般为 HV3 000～5 000。因此用于加工高硬度材料时具有比硬质合金及陶瓷更高的耐磨性，能减小大型零件加工中的尺寸偏差或尺寸分散性，尤其适用于自动化程度高的设备，可以减少换刀调刀辅助时间，使其效能得到充分发挥。CBN 的耐热性可达 1 400～1 500 ℃，在 800 ℃时的硬度为 Al_2O_3/TiC 陶瓷的常温硬度。因此，当切削温度较高时，会使被加工材料软化，与刀具间硬度差增大，既有利于切削加工的进行，又对刀具寿命的影响不大。另外，

CBN 具有很高的抗氧化能力，在 1 000 ℃时也不产生氧化现象，与铁系材料在 1 200～1 300 ℃时也不发生化学反应，但在 1 000 ℃左右会与水产生水解作用，造成大量 CBN 被磨耗，因此用 PCBN 刀具湿式切削时需注意选择切削液种类。一般情况下，湿切对 PCBN 刀具寿命无明显提高，所以使用 PCBN 刀具时往往采用干切方式。

4）金刚石

金刚石有天然金刚石和人造金刚石两类。金刚石刀具有三种：天然单晶金刚石刀具、人造聚晶金刚石(PCD)刀具和金刚石复合刀具。天然金刚石由于价格昂贵等原因应用较少，工业上多使用人造聚晶金刚石(PCD)作为刀具或磨具材料，如图 11－16 所示。PCD 刀具制备过程如图 11－17 所示。

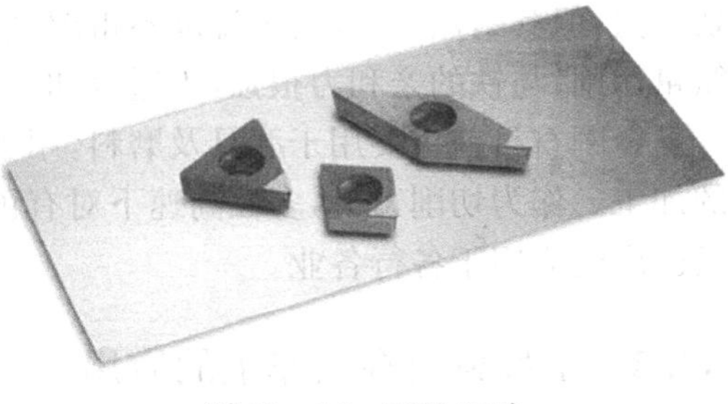

图 11－16 PCD 刀片

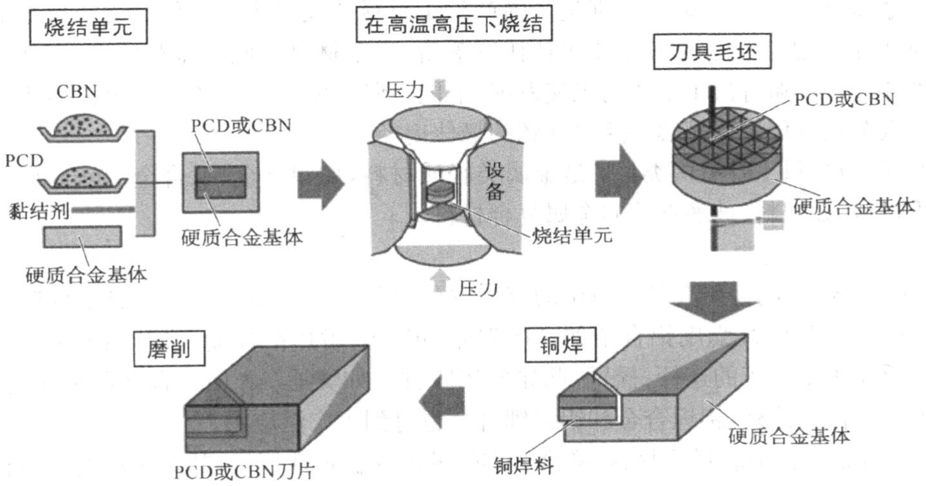

图 11－17 PCD 和 CBN 刀片的制备过程

人造金刚石是在高温高压条件下，依靠合金触媒的作用，由石墨转化而成的。金刚石复合刀片是在硬质合金的基体上烧结一层厚约 0.5 mm 的金刚石，形成金刚石与硬质合金的复合刀片，如图 11－18 所示。

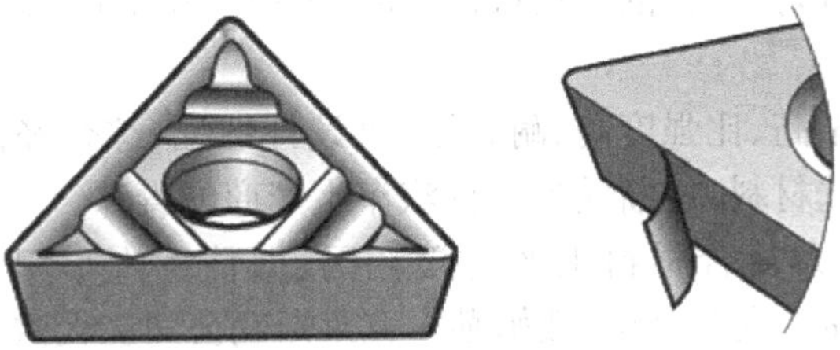

图 11－18 金刚石复合刀片

金刚石的硬度极高，它是目前已知硬度最高的物质，其硬度接近于 HV10 000(硬质合金的硬度仅为 HV1 250～1 750)，耐磨性很好。金刚石刀具有非常锋利的切削刃，能切下极薄的切屑，加工冷硬现象较少。金刚石抗黏结能力强，不产生积屑瘤，很适合精密加工。金刚石导热系数大，为硬质合金的2～9倍，甚至高于立方氮化硼和铜，因此热量传递迅速。金刚石热膨胀系数小，仅相当于硬质合金的1/5，因此刀具热变形小，加工精度高。金刚石刀具摩擦系数小，一般仅为0.1～0.3(硬质合金的摩擦系数为0.4～1)，因此金刚石刀具切削时可显著减小切削力；但其耐热性差，切削温度不得超过700～800 ℃；强度低、脆性大，对振动很敏感，只宜微量切削；与铁的亲和力很强，不适合加工黑色金属材料。

金刚石目前主要用于磨具及磨料，用于对硬质合金、陶瓷及玻璃等高硬度、高耐磨性材料的加工。作为切削刀具，多在高速下对有色金属及非金属材料进行精细切削。目前金刚石刀具已广泛应用于各行各业。

11.3 工程材料在汽车上的应用

我国汽车材料是伴随着汽车工业的发展而发展起来的，近些年先后开发出一批轿车国产化急需的金属材料和非金属材料，促进了国产汽车材料的技术进步。但同美、日、德等发达国家相比，我国汽车工业的整体技术水平还比较落后，汽车材料领域的差距更大，有些高端产品仍要从国外进口。随着汽车工业的飞速发展，节能、环保、安全日益成为当今世界汽车界的研究热点。汽车轻量化无疑是解决这些问题的最佳途径。

目前，轻质材料主要有两类：一是金属类轻质材料，如铝合金、钛合金、镁合金等；二是非金属轻质材料，如塑料、玻璃钢等非金属复合材料。

1）轻质金属类材料

(1) 铝合金。目前，在汽车上使用的铝质零件除传统的车轮盖、空调系统、保险杠、座椅、换热器、油管等以外，高强度铝合金如AlSi7MgCuNiFe耐热铝合金、ZLB系列高性能缸套铝合金还广泛应用于汽车的连杆、摇臂、凸轮座等零件。如奥迪A8用铝合金制造车身前部、结构件和外部板件。此外，铝锂合金和铝镁锂合金也得到了广泛应用。

(2) 镁合金。作为轻量化材料，镁合金零件的尺寸稳定性更好，其对振动的阻尼性能优于铝和钢，镁合金通常用作汽车的仪表板衬底和横梁、座椅架、方向盘柱、发动机缸盖、变速箱壳体、进气歧管等。镁合金是汽车减重最具潜力的轻质材料之一。

(3) 钛合金。钛合金主要用于汽车发动机中，如气门、气门座、气门弹簧、摇臂、连杆、离合器板，以及其他零部件，如转向齿轮、车轮、紧固件等。必须耐腐蚀、耐损伤的车底覆盖件、侧视镜架等也可以用钛合金制作。钛的另一种应用是钛镍形状记忆合金，该合金的形状改变可通过加热来恢复。目前来说，由于钛的价格极高，在一般的汽车上使用较少，主要用于赛车。

2）非金属材料

复合材料具有比模量高、比强度高、耐腐蚀、可设计性强、综合经济效益明显等优点，正日益成为汽车轻量化的首选材料，逐渐受到世界汽车生产商的青睐。

美国作为世界第一大复合材料生产与消耗国，据估算汽车用复合材料年消耗量超过70万t，通用汽车公司、福特汽车公司、戴姆勒·克莱斯勒公司三大汽车公司，以及迈克卡车公司(Mack)等重型车厂，复合材料的使用都取得了明显收效。在欧洲，复合材料也已经在梅赛帕斯-奔驰、宝马、大众、沃尔沃、莲花、曼恩等汽车公司的各种车型中大量应用。在中国，虽然复合材料年产量较大，但在汽车工业中年用量很小，仍具有很大的发展空间和广阔的发展前景。

常用的树脂基复合材料主要由纤维来增强。与金属材料相比，纤维增强塑料（FRP）不仅质量轻、比强度高、耐腐蚀性好、生产工序简单，且能实现大批量生产，因而生产效率高，成本较低。另外，FRP 还可使形状复杂金属部件的设计简单化，可将相关零件集成在一个系统零件上，达到复杂零件一次成型的目的。如福特汽车通过将汽车发动机盖改成模塑件，可有效整合原来 11 个金属部件，大大简化了生产过程。

(1) 碳（石墨）纤维增强复合材料（CFRP）。碳纤维增强树脂基复合材料具有足够的强度和刚度，以及优良的综合性能，是制造汽车车身、底盘等主要结构件的最轻材料（仅相当于钢结构质量的 1/6～1/3），受到汽车工业的广泛重视。常用于制造汽车车身、发动机零件等，可有效降低汽车自重并提高汽车性能。用 CFRP 制造的板簧零件强度高、模量大、热膨胀系数小，减磨性好，质量只有 14 kg，比现有材质质量减轻 76%；碳纤维传动轴也已经问世。福特公司用碳纤维制造的车门斜铰链系统，保证了在车门打开时不需要附加支撑；碳纤维汽车座椅加热装置也在推广使用。

但是，碳纤维过高的成本使 CFRP 在汽车中的应用受到限制，目前仅在一些 F1 赛车、高级轿车、小批量车型上有所应用。如宝马公司的 Z－9、Z－22 的车身；M3、M6 系列车的顶棚和车身：通用公司的 Ultralite 车身；福特公司的 GT40 车身；保时捷 911 GT3 承载式车身等。为扩大 CFRP 在汽车中的应用，美国、欧洲、日本等正在加紧研究开发廉价纤维的原丝，以及碳纤维低成本、高速率的生产工艺，以降低碳纤维的价格。国际上也已将 CFRP 在汽车中的应用列为汽车轻量化材料发展计划的关键内容，并取得了重大进展。

(2) 金属基复合材料。金属基复合材料用于汽车工业的主要是颗粒增强和短纤维增强的铝基复合材料和镁基复合材料。目前铝基复合材料一般采用铝硅合金。常用的填充增强剂有陶瓷纤维、晶须和微粒等。与常用汽车材料——铝合金相比，铝基复合材料具有质量轻、比强度高和弹性模量高、耐热性和耐磨性好等优点，是汽车轻量化的理想材料，已经在汽车制动盘、制动鼓、保持架、驱动轴、发动机零件上得到应用。

目前由低密度金属和增强陶瓷纤维组成的高性能铝活塞已有所应用。国外推出了氧化铝纤维增强活塞顶的铝活塞、氧化铝增强的镁合金制造的活塞，进一步扩大了复合材料在活塞上的应用。

我国西安康博新材料公司开发的、小批量生产的微-纳米铝基高功率复合材料活塞质量稳定，现已经装备部队，说明这种复合材料的工业化生产技术已经成熟。用氧化铝纤维及不锈钢纤维增强的铝基复合材料连杆也已经分别在日、美等多家公司试用。这种连杆质量轻、强度高，且膨胀系数小，有利于提高发动机效率。

铝基复合材料也被用于汽车的刹车系统元件上。其特点是可使质量减轻 30%～60%，而且导热性好。美国一汽车公司已研制出用 SiC 粒子增强的 Al－10Si－Mg 基复合材料制成的刹车轮。目前，我国上汽集团已经和有关高校合作，进行铝基复合材料汽车制动盘的研制，将用于上汽轿车刹车系统。

用纤维增强的钛合金基复合材料在高达 815 ℃时强度比镍基超耐热合金高 2 倍，是较理想的涡轮发动机材料，美国已制成压气机圆盘、叶片等。此外，碳纤维增强铝基传动轴、颗粒增强铝基轮胎螺栓也开始应用于汽车，并取得了显著的增重、提高强度、刚度和动力性能的效果。

随着复合材料制备技术以及性能的不断提高，以及价格的日益下降，金属基复合材料必将在汽车上得到越来越广泛的应用。

11.4 工程材料在航空航天上的应用

航空航天材料泛指用于制造航空航天飞行器的材料。一架现代飞行器要用到所有四大类材料，即金属材料、无机非金属材料、有机高分子材料和复合材料。按使用范围，航空航天材料可分为结构材料与功能材料。结构材料主要用于制造飞行器各种结构部件，如飞机的机体、航天器的承力筒、发动机壳体等，其作用主要是承受各种载荷，包括由自重造成的静态载荷和飞行中产生的各种动态载荷。功能材料主要是指在光、声、电、磁、热等方面具有特殊功能的材料，如飞行器测控系统所涉及的电子信息材料（包括用于微电子、光电子和传感器件的功能材料），又如现代飞行器隐身技术用的透波和吸波材料，航天飞机表面的热防护材料等。

结构材料总的发展趋势是轻质化、高强度、高模量、耐高温、低成本；而功能材料则朝着高性能、多功能、多品种、多规格的方向发展。航空航天结构材料主要有铝合金、钛合金、纤维复合材料和高温结构材料。

1）铝合金

近100年来，铝合金在航空航天器机体结构材料上的应用一直长盛不衰。铝合金具有轻质、易加工、抗腐蚀的优点，其比强度高过很多合金钢，成为理想的结构材料。

2）钛合金

由于飞机和导弹的速度已远远超过音速，从前使用铝合金的地方，因其耐热性的要求已不大适应，所以采用新材料尤其是钛及其合金来代替。钛的密度小，又具有高的热强性和持久强度，对在振动载荷及冲击载荷作用下裂纹扩展的敏感性低，并且有良好的耐蚀性。

例如，波音747大型客机的起落架支承梁，是由Ti6Al4V合金制造的大型锻件。长6 cm，质量1.8 t。波音787大型客机的起落架转向架梁，是由Ti-5553高强度钛合金制造的大型锻件，强度级别为1 240 MPa，质量约为2.0 t。随着钛合金的研究和生产的发展，飞机上的用钛量也越来越大，美国第四代战斗机代表机型FA-22的用钛量已经占到飞机结构的38.8%。

3）先进复合材料

同铝合金相比，用碳纤维复合材料制造的飞机结构件，减重效果可达20%～40%。20世纪90年代以来，美国等发达国家的先进战斗机无一例外地大量采用复合材料结构，复合材料几乎遍布飞机各个部位，包括垂尾、平尾、机身蒙皮，以及机翼壁板和蒙皮等。

通用电气（GE）航空航天集团投资2亿美元，于2016年在美国亚拉巴马州亨茨维尔市新建两个复合材料制造厂，用于碳化硅（SiC）和陶瓷基复合材料（CMC）的批量制造，这两种复合材料都是制造喷气式发动机和路基武器装备燃气涡轮发动机零部件的必备材料。

里尔85型喷气机是庞巴迪宇宙公司推出的第一架全复合材料结构的私人飞机，同时也是第一架符合《联邦航空法规》第25部分机型认定规定的全复合材料结构公务机。由于使用全复合材料结构，里尔喷气机的设计者极大地改善了机舱舒适度，同时使飞行阻力减到最小并且增强了性能。比强度出众，维修成本减少，使用年限延长，这些是全复合材料机身的关键特性，碳纤维结构的光滑表面也实现了空气动力的充分利用。

俄罗斯航天工业负责人弗拉基米尔-索尔蒂塞维（Vladimir Solntsev）在莫斯科召开的一次太空技术会议中表示，俄罗斯将在2029年前派遣宇航员登陆月球。为配合此次探月之旅，俄罗斯科学家们正在研制一款复合材料航天飞船。

符 号 表

名称	符号	单位	含 义	备 注
拉伸弹性模量	E	GPa	金属承受拉伸载荷时，在弹性范围内，应力与应变成正比例关系时，这个比例系数称为拉伸弹性模量	1 kgf/mm^2 = 0.009 806 7 GPa 1 GPa = 101.971 62 kgf/mm^2
屈服强度	R_e	MPa	当金属材料呈现屈服现象时，在试验期间达到塑性变形发生而力不增加的应力点。应区分上屈服强度和下屈服强度	
上屈服强度	R_{eH}	MPa	试样发生屈服而力首次下降前的最大应力	
下屈服强度	R_{eL}	MPa	在屈服期间，不计初始瞬时效应时的最小应力	
规定塑性延伸强度	R_p	MPa	塑性延伸率等于规定的引伸计标距 Le 百分率时对应的应力 $R_{P0.2}$表示规定塑性延伸率为 0.2%时的应力	
抗拉强度	R_m	MPa	在单向均匀拉伸载荷作用下，断裂时材料的最大载荷除以原始横截面积所得的应力	
疲劳极限	R_{-1}	MPa	材料在重复交变应力作用下，承受无限次循环而不产生断裂的最大应力值	
疲劳强度	R_N	MPa	试样在交变应力作用下，在规定的循环次数内(如 106、107、108 次等)，不至于产生断裂的最大应力值	
伸长率(延伸率)	A_5 A_{10}	%	材料拉伸时，试样拉断后，其标距部分所增加的长度与原标距长度的百分比。A_5 是标距为 5 倍直径时的伸长率，A_{10}是标距为 10 倍直径时的伸长率	
断面收缩率	Z	%	金属试样在拉断后，其缩颈处横截面积与原始横截面积的百分比	
冲击韧性	K	J	用一定尺寸和形状的缺口标准试样，在规定类型试验机上受冲击载荷折断时，试样所消耗的冲击功。它表示金属材料对冲击载荷的抵抗能力	

（续表）

名称	符号	单位	含　义	备　注
布氏硬度	HBW		用一定直径的硬质合金球压入试样表面，并在规定载荷下保持一定时间，以其载荷除以压痕面积所得的商表示表面材料的布氏硬度。其计算公式为 $HBW = 2P/\pi D[D-(D_2-d_2)1/2]$ 式中，P 为载荷；D 为压头直径（mm）；d 为压痕直径（mm）	通常由测得的压痕直径直接查表得硬度值
洛氏硬度	HRA HRB HRC		在洛氏硬度机上，用金刚石圆锥或硬质合金球作压头，载荷为 980 N 试验所得的硬度值	常用的标尺有 A、B、C、N 等。其中 HRA、HRB、HRC 最常用
显微维氏硬度	HV		用夹角为 136°的金刚石四棱锥压头以小于等于 0.2 kgf（常扩大至 1 kgf）的载荷压入试样，以单位面积上所受载荷表示材料的硬度值。仪器上装有金相显微镜，用于测量合金的显微组织和极薄表面层的硬度值	
密度	ρ	g/cm^3 或 kg/m^3	金属材料单位体积的质量	
熔点		℃	材料由固态转变为液态时的熔化温度	
平均线膨系数	α	$\mu m/(m \cdot K)$	物体的长度随温度变化而改变，在指定的温度范围内，每当温度升降 1 K，其单位长度胀缩的长度称平均线膨胀系数	
热导率（导热系数）	λ	$W/(m \cdot ℃)$	表示物体导热的能力。以物体内维持单位温度梯度（$\Delta L/\Delta T$）时，在单位时间（t）内流经垂直于热流方向的单位面积（A）上的热量（Q）表示	1 cal/(s · cm · ℃) = 418.68 W/(m · ℃) $\lambda = 1/A \cdot Q/t \cdot \Delta L/\Delta T$
比热容	C	J/(kg · K) 或 J/(kg · ℃)	将单位质量的物质在等压过程（或等容过程）中温度升高 1 K 时吸收的热量或温度降低 1 K 放出的热量	1 kcal/(kg · K) = 4 186.8 J(kg · K)
断裂韧性	K_{IC}	$MN \cdot m^{-3/2}$	裂纹扩展的临界状态所对应的应力场强度因子称为临界应力场强度因子，它代表了材料的断裂韧性	
含碳量	ω_C	%	含碳量，表示的为平均碳的质量分数	

参考文献

[1] 崔占全，孙振国，王正品，等. 工程材料[M]. 北京：机械工业出版社，2003.
[2] 姚寿山. 表面科学与技术[M]. 北京：机械工业出版社，2005.
[3] 钱苗根. 现代表面工程[M]. 上海：上海交通大学出版社，2012.
[4] 张而耕，吴雁. 现代 PVD 表面工程技术及应用[M]. 北京：科学出版社，2013.
[5] 张而耕. 类金刚石涂层的研究进展及应用[J]. 粉末冶金工业，2015，25(5)：60－65.
[6] 姜银方，王宏宇. 现代表面工程技术[M]. 北京：化学工业出版社，2006.
[7] 戴达煌. 现代材料表面技术科学[M]. 北京：冶金工业出版社，2004.
[8] 王娟. 表面堆焊与热喷涂技术[M]. 北京：化学工业出版社，2004.
[9] 刘王平，陈响明，王以任，等. CVD $\alpha-Al_2O_3$ 涂层显微结构的腐蚀研究[J]//第十次全国硬质合金学术会议论文集，2011：40－44.
[10] 居毅，郭绍义，李宗全. 金属表面激光合金化及熔覆处理的研究进展[J]. 材料科学与工程，2002，20(1)：143－145.
[11] 束德林. 工程材料力学性能[M]. 北京：机械工业出版社，2015.
[12] 王彦平，强小虎，冯利邦. 工程材料及其应用[M]. 武汉：华中科技大学出版社，2013.
[13] 杨瑞成. 工程材料[M]. 北京：科学出版社，2015.
[14] 刘朝福. 工程材料[M]. 北京：北京理工大学出版社，2015.
[15] 傅宇东，崔秀芳，高玉芳. 工程材料[M]. 北京：化学工业出版社，2014.
[16] 张铁军. 机械工程材料[M]. 北京：北京大学出版社，2011.
[17] 杨晶. 机械工程材料工艺学[M]. 北京：中国石化出版社，2008.
[18] 李凤云. 机械工程材料成形技术[M]. 北京：高等教育出版社，2010.
[19] 丁峰，张焱. 合金元素对钢热处理的影响[J]. 热处理，2007，22(1)：63－67.
[20] 孟显娜，张道达，尧登灿，等. Cr12MoV 模具钢冲头失效原因及改进措施[J]. 金属热处理，2016，41(11)：178－183.
[21] 金荣植. 常用 Cr－Ni－Mo 系钢齿轮的热处理工艺[J]. 金属加工(热加工)，2014(5)：20－20.
[22] 王广生，张善庆. 热处理新技术的应用研究[J]. 热处理，2005，20(1)：1－7.
[23] 高聿为，邱平善，崔占全. 机械工程材料教程[M]. 哈尔滨：哈尔滨工程大学出版社，2009.
[24] 姚艳书，唐殿福. 工具钢及其热处理[M]. 沈阳：辽宁科学技术出版社，2009.
[25] 傅宇东，崔秀芳，高玉芳. 工程材料[M]. 北京：化学工业出版社，2014.
[26] 陆世英. 不锈钢概论[M]. 北京：化学工业出版社，2013.
[27] 干勇，杨卯生. 特种合金钢选用与设计[M]. 北京：化学工业出版社，2015.
[28] 堵永国. 工程材料学[M]. 北京：高等教育出版社，2015.
[29] 孔见. 钢铁材料学[M]. 北京：化学工业出版社，2008.
[30] 唐代明. 金属材料学[M]. 成都：西南交通大学出版社，2014.
[31] 李长龙，赵忠魁，王吉岱. 铸铁[M]. 北京：北京工业出版社，2007.
[32] 郝石坚. 现代铸铁学[M]. 北京：冶金工业出版社，2004.
[33] 钱立，王峰，吕姗姗. 灰铸铁的石墨分布形状及其控制[J]. 现代铸铁，2016，(02)：38－41.
[34] 曾大新，何汉军，张元好，等. 铸态高强度高伸长率球墨铸铁研究进展[J]. 铸造，2017，66(01)：38－43.

[35] 张寅,王泽华. ISO 铸铁材料标准概述[J]. 铸造,2015(02):184 - 187.
[36] 钱立,王峰. 灰铸铁、球墨铸铁中的微量杂质元素[J]. 现代铸铁,2014(02):86 - 88.
[37] 张忠仇,李克锐,曾艺成. 我国蠕墨铸铁的现状及展望[J]. 铸造,2012(11):1303 - 1307.
[38] 姜霄云,初福民,王金伟. 稀土在灰铸铁中的应用现状及展望[J]. 山东建筑大学学报,2012(06):608 - 612.
[39] 曾艺成. 等温淬火球墨铸铁生产技术的新进展[J]. 现代铸铁,2015(05):19 - 25.
[40] 宋小龙,安继儒. 新编中外金属材料手册[M]. 北京:化学工业出版社,2012.
[41] 李云凯,王云飞. 金属材料学[M]. 北京:北京理工大学出版社,2013.
[42] 杨朝聪,张文莉. 金属材料学[M]. 沈阳:东北大学出版社,2014.
[43] 伍玉娇. 金属材料学[M]. 北京:北京大学出版社,2011.
[44] 李晓锋. 有色金属材料可持续发展与循环经济[J]. 水能经济,2015(4):17 - 17.
[45] 杨林. 粉末冶金技术在新能源材料中的应用[J]. 科技风,2015(21):126 - 126.
[46] 赵生莲. 浅谈粉末冶金材料在汽车上的应用[J]. 北极光,2016(12):342.
[47] 金和喜,魏克湘,李建明,等. 航空用钛合金研究进展[J]. 中国有色金属学报,2015,25(2):280 - 292.
[48] 陈思杰,朱春莉. 钛及钛合金先进连接技术研究[J]. 热加工工艺,2015(3):18 - 21.
[49] 陈云,杜齐明,董万浮,等. 现代金属切削刀具实用技术[M]. 北京:化学工业出版社,2008.
[50] 崔忠圻. 金属学与热处理[M]. 北京:机械工业出版社,2007.
[51] 吴人洁. 复合材料[M]. 天津:天津大学出版社,2000.
[52] 钱士强. 工程材料[M]. 北京:清华大学出版社,2009.
[53] 黄开金. 纳米材料制备及应用[M]. 北京:冶金工业出版社,2009.
[54] 吴继伟. 先进材料进展[M]. 杭州:杭州大学出版社,2011.
[55] 黄乾尧,李汉康. 高温合金[M]. 北京:冶金工业出版社,2000.
[56] 谢霞. 复合材料在汽车上的应用[J]. 产业用纺织品,2010(12):57 - 60.
[57] 杨正刚. 金属材料在汽车上的应用趋势[J]. 科技传播,2015(19):88 - 89.
[58] 屠海令,张世荣,李腾飞. 我国新材料产业发展战略研究[J]. 中国工程科学,2016,18(4):90 - 100
[59] 沈军,谢怀勤. 先进复合材料在航空航天领域的研发与应用[J]. 材料科学与工艺,2008,16(5):737 - 740.
[60] 王兴刚,于洋,李树茂,等. 先进热塑性树脂基复合材料在航空航天上的应用[J]. 纤维复合材料,2011,44(2):44 - 47.
[61] [佚名]. 航空航天大学精品课程建设[DB/OL],[2017 - 5 - 30]. http://gc. nuaa. edu. cn/jgsj/%E6%95%99%E5%AD%A6%E5%A4%A7%E7%BA%B22. htm.
[62] [佚名]. 化学自习室[EB/OL],[2017 - 5 - 30]. http://www. hxzxs. cn/m/view. php? aid=15430
[63] [佚名]. 热处理论坛[EB/OL],[2017 - 5 - 30]. http://www. rclbbs. com/forum. php
[64] [佚名]. 中国机械社区[EB/OL],[2017 - 5 - 30]. http://www. cmiw. cn/forum-667-1. html
[65] [佚名]. 材料人论坛[EB/OL],[2017 - 5 - 30]. http://www. cailiaoren. com/forum-263-1. html
[66] [佚名]. youku[教育]新科技三分钟《碳纤维复合材料》[DB/OL],[2017 - 5 - 30]. http://v. youku. com/v_show/id_XNjExNzE3MjQw. html? spm=a2h0k. 8191407. 0. 0&from=s1. 8-1-1. 2&from=s1. 8-1-1. 2.
[67] [佚名]. youku[[生活]车铣复合现场加工视频[DB/OL],[2017 - 5 - 30]. http://v. youku. com/v_show/id_XNDA2NzgxOTk2. html.
[68] [佚名]. 360doc. 塑料模具动态图[DB/OL],[2017 - 5 - 30]. http://www. 360doc. com/content/16/0515/17/276037_559378294. shtml.